地球変動研究の最前線を訪ねる

Leading the Frontiers of Climate Change Research

人間と大気・生物・水・土壌の環境

Humanity and the Changing Global Environment

小川 利紘　及川 武久　陽 捷行　編

アサヒビール株式会社発行■清水弘文堂書房編集発売

地球変動研究の最前線を訪ねる

目次

人間と大気・生物・水・土壌の環境

Leading the Frontiers of Climate Change Research

Humanity and the Changing Global Environment

第3部　地球変動を追う

S T A F F

PRODUCER 礒貝 浩・礒貝日月（清水弘文堂書房）
DIRECTOR あん・まくどなるど（国際連合大学高等研究所）
CHIEF EDITOR & ART DIRECTOR 二葉幾久
DTP EDITORIAL STAFF 小塩 茜
PROOF READER 石原 実
COVER DESIGNERS 二葉幾久　黄木啓光　森本恵理子（裏面ロゴ）
STAFF 中里修作　山田典子　菊地園子
□
アサヒビール株式会社「アサヒ・エコ・ブックス」総括担当者 谷野政文（環境担当常務執行役員）
アサヒビール株式会社「アサヒ・エコ・ブックス」担当責任者 竹田義信（社会環境推進部部長）
アサヒビール株式会社「アサヒ・エコ・ブックス」担当者 高橋 透（社会環境推進部）

ASAHI ECO BOOKS 26

地球変動研究の最前線を訪ねる

人間と大気・生物・水・土壌の環境

小川利紘　及川武久　陽　捷行

アサヒビール株式会社発行□清水弘文堂書房発売

はじめに

環境の変化が地球的規模で起こるのではないかと云々される、その端緒となったのはオゾン層破壊の問題で、１９７０年代のことである。人為起源のフロン類によるオゾン層破壊仮説を確かめる科学的知見が出そろい、オゾン層破壊物質は国際的に規制されるようになった。その規制の効果を確かめるべく、オゾン層回復の兆しがあるかどうか、南極大陸はじめ世界中でオゾン層の監視が行われている。

次に現れた地球温暖化の問題は、いまや科学界の議論をこえ、技術・政治・経済・哲学・宗教界まで巻きこんで、それこそ地球的規模で対応策を議論するまでに膨れあがった。地球大気中の二酸化炭素濃度が年々少しずつ確実に増加していること、人類の燃やす化石燃料がその原因であること、こういったことはかなり前から知られていた。だがしかし、その結果、全地球規模で地表気温の上昇をもたらすだけでなく、海面上昇や異常気象などのさまざまな気候変化もひき起こすのではないか、そのことを強く意識するようになったのは、ずいぶん時が経ってからであった。大型コンピューターの能力向上により、気候変化の将来予測の確からしさが増したこともあって、地球温暖化の問題は一般社会の強い関心を集めるようになったのである。地球規模で起こっている環境変化、および起こる可能性のある環境変化について、国連環境計画などの論議をへて、「Global Environment」＝「地球環境」

ということばに定着したのは１９８０年代であった。

人類の生存環境を考えるとき、人類の生存は周囲の自然環境に左右されていること、それと同時に人類の諸活動は周囲の自然にインパクトを与えていること、この両方の作用を理解しておかなければならない。地球環境の変化というのは、いいかえれば地球的規模で起こる環境変化のことである。とはいっても、その変化の実態や仕組み（メカニズム）はあまりよくわかっていなかった。将来の環境変化はどのようなものか、当初確実性の低い予測しかできなかった。科学的知識がまだ不足しているというので、20年ほど前に国際学術連合会議のもとで、大気・海洋・陸域・生物などに関する諸分野から世界中の研究者が知恵をだしあって、地球圏・生物圏国際協同研究計画（International Geosphere-Biosphere Programme：ＩＧＢＰ）を作りあげた。

ＩＧＢＰは地球環境変化を理解するための科学的基礎を深めるという目標のもと、大気・海洋・陸水・土壌・生物圏および各圏間の物理的・化学的・生物学的相互作用を解明しようとする研究計画で、これを実施するには、各圏を対象として活動している研究者の共同作業が不可欠である。この考え方はわが国におけるＩＧＢＰの立案・実施者においても貫かれ、ＩＧＢＰは異分野間の科学の交流の場となった。本書の共同編集者である、及川、陽、小川の三者は、ＩＧＢＰの活動を通じてお互い知己を得た。この三者はそれぞれ植物生態学、土壌学、大気化学を専門としているものの、専門分野だけでなく隣接分野にも強い興味を抱くタイプの研究者であったので、ＩＧＢＰがなければお互いに深く知り合うこともなかったかもしれない。IGBPは、最近では人間活動を中心とする、より実際的な課題に重点を移し、新しい世代の研究者の活躍の場となっている。なお上記三者は現在も、財団法人アサヒビール学術振興財団の地球環境科学部門の仕事を通じてつながっている。このことは、この財団が環境という総合的な科学を重視し、この分野の発展のために研究助成をしている証でもある。

このたび、清水弘文堂書房の「アサヒ・エコ・ブックス」シリーズの企画として、地球環境についての一般向けの解説書を作ることになり、上記財団からこれまで研究助成金を受けた研究者の皆さんに執筆をお願いすることになった。最近では地球環境なり地球温暖化をテーマにした一般向け解説書も数多く出版されている。しかし、その中には研究結果から導かれた断片的な知識を述べたものも多く、地球環境の研究について、研究の流れや方法・考え方など生の研究の現場を紹介した解説書はあまりみあたらない。また、地球環境の科学について基礎的・体系的なことがらを一般向けに解説した本も少ない。このような現状に触発されて、そのギャップを埋めるべく構成と内容を考えて、一冊の本を作ることとした。本書が読者の皆さまの知的欲求にいくらかでもお応えすることができれば、これにまさる喜びはありません。

編集委員を代表して　　小川　利紘

【本書の構成について】

第一部「研究の発展」では、地球環境変動（グローバル・チェンジ）に関する国際的な研究プロジェクトなどについて紹介する。日本の研究者はこれらの国際プロジェクトに直接参加し、またその一環として企画された日本独自の研究プロジェクトを運営し、それに参加して研究を実施している。ここでは、それらの研究プロジェクトなどに関係された方々に執筆をお願いした。さらに、地球環境を考える際の興味ある観点として、「地球生命圏ＧＡＩＡ」について解説する一章を設けた。

第二部「地球システムにおける物質循環」は、炭素と窒素という生物にとって重要な二元素をとりあげ、大気・陸域生物・土壌・海洋における動態とそれら各圏をめぐる循環について解説し、さらに生物にとって必須物質である水について、水資源という視点からの解説を加えたものである。執筆陣はそれぞれのテーマの研究におけるわが国の第一人者である。ここでは地球環境変動を理解するうえで基本的なことがらに関して、最新の知識が体系的にまとめられている。なお、いまや国際政治の関心事となった「森林における炭素吸収」については、陸域生物圏とは別立ての章としてとりあげた。

第三部「地球変動を追う」では、個々の研究トピックスについて、研究者が実際に行っている研究の中身を具体的に説明してもらうことを主眼としている。執筆者はアサヒビール学術助成財団の研究助成を受けた研究者のなかからお願いした。研究者自身が語る最新の研究成果に、読者はじかに触れることができる。

本書は学術専門書というより、一般の読者を対象とした科学普及書のつもりである。執筆者にはわかりやすい表現をお願いした。しかし、科学的な正確さを重視するため、つい説明が難しくなり、専門書の体裁を帯びてしまったところもある。ひとえに読者諸氏の寛恕をお願いする次第である。

地球環境の研究は、気圏・生物圏・水圏・土壌圏の領域ごとに行われており、研究手法も多岐にわたる。地球環境科学といっても、物理・化学・生物学、さらにはスーパーコンピューターを駆使する数理モデルや人工衛星リモートセンシング（遠隔計測）など、それぞれ独自の知識基盤を持った研究者が参加する発展途上の研究領域である。それゆえ、専門用語の統一が図られておらず、同じ分野内においても、同じことを表現するのに人によって用語がちがうことがある。また、もともと物理・化学・生物学・工学諸分野の間では用語が統一されていないという事情もある。それゆえ、本書では用語の統一をはかることをせず、執筆者の裁量にゆだねることにした。また、読者になじみが少ないと思われる専門用語には本文中で説明を加える、英文略語には本文中で日本語訳をつける、などの最小限の配慮にとどめた。

第1部　研究の発展

1．地球圏・生物圏国際協同研究計画（ＩＧＢＰ）

ＩＧＢＰはInternational Geosphere-Biosphere Programmeの頭文字を取ったものであり、日本語では地球圏・生物圏国際協同研究計画と呼んでいる。ＩＣＳＵ（国際学術連合会議）のイニシャチブの下に、多くの国際機関が共同して１９９０年に開始した国際的かつ学際的な研究計画である。地球環境を、物理・化学・生物過程の個々別々に調べるのではなく、ひとつの統合された系、すなわち地球システムとしてとらえ、総合的に解明していこうとするプログラムである。このような研究計画が立案された背景には、従来の個々別々の科学だけでは、捉えきれない多くの重大な現象・事件が生じてきたことにある。表１にまとめてあるように、最近の環境に関連した現象・事件のいずれにおいても、我々人間の活動が大規模になり、母なる大地と呼び、我々が勝手に無限と思いこんでいた地球が、決して無限ではないことが明らかになってきた。それほどに人間活動が大きな存在となってきたのである。500万年ほど前にアフリカで誕生した人類は、その後、進化しながら世界各地に生存範囲を広げていったが、わずか200年ほど前にイギリスで始まった産業革命までは、生物圏の一部にすぎなかった。しかし、最近に至って、その活動範囲の広がりから、その生存基盤が失われて、生存さえ危ぶまれるまでになってきたのである。そこで、人類が将来も生存できるようにするためには、IPCC（第3章参照）や国連における気候変動枠組み条約の採択に代表されるような国際的な取り組みが必要となった。人類を人間圏として捉え直し、人間圏との関わりの中で大気圏・生物圏・土壌圏・水圏を見ていく必要性が高まったのである。1859年にダーウィンによって提唱された進化論の革命的生命観によって、人間を特別な存在とする旧約聖書にもとづく人類誕生の神話から、人類は多くの生物の中のチンパンジーやゴリラの近縁の一種にすぎない、という考え方へと、大変革がもたらされた。最新のゲノム解析によるDNAレベルでの比較によると、チンパンジーとヒトのDNAのちがいはわずか1～4％程度にすぎない、と報告されている。

いっぽう、人間圏という最新の視点は、進化論とは逆に、人間を多くの生物の中の特別な存在として、クローズアップすることになった、と見ることができるだろう。チンパンジーやゴリラは、ヒトと同じく熱帯域のアフリカで誕生したが、その現在の分布域もアフリカにとどまったままである。ところが文明を発達させた人類は何度も繰り返された氷河期の試練にも耐えて、全世界、それも極寒の北極圏にまで分布域を広げている。この桁ちがいの耐性の高さが人類の繁栄をもたらしたにちがいない。しかし、皮肉なことに、文明を生み出した人類の能力が、現在の未曾有の環境危機をもたらした原因にもなっていると考えられよう。我々人類の英知を働かせて、この困難を克服することが求められている。

第１期ＩＧＢＰ

１９９０年に10年計画で始まったＩＧＢＰ第１期では、地球環境変動に関わる問題を科学的に解明するために、①地球システム全体を制御している物理学的・化学的・生物学的プロセス間の相互作用、②同システムが生物に対して提供している環境、③同システム内で起きている諸変化、④その諸変化が人間活動によって受ける影響の内容の４つそれぞれを説明し、理解することを目的としている。研究実施に際しては、解明すべき主要課題に対応したプロジェクトが計画され、初期の段階で、海洋、大気、生物圏と水循環、古気候、衛星リモートセンシング、地球のデータ解析とモデリングなどのプロジェクトが始まった。

前にも述べたように、ＩＧＢＰは多くの学問分野の境界に位置する学際的な研究を行うプロジェクトと位置づけられる。このことは逆に言えば、気象学、水文学、海洋学、生態学、土壌学……など多くの関連する学問にまたがっている、ということである。縦割り行政の弊害が大きな問題となっているが、それは行政だけにとどまらず、学問にも当てはまることである。例えば、生物の進化は生物学の非常に大きな研究テーマであるが、進化を証明する重要な証拠となる化石は地学で扱われ、生物学では扱われない。このようなことが研究対象の正しい理解を妨げてきたといえるだろう。地球環境に関連した研究課題はまさにこれに当てはまる。

地球環境を取り扱う研究のもうひとつの特徴は、従来の自然科学が、研究対象を注意深く観察し、その動態を多くの精密機器を駆使して測定したり、研究対象に何らかの操作を加えて挙動の変化を観察することによって、研究対象のメカニズムをとらえるといったように、研究対象からは独立した観察者としての立場から、研究を進めることが基本であった。ところが、地球環境に対して人類は森林を大規模に伐採して農地に転換することによって、大気CO_2濃度上昇を加速させたり、フロンガスを用いた機器を多用することによって、オゾン層破壊に荷担するなど、すでに67億人を超え、さらに増加を続ける世界の人口が、人類が生存し、生活、それも多資源浪費型の生活を行うことによって地球環境を変えてしまい、厳密に言えば、研究対象から独立ではありえない状態になってしまった。

　このような研究上の困難を乗り越えるひとつの有望な手法が、スーパーコンピューターを活用したモデル研究である。ＩＧＢＰの中にも、全体を取りまとめる統合化のプロジェクトとしてモデリング研究が取り入れられたし、日本では１９９７年に地球フロンティア研究システムが立ち上げられ、２００２年には、当時としては世界最速の超高速のベクトル型並列コンピューター「地球シミュレータ」による運用が始まった。この主記憶容量は10ＴＢ（テラバイト）もあり、最大の演算性能は40ＴＦＬＯＰＳ（テラフロップス）（1ＴＦＬＯＰＳは浮動小数点演算を1秒間に1兆回行なう処理能力）である。この「地球シミュレータ」に、地球全体を水平解像度10㎞という非常に細かいメッシュに区切って、大気の状態を逐次計算する、いわゆる大気大循環モデル（ＧＣＭ）が構築され、地球温暖化の影響予測などの研究が進められつつある。「地球シミュレータ」の10㎞という水平解像度は１９９０年当時のＧＣＭの解像度が５００㎞程度、その10年後の２０００年代に入ってさえ１１０㎞程度であったことと比べても、いかに精密なモデルかがわかろう。それだけスーパーコンピューターの演算能力が飛躍的に向上したのであり、このモデルからもたらされる予測に大きな期待が寄せられている。

このモデルには地表面に実際の植生などの詳細な情報も取り入れることが可能になり、大気と植生との間の相互作用をモデルとして扱う研究も着手されだした。このような一連の研究の流れを考えたとき、学際研究として始まった地球環境研究が、ひとつの中心的な学問領域として確立される時期にさしかかりつつあるという感を深くする。さらには単に自然科学の分野にとどまらず、「地球シミュレータ」は地球環境保全のための政策を論議するための、有力なツールとしても機能しだしていることが、表１からも読み取れるであろう。

１９９０年に始まったＩＧＢＰによる地球環境研究は、最近の主要国首脳会議、いわゆる「サミット」における低炭素社会の実現に向けた国際的な政策論議にも、大きな指針を与える契機となってきたといえよう。

表１　環境に関連した最近の主な出来事と内外の動きの年表

１９５８	キーリング博士（米国）がハワイ島マウナロア山において、CO_2濃度の観測を開始
１９６１	世界野生生物基金（ＷＷＦ）設立
１９６８	アフリカのサヘル地域で深刻な干ばつ発生
１９７１	ラムサール条約（水鳥の生息地として重要な湿地の保全）採択
	環境庁発足
１９７２	ユネスコ総会で、「世界遺産条約」採択
	ローマクラブによる「成長の限界」（主査：デニス・メドウズ）が発表される

１９７３	ワシントン条約（絶滅のおそれのある動植物の種の国際取引に関する条約）採択
１９７４	モリーナ博士とローランド博士（米国）がフロンガスによるオゾン層破壊説を発表
	国立公害研究所が設置される
１９７９	ヨーロッパ諸国を中心として、長距離越境大気汚染条約の締結
１９８０	米国が「西暦２０００年の地球」を発表
１９８１	ＦＡＯとＵＮＥＰが「熱帯林資源調査」を実施
１９８２	国際捕鯨委員会（ＩＷＣ）が１９８６年からの商業捕鯨の禁止を決議
１９８５	ファーマン博士らが、南極上空でのオゾンホール発見論文を発表
１９８７	「モントリオール議定書」（10年間でフロン生産量を１９８６年比で50％削減）採択
１９８８	世界野生生物基金が世界自然保護基金と改称される
	ＩＰＣＣ（気候変動に関する政府間パネル）が設置される
１９９０	ＩＰＣＣの第一次報告書が出版される（すでに第四次報告書が２００７年に出版されている）
	10年計画で、第１期ＩＧＢＰが始まる
	国立公害研究所から国立環境研究所へと名称変更
	（従来の公害部門に、地球環境分野と自然保護分野を加える）
１９９３	釧路でラムサール条約第５回締約国会議開催
１９９５	気候変動枠組み条約第１回締約国会議（ＣＯＰ１）がベルリンで開催
１９９７	気候変動枠組み条約第３回締約国会議（ＣＯＰ３）が京都で開催され、京都議定書が採択される
	地球変動モデル研究を行うための地球フロンティア研究システムが設立される
	島根県隠岐諸島沖で「ナホトカ号」油流出事故発生
１９９８	**環境庁生物多様性センターが富士吉田市に設置される**

２００１　**省庁再編により、環境庁が環境省へ格上げされる**
　　　　　米国、京都議定書からの離脱を表明
２００２　**「地球シミュレータ」による運用開始**
２００５　京都議定書発効
２００８　地球温暖化問題を主要議題とした洞爺湖サミット開催
　　　　　京都議定書の第一約束期間開始（２０１２年までの５年間）
２００９　**鳩山由起夫首相、中期目標として温室効果ガスを２０２０年までに１９９０年比で25％削減を表明**

＊太文字は日本における事項

五訂「地球環境キーワード事典」（２００８）地球環境研究会編　中央法規出版をもとに編纂

第2期IGBP

第１期ＩＧＢＰの研究が進展するにともない、地球環境科学を進めるうえで地球システムを構成する３つの要素領域（ドメイン）、すなわち、大気－陸域－海洋を一体のシステムとして扱うことの必要性がますます強く認識されるようになった。さらに、地球温暖化の実態が顕在感を高めるなど、地球システムの変化が一般社会にも広く認識されるようになった。このような第１期ＩＧＢＰの10年

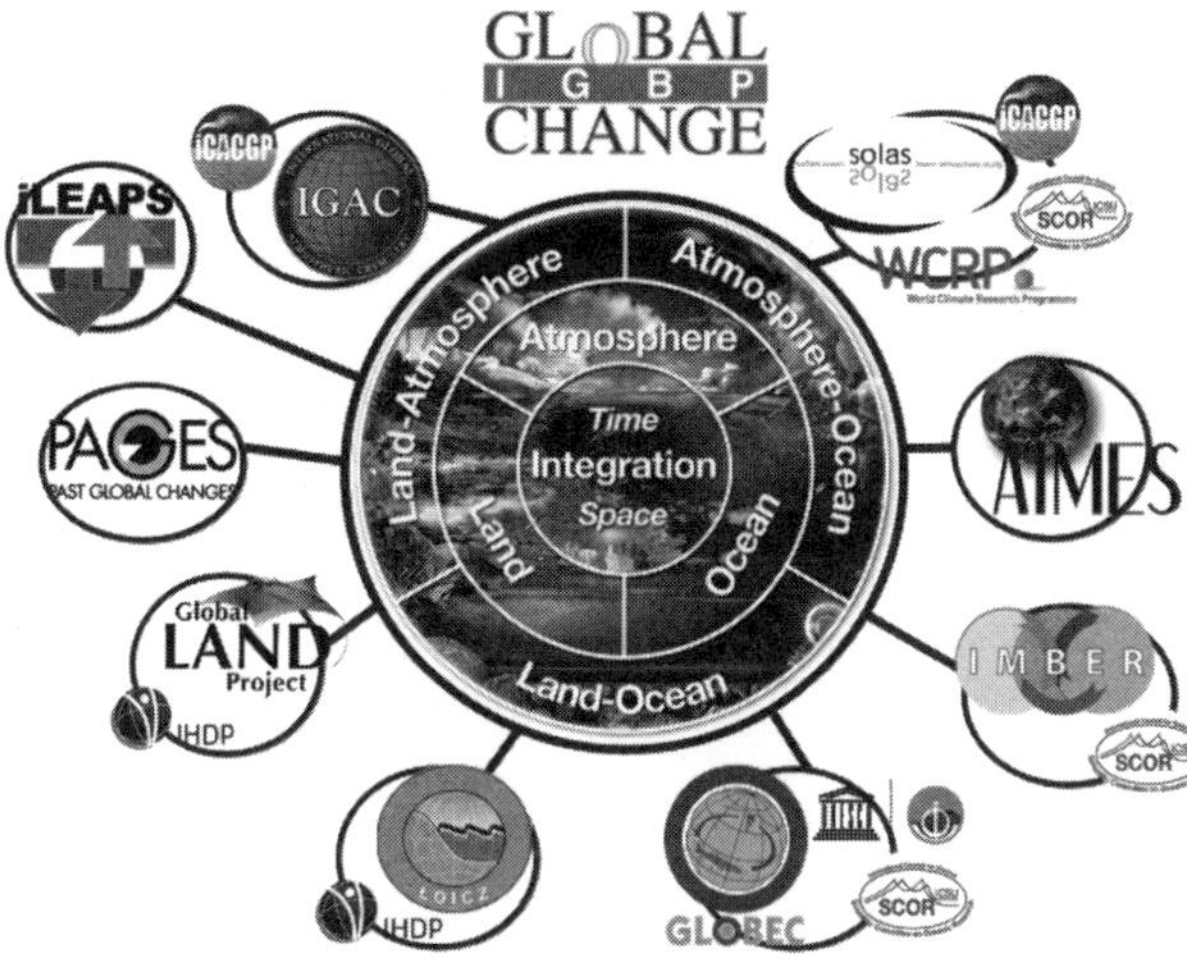

図1　IGBP 第２期におけるコアプロジェクトの構成

間における科学と社会の動きを受けて、１９９９年ころから、ＩＧＢＰ第２期に向けて、その研究体制を再構築して移行することが議論された。そして、第１期の取りまとめと新たな研究戦略の策定を行った移行期を経て、２００４年より第２期ＩＧＢＰの10年間の活動が開始された（ＩＧＢＰ、２００６）。

第２期ＩＧＢＰの研究計画では、第１期における基本的な視点である「地球環境をひとつのシステムとして統合的に理解する」方向は変わらないものの、地球温暖化など社会の関心課題に対応した生物地球科学的アプローチに焦点を当てるとともに、地球システムに対する複合的かつ統合的な研究の視点をさらに深めることが謳われた。そのため、ＩＧＢＰ内の組織を大きく見直し、９つのコアプロジェクトに再編した（図１）。その構成として、大気（ＩＧＡＣ）、陸域（ＧＬＰ）、海洋（ＧＬＯＢＥＣおよびＩＭＢＥＲ）の各地球システムドメインに対応するプロジェクトに加え、各要素の相互作用、すなわち、陸域－大気（ｉＬＥＡＰＳ）、陸域－海洋（ＬＯＩＣＺ）、大気－海洋（ＳＯＬＡＳ）が設定された。さらに、地球システムを統合的にその過去と現在、未来を解析する二つのプロジェクト（ＰＡＧＥＳおよびＧＡＩＭ）も含まれている。以下に各コアプロジェクトを示す。

- ＩＧＡＣ：地球大気化学国際協同研究計画（International Global Atmospheric Chemistry Project）
- ＧＬＰ：地球陸域統合研究計画（Global Land Project）
- ＧＬＯＢＥＣ：全球海洋生態系動態研究計画（Global Ocean Ecosystem Dynamics）
- ＩＭＢＥＲ：海洋生物地球化学生態系統合研究（Integrated Marine Biogeochemistry and Ecosystem Research）
- ＩＬＥＡＰＳ：統合陸域生態系－大気プロセス研究計画（Integrated Land Ecosystem-Atmosphere Process Study）
- ＬＯＩＣＺ：沿岸域における陸域－海域相互作用研究計画（Land-Ocean Interactions in the Coastal Zone）
- ＳＯＬＡＳ：海洋大気間物質相互作用研究計画（Surface Ocean-Lower Atmosphere Study）
- ＰＡＧＥＳ：古環境の変遷研究計画（Past Global Changes）
- ＡＩＭＥＳ：地球システムの分析・統合・モデリング（Analysis, Integration and Modeling of the Earth System）

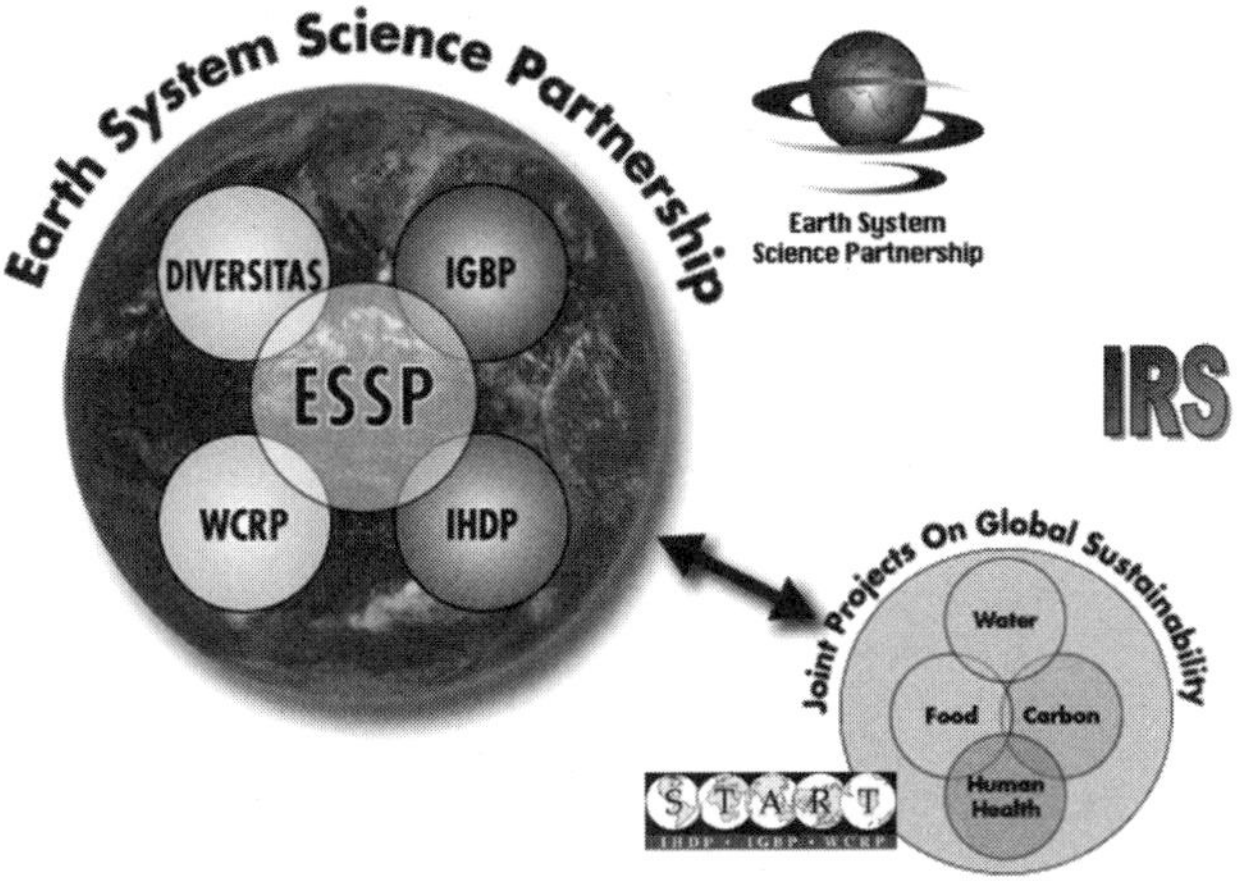

図２　地球システム科学パートナーシップ（ESSP）の構成

これらのコアプロジェクトに加え、第２期には、地球システム全体を横断する新たな問題に対する短期間の先導研究プログラム、すなわち、ファストトラック・イニシアチブ（ＦＴＩｓ：Fast Track Initiatives）が新たに計画された。これまでにＦＴＩｓとして、鉄循環、燃焼、窒素循環（以上終了課題）、海洋の酸性化、植物の機能的分類、２０３０～２０５０年の惑星地球（以上は現在進行中）といったテーマが実行された。

第２期ＩＧＢＰの活動において、もうひとつ特筆すべきことは、地球環境変動に関する他の研究計画との連携強化を目指している点である。そのために、国際科学会議（ＩＣＳＵ）傘下の研究計画である地球環境変化の人間社会側面に関する国際研究計画（ＩＨＤＰ）、世界気候研究計画（ＷＣＲＰ）、生物多様性科学国際協同プログラム（ＤＩＶＥＲＳＩＴＡＳ）と共同して地球システム科学パートナーシップ（ＥＳＳＰ）を結んでいる（図

2)。ＥＳＳＰでは、炭素循環、食料システム、水循環、健康といった地球環境維持に必須の課題を取り扱う以下の共同プロジェクトを実施している。

- ＧＣＰ：グローバルカーボンプロジェクト（Global Carbon Project）
- ＧＥＣＡＦＳ：全球環境変化と食糧システム（Global Environmental Change and Food Systems）
- ＧＷＳＰ：全球水システムプロジェクト（Global Water System Project）
- ＧＥＣ＆ＨＨ：地球変動と健康プロジェクト（Global Environmental Change and Human Health）

　また、ＩＧＢＰにおいては発足当初から途上国における能力開発（キャパシティ・ビルディング）活動にも力を入れてきたが、第２期においては、ＥＳＳＰにその活動を拡大し、世界各地における統合的地域研究（ＩＲＳ：Integrated Regional Studies）と地球変動に関する分析・研究・研修システム（ＳＴＡＲＴ：Global Change System for Analysis, Research and Training）を支援している。

　ＩＧＢＰの組織は設立当初に王立スウェーデン科学アカデミーに設置されたＩＧＢＰ事務局とＩＧＢＰ科学委員会（ＳＣ－ＩＧＢＰ：Scientific Committee of IGBP）が中心となっている。ＳＣ－ＩＧＢＰはＩＣＳＵに設置され、その責務は、ＩＧＢＰの諸計画の立案、その実行の指導、結果の出版、科学諮問会議、各国のＩＧＢＰ委員会、各コアプロジェクト、その他の組織の活動調整である。ＳＣ－ＩＧＢＰ委員はＩＣＳＵからの推薦委員と各コアプロジェクトおよびＥＳＳＰパートナープログラムの代表であり、2008年現在、31名で構成されている。わが国からは松野太郎氏（独立行政法人海洋研究開発機構）が委員となっている。IGBPの各コアプロジェクトは、それぞれ、国際プロジェクトオフィス（IPO）を設置しており、コアプロジェクトに関する調整を行うなど、IGBP事務局と協力してIGBPの研究活動を支える基盤を整えている。参加各国には、それぞれ、IGBP委員会あるいは地球変動委員会が設置され、関連研究の調整や、地球変動に関する国レベルの研究と国際レベルの研究の連携を図っている。また、IGBPの中心的な活動を支援するために資金の移動を支援することもある。2008年現在、75ヶ国が国内委員会を設置している。

わが国の研究者はIGBP設立以来、積極的に活動に参加し（榧根，1997）、1999年には神奈川県湘南国際村において日本学術会議の主催により第2回IGBP全体会議を開催した（小池，1999）。現在、国内委員会として、日本学術会議のもと、環境学委員会と地球惑星科学委員会の合同分科会であるIGBP・WCRP分科会が設置されている。また、各コアプロジェクトに対応して、各小委員会が設置されている。この分科会と小委員会を中心に、地球規模の課題に関する各種の国際学術協力事業についてシンポジウムを開催するなど、国内でのIGBP関連活動の実施計画の立案・調整、研究連絡などを行っている。

第2期IGBPの研究は、その10年計画の活動の半ばにさしかかったところである。2008年5月に南アフリカ共和国・ケープタウンで開催された第4回IGBP全体会議では、これまでの研究成果を共有するとともに、環境の持続可能性のための科学に関するケープタウン宣言が採択されたほか、IGBPの将来の方向に対する重点目標をレビューし勧告するというアドバイザリーパネルの報告も行われた。ＩＧＢＰでは、これまで、基礎的な地球圏・生物圏の現状分析とプロセス研究が高度な専門性をもって行われてきたが、今後は、各研究分野間の融合的研究により統合化された地球環境の理解を進展させるとともに、地球環境問題の解決に有効な知見を提供できるような応用に力点を置いた研究課題も推進することが議長より示された。そのひとつの具体的な方向として、ＥＳＳＰ（地球システム科学パートナーシップ）の活動をさらに強化するため、将来、ＩＧＢＰとＷＣＲＰ（世界気候研究計画）を統合した新たな研究計画を策定する可能性も議論されている。さらに、ＩＰＣＣ（気候変動に関する政府間パネル）やＧＣＯＳ（全球気候観測システム）との連携など、地球環境問題に対応するより大きな科学的枠組みについても模索がはじまっている（ＷＭＯ，２００８）。これまでもＩＧＢＰがその対象とする研究領域は拡大を続けてきたが、今後も、ＩＧＢＰが進めてきた「地球システムの統合的解明」はますます重要になり、ＩＧＢＰ活動のさらなる発展が求められる。同時に、その成果を地球環境保全と持続的な社会の形成に活用するための科学、政策、社会の効果的な連携を構築することが次の課題となるだろう。

引用・参考文献

ＩＧＢＰホームページ　http://www.igbp.kva.se/

IGBP (2006) "Science Plan and Implementation Strategy", *IGBP Report No.55*, IGBP Secretariat, Stockhclm, 76

椹根勇（１９９７）「ＩＧＢＰの今後の進め方について―地球環境研究連絡委員会ＩＧＢＰ専門委員会報告―」、

7月号

小池勲夫（1999）「今年開かれた第2回IGBPコングレスと今後のIGBPの活動について」国立環境研究所地球環境研究センターニュース、10巻、5号

WMO (2008) "Future Climate Change Research and Observations: GCOS, WCRP and IGBP Learning from the IPCC Fourth Assessment Report. Workshop and Survey Report", ***GCOS Report No.117, WCRP Report No.127, IGBP Report No.58.***

執筆者紹介

及川武久（439ページ参照）

八木一行（やぎ・かずゆき）　1959年、東京生まれ。1986年に名古屋大学大学院理学研究科博士前期課程を修了。農業環境技術研究所研究員、国際農林水産業研究センター主任研究官を経て、現在、独立行政法人農業環境技術研究所物質循環研究領域上席研究員。専門は土壌学および生物地球化学。学会活動は日本土壌肥料学会（理事）を中心に、日本地球化学会、American Geophysical Union等に参加。2005年よりIGBP iLEAPSのSSC（科学推進委員会）メンバー。2006年IPCCガイドライン執筆者。主な著書に『土壌圏と大気圏』（共著）、朝倉書店（1994）、"Encyclopedia of Soil Science"（共著）、Marcel Dekker, Inc.（2002）、『続・環境負荷を予測する－モニタリングとモデリングの発展－』（共著）、博友社（2005）。〈第2期IGBP執筆担当〉

2. 世界気候研究計画（ＷＣＲＰ）および地球環境変化の人間社会側面に関する国際研究計画（ＩＨＤＰ）

世界気候研究計画（World Climate Research Programme：ＷＣＲＰ）の設立と目的

国際地球観測年（ＩＧＹ＝International Geophysical Year:1957-58）の後、人類が永遠に世話になる地球全般に関して、さまざまな観測が継続的に行われるようになった。これに伴い全球的な気候の研究も活発に行われるようになる。

とくに、地球全体の二酸化炭素濃度（CO_2）の上昇傾向が観測され、気候モデルによるCO_2増加実験など、気候に関するモデル研究も行われるようになる。その結果、地球温暖化の予測が立てられ、気候や気候変化に対して世界的な関心が高まってきた。

そのような状況のもとに、第１回世界気候会議（ＦＷＣＣ＝First World Climate

Conference）が１９７９年に開催された。その会議で、世界気象機関（ＷＭＯ＝World Meteorological Organization）は、

（１）人類の利益のために既存の気候データを応用すること、

（２）気候プロセスに関する理解を深めること、

（３）自然および人為的要因による顕著な気候変化を調査すること、

（４）人類の経済および社会活動に顕著に与える影響に関して政府に警告すること、

などを目的としたプログラム、すなわち世界気候計画（ＷＣＰ＝World Climate Programme）を発足させた。

世界気候研究計画（ＷＣＲＰ）は、ＷＭＯと国際学術連合会議（１９９８年に国際科学会議と改称：ＩＣＳＵ＝International Council for Science、もとはUnionがついていたので、略称はＩＣＳＵ）の協力により、ＷＣＰのサブプログラムとして、（１）気候がどこまで予測可能かを究明し、（２）人間活動の気候への影響の程度を評価するために必要な、物理的気候システムおよび気候プロセスの科学的理解を発展させることを目的として発足した。設立は１９８０年のことである。その後、１９９３年には国連教育科学文化機関（ＵＮＥＳＣＯ）の政府間海洋学委員会（ＩＯＣ＝Intergovernmental Oceanographic Commission of UNESCO）も後援し、大気と海洋の相互作用を含めた物理的な気候システムや気候プロセスの研究が進められるようになった。

また、１９９２年のＵＮＣＥＤ（国連環境開発会議）において策定されたアジェンダ21の実行を支援する役目も担っている。

この研究計画はめざましい進展をした。その成果は、研究者に地球温暖化への懸念を増大させ、気候変動研究に関する評価の必要性を認識させた。このことが、１９８９年の「気候変動に関する政府間パネル（ＩＰＣＣ＝Intergovernmental Panel on Climate Change）」の発足を可能とした。それ以後、ＷＣＲＰはＩＰＣＣの学術的な背景になっている。

ＷＣＲＰは、最近「地球システムの調整された観測および予測（ＣＯＰＥＳ＝Coordinated Observation and Prediction of the Earth System）」と称する、２００５年から２０１５年にわたる戦略的枠組みを立ち上げた。

その目的は、気候システムの構造と変動性の明確化、および将来の気候予測のための基盤の創設にある。ＷＣＲＰの調査プロジェクトには、全球エネルギー・水循環観測計画（ＧＥＷＥＸ）、気候変動性・予測可能性研究計画（ＣＬＩＶＡＲ）、熱帯海洋・地球大気計画（ＴＯＧＡ）、成層圏プロセスとその気候における役割研究計画（ＳＰＡＲＣ）、気候と雪氷圏計画（ＣＩｉＣ）、海洋表層－低大気圏研究（ＳＯＬＡＳ）がある。

今ではわが国にも、大学や関係省庁でさまざまなプロジェクトが推進されている。例えば、環境省においては、地球環境研究総合推進費によって、全球システム変動、越境汚染：大気・陸域・海域・国際河川、広域的な生態系保全、持続的な社会・政策研究などの研究計画が推進されている。

地球環境変化の人間社会側面に関する国際研究計画(International Human Dimensions Programme on Global Environmental Change：IHDP)の設立と目的

IHDPは、地球環境変化に関する人間的な側面の促進、触媒、共同研究、能力開発およびネットワークに捧げられる国際的で学際的な科学プログラムである。それは、地球環境変化における社会科学的な観点を引き受け、科学と実践の領域を調和させる役割を果たす。

IHDPは、国際科学会議(ICSU)とユネスコの国際社会科学協議会(ISSC)と国連大学(UNU)の接合プログラムである。ICSUとISSCによって1996年に設立され、2007年1月以来の国連大学の主要なプログラムである。

さまざまな国の政府機関によって融資されるIHDPの研究プログラムは、さまざまな学問分野や地域の異なる評価の高い科学者によって構成される国際科学会議の委員によって誘導される。そのため、ここでは質の高い研究が育成されている。

地球環境変化の研究課題は、気候変動ダイナミクス、土地利用・土地被覆変化、社会制度と地球環境の相互作用、人間の安全、食料と水に係わる持続的生産と消費システム、都市化と全球の炭素循環などである。IHDPの研究プログラムは、国際的な研究パートナーシップである地球圏・生物圏国際協同研究計画(IGBP)、世界気候研究計画(WCRP)、および生物多様性科学国際協同プログラム(DIVERSITAS)と関連しながら実行に移される。

重要な研究プロジェクトのひとつに、土地利用・土地被覆変化研究がある。わが国ではアジア太平洋地域における土地利用とその誘導因子に関する経緯データの整備と、それにもとづいた土地利用変化の長期予測を目的とした研究などが行われている。わが国におけるＩＨＤＰの窓口は、日本学術会議である。

参考資料

（１）地球圏－生物圏国際共同研究計画：http://www-cger.nies.go.jp/cger-j/db/info/prg/igbp.htm
（２）地球環境変化の人間社会側面に関する国際研究計画：http://www.ihdp.org/
（３）気候変動に関する政府間パネル世界気候研究計画：http://www.wmo.ch/web/wcrp/wcrp-home.html
（４）ＩＰＣＣ：http://www.ipcc.ch/

執筆者紹介

陽　捷行（４３９ページ参照）

3．気候変動に関する政府間パネル（IPCC）

はじめに

ここ100年で地球の平均気温が0・74℃上昇したことが観測値から明らかになっており、このため世界各地の雪氷や生態系に影響が顕在化している。とくに極域や山岳地では気温上昇が大きいため、極域の海氷や氷床、山岳氷河や永久凍土の融解などが進んでいる。20世紀後半の地球温暖化は、人間が化石燃料を大量に使用し、二酸化炭素などの温室効果ガスを大気中に排出してきたことが主な原因である。

地球温暖化のメカニズムを科学的に解明することは、地球の気候システムが非常に複雑であることから容易なことではない。また気候システムに生じている種々の現象を確認するために、実験的な方法がとれないことも地球温暖化の科学的解明を難しいものにしている。

地球温暖化の科学的知見を定期的に評価し、その結果を世界の人々、とりわけ各国の政策決定者に伝えてきたのが気候変動に関する政府間パネル（Intergovernmental Panel on Climate Change：ＩＰＣＣ）である。ＩＰＣＣは１９８８年の設立以来４回目になる第４次評価報告書を２００７年に公表した。その科学的な評価結果は、気候変動枠組条約の第13回締約国会議（インドネシア、バリ）でもとりあげられ、京都議定書以降の地球温暖化防止の枠組みの議論に大きな影響を与えた。

本稿では、地球温暖化の科学的知見を評価し、各国や国際的な地球温暖化対策に大きな影響を与えてきたＩＰＣＣについて第４次評価報告書の作成過程とその成果を中心に紹介する。

ＩＰＣＣの使命

ＩＰＣＣとは?

１９８０年代半ばに、人間が排出する二酸化炭素などの温室効果ガスが地球温暖化を引き起こしているという危機感を感じた研究者、政策担当者が一堂に会して、地球温暖化問題への対応を議論する一連の国際的な会合が開催された。温暖化問題の重要性と防止対策の必要性が議論され、その結果をうけて１９８８年にＩＰＣＣが世界気象機関（ＷＭＯ）と国連環境計画（ＵＮＥＰ）により設立された。

ＩＰＣＣの使命は、地球温暖化研究を企画・実施することではなく、地球温暖化に関する最新の科学的知見を収集してレビューする科学的アセスメントを世界の科学者・専門家の協力を得て実施し、報告書としてとりまとめることである。１９９０年に第１次評価報告書を公表し、その年に開催された世界気候会議に提出した。この世界気候会議を契機として、地球温暖化に対する国際世論が高まり、気候変動枠組条約の締結にむすびついた。その後、１９９５年に第２次評価報告書、２００１年には第３次評価報告書を発表している。ＩＰＣＣの活動評価が行われ、引き続きこうした活動が重要であることから、ＩＰＣＣは継続されることになり、今回の第４次評価報告書を作成することになった。

ＩＰＣＣの体制

ＩＰＣＣは３つの作業部会、すなわち現象や予測を扱う第１作業部会、影響・適応・脆弱性を扱う第２作業部会、対策（緩和策）を扱う第３作業部会とインベントリ・タスクフォースからなる。第４次評価報告書は３つの作業部会がそれぞれまとめる報告書と、これらの報告書をもとに作成される総括的な統合報告書から構成される。

２００７年11月に第４次評価報告書が完成したが、次の第５次評価報告書へ向けた取り組みがすでに開始されている。２００８年８月31日からジュネーブで開催された第29回ＩＰＣＣ総会においてＩＰＣＣ議長、各作業部会の共同議長やメンバーなど新体制が決定し（図１）、引き続きインドのパチャ

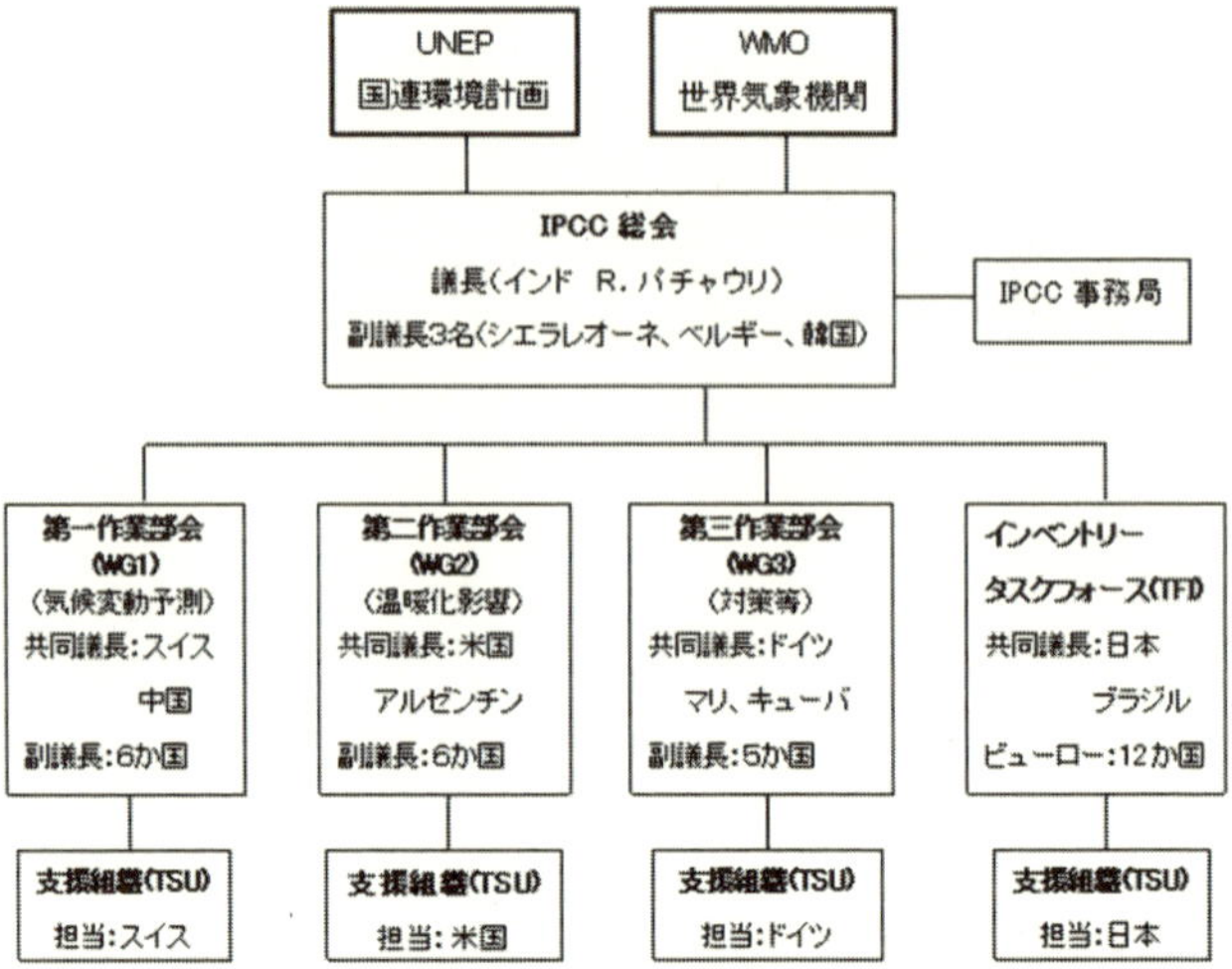

図1　IPCC 新組織（2008 年 9 月 4 日現在）

ウリ博士が議長を務めることになった。日本は、引き続きインベントリ・タスクフォースの共同議長を務め、その事務局を引き受けている。

報告書の作成プロセス

第5次評価報告書の目次案やスケジュールの作成、執筆者の選考などが行われる予定であり、詳細は追って決まると考えられるが、ここでは筆者が関わった第4次評価報告書の作成プロセスを中心に紹介する。

表1に温暖化の影響・適応を担当する第2作業部会のスケジュールを示した。第4次評価報告書を2007年までに作成すべく、2003年から種々の活動がはじまっている。たとえば、第3次評価報告書に関わった研究者を中心に第4次評価報告書でどんな話題を扱うべきかを議

表1　IPCC WG 2 第4次評価報告書の作成経過（2003年以降）

	IPCC	第2作業部会	IPCC国内連絡会
2003	4.14-16 第1回Scoping会合(マラケッシュ) 9.1-4 第2回Scoping 会合(ポツダム) 11.3, 6-7 IPCC総会#21(ウィーン)		
2004	1. 執筆者候補推薦を各国政府に依頼 4. 執筆者の決定(ビューロ会合) 5.18-20 UNFCCC第2条と鍵となる脆弱性に関連する科学専門家会合(ブエノスアイレス) 7.6-8 AR4 統合報告書Scoping会合(ジュネーブ) 11.9-11 IPCC総会#22 (デリー)	5.11-13 不確実性とリスクに関するWS(英国、メイノース) 9.1-2 適応・緩和策・持続可能な発展に関するWG2&3会合(アムステルダム) 9.20-23 第1回執筆者会合(ウィーン) 11.12 第0次原稿(ZOD)の提出締切〜内部専門家によるレビュー(〜2.11)	8.12 第1回国内連絡会
2005	4.6-8 IPCC総会#23 (アジスアベバ) 9.26-28 IPCC総会#24 (モントリオール、炭素固定・貯留特別報告書)	2.16-18 適応・緩和策・持続可能な発展に関するWG2&3会合(フランス, レユニオン) 3.14-17 第2回執筆者会合(オーストラリア、ケアンズ) 7.18-20 アジア章会合(つくば) 8.15 第1次原稿(FOD)の提出締切〜専門家によるレビュー(〜11.5) 12.5 レビュー結果を執筆者へ送付	1.19 第2回国内連絡会 6.29 第3回国内連絡会
2006	4.26-2 IPCC総会#25 (モーリシャス、ポートルイス)	1.17-19 第3回執筆者会合(メキシコ、メリダ) 4.21 第2次原稿(SOD)の提出締切〜各国政府・専門家によるレビュー(5.26〜7.21) 9.11-14 第4回執筆者会合(南アフリカ、ケープタウン) 11.10 最終原稿(FGD)の提出期限〜各国政府によるレビュー(〜翌2.16)	3.9 第4回国内連絡会
2007	1.29-2.1 WG1総会(WG1報告書承認) 4.30-5.3 WG3総会(WG3報告書承認) 5.4 IPCC総会#26(バンコク) 11.12-16 IPCC総会#27 (バレンシア、統合報告書承認)	4.2-5 WG2総会(WG2報告書承認)	

表２　IPCC 第２作業部会第４次評価報告書
「気候変動 2007 影響、適応および脆弱性」目次

論するスコーピング（Scoping）会合が２回にわたり開催された（マラケッシュおよびポツダム）。これらの会合で扱うべき問題が議論され目次案が作成され、ＩＰＣＣ総会に提出され、審議のうえ承認され、目次が決定された。第３次評価報告書では、報告書作成開始後に、執筆者が目次そのものを議論して検討した経緯があるが、第４次評価報告書ではＩＰＣＣ総会が報告書の目次を決めるというプロセスをとった。

第２作業部会の報告書は20章構成となっている。表２は目次を示したものである。各章は要約（Executive Summary）、本文（図表を含む）、参考文献からなる。報告書はなるべく薄くすることが総会からの要件となっていたが、最終的に出版された報告書は１０００頁に及ぶ厚い報告書となった。各章のまとめに相当するのが要約であり、各章の重要かつ新たな知見をまとめている。この内容が、報告書全体の

要約である政策決定者向け要約（Summary for Policy Maker：ＳＰＭ）や技術要約（Technical Summary：ＴＳ）に主として反映される。

　ＳＰＭは20ページ程度に重要事項をまとめたものである。ＴＳはより詳しく数値など重要なものが記載されている。ＳＰＭやＴＳに記載された知見について、より詳細な情報を知りたい場合には、それぞれ引用元（章節番号）が記載されているので、対応する章節を探したり、原論文を知りたい場合に、便利な構成となっている。

　第４次評価報告書は各作業部会の総会で審議される。第１作業部会総会は２００７年１月19日から２月１日、２日発表、影響・適応を扱う第２作業部会総会は、４月２～５日、６日公表、緩和策を扱う第３作業部会総会は、４月30日～５月３日、４日発表、そして４日にはＩＰＣＣ全体の総会が開催され、そこで３つの報告書がセットで採択されている。そして３つの報告書を踏まえた統合報告書が同年11月の総会で承認されて第４次評価報告書が完成した。

　各作業部会総会では、ＳＰＭの内容について一行ずつ（line by line）議論し、修正されたうえで承認されるのがルールとなっている。ＳＰＭが承認されると、そのもとになっているＴＳと本文も承認されたことになるが、これをacceptance（受諾と訳す）と呼んでいる。ＳＰＭが修正されれば、当然ＴＳや本文にも修正が入ることになるので、印刷物の報告書として一般公開されるには少し時間がかかる。今回はＩＰＣＣのウェブに電子版の報告書は印刷物に先駆けて早い段階で公表された。報告書は全文ＩＰＣＣのホームページから入手可能である（http://www.IPCC.ch）。また、ＳＰＭの和訳は、気象庁などのホームページから入手可能である（http://www.data.kishou.go.jp/

climate/cpdinfo/IPCC/ar4/index.html)。

・執筆者の選考

第４次評価報告書の原稿作成は執筆者の選考から始まった。ＩＰＣＣは各国政府に対して報告書の目次を示し、各章の執筆に相応しい科学者や専門家を推薦するように依頼し（２００４年１月）、各国政府は国内の科学者や専門家の履歴書をＩＰＣＣに送付して、その中から執筆者がＩＰＣＣビューロにより選考された。執筆者の決定以降、執筆者会合（４回）と専門家や政府のレビュープロセスを経て、報告書案がまとめられた。執筆者は次のようにいくつかのカテゴリに分かれる。

総括責任執筆者　Coordinating Lead Author（ＣＬＡ）　章の執筆と取りまとめの責任者
代表執筆者　Lead Author（ＬＡ）　章の執筆を担当
査読編集者　Review Editor（ＲＥ）　章のレビューを支援
執筆協力者　Contributing Author（ＣＡ）　章の執筆の協力

筆者が担当した第10章アジアは、ＣＬＡが４名、ＬＡが６名の計10名の執筆者チームで進めた。ＲＥは、原稿の政府レビューが開始される段階から執筆者チームが専門家・政府レビューに対する回答の妥当性を検討する役割をもつ。ＣＡは、不足する分野や地域の影響・適応に関する情報提供を行うなど、協力する科学者・専門家である。

・報告書のレビュープロセス

報告書作成で重要なプロセスがレビュープロセスである。執筆開始後に作成される0次原稿(Zero order draft：ZOD)に対し、まず他の章のCLAやLA(内部専門家)の非公式なレビューが行われ、コメントを考慮して1次原稿(First order draft：FOD)が作成される。この1次原稿に対して、外部専門家による1回目のレビューが行われる。専門家レビューのコメントへの対応を執筆者会合やメールによる情報交換で検討し、2次原稿(Second order draft：SOD)が作成される。この2次原稿に対して外部専門家(2回目)および各国政府レビュー(1回目)が実施される。両者のレビューコメントをもとに、修正した最終原稿(Final Government draft：FGD)が作成されて、2回目の各国政府レビューが実施される。このレビューが総会の直前なので、修正・原稿作成作業があわただしいが、コメントを反映した報告書案が作成され、作業部会総会に提出される。そこでの審議を経たのちに、報告書として公表される。レビュー期間は8週間を確保することが、ルールとして決まっている。

なぜ、こうした複数回のレビューを行うのか。一般の科学論文のレビュー(審査)であれば、複数名の査読者による論文内容の検討、その結果をもとに論文の修正などが行われて、採否が決定される。こうした論文レビューとIPCCのレビューはだいぶ異なる。表3が一般的な論文レビューとIPCCのレビューを比較したものである(Leemans, 2008)。論文レビューとは大きく異なることがわかる。専門家や政府からのコメントおよび執筆者の対応はすべて記録され、要求されれば、そうした

	科学論文レビュー	ＩＰＣＣレビュー（科学的アセスメント）
オーディエンス（読者）	科学者	世界の人々、とくに政策決定者
レビュアー（審査者）	１～数名の科学者	多数、多様な分野の科学者・専門家（専門家レビュー）、および政策担当者（政府レビュー）
扱う話題	単純で比較的狭い範囲	複雑で広範囲（気候変動の現象、予測、影響・適応、緩和策、持続可能性）
不確実性の扱い	不要	必要（可能性や確信度など工夫）
判定	秘密（審査者は匿名）	透明性を確保（レビューコメント、著者による対応を記録し、公開）
総合化	不要	ＳＰＭ、ＴＳなど章ごと、報告書ごとのとりまとめ統合報告書による総合的なとりまとめ
知識の普及	学術雑誌による普及	ウェブ、本、ＣＤ-ＲＯＭ、世界各地の科学セミナーによる知識普及

表３　科学論文レビューとＩＰＣＣレビュー（科学的アセスメント）の比較
（Ｌｅｅｍａｎｓ，２００８をもとに作成）

情報も提供することなど透明性を相当意識したルールになっている。

不確実性の取扱い

報告書原稿のレビュープロセスにおいて、常に不確実性の扱いが問題となっていた。この20年間のＩＰＣＣの活動は、温暖化の科学的知見の不確実性との闘いといっても大げさではないであろう。複雑な地球の気候システムを科学的に完全に解明することはできないので、常に不確実性がつきまとう。従来この不確実性が人為的な地球温暖化は起きていないとする懐疑派や一部の国が地球温暖化対策へ反対する根拠のひとつとなっていた。

ＩＰＣＣでは第３次評価報告書の作成時に、地球温暖化に関する科学的知見の確から

英語	日本語	確率（p）
Virtually certain	ほぼ確実	＞ 99%
Extremely likely	可能性が極めて高い	＞ 95%
Very likely	可能性が非常に高い	＞ 90%
Likely	可能性が高い	＞ 66%
More likely than not	どちらかと言えば	＞ 50%
Unlikely	可能性が低い	＜ 33%
Very unlikely	可能性が非常に低い	＜ 10%
Extremely unlikely	可能性が極めて低い	＜ 5%
Exceptionally unlikely	ほぼありえない	＜ 1%

表4　現象・事象の確からしさ

しさを評価するための方法を検討して、各作業部会はその方法を共通に利用することになっていた。しかし作業部会によって「確からしさ」の扱いが異なっていることが問題となっているのが現状である。

「確からしさ」を、温暖化に関わる現象・事象発生の確からしさ（likelihood）と科学的な知見の確信度（confidence level）を使うことになっている。こうした「確からしさ」の考え方や2つの方法の使い分けがなかなか理解しづらい点がある。

（1）現象・事象の確からしさ（確率）

IPCCでは、現象・事象の確からしさを「結果の可能性（確率）」と定義して、以下の分類を使っている。

不確実性の最も重要な点が、本当に温暖化しているかどうか（温暖化の検出、detection）と温暖化しているならばその原因は人為的なものかどうかを判定する（原因究明、attribution）ことである。1990年に公表された第1次評価報告書では、温暖化の原因が自然なのか人

英語	日本語	正しさについての確信度
Very high confidence	確信度が非常に高い	10のうち 少なくとも９が正しい
High confidence	確信度が高い	10のうち 約８が正しい
Medium confidence	確信度が中程度	10のうち 約５が正しい
Low confidence	確信度が低い	10のうち 約２が正しい
Very low confidence	確信度が非常に低い	10のうち１未満

表５　科学的知見の確信度

為なのかがまだ判定できていないが、第２次評価報告書では、識別可能な人為的影響が気候に現れていることが示唆される、と一歩踏み込んだ表現になった。前回の第３次評価報告書では、「最近50年間に観測された温暖化のほとんどが人為的活動によるものであるという、新たな、より強力な証拠がある。……（途中省略）……最近50年間に観測された温暖化のほとんどが温室効果ガス濃度の上昇によって引き起こされた可能性が高い」として、"is likely"を使い、確率では66％より大と判断している。今回の第４次評価報告書では、「過去半世紀の気温上昇のほとんどが人為的温室効果ガスの増加による可能性がかなり高い」として、"very likely"、確率で90％より大と、この50年間に進んでいる温暖化がほぼ人間活動によるものであると判定したわけである。

（２）科学的知見の確からしさ（確信度）

いっぽう、確信度（Confidence level）は、執筆者が文献を包括的に読解し、専門的判断を加えて、主要な記述に付記している知見の確からしさを表している。

第2作業部会では、可能性と確信度を併用することにしていたが、文章中に両方が記載されていると、意味がよくわからなくなることから、確信度のみを記載するようにし、is likely などの可能性の記載については、is projected などに修正することになった。

第3作業部会は上記の方法とはまた別の方法を採用しているが、ここでは省略する。

第2作業部会の第4次評価報告書の概要

3つの作業部会がそれぞれ報告書を作成することになっている。作業部会ごとに執筆作業を行うが、特徴としては、現象を扱う第1作業部会、影響・適応を扱う第2作業部会、緩和（削減）対策を扱う第3作業部会は別々のスケジュールで、また少し時間をおいて作業を進めている点があげられる。第1作業部会が作業を進め、その結果を受けて、第2、第3作業部会が検討を行うのが理想であるが、数か月の時間差ではかならずしも研究に反映できないので、ほぼ同時並行した執筆作業となっている。しかし緊密に連携する必要があることから、複数の作業部会に登録されている執筆者もおり、彼らを通じて相互の情報交換を行う仕組みをとっている。

第２作業部会第４次評価報告書のＳＰＭ概要

ＳＰＭの主な内容は以下のとおりである（ＩＰＣＣ，２００７）。

○世界中で温暖化の影響が顕在化　膨大な観測データが解析され、全ての大陸とほとんどの海洋で、物理環境・生物環境に温暖化の影響が有意に現れていることがわかった。すでに生じている主な影響としては、以下のものがあげられる。

・氷河湖の増加・拡大、永久凍土地域における地盤の不安定化、山岳における岩なだれの増加

・春季現象（発芽、鳥の渡り、産卵行動など）の早期化、動植物の生息域の高緯度、高地方向への移動、北極域および南極域の生態系（海氷生物群系を含む）および食物連鎖上位捕食者における変化

・多くの地域の湖沼や河川における水温上昇

・熱波による死亡、媒介生物による感染症リスク

○淡水資源への影響　今世紀半ばまでに年間平均河川流量と水の利用可能性は、高緯度およびいくつかの湿潤熱帯地域において10～40％増加し、多くの中緯度および乾燥熱帯地域において10～30％減少すると予測される。

○生態系への影響　多くの生態系の復元力（resilience）が気候変化とそれに伴う撹乱およびその他の要因が併発することによって今世紀中に追いつかなくなる可能性が高い。

・植物および動物種の約20～30％は、全球平均気温の上昇が１・５～２・５℃を超えた場合、絶

滅のリスクが増加する可能性が高い。
・今世紀半ばまでに陸上生態系による正味炭素吸収はピークに達し、その後、弱まるか、排出に転じる可能性が高く、これは、気候変化を増幅する。

○サンゴ礁への影響　約1～3℃の海面温度の上昇により、サンゴの温度への適応や気候馴化がなければ、サンゴの白化や広範囲な死滅が頻発すると予測されている。

○農業・食料への影響　世界的には、潜在的食料生産量は、地域の平均気温の1～3℃までの上昇幅では増加すると予測されているが、それを超えて上昇すれば、減少に転じると予測される。

○沿岸域への影響　2080年代までに、海面上昇により、毎年の洪水被害人口が追加的に数百万人増えると予測されている。洪水による影響を受ける人口はアジア・アフリカのメガデルタが最も多いが、いっぽうで、小島嶼は特に脆弱である。

図2は、1990年頃からの気温上昇量（ΔT）と影響についてまとめたものであり、本文の将来影響の記載とあわせて影響の全体像を表している。最終原稿では、気温上昇と分野ごとの影響と地域ごとの影響の2つの表があったが、総会での審議の結果、地域ごとの影響の表が削除された。

○適応策が重要　すでに影響が現れていることから適応が始まっている。将来の気候変動に対応するためには、現在実施されている適応は不十分であり、一層の強化が必要である。しかし、適応だけで気候変化の予測されるすべての影響に対処できるわけではなく、とりわけ長期にわたっては、ほとんどの影響の大きさが増大するため対処できない。適応策と緩和策を組み合わせることにより、気候変化に伴うリスクをさらに低減することができる。

○気候変化がもたらす便益と被害　気候変化の影響は地域的に異なるが、その影響被害を総計し、現在に割引いた場合、毎年の正味コストは、全球平均気温が上昇するにつれて増加する可能性が非常に高い。

・全球平均気温の上昇が１９９０年レベルから１〜３℃未満である場合、ある地域のあるセクターで便益をもたらす影響と、別の地域の別のセクターでコストをもたらす影響が混在する可能性が高い。ただし、一部の低緯度地域および極域では気温のわずかな上昇でさえコストが発生する可能性が非常に高い。

・気温の上昇が約２〜３℃以上である場合には、すべての地域において正味の便益の減少か正味のコストの増加のいずれかが生じる可能性が非常に高い。

アジアへの影響

筆者は10章アジア地域を担当した。アジア地域における影響の概要を示す。アジア地域は世界人口の６割を擁する広大な地域であり、７つのサブ地域、北アジア、東アジア、東南アジア、チベット高原、南アジア、中央アジア、西アジアにわけている。SPMでは、以下の６項目が取り上げられた。各項目の文末にある記号は、＊、＊＊は、確信度が中程度、高いことを示し、Nは第３次評価報告書以降の新しい知見、Dは第３次評価報告書の知見がさらに発展したことを示している（IPCC, 2007）。

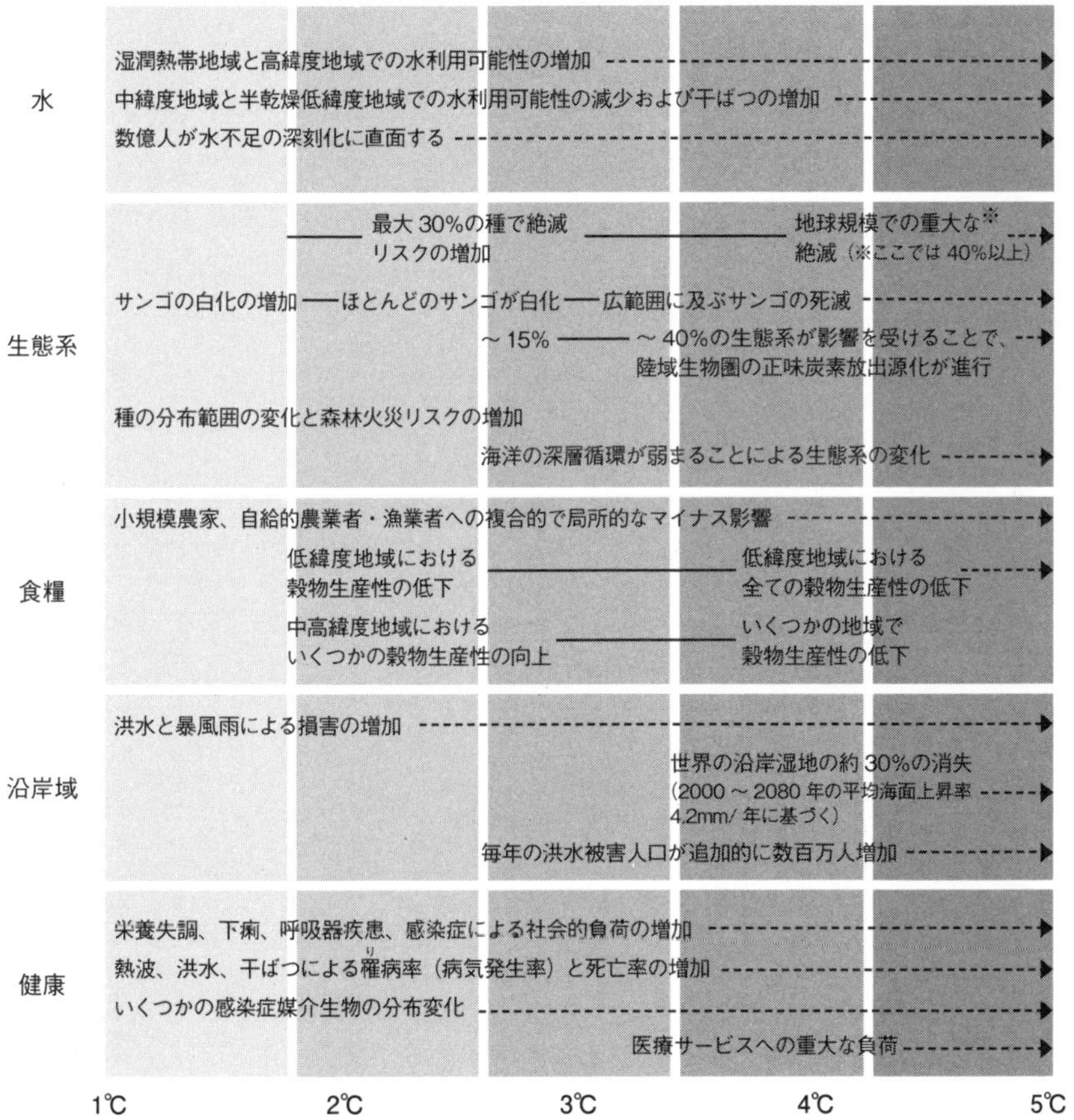
水
湿潤熱帯地域と高緯度地域での水利用可能性の増加
中緯度地域と半乾燥低緯度地域での水利用可能性の減少および干ばつの増加
数億人が水不足の深刻化に直面する
生態系
最大30%の種で絶滅リスクの増加
地球規模での重大な※絶滅（※ここでは40%以上）
サンゴの白化の増加
ほとんどのサンゴが白化
広範囲に及ぶサンゴの死滅
～15%
～40%の生態系が影響を受けることで、陸域生物圏の正味炭素放出源化が進行
種の分布範囲の変化と森林火災リスクの増加
海洋の深層循環が弱まることによる生態系の変化
食糧
小規模農家、自給的農業者・漁業者への複合的で局所的なマイナス影響
低緯度地域における穀物生産性の低下
低緯度地域における全ての穀物生産性の低下
中高緯度地域におけるいくつかの穀物生産性の向上
いくつかの地域で穀物生産性の低下
沿岸域
洪水と暴風雨による損害の増加
世界の沿岸湿地の約30%の消失（2000～2080年の平均海面上昇率4.2mm/年に基づく）
毎年の洪水被害人口が追加的に数百万人増加
健康
栄養失調、下痢、呼吸器疾患、感染症による社会的負荷の増加
熱波、洪水、干ばつによる罹《り》病率（病気発生率）と死亡率の増加
いくつかの感染症媒介生物の分布変化
医療サービスへの重大な負荷
1℃
2℃
3℃
4℃
5℃

図2　世界平均気温の上昇による主要な影響

○ヒマラヤ山脈の氷河の融解により、洪水や不安定化した斜面からの岩なだれの増加、および次の20〜30年間における水資源への影響が予測される。これに続いて、氷河が後退することに伴う河川流量の減少が生じる。＊N

○中央アジア、南アジア、東アジアおよび東南アジアにおける淡水の利用可能性は、特に大河川の集水域において、気候変化によって減少する可能性が高い。このことは、人口増と生活水準の向上と相まって、２０５０年代までに10億人以上の人々に悪影響を与えうる。＊＊N

○沿岸地域、とくに南アジア、東アジアおよび南東アジアの人口が密集しているメガデルタ地域は、海からの洪水（いくつかのメガデルタでは河川からの洪水）の増加に起因して、最も高いリスクに直面すると予測される。＊＊D

○気候変化は、急速な都市化、工業化、および経済成長と相まって、自然資源と環境への圧力を構成するものであり、アジアのほとんどの途上国の持続可能な開発を侵害すると予測される。＊＊D

○21世紀半ばまでに、穀物生産量は、東アジアおよび東南アジアにおいて最大20％増加しうる反面、中央アジアおよび南アジアにおいては最大30％減少すると予測される。これらと人口増加と都市化を考慮すると、いくつかの途上国において、非常に高い飢餓のリスクが継続すると予測される。＊＊N

○主として洪水と旱ばつに伴う下痢性疾患に起因する地方の罹患率と死亡率は、地球温暖化に伴う水循環の予測される変化によって、東アジア、南アジア、および東南アジアで増加すると推定される。沿岸の海水温度が上昇すると、コレラの存在量および／または毒性が増加するであろう。＊＊N

なお、日本への影響についても報告書には記載されているが、紙面の都合もあり、限られたものになっている。温暖化の日本への影響については、最近公表された研究プロジェクトの成果や、影響・適応のレビュー作業の結果を参照されたい（温暖化影響総合予測プロジェクトチーム、２００８：地球温暖化影響・適応研究委員会、２００８）。

おわりに

統合報告書を含めた第４次評価報告書の意義を総括すると以下のようになろう（地球環境研究センター、２００８）。

①人為的な温暖化は疑う余地がない（unequivocal）

気候変動の観測や現象解明が進み、地球の地上および海洋の気温上昇、平均海面の上昇、北極海氷や高山氷河の縮小から、気候システムが温暖化していることは非常に可能性が高い（very likely）と評価し、温暖化の原因は温室効果ガスの排出など人間活動によるとほぼ科学的に断定した。

②温暖化のもたらす影響の現状を明らかにした

すべての大陸とほとんどの海洋で雪氷や生態系など自然環境に影響が現れていることが科学的にも明らかになった。また人間活動にも影響がでていると指摘している。

③温暖化のもたらす将来の気候変化や影響を明らかにした

今後地球の平均気温が１９９０年頃に比較して１・１〜５・８℃上昇し、海面が18〜59ｃｍ上昇すると予測した。このため、種々の分野や地域に影響が現れると予測される。影響の現れ方は分野によって、地域によって異なるが、１９９０年で１〜３℃以上気温上昇すると温暖化初期の段階での好影響（たとえば、寒冷地が温暖化して穀物栽培ができるなど）が現れたとしても、この温度以上では悪影響が卓越する。

④温暖化と極端な現象の関係を明らかにした

温暖化の進行とともに、極端な現象（異常気象）の規模と頻度が拡大すると予測され、平均的な気温上昇や降水量変化の影響に加えて、熱波、干ばつ、洪水、強い台風やハリケーンなどの極端な現象が短期的にも現れると予測される。

⑤温暖化を防止するための緩和対策について明らかにした

温暖化を防止するための緩和策、温暖化の影響を低減する適応策、両方が必要である。両者をうまく組み合わせることにより、限られた資金のもとで、温暖化のリスクを低減することができる。しかし、両対策を進めるにあたっては、種々の制約条件もまだある。

⑥ポスト京都の枠組みの検討に資する長期的な安定化濃度と対策との関係を示した

温暖化を防止するためには、この20～30年に温室効果ガスの排出を増加傾向から減少傾向に転じ、２０５０年には大幅な削減を行うことが必要である。日本政府が提案した２０５０年に温室効果ガス排出量を現状に比べて半減するといった長期目標設定のひとつの根拠ともなっている。

⑦温暖化防止の緩和対策のあり方、適応策とのポートフォーリオを明らかにした

緩和対策として現在の技術、経済的対策、ライフスタイルや消費パターンの変更などによって十分削減することができ、その経済的費用は、副次的便益（cobenefit）を考慮すると、影響被害コストに比べると少ない。

前述のように、第５次評価報告書に向けたＩＰＣＣの新体制が整った。第５次評価報告書への日本の貢献を考えると次の点があげられる。

・　査読付き英文論文の公表　ＩＰＣＣでは査読付き論文を情報源としているので、論文公表が

重要であることはかわらない。加えて、日本語論文査読付きでも、要約が英語であれば、評価対象になる。論文をＩＰＣＣや執筆者など著名な研究者に送るのも効果的である。

・**執筆者としての参画**　今後１～２年かけて、第５次評価報告書で扱うべき問題を議論するスコーピング会合などの開催を経たうえで、総会で目次案など作成方針が決まると、執筆者の選考になる。日本から多くの執筆者を送ることが、日本の研究成果を報告書に反映させるために必要である。

・**日本の影響研究のレビュー**　温暖化に関わる論文のレビューをすることにより、日本の研究の知見をまとめ、英語報告書あるいは単行本として出版することも効果がある。

・**ＩＰＣＣワークショップ等への積極的参加**　今後、ＩＰＣＣは種々の問題についてのワークショップを頻繁に開催すると予想されるので、そうしたワークショップへ積極的に参加して、日本の研究成果を発表することも重要である。

・**アジア途上国における温暖化研究の支援**　アジアや太平洋地域の各国の温暖化研究への協力や支援も日本としては重要な点である。途上国における影響研究などを支援することが期待される。

参考文献

IPCC（2007）*Climate Change 2007: Impacts, Adaptation and Vulnerability Summary for Policymakers.*

Leemans, R. (2008) Personal experiences with the governance of the policy-relevant IPCC and Millennium Ecosystem Assessments, *Global Enviromental Change*, 18, 12-17.

温暖化影響総合予測プロジェクトチーム（２００８）地球温暖化「日本への影響」―最新の科学的知見―、95ページ

地球温暖化影響・適応研究委員会（２００８）気候変動への賢い適応報告書

地球環境研究センター（２００８）ＩＰＣＣ第四次評価報告書のポイントを読む、12ページ
http://www-cger.nies.go.jp/cger-j/pub/pamph/pamph_index-j.html#ipcc

執筆者紹介

原沢英夫（はらさわ・ひでお） 内閣府政策統括官（科学技術政策・イノベーション担当）付参事官（環境・エネルギー担当）。１９５４年群馬県生まれ。１９７６年に東京大学工学部都市工学科卒業、１９７８年に同大学工学系研究科都市工学専門課程修士修了。同年国立環境研究所の前身である国立公害研究所に研究員として入所。その後、１９８５年京都大学において工学博士号を取得、１９９２年国立環境研究所地球環境研究センター研究管理官（データベース担当）、１９９４年社会環境システム部環境計画研究室長、経済研究室長、社会環境システム研究領域長等を経て、２００８年４月より現職。専門は環境工学（温暖化の影響評価など）。学会活動は土木学会（環境システム委員会）を中心に、環境科学会、日本環境共生学会等に参加。気候変動に関する政府間パネル（ＩＰＣＣ）第３次評価報告書（第２作業部会、２００１年公表）、第４次評価報告書（第２作業部会、２００７年公表）に総括代表執筆者として参画し、アジア地域への影響・適応・脆弱性についてとりまとめを担当。

4．地球生命圏ＧＡＩＡの科学

はじめに

１９６９年。この年われわれは、川面に映された自分の姿を見るように、初めて宇宙船アポロが撮影した青い地球の写真の中にわれわれ自身を見た。そのときから、われわれは自分自身を地球全体から切り離すことができないという自覚をもった。さらに、全体としての地球は、どうやら生き物かもしれないという潜在意識をもった。この年から、地球生命圏ＧＡＩＡと人間との間の概念が大きく変わった。

いっぽう、この年の１９６９年は、英国の科学者のジェームス・ラブロックが、地球は太陽系の中で最大の生き物（地球生命圏ガイア）であると総括した創造的な年でもあった。つまり、地球生命圏は自己調節機能をもった存在で、化学的物理的環境を調節することによって、われわれの住む惑星の健康を維持する力をそなえている、という仮説を発表した年でもあった。

宇宙船アポロが地球を撮影し、われわれにそれを見せてくれた科学技術は、意識的かつ理性的に発展したものである。その結果、われわれは俯瞰的な視点で地球全体を観ることに専念した。気候変動に関する政府間パネル（Intergovernmental Panel on Climate Change：ＩＰＣＣ）の立ち上げと、気候変動に関わる研究への多くの科学者の参加が、その結果である。また、このＩＰＣＣにおける将来予測を含む科学的・技術的知識の現状評価は、後に２００７年のノーベル平和賞の受賞にまで進展した。

ジェームス・ラブロックの地球生命圏ガイア理論は、意識的で理性的ではあるが、一部には無意識的かつ直感的な背景が認められる。この理論は、現在の地球問題を考えるうえで、あらゆる分野の多くの技術者や科学者に多大な影響を与えた。その結果、物理学者、科学者、医学者、農学者、気象学者などあまたの学者が共同して知の統合をめざした。

さらに、この仮説は『グローバルブレイン』（ピーター・ラッセル著：工作舎）や『アースマインド』（ポール・デヴェロー著：教育社）などに紹介される新たな仮説に発展し、脳や精神の分野の研究にまで影響を与えている。これらの思考は、いまでは科学と宗教の統合知の創出にまで駆けめぐっている。

このように、地球温暖化の問題にかかわる歴史的な背景には、意識的かつ理性的な場面と、無意識的かつ直感的な場面が共存している。前者に代表されるＩＧＢＰ、ＷＣＲＰ、ＩＨＤＰおよびＩＰＣＣについては、この本にも紹介された。ここでは、後者に代表される『地球生命圏ＧＡＩＡの科学』の解説を試みる。

地球生命圏ＧＡＩＡに関わる出版物の流れ

地球生命圏ＧＡＩＡという概念は、英国の科学者、ジェームス・ラブロックによって広く世間に流布された。彼は化学者として大学を卒業し、生物物理学・衛生学・熱帯医学の各博士号を取得し、医学部の教授をへて、ＮＡＳＡの宇宙計画のコンサルタントとして、火星の生命探査計画にも参加した。また、ガスクロマトグラフィーの専門家で、彼の発明した電子捕獲型検出器（ＥＣＤ）は、環境分析に多大な貢献をしている。

『沈黙の春』(1)の著者レイチェル・カーソンの問題提起のしかたは、科学者としてではなく唱道者としてのそれであったと説き、彼は生きている地球というガイアの概念を、天文学から動物学にいたる広範な科学の諸領域にわたって実証しようとする。

ラブロックは、これまでガイアに関する数多くの本を世に問うている。『地球生命圏－ガイアの科学』(2)、『ガイアの時代』(3)、『ＧＡＩＡガイア：生命惑星・地球』(4)、『ガイア：地球は生きている』(5)、『ガイアの思想：地球・人間・社会の未来を拓く』(6)などが、そうである。87歳になった２００６年に出版した本は、『The REVENGE of GAIA』(7)である。文字通り『ガイアの復讐』(8)と訳して出版された。

Oxford University Pressから１９７９年に『Gaia: A new look at life on earth』(9)と題した本が出版された。この本が『地球生命圏－ガイアの科学』としてわが国で出版されたのは、１９８４年である。翻訳・出版されるのに5年の歳月が経っている。

続いて、W.W. Norton から1988年に『The ages of Gaia』[10]が出版された。この本は『ガイアの時代』と題してわが国で1989年に翻訳・出版された。われわれは、原著出版の翌年にはこの本を翻訳文として読むことができた。

最近の原著『The REVENGE of GAIA』[7]と訳書『ガイアの復讐』[8]は、いずれも2006年である。われわれが翻訳文を手にしたのは、原著と同年ということになる。この3冊の本の原著と翻訳の時間的な流れをみるだけでも、人びとの地球生命圏ガイアへの関心の強さがうかがえる。さらに、地球が温暖化しつつある現実も、人びとの地球生命圏への関心を高めている。『地球生命圏ーガイアの科学』が世に出て、『ガイアの復讐』をわれわれが手にするまで、27年の歳月が経過している。優に4分の1世紀の長きにわたる。

地球生命圏GAIAとは?

ガイアとは、ギリシャ神話に語られる「大地の女神」のことである。遠いむかし、ギリシャ人は大地を女神として敬い、「母なる大地」に畏敬の念をいだいていた。この考え方は歴史上いたる国でみられ、いまなおわれわれの信条のもととなっている。もちろん、わが国でも「古事記」にみられるように、石や土を称えた石土毘古神（いわつちびこのかみ）が敬われている。

いっぽう、近年、自然科学の発展と生態学の進展にともなって、地球生命圏は土壌や海洋や大気を生息地とするあらゆる生き物たちの単なる寄せ集め以上のものであるという推測が行われている。つまり、地球の生物と大気と海洋と土壌は、単一の有機態とみなせる複雑な系を構成しており、われわれの地球を生命にふさわしい場として保つ能力をそなえているという仮説である。以下に、ラブロックの書いた地球生命圏ＧＡＩＡについての重要な３冊の本を紹介し、読者の理解の参照にしたい。

『地球生命圏―ガイアの科学』の紹介

表題のこの本(2)の参考文献は、微生物から宇宙にいたるまで幅広い。なかでも、Science、Nature、Tellus、J. Geophys. Res.、Atm. Environ.、SCOPEなどの雑誌は、宇宙や地球や環境の研究に従事している学者や研究者になじみ深い文献である。

第１章では、火星の生命探査計画に始まる地球生命への新たな視座、すなわち地球とその生命圏との関係についてのひとつの新しい概念を提起し、ガイア仮説を述べている。第２章では、ガイア誕生のための太初の生命の出発、生命活動と大気の循環、生命圏による環境調整について語る。第３章では、他の惑星との大気組成の比較、微生物の活性などによってガイアを認識させようとする。第４章では、ガイアのもつサイバネティクスを温度調節と化学組成の調節を例にとって解き明かしていく。

第5章では、生理学者が血液の成分を調べ、それが全体として生命体のなかでどのような機能を果たしているかを観るのと同様な扱いで、現在の大気圏をとりまく空気の成分を解説する。ここでは土壌や海洋から発生するメタン、亜酸化窒素（一酸化二窒素）、アンモニア、二酸化炭素などの気体成分が生命圏の安定状態の維持に重要であることが語られる。第6章では、海洋が〈彼女〉の大切な部分であることを、「海はなぜもっと塩からくならないか」というテーマや、硫化ジメチルなどの化学成分の海洋から大陸への旅で説明する。

第7～8章では、ガイアと人間について論じている。人間の諸活動がもたらす危険を注意深く監視するのに必要な最重要地域は、熱帯の湿地帯と大陸棚であると強調する。また、オゾン層の増減には常に気を配ることを力説する。そして、ガイアの自己調節活動の大半は、やはり微生物によるものと考えていいとする。さらにガイア仮説と生態学を比較し、「ガイア仮説は、惑星の細部ではなく全体を明かした宇宙空間からの地球の眺望を出発点としている。いっぽう、生態学のほうは全体像というよりは、地についた自然史と、さまざまな生息地や生態系の緻密な研究に根ざすものである。かたや森をみて木がみえず、かたや木をみて森がみえない」と説く。

第9章では、人間とガイアの相互関係における思考や感情という、ガイア仮説のうちでもっとも推測的でつかみにくい側面を語っている。

以上がこの訳書の概略である。前半の6つの章は、いわゆる自然科学の領域で理解できるものであろう。けれども、ガイアと人類について論ずる最後の3つの章は、きわめて信条的で難解な部分が多い。しかし、本書のような観点から地球をとらえたとき、地球の研究がいかに生命圏の維持、保全に重要なものであるかが理解されよう。

『ガイアの時代』の紹介

表題のこの本(3)は、先に紹介した『地球生命圏－ガイアの科学』が執筆された後、その後の科学的知見をもとに全面的に書き直しされたものである。その間、９年の歳月が経過している。

ルイス・トマスは、「序文」で次のように語る。「われわれは地球を整合性のあるひとつの生命システムととらえるようになるだろう。それは自己調節能力と自己更新能力をそなえた、一種の巨大生命体である。ここから直接・間接に何か新しい技術的応用が生み出されるとは思えない。が、将来われわれが選択するであろういまとはちがった種類のテクノロジーに対し、新たな、より穏やかな影響をおよぼしはじめる可能性は大きい」と。

著者は「はじめに」で、自分はガイアの声を代弁したいだけであることを強調する。なぜなら、人間の声を代弁する人の数にくらべ、ガイアを代弁する者があまりにも少ないからである。また「ヒポクラテスの誓い」と題して、本書の目的のひとつに、惑星医学という専門分野が必要で、その基礎としての地球生理学を確立する必要があると説く。

第１章では、この本が書かれた理由を以下のように説明する。本書は、わたしたちが属する世界についてひとりの人間の見たままを綴ったものであり、何よりも著者にとっても読者にとっても楽しめる本である。これは、田園散歩に出かけたり、コロレンコがしたように友人たちと地球が生きていることについて論じ合ったりする時間をそのなかに含む、ひとつの生き方の一端として書かれたものだ。

第2章は、第6章とともに最も重要な部分で、生命と生命の条件が解説され、デイジーワールドの進化が提案される。生命としての地球の説明については、観念的には次の文章が理解しやすい。「なかに次つぎと小さな人形の入った入れ子式のロシア人形のように、生命は一連の境界線のうちに存在している。もっとも外側の境界は、地球大気が宇宙と接するところである。この惑星的境界線内部で、ガイアから生態系へ、動植物へ、細胞へ、DNAと進むにつれ、生命体の大きさは縮小するが生育はどんどん盛んになってゆく。」

第3章では、地球生理学的視点から見た地球の歴史を、デイジーワールドを使い生命の発祥から今日までたどる。環境が低温の場合は黒いデイジーが優勢で、太陽光を吸収し自身と周辺環境を暖める。高温の場合は白いデイジーが優勢で、太陽光を反射し自身と周辺環境を冷やし、生育に適した環境に調整する、というデイジー・モデルが解説される。

このような地球上の生命が自らに適した環境を作りだしているというラブロックとリン・マルグリスのガイア仮説（その後のガイア理論）は、環境への適応により生物は進化すると思っていた者には新鮮である。

第4、5、6章は、科学的に妥当な年代を順番に並べたものである。最初は生命が発生した始生代で、この代の地球上唯一の微生物はバクテリアであり、大気はメタン主体で酸素はごく微量にすぎなかった。原生代と呼ぶ次の中世の章では、酸素がはじめて大気の主体として登場してから、細胞の集団が集まってそれぞれ独自の個体性を持った新種の共同体を形成するときまでを扱っている。次は、動物が現れた顕生累代についての章である。

第７、８、９章は、ガイアの現在と未来を扱ったもので、地球上における人類の存在と、いつの日か火星上にもそれが広がってゆくかもしれない可能性とに力点を置いたものである。第９章では、これまで提出されたさまざまな質問や問題点に解答を試みている。

この本には、農業にかかわる人びとが大きな関心を寄せる箇所がいたる所に現れる。この項の執筆者が見つけただけでも、少なくとも９か所散在する。簡単に言えば、農林漁業はガイアにとって好ましくない存在であるということである。以下にその代表的な記述を紹介する。これらの指摘をどのように理解するか、反論があればどのように説得するか、認める部分があればその対策をどのようにとるか。われわれに与えられた課題であろう。なぜなら、われわれは農業なくして生きながらうことはできないから。

「地球の健康は、自然生態系の大規模な改変によってもっとも大きく脅かされる。この種のダメージの源として一番重大なのは農業、林業そして程度はこのふたつほどではないが漁業であり、二酸化炭素、メタン、その他いくつかの温室効果気体の容赦ない増加を招く。」「われわれはけっして農業なしには生きていけないが、よい農業と悪い農業のあいだには大きなひらきがある。粗悪な農業は、おそらくガイアの健康にとって最大の脅威である。」

『ガイアの復讐』の紹介

前述した2冊の本が出版された後、1990年代に入り地球環境問題が大きく浮上し、「ガイア」という言葉をよく耳にするようになった。しかしその言葉の使われ方には、ラブロック達が唱える「ガイア」とは大きなちがいがあった。「ガイア」が地球環境の文脈の中で使われるとき、その多くはあくまでも人間にとっての地球環境として使われているように思われる。しかしラブロックは、人間はあくまでもガイアの一部であり、むしろガイアにとってその調整機能を破壊する有害な存在として捉えている。

表題の『ガイアの復讐』(8)には、このような歴史が端的に語られている。ガイアは人間を排除しようとしていることが解説される。ガイアが人間を受け入れるためには、人間の数が多すぎるとも語る。その多すぎる人間を支える基本となっている電気は、核融合や水素エネルギー技術が確立するまで、環境にもっとも負荷の少ない核分裂エネルギーに頼るしかないと記している。

ラブロックは、地球温暖化の臨界点をCO_2濃度で500ppmとしている。北極の氷の溶ける量が増加すれば、氷の中のCO_2が放出されて温暖化に拍車がかかるという。ここでは、人びとがあまり語らない閾値《いきち》の問題が見え隠れする。

南太平洋のエリス諸島を領土とするツバル国は、いまや水没の危機にさらされている。気温の上昇による海水の膨張により、日本の海岸に面した平野は水没を逃れるために、防波堤を構築しなければならないだろうか?

地球生命圏にガイアと名付けたラブロックの危機感が、ひしひしと伝わってくる一冊である。電気による現代文明を享受し、それでいて地球の温暖化を叫んでいる筆者たちにとっては、実に手厳しい本である。

ラブロックは地球医学者として、未来の危機を予測する「鉱山のカナリア」なのかもしれない。ガイアの復讐に重きをおいた内容を以下に紹介する。ラブロックは、惑星専門の医師の立場から地球の現状を次のように分析する。地球の健康の衰えは、世界で最も重要な問題である。われわれの生命は、まさに地球が健全か否かにかかっているといっても過言ではない。地球の健康への配慮は、優先されてしかるべきである。増加の一途をたどる人類が繁栄するためには、健全な惑星が必要だからである。地球が若く丈夫だった頃には、不都合な変化や温度調節の失敗にも絶えることができた。だが今では地球も年齢を重ね、昔のような回復力を期待することができない。

前世紀の地球観を次のように攻撃する。われわれはなぜ、人類や文明が直面している重大な危機に気づくのがこうも遅いのだろう。地球温暖化の熱が極めて有害な現実であり、人間や地球の制御できる限度をすでに超えたかもしれないのに、それを理解できずにいるのはなぜだろう。バクテリアからクジラにいたる他の生物も人間も、多様性のあるずっと大きな存在、すなわち生きている地球の一部だという概念に、われわれはいまだに馴染めずにいるのである。

大気中のCO_2濃度や気温によって決まる閾値《いきち》が存在することに、気付かなければならない。ひとたびこの値を超えると、どんな対策をとろうとも、結末を変えることができない。地球はかつてないほどの高温状態になり、後戻りは不可能だ。必要なのは持続可能な撤退である。われわれはエネルギーを誤用し、地球を人口過剰な星にしたが、だからといって文明を維持するために技術を放棄するわけにはいかないだろう。その代わり、人間の健康ではなく地球の健康を念頭に置いて、技術を賢く利用しなければならない。トップダウンの全体的見方が、物事を細分化してからボトムアップで再構成するのと同じくらい重要だということが理解されなければならない。

地球が新たな酷暑の状態に向けて急速に動き出したら、気候変動は間違いなく政界や経済界を混乱させるであろう。

ガイアの老化と死が近づいている。ガイアが年老いて、もうそれほど長く生きられないという事実に触れないわけにはいかない。太陽がいまだかつてないほど熱くなっているため、まもなく動物や植物や細菌といった生命体は、その暑さに耐えられなくなる。人間と同じことがガイアにも言える。その生涯の最初の10億年は細菌の時代で、中年も終わりに差し掛かって、ようやく最初の原始植物が現れた。そして80代になって初めて、最初の知的な動物が惑星に出現した。

われわれはなぜ、人類や文明がいま直面している数々の驚異的な危機におもいが及ばないのだろうか。地球温暖化による加熱が、さまざまな生態系に極めて有害な現象を引き起こし、地球生命圏が、すでに温暖化を制御する限度を超えてしまっているのに、人びとがそれを理解できずにいるのはなぜだろうか。

参考資料

(1)カーソン、R.、青樹簗一訳（1974）沈黙の春、新潮文庫
(2)ラブロック、J.E.、スワミ・プレム・プラブッダ訳（1984）ガイアの科学 地球生命圏、工作舎
(3)ラブロック、J.E.、スワミ・プレム・プラブッダ訳（1989）ガイアの時代、工作舎
(4)ラブロック、J.E.、糸川英夫訳（1993）ガイア―生命惑星・地球―、NTT出版
(5)ラブロック、J.E.、松井孝典訳（2003）ガイア 地球は生きている、産調出版
(6)ラブロック、J.E.、田坂広志ら訳（1998）ガイアの思想―地球・人間・社会の未来を拓く、生産性出版
(7) Lovelock, J.E.（2006）The REVENGE of GAIA, Basic Book
(8)ラブロック、J.E.、竹村健一ら訳（2006）ガイアの復讐、中央公論新書
(9) Lovelock, J.E.（1979）*Gaia; A new look at life on Earth,* Oxford University Press
(10) Lovelock, J.E.（1988）*The ages of GAIA,* Harold Ober Association Inc.

執筆者紹介

陽　捷行（439ページ参照）

第2部　地球システムにおける物質循環

1．人間圏の成り立ち

地球の構成

地球全体（といっても人類が生息する地球の表面付近のこと）を捉えようとするとき、サイエンスの常套手段として、地球を固体部分の地殻、液体の海、気体の大気に分ける。

地球上の水は、固相の雪氷、液相の水、気相の水蒸気と、物理状態によって三相にわたって存在しており、水はずいぶん特異な物質といえる。液相の水は海だけでなく、陸上でも湖沼・河川・地下などに存在し、これらをまとめて陸水という。ただ「水」というと、地球上の水の大部分は海水なので、陸水はよく忘れられることがある。大気中にも液相の雲粒・雨滴があるが、その量は場所や時間で大きく変動するので、きちんと捉えることはむつかしい。海水に比べれば量としては桁ちがいに少ないが、大気中の水は気象や気候の変化を左右する基本的な役割をはたしている。地殻の一部である土壌表層中の水分は、生物や気候にとって重要な因子である。とはいっても、水分の分布や変動をきちんと調べるのはむつかしい。地殻の深いところにも水は存在するらしいが、量はよくわかっていない。水は地殻・土壌・陸水・海・大気の間をめぐって移動している物質の代表的なものであり、このような水の巡り廻りを水循環と呼んでいる。

地球を包む外側の気体の部分は「気」といえばよいのだが、ただ「気」というと、「気分」、「正気」など物質とかけ離れたものを想起させるので、物質としての地球上の大気を全体的に指定する意味をこめて「大気」と呼ぶことにする。「空気」（英語の air に対応したことば）と呼んでも同じことだが、「空気」というと手近にある物質という感じがするので、地球全体についていうときには「大気」と呼びたい。

地球表層の固相・液相・気相の部分を、それぞれ lithosphere、hydrosphere、atmosphere と呼ぶ。各部分は別に球形とはいえないけれども、地球を丸ごと見ようという立場だから、sphere（球）を語尾につける。日本ではこれを「〇〇圏」という。これらの英語のなかで atmosphere だけが日常おなじみのことばで、これには「大気」の日本語をあてている。ついでながら英語の atmosphere には、「雰囲気」という非物質的な意味もある。これら3つの「圏」に対する日本語訳は、「岩石圏」（「地殻」といってもよい）、「水圏」（陸水を重視しないときは「海」とか「海洋」といってしまうこともある)、「大気圏」(atmosphere の訳語は「大気」なのだから、「大気」でよいのだが、区分けの範囲を示す意味をこめて「大気圏」とする(「気圏」でもよい))。geosphere というのは本来、地殻と水圏を含む用語として使われる。これを「地圏」というと「岩石圏」のこととかんちがいされるおそれがあるので、苦しまぎれに「地球圏」と訳すことにする。

これまでの区分では、地球に住む生物のことは考えていない。しかし、化石が太古の生物の遺骸であるらしいことから、地球の表層で生起するさまざまな事象には生物の役割も重要だということがわかってきた。これは１００年ぐらい前のことで、生物が棲息する世界、つまり土壌・陸水・海と大気下層を含む遷移領域として、biosphere(生物圏)が考えられるようになった。「生物圏」の概念は、生物群集と周囲の無機的な世界を統一的に捉えようとするサイエンスである生態学の根幹をなす考え方といってよく、また地球環境のことがらを正しく理解するためのサイエンスの基礎となるものである。

土壌は地殻の一部とみなされるが、植物の根が広がり、微生物や小動物が棲息する場だという意味では生物圏に入る。土のなかで起こっている事柄には、未知のことが多いにもかかわらず、地球環境を考える上で重要なので、それを強調するために pedosphere(土壌圏)と呼んだりする。また、大気や海洋とならんで地球の気候を左右する重要な要素だということで、cryosphere(雪氷圏、氷圏)として極域の氷床や氷河を別出しにして、気候のシステムのなかでは特別扱いする。

地球はいくつかの「〇〇圏」から構成されているといわれても、われわれの日常的に感じる自然界＝地球とはちがったイメージとなってしまう。これまでの話では、「〇〇圏」のなかの場所により、構造や物質組成がちがうこと、またそれが時とともに変化していることを無視しているからではないだろうか。われわれが常ひごろ自然（地球）に触れる際には、場所による土壌・岩石のちがいとか生物種のちがい、またそれらが時とともに変容していく様子に興味が向いてしまう。そういったちがいは圏ごとの知識体系として大切な学問分野となっているが、ここではそういったことに関わっている余地がないので、のっぺらぼうの「〇〇圏」ということで話を進める。

「〇〇圏」といった区分けは、単に物質・生物の存在量を区分けして議論するためだけのものではない。当然のことながら、各圏のなかでさまざまな物理的・化学的・生物学的プロセスが働き、さまざまな現象が起こり、さらに、それらの間での相互作用も働いているだろう。現象を記載し、発生・消滅・運動（移動）などもろもろのプロセスを解明するため、それぞれの特性に応じた手法で圏ごとに研究が行われ、圏ごとの知識体系ができあがる。さらに各圏の間で相互作用が働き、お互いに影響を及ぼしあっていることも考える必要がある。各圏間の相互作用は、圏間での物質・運動量・エネルギー（熱）の移動（圏間の交換、または循環）にかかわることがらであり、圏間の移動流量は各圏での存在量とともに地球全体のシステムを理解する上で基本的な量である。物質やエネルギー（熱）が各圏間にどのように分布し、圏間を行き来しているのか、これをまとめたものは物質やエネルギーの全地球的循環（全球循環、グローバル・サイクル）という。こういってしまえば物事がわかったような気になるが、これらの量を定量的に正確に把握するのは大変なことなのである。

全地球的規模での物質循環

地球を大気・海洋・生物・土壌・地殻と区分して、炭素・窒素などの元素や水などの化合物の存在量を調べてみると、地殻内に存在する量が圧倒的であることがわかる。しかし、地殻内の存在量は限られたデータから推算するので、正確なところはよくわからない。炭素は地殻内では炭酸カルシウム（石灰石）の形で存在しているし、炭化水素の形では石炭・石油・天然ガスなどの化石燃料が地殻内に埋蔵されている。その埋蔵量の正確な見積もりは難しいし、正確さを確かめようもない。海洋についても中・深層では、存在量の見積もりは正確さに欠ける。とはいうものの、これらの物質が地球の表層から地殻や海洋中・深層を通してめぐり動く（循環する）速さはゆっくりとしており、地球環境問題に関係するのはたかだか数百年の時間スケールの現象であることを考えると、当面は地球の表層における循環のみを扱えばよいことになる（化石燃料の燃焼は例外）。

地球表層にあるといっても、土壌や生物（およびそこに存在する成分や種）は地球上一様に分布しているわけではないので、全地球をきちんと調査して、物質の存在量を決めるのは大変なことである。大気では滞留時間の長い物質を対象とする場合が多く、これらの大気中濃度は場所による一様性が高い（反応性が高く滞留時間の短い物質は、場所・時間による変動幅が大きい）。たとえば、大気中の二酸化炭素の供給源や消失先は、地球表面の場所によるちがいが大きいと思われるが、二酸化炭素の大気中での滞留時間が長いので、大気中で十分よくかき混ぜられており、大気中の濃度はどこでもほ

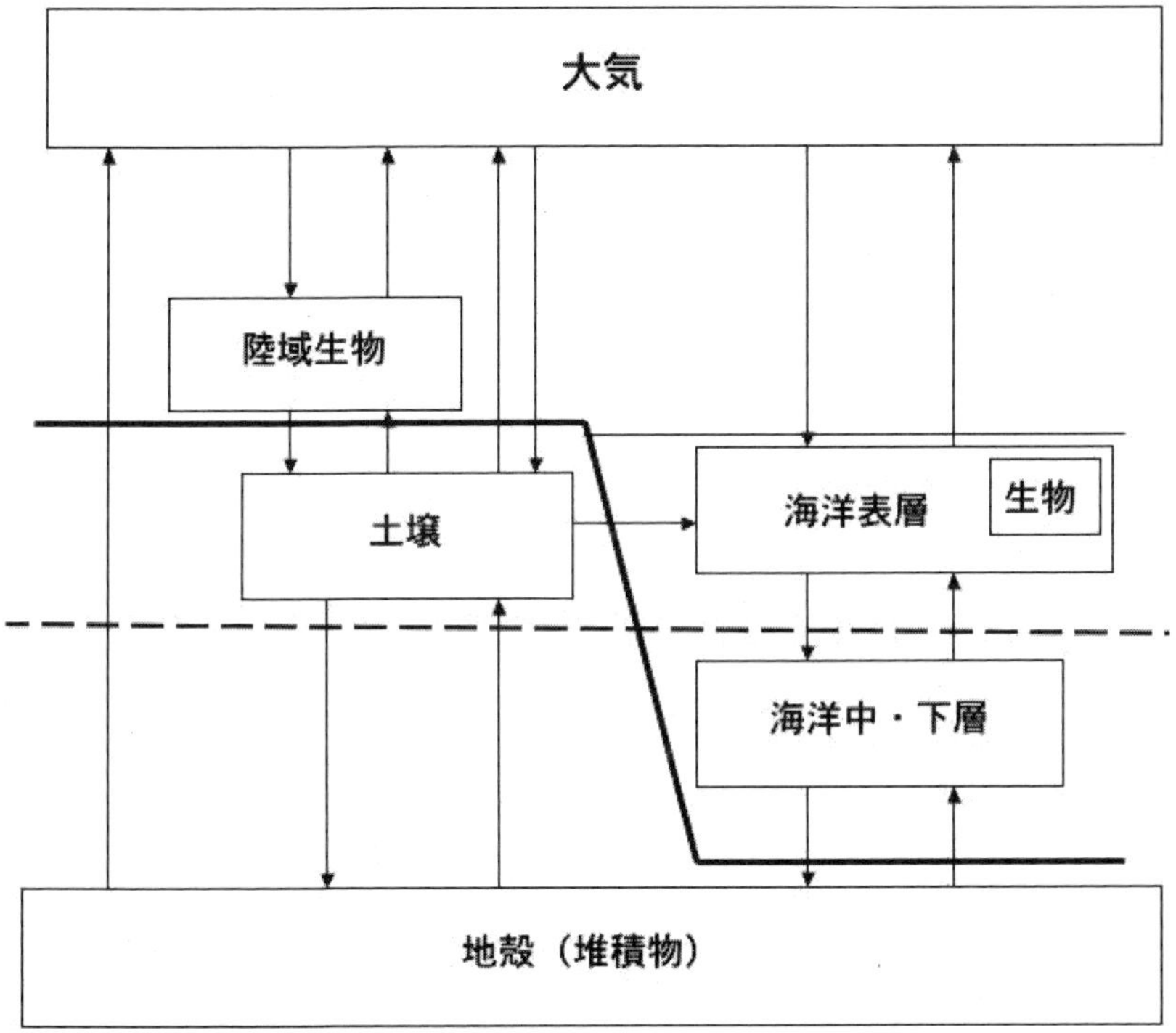

図１ 地球規模の物質循環の模式図

陸域生物と大気間、陸域生物と土壌間の交換過程には、同化（光合成、窒素固定）と分解（呼吸、燃焼）、土壌と大気間では同化（窒素固定、沈着）と分解（脱硝）、土壌から海洋へは流出、大気と海洋間では非生物的な吸収・放出がある。この図には明示してないが、海洋中では生物と海水との間の交換過程として同化・分解がある。地殻から大気への移動過程は化石燃料の燃焼である。破線から下の部分における蓄積量は圧倒的に大きいが、他圏との交換が遅いので、地球環境問題を扱う場合には、ふつう破線から上の部分だけを考えればよい（地殻から大気にいく過程は例外）

ぼ一定である。場所や季節による濃度変動や年々の濃度増加のようすも、世界各地での観測データがあって、大気圏での二酸化炭素の量とその変動はよくわかっているといえる。いっぽう、海洋の表層はかなり混ざり合っているので比較的濃度の一様性はあるものの、海域によるちがいは無視できない。したがって、大気中の物質に比べれば、海洋中の存在量を正確に見積もるには労力がかかる（図１）。

各圏内での存在量は、推算値まで動員すれば全地球規模のイメージはつかめるが（その年々の変化量となると容易ではないものの）、よくわからないのが各圏間の移動量（流量、フラックスという）である。たとえば、植物は光合成と呼吸によって大気との間で（植物プランクトンや藻類と海水との間でも）二酸化炭素をやり取りしている。このふたつのやり取りの量を別々に直接実測することは今のところ不可能だが、間接的な測定データから、年間をならしてみれば植物からの出入りの量はかなりよく相殺されているようだ。正味のやり取りの差は、植物が成長して体内に炭化水素として貯め込んだ分ということになる。いっぽうで、森林伐採後の植物体の燃焼や枯死した植物の分解によって、二酸化炭素は大気に放出される。これらの量を全地球的に把握するのはこれまた大変なことである。

地殻から大気への炭素の移動には、石炭・石油・天然ガスなどの化石燃料の燃焼があることは誰でも知っている（量は少ないが、セメントの生産の際に発生する分もある）。世界の年間エネルギー消費量や、そのなかでの化石燃料の占める割合などについては、国連の統計データがあるので、大気中への二酸化炭素の排出量は簡単に算出できる。

結局、炭素循環に関して数量的に確実なところは、①大気中の二酸化炭素について、その存在量と濃度の年々の増加量、②全世界の化石燃料について、使用量の年々の増加量、これら2点のみである。これ以外の存在量・流量の見積もり精度を格段に向上させるには、膨大な研究資金・研究人員を必要とするうえ、時間も必要であるから、実現の日はほど遠いのではないか。

窒素循環についての詳細は第3章にゆずるが、大気中の一酸化二窒素の部分を除けば、数値的な不確定さは炭素と同様である。生物や大気にとって重要な奇数窒素類（NO、NO_2、HNO_3、NO_3^-、NH_3、NH_4^+など窒素原子を奇数個含む窒素化合物）は、大気中の濃度分布ですら、場所・時間変動幅が大きいため十分把握されていない。

全地球規模の物質循環において、人間活動が重要な役割を果たすようになった箇所は、①炭素循環においては、化石燃料の燃焼（および寄与は小さいがセメント製造）によって地殻から大気への移動が急速に増大したこと、および森林伐採と植物体燃焼によって生物圏から大気への移動量が増大したこと（この確度は高くないが、しばしば指摘されていることではある）があげられる。土壌と大気間のルートにも人間活動が介入しているはずだが、定量的な考察は今後のデータを待たねばならない。②窒素循環においては、窒素肥料の施肥により土壌・生物圏から大気圏への移動量が増大したこと、および化石燃料や森林燃焼の際に大気中で新たに窒素酸化物および一酸化二窒素が生成されることがあげられよう。

人間圏の位置づけ

人類は太古において生物圏のなかでとるに足らない存在だったと推測されるが、現在では、人類の活動は地球全体のシステム、特に物質循環において無視できないほどに肥大化した。そのようなわけで、地球における人類の存在をanthroposphere（人間圏）として位置づけ、他の各圏との関わりを捉え直そうという考え方が現れても不思議はない。人類が生存している環境、つまり人類の営みを左右している周囲の非生物・生物を含めた自然環境のことを考えるのは当然のことである。それと同時に、人類の活動が周囲の自然環境に影響を及ぼしていることも詳しく知る必要がある。しかも、今や人類活動の影響が地球的規模で現れていることが明白となってきている。

人類と周囲の自然との相互作用を考えてみると、ひとつの作用が影響して結果を生み、さらにその結果が別の影響を及ぼし別の結果を生むというふうに、作用が連鎖的・再帰的につながっていることを、われわれは知っている。だから、自然環境と人類を機械的に切り分けて扱うのは好ましくはないのだが、以下説明の都合上、自然と人類とに分けて述べる。

人類誕生からこのかた、人類の活動が何らかの形で周囲の自然環境に働きかけ、従前の状態を変化させてきたことは確かであろう。道具や火を使うようになれば、道具や燃料のための木材の採取、失火による野火などで森林や原野は変わったにちがいない。それでも、このような変化は、時間的にも空間的にも小規模だったろうし、変化が起こっても容易に復元したであろうことは想像できる。自然界といえども、長い時間スパンで見れば気候変動や自然災害などによってそれ自身変化しうるので、永久に原状維持でなければいけないということではない。だから、この程度の自然と人類の係わり合いは、問題にするに値しない。念のためことわっておくと、これまでの話は、人類が機械を導入して大規模な森林伐採を行っている現代にまで当てはめようというのではない。

人類が食料確保の手段を採集・狩猟・漁労中心から農耕・牧畜中心に移した時期に、自然環境に与えた影響はどうだったのか。その時期がいつごろのことか、確かなことはいえないが、今から1万年ぐらい前とするのが妥当のようである。田や畑などの耕作地や牧場を作るため森林を伐採する。切出した木材は建材・道具類や燃料としても使う。食料生産の見込みがつくようになり、確保できる食料が増えるにつれて人口が増加し、さらに未開地を切り開く必要がでてくる。金属器、とくに鉄器を使う時代になると、製鉄のために大量の木材を燃料として使ったので、少雨地域では伐採された森林は復元しなかったという説がある。ヨーロッパ、中近東の一部地域や朝鮮半島でそのようなことがあったというから、かなり広域で森林の減少が起こったのではないかと推測される。いっぽう、現在から過去1万年間には、世界各地でかなり大幅な気候変動があったことが明らかにされている。気候の変化によって広域的に植生も変化し、その変化の振れ幅は過去1万年間にかなりのものだったと考えられる。それ以前の、数万年間隔で起こる氷期・間氷期の繰返しでは、気候変動の振れ幅はもっと大きかったらしい。そういうことであれば、人類活動が自然に及ぼした影響も自然界の変動のなかに埋没してしまったといえなくもない。

日本列島では、低湿地だけでなく山の斜面まで田圃に変えたので、列島の森林・原野はずいぶん減少し、人が渡来する前に比べて列島の自然は大きく変容したにちがいない。また、山林でも燃料・用材資源利用のため、里山のように人手が管理しているところが多い。それゆえ日本列島の自然景観は、かなりの部分を住民が作り出してきたものといえる。ずいぶん前にわれわれの先祖がしたことをとやかく言ってもしょうがないし、人類が手を加えて自然を変えてしまっても、その変化が人類と自然のシステムにとって調和の取れたものなら別に問題はないであろう。とはいうものの、調和の取れた仕組みがどのようなものかは明確ではないので、とりあえず周囲の自然環境を地域の人々に益するように改変し管理するという立場は正当化されるのであろう、ただし、ものごとには限度というものがあって、最近の都市域の肥大化や自動車道路網の稠密化により、日本の景観が大いに変容をとげたことまで正当化できるかどうか、疑問が残る。

人間圏の成立時期

人類の活動が自然界に顕著な影響を及ぼし始めたのは、欧米で鉱工業が盛んになる時期、つまり産業革命の勃発時期といえる。始まりの年代としては西暦１７００年代後半から１８００年ごろにかけてである。この時期に蒸気機関が発明され、主たる燃料が木材から石炭に代わった。

鉱工業の時代では、鉱山の砕鉱から流失した重金属や精錬所からの有毒排煙、さまざまな工場からの排気・排水中に含まれる有毒物質、石炭を燃やした際に出る粉塵や二酸化硫黄などによる大気汚染、環境悪化の事例は日本でも海外でも枚挙にいとまがない。それでも、環境悪化は局地的・一時的規模の現象が多かったのであろう（しかし生命にかかわるような重大被害が生じたケースも少なくない）、大気・水環境の変化・悪化というよりは、日本ではむしろ「公害」事件として知られている。いっぽう、鉱山・工場から流出した水銀や鉛などの重金属が土壌中に蓄積していることも明らかになり、また海水中に広く拡散し魚類に蓄積・濃縮されていることも知られている。このような事例は発見された当初は話題になるが、継続的な調査例は少なく、広域的な分布や年々の推移はよくわかっていないのが現状である。

環境中に廃棄された人工物質は確かに人間活動起源のものであるから、「人間圏」として考察すべきである。一般的に、毒性のある物質は化学反応性が高く、環境中での平均寿命が比較的短かいので、やたら広域的に広がることはない。いっぽう、化学的に安定な物質は環境中での平均寿命が長いので、広く拡散し累積するおそれがある。環境中に廃棄されたプラスチックは難分解性なので、その例に該当する。それでもプラスチックは形があって目につきやすいから、回収すればある程度問題の回避ができる。全世界のプラスチックの生産量はある程度算定できるだろうが、回収率はよくわからない。廃棄され地殻・海洋に蓄積している量、またその年々の推移など、プラスチックに関する定量的なデータは乏しい。

無色透明の気体状の廃棄物はひとたび廃棄されると回収困難となる。無色透明で安全無害とされていた気体状人工物質であるＣＦＣ（クロロフルオロカーボン）は、化学的に安定なため、大気中への排出後も壊れることなく成層圏に運ばれて、そこで太陽からの短波長紫外光で分解してオゾンを壊す塩素に変わり、オゾン層破壊を引き起こすことになった。オゾン層破壊の経時変化は南極域のオゾンホールの消長を観測することで比較的よく追跡でき、１９８０年あたりから始まったことがわかっている。ＣＦＣをはじめとするオゾン層破壊物質は国際的に製造が規制されており、２０００年代に入ってからは規制の効果を確認する段階になっている。

１９６０年代に主燃料が石炭から石油に代わってからは、都市域の大気汚染が顕在化し、２０００年代には大気汚染の広域化が顕在してきた。大気汚染は地域的な特性のちがいが大きいので、全世界の人間活動の規模を統一的に見るのには適した指標とはいえない。

人間活動の指標

人間活動の大きさは、大気中の二酸化炭素の濃度変化を追うことで、その目安がつきそうである。過去における大気中二酸化炭素の濃度の変遷は、グリーンランドや南極大陸の氷床中にある気泡の空気を分析し、またその気泡ができた年代を別の方法で決めてやることで、復元することができる。その気泡は降り積った雪といっしょに閉じ込められたとき氷床中にできるのだが、気泡ができてから外気との空気交換が起こらなくなるまでの時間差がどれくらいか、少々不確定さが残るうえ、気泡内の空気中の二酸化炭素濃度が経時変化しないのか確証はないものの、氷床気泡の分析データと大気中の直接実測データとは期間が重なりあう部分があって、両方が一致するよう校正しているので、大気実測データのない過去のデータでも、かなり信頼性のある数値といえる。それによれば、大気中の二酸化炭素濃度が徐々に増えだす時期は西暦１８００年ごろである。化石燃料の使用以外にはこの増加の原因が考えられないので、人間活動が全地球規模で自然界のシステム（といっても二酸化炭素の循環システムのこと）に影響を与えだしたのはこのころだといえる。世界全体として見れば、人類が消費するエネルギーの大部分は石炭・石油・天然ガスなどの化石燃料を燃やして取っているのだから、世界のエネルギー総消費量の増加がそのまま大気中の二酸化炭素濃度の増加に反映していると考えられる。したがって、世界総エネルギー消費量は人間活動の規模の指標として有効であろう（人間活動にはいろいろ質のちがうものがあるので、エネルギー消費量はあくまでも物理的なひとつの指標にすぎない）。ただし、過去にさかのぼってエネルギー消費量を正確に推測することは、過去の世界総人口推計よりもむつかしいことであろう。

人間活動の増大を示唆する系統的な証拠としては、二酸化炭素の他にも大気中のメタン濃度と一酸化二窒素濃度のデータがある。大気中の二酸化炭素濃度が増えはじめる西暦１８００年ころから、メタン濃度も一酸化二窒素濃度も増えはじめている。メタンの発生源は自然の湿地、水田、家畜の腸内発酵、バイオマス燃焼、天然ガスの漏出、ゴミ投棄場・埋立地など多岐にわたっており、これらの発

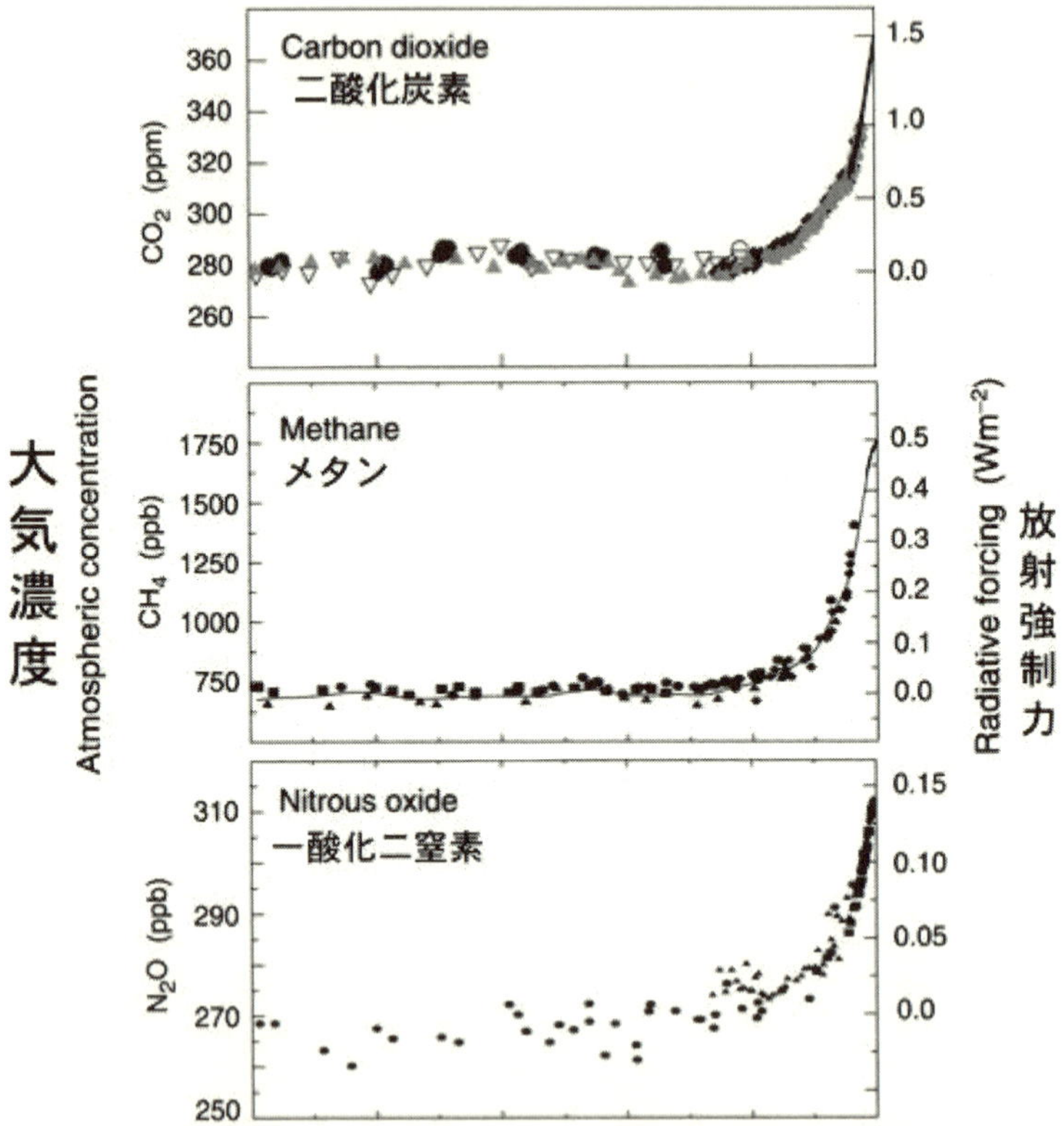

図２　過去 1000 年間における、二酸化炭素、
メタン、一酸化二窒素の大気中濃度の推移

IPCC 第３次報告書より。西暦 1800 年ごろから濃度が増えだしていること、また近年における濃度の急増にも注目。ただしメタンの増加率はひところに比べると最近ではずいぶん小さくなっている

生源のうち自然の湿地以外は人間活動が関与している。

一酸化二窒素は大気中の平均寿命が極めて長く、発生源は弱いので、発生源を特定できるような実証データをそろえるのはむつかしい。それでも、一酸化二窒素の大気からの消滅率は比較的よくわかっているので、それにあわせて発生源の総量を見積もることができる。発生源のうちわけは、化石燃料やバイオマスの燃焼の際に大気中で合成されたもの、土壌中で微生物の働きによって作られ地面から漏出したものなどがある。後者の場合は、窒素肥料を施す農地が増えると発生量の増大につながる。窒素肥料は化学的に合成されるが、その原料は空気中の窒素である。こういったことから一酸化二窒素の大気中濃度の増加は、人間活動の増加によって影響を受けているといえる。空気中の窒素からアンモニアを工業的に合成できるようになったのは１９１０年代であるから、窒素肥料の使用が一酸化二窒素の大気中濃度増に効いているとしても、それから後のことである（窒素循環についての詳細は第２部第３章を参照されたい）。

人類活動の規模を見る目安になるのが世界人口であることは、だれでも気がつくことである。しかし、世界人口統計といっても、その数値の確かさはどこまで信用できるのかわからない。ゆえに国連で出している数字も推計値だとことわっている。日本のように戸籍がしっかりしていて、人口が正確に出せる国はむしろ例外だと思ったほうがよい。最近の人口がそうなのだから、ましてや過去の人口はもっと怪しげな数値であり、これから述べる数値は大まかな値であることをおことわりしておく。

農耕・牧畜主体の時代の始まりのころ、今から1万年前で世界総人口は、およそ100万人だったと推定されている。それが今から5000年前には1億人に増え、キリストが生まれたころには2億人になったそうである。これらの数値がどれだけ信頼できるのか、検証するための直接資料がないのだが、とにかく当時それだけの人口を養うだけの食料の生産が可能だったということであろうか。時代がくだって産業革命時代にはいり、西暦1800年では世界総人口は10億人、西暦1900年には20億人に増え、2008年現在では67億人という。世界総人口の推移と大気中の二酸化炭素濃度の推移の曲線とを比べてみると、両者がよく似ているので、世界の総人口は人間活動の規模をはかる目安になることはわかる。ただし、環境への影響が顕れはじめる時点の人口がいくらか、ということを知るには、いずれかの圏における物理・化学・生物量の時間変遷を調べなくてはいけない。

人類活動の目安として、世界人口に加えて考慮すべき要因として、生活スタイルないし生活レベル・質の変化もあるだろう。これはさしあたって、ひとりあたりのエネルギー消費量を引き合いにする。OECDの資料によると、ひとりあたりのエネルギー消費量は、インドや中国、ブラジルなどの農業人口の多い国に比べると、欧米諸国や日本などでは数倍から10倍も多い。工業化による生活スタイルの変化が国民ひとりあたりのエネルギー消費量を大幅に高めていることは確かである。

人類のエネルギー消費のなかで忘れてならないのは、自らの体温を維持し身体を動かすために食料として摂取するエネルギーである。ひとりあたりの食料消費量は豊かさによって、国・地域によっ

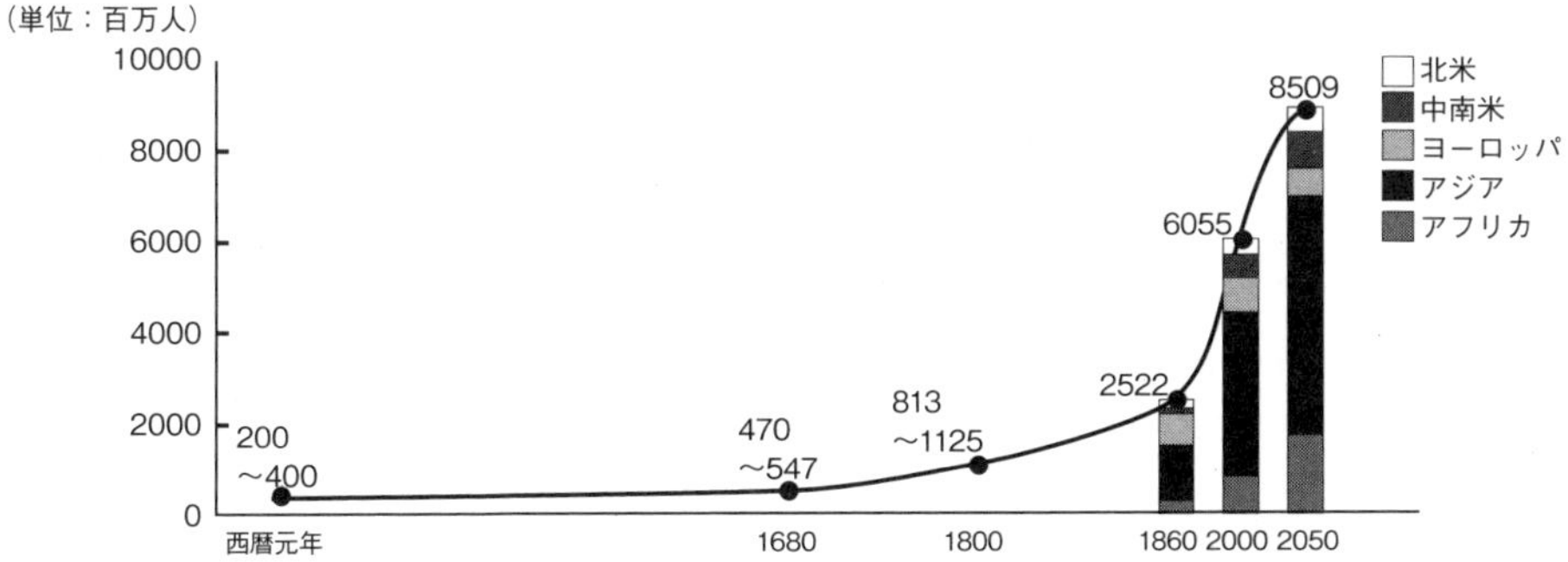

図3　世界人口の推計値の推移
http://www.iae.or.jp/energyinfo/energydata/data1004.html をそのまま引用

ても時代によってもちがいがあるので、食料エネルギー消費量は単純に人口と比例関係にあるわけはないことを承知のうえで、あえて全世界の食料エネルギー消費量の概算を試みる。ちなみに、ヒトの基礎エネルギー代謝量は成人ひとりあたり60〜90ワットということであり、また体温維持に必要な熱エネルギーを概算してみると100ワット程度になる。そうすると全人類が食料として消費するエネルギー量はおおよそ0・1テラワット（1×10^{12}ワット）、多めに見積もって0・5テラワットとなる。これは世界の総エネルギー消費量である15テラワット（2008年現在）に比べてかなり小さいが、無視するわけにもいかない数量である（いいかえると、人類は生存に必要な最低必須エネルギーより桁ちがいに多量のエネルギーを消費しているともいえる）。人類が食料として消費するエネルギーは、量の大小とは無関係に人類の総エネルギー消費の内訳のなかで特別な位置をしめる。食料資源は人類生存に不可欠な最低限の要素であるし、食料資源確保のためにさらに森林を切り開くなど環境に大きな影響を与えるからである。

地球の総エネルギーといえば、地球に入射する太陽放射のエネルギーは176ペタワット（1.76×10^{17}ワット）で、このうち地表面と大気が受け取るのが約7割の120ペタワットである。これが熱エネルギーとなって地球を暖め、地球の現在の温度、すなわち全地球平均でセ氏15度を維持している。したがって、世界の総エネルギー消費量（これは最終的には熱エネルギーとして大気・海・地殻表面に排出されることになる）は、地球が太陽から受け取るエネルギーよりも4桁小さいことになり、人類の排出する熱エネルギーがそのまま熱的に地球環境に影響を与えることはないといえる。ただし、局所的にみると、大都市のヒートアイランド現象として知られているように、人工排熱は都市大気の熱バランスに影響を及ぼすほどに増大している。なお地球温暖化というのは、人類が出している排熱がそのまま直接地表気温をあげるのではなく、大気中に排出される二酸化炭素の働きによる。大気中の二酸化炭素は、その濃度変化によって地球の大気放射をコントロールする役目があり、ちょうどリモコン操作によってエアコンで室内温度をあげることができるように、いとも簡単に、二酸化炭素の濃度を増やすことで地表気温をあげることができるのである。ただし、地球大気のリモコンは気温を変えることはできても、今の気候予測モデルの精度が不十分なため、セ氏何度と正確に気温をあわせることは無理である。

これまでに人類活動の環境に対する負荷の要素について考えてきた。最後に触れたいことは、環境負荷量はいつまでも増え続けることはないということである。ここで詳論する余裕はないが、化石燃料の埋蔵量には限度があるし、代替エネルギーにも限度がある。核分裂・核融合エネルギーは放射性廃棄物の問題が避けられない。いっぽう、世界的な食料生産量にも限度がある。生産エネルギー効率のよくない動物食から、植物食に代えたとしても、農作物を栽培する土地の広さには限度があるし、農業技術の改良で収穫効率を高めることにも限度があるからである。したがって、この地球上で養える人口にはおのずから上限がある。こういった限界が現実として見えてくるのはもう少し先のことであろう。目先の得失に惑わされることなく、長期的に見て最も賢明な対応策を見いだす冷静さが必要ではないだろうか。

執筆者紹介

小川 利紘（438ページ参照）

2. 地球規模の炭素循環

(1) 大気

人間活動にともなう気候変動（地球温暖化）にとって最も重要な温室効果気体は二酸化炭素（CO_2）であり、この問題に対応するためには、地球表層における炭素循環を明らかにする必要がある。特に大気に放出された人為起源のCO_2が陸域と海洋にどのような割合で配分・蓄積されるかを知ることは温暖化対策にとって不可欠であり、ボトムアップ法とトップダウン法を用いて評価が試みられている。ボトムアップ法は、炭素貯蔵庫間のCO_2フラックス（移動流量）を直接測定し、それを積み上げて全球規模のフラックスを推定する方法である。いっぽう、トップダウン法は、大気中のCO_2の濃度や同位体比を測定し、その変動を大気輸送モデルなどで解析することによって地球表層における循環を解明するものである。したがって、大気中でのこれらの要素の観測は、単に時間変動の実態を監視するだけではなく、トップダウン法による循環解析に不可欠な情報を与える。

ここでは、現在行われているCO_2の系統的観測から得られた結果や、極域氷床コアの分析から復元された過去の濃度変動についてまとめる。また、最近、大気中の酸素（O_2）を精密に測定し、その経年

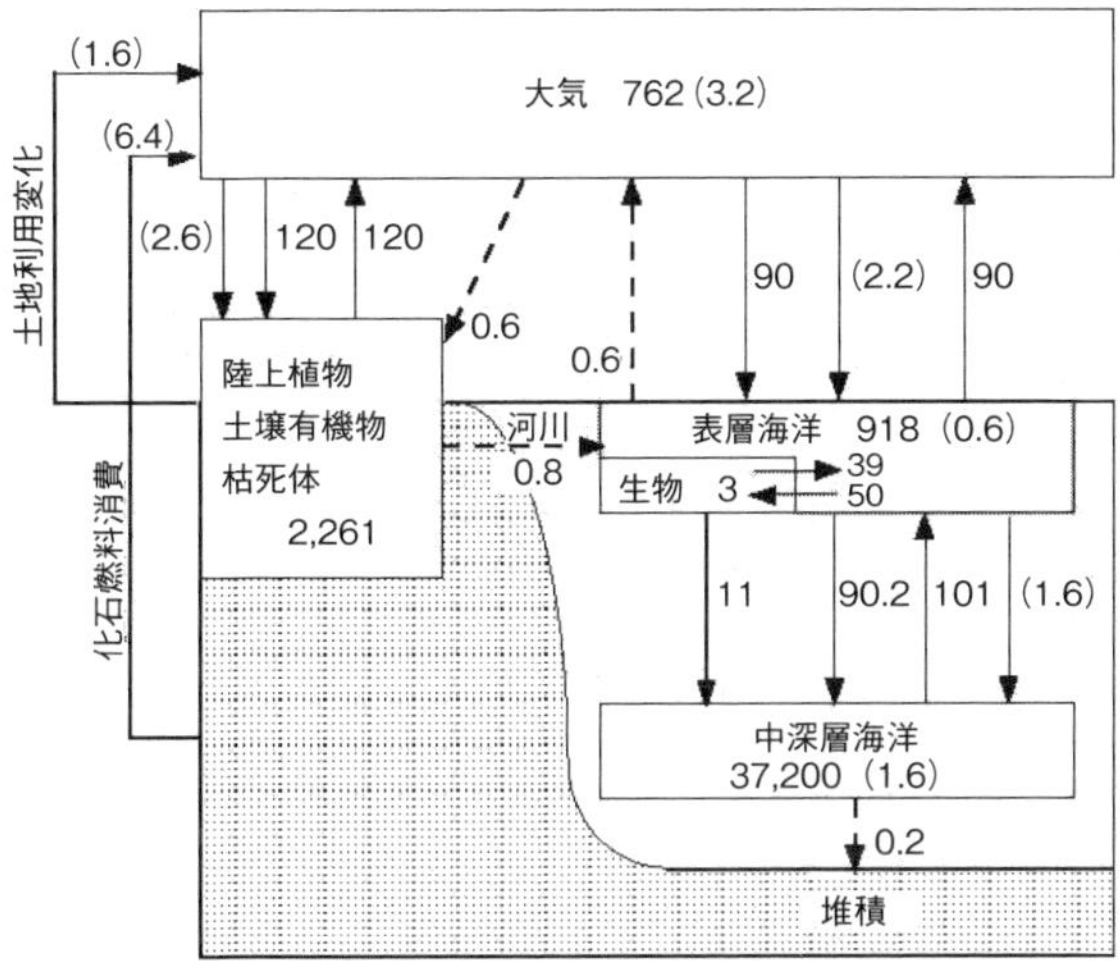

図１　１９９０年代の平均的な全球炭素循環

変化を解析してCO_2収支を推定する方法も注目されているので、これについても紹介する。さらに、これらの観測結果を解析することによって推定された人為起源CO_2の収支とその問題点についても述べることにする。

地球表層における炭素循環

地球温暖化という時間スケールの現象にとって重要な地球表層における炭素の貯蔵庫は、大気と海洋、陸上生物圏である。各貯蔵庫における炭素量および貯蔵庫間の炭素の流れ（フラックス）の概要を理解するために、１９９０年代の平均的な全球炭素循環を図１に示す。炭素は、大気に７６２PgC（PgCはペタグラム炭素といい、炭素に換算して1×10^{15}グラムを意味し、ギガトンと同じ量である）、陸上生物圏には植物や土壌有機物、枯死体として２２６１PgC、表層海洋と中深層海洋には無機炭素としてそれぞれ９１８PgCと３７２００PgC、海洋生物として３PgCが存在している。大気と陸上生物圏との間では１２０PgC/年、大気と海洋との間では90PgC/年の炭素が交換されている。また、海洋の中では、無機炭素として表層海洋から中深層海洋に90PgC、生物を介して11PgCが毎年輸送されており、両者を合わせた量と等しい１０１PgCが無機炭素として中深層海洋から表層海洋に戻っている。このような自然の循環の中に、人間が活動することにより炭素を加えており、化石燃料消費によって６・４PgC、森林破壊などの土地利用改変によって１・６PgCが毎年大気に放出され、その内の３・２PgCが大気に蓄積し、２・２PgCが海洋に吸収されており、残りの２・６PgCは陸上生物圏に吸収されている。海洋に吸収されたCO_2の内、０・６PgCが表層海洋に残り、後の１・６PgCは中深層海洋に輸送されている。また、陸で風化によって作り出された０・４PgCの炭素と陸上生物圏から流出した同量の炭素は河川を通して海洋に流入し、０・２PgCは海底に堆積し、残りの０・６PgCは石灰化によってCO_2となり、海面を通して大気に戻り、再び風化や陸上生物圏によって利用されるという自然循環もある。

なお、図１は、ＩＰＣＣ（２００７）が採用した数値をもとに作成したものであるが、大気と化石燃料消費に関する値はほぼ正確であるものの、その他についての炭素の現存量やフラックスは確定したものではなく、今後研究を進め、正確化を期すべきものであることに注意が必要である。

氷床コアから復元された過去のCO_2濃度

後で述べるように、大気中のCO_2濃度の系統的観測は１９５０年代末に開始されており、それ以降の時間変動についてはよく知られている。炭素循環を解明するとともに、CO_2の気候変動への関わりを明らかにするためには、さらに過去にさかのぼった長い変動の記録が必要となる。そのため、以前に化学的手法を用いて行われた観測の結果の見直し、樹木年輪中の安定炭素・放射性炭素同位体比の解析、海洋溶存無機炭素の鉛直分布の解析、太陽を光源としてとられた大気スペクトルの再解析、極域で採取された氷床コアの分析など、多くの試みがなされた。この中で氷床コア分析は、氷に閉じ込められた過去の大気を取り出して測定するので(極寒の南極域などでは雪は溶けることなく降り積もるため、自らの重みによってある深さで氷に変化するが、その際に周囲の大気を閉じ込めるので、深い氷ほどより昔の大気を含んでいる。氷床をボーリングする際には特殊なドリルを用いるので、採取された氷は円筒状となるため、コアと呼ばれる)、直接的であり、多成分の分析が可能、気温や他の成分との比較が可能といった利点を有する。いっぽう、コアの掘削に膨大な経費と労力を要する、コアの年代決定が容易でない、含まれる空気と周囲の氷との間には年代差がある、コアに大気が取り込まれる過程やコアに大気が保存されている間に変質が起こる可能性がある、汚染を受けることなく過去の大気をコアから取り出すには高度な技術が必要である、抽出した少量の大気についてppmやppb(それぞれは、体積比あるいはモル比で100万分率と10億分率を表す)といったレベルの分析を行う必要がある、といった困難もある。ここでは筆者らがおこなった氷床コア分析の結果を紹介する。

図2に、南極昭和基地から70㎞ほど内陸に入ったH15地点で掘削した氷床コアを分析することによって復元したCO_2濃度を示す。氷床コア分析の結果は、大気の直接観測と非常に良い一致を示してお

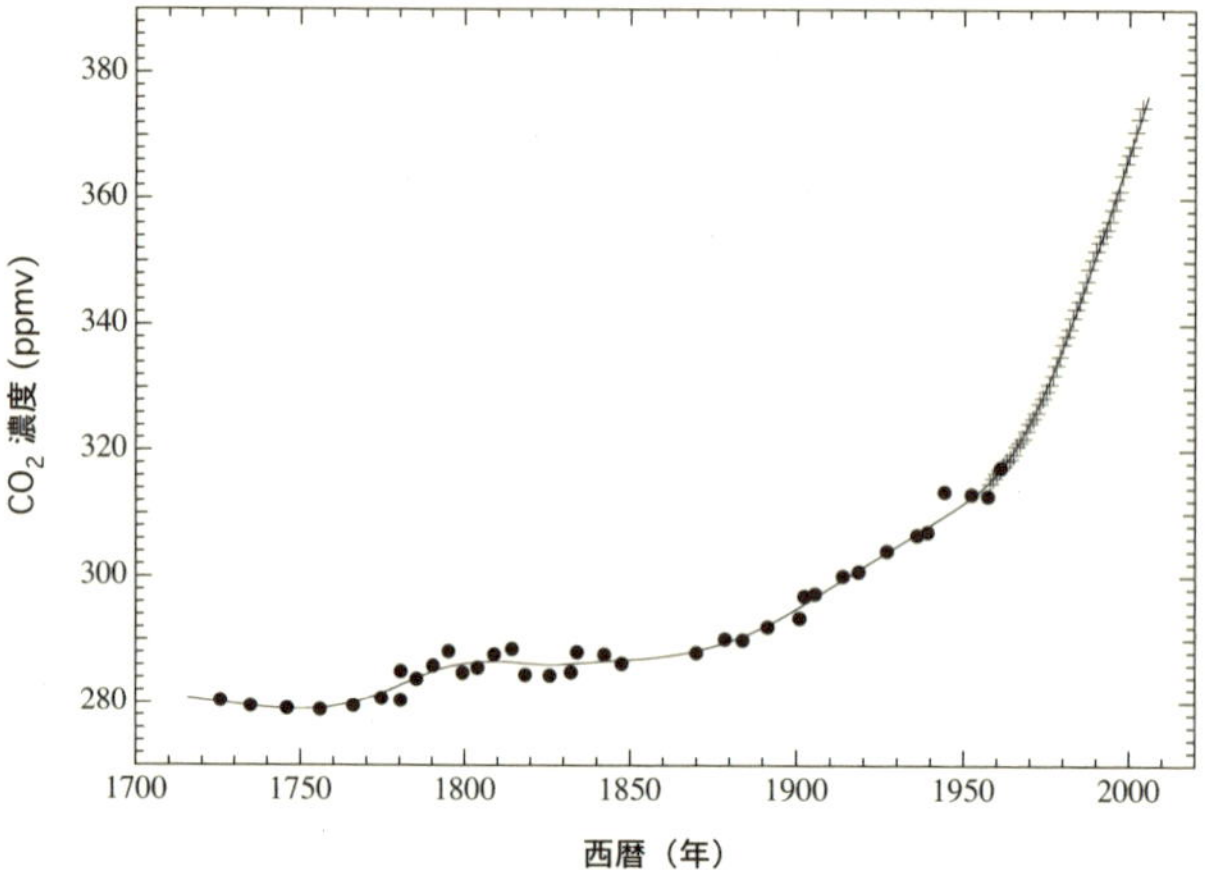

図２　南極H15氷床コアから復元された過去270年間のCO_2濃度変動
● はコア分析の結果、＋は南極点での大気の直接観測から得られた年平均濃度を表す

り、コア分析の信頼性の高さを証明している。この図から、大気中のCO_2濃度は、18世紀にはおよそ２８０ppmであり、その後徐々に増え、特に20世紀半ば以降に急増し、最近では３８０ppmを超すまでに至っていることがわかる。

図２に示したCO_2濃度の増加がどのような原因によるものかを探るために、復元された濃度変動を全球炭素循環モデルによって解析した結果を図３に示す。海洋はほぼ全期間にわたってCO_2を吸収しているが、その吸収は特に20世紀中葉以降に強まっており、最近の平均的吸収量はおよそ2.5PgC/年となっている。陸上生物圏は、ヨーロッパや北米での森林の耕地化によって前世紀の中頃まではCO_2の放出源として働いていたが、それ以降は正味として吸収源となっており、最近の平均吸収量は１PgC/年程度である。化石燃料消費からのCO_2放出は、20世紀初頭までは森林破壊の寄与と同程度であったが、近年は濃度増加の主因となっ

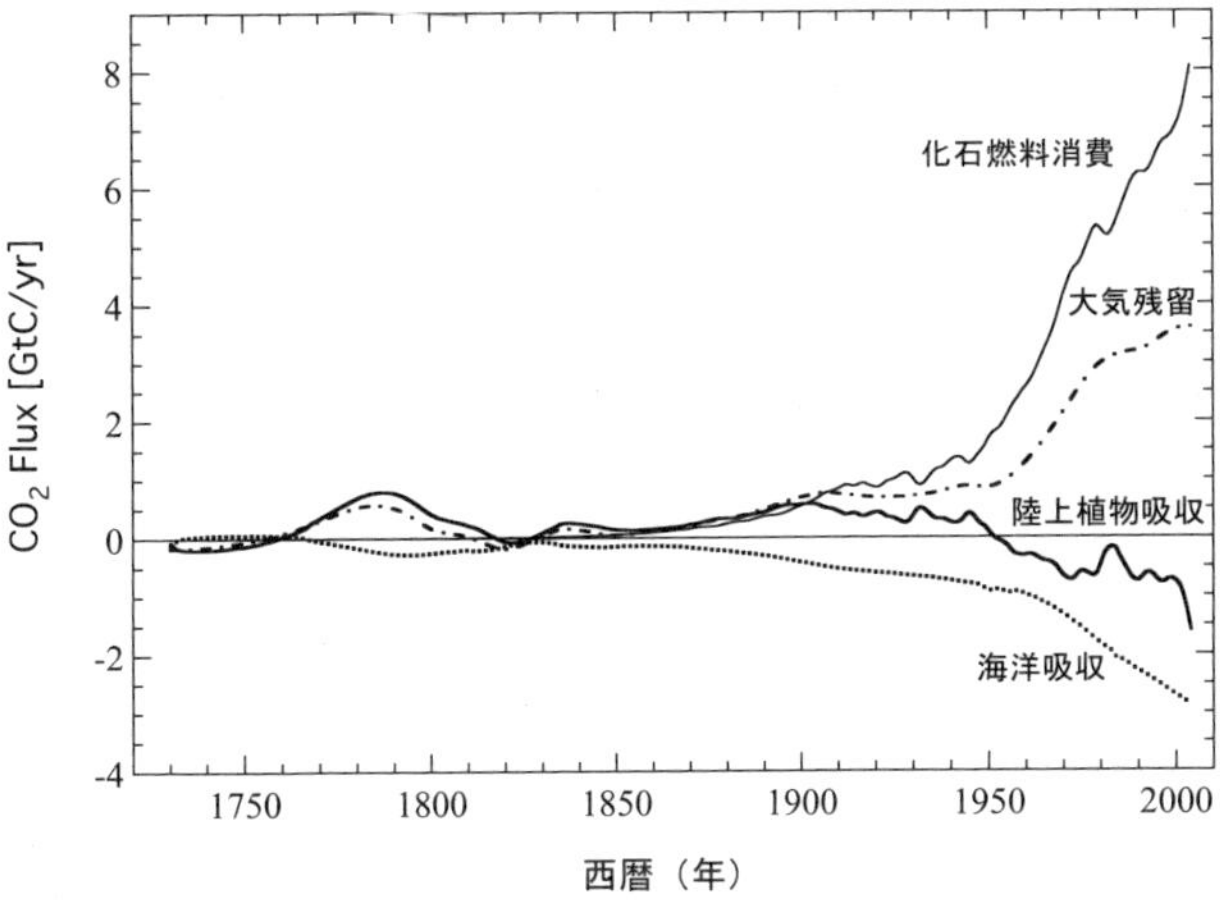

図3　図２に示した CO_2 濃度変動を全球炭素循環モデルで解析することにより推定された海洋と陸上生物圏による正味の CO_2 吸収

コア分析および大気観測の結果から得られた大気中 CO_2 の年増加と、統計にもとづいて推定された化石燃料消費による CO_2 放出も示してある

ている。大気への残留は、特に化石燃料消費と歩調を合わせて増えてきたが、最近は、陸上生物圏による吸収を反映して鈍化していることが見られる。なお、図２から１８００年頃にCO_2濃度が急に増加したことが見られるが、このモデル解析の結果は、陸上生物圏からCO_2が放出されたことを示している。

気温が低く積雪の少ない南極大陸の内部で掘削されたコアを分析すると、時間分解能は低いものの、極めて長期にわたるCO_2変動の復元が可能である。図４は、昭和基地から１０００㎞ほど内陸に入ったドームふじ基地で掘削された氷床コアを分析することによって復元した過去34万年に及ぶCO_2濃度の変動である。CO_2濃度は気温と良く相関して変動しており、氷期にはおよそ２００ｐｐｍ、間氷期には２８０ｐｐｍを示し、間氷期から氷期にかけてはゆっくりと減少し、氷期最盛期から間氷期に向かっては急速に上昇する。また、氷

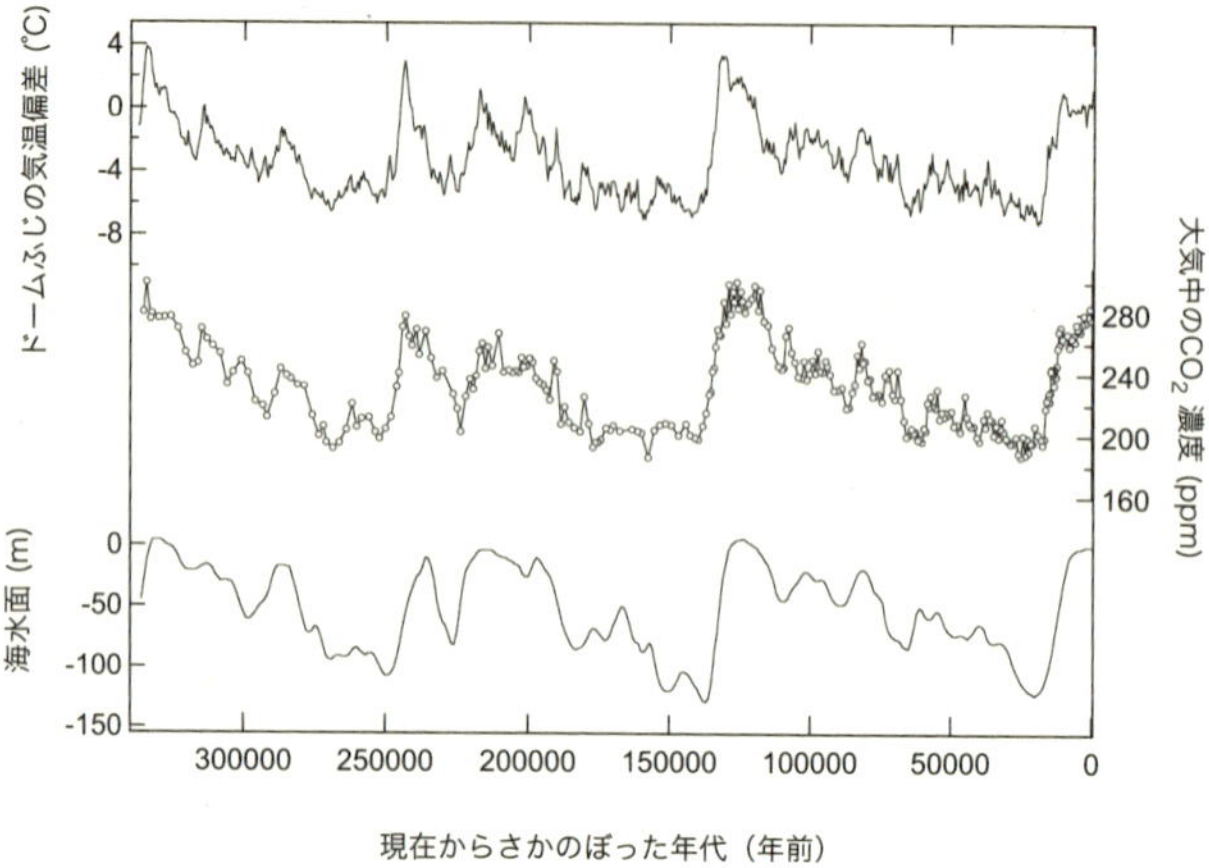

図４　南極ドームふじ深層氷床コアから復元された過去34万年間のCO_2濃度変動

コアの酸素同位体（$\delta^{18}O$）から推定された気温（現在からの偏差）と海底コアの解析から推定された海水面の変動も示してある

期の中でも、グリーンランド氷床コアで見いだされたダンスガード・オシュガーサイクルに対応するような数千年スケールの気温変動と同期した細かな動きが見られる。ちなみに、氷期最盛期から間氷期に向かってCO_2は急増するが、１０００年あたり10ｐｐｍ程度であり、前で述べたH15氷床コアの結果は２００年間で１００ｐｐｍの増加を示しているので、自然要因に比べて人間活動による濃度上昇の速度は50倍以上も早いことになる。

　氷期にCO_2濃度が低下した原因については、多くの仮説が提案されている。図４からもわかるように、海水面は氷期に１２０ｍも低下しており、南極氷床の２倍に相当する量の氷がアメリカ大陸やユーラシア大陸などの陸地を覆っていたことになる。したがって、陸上生物圏によるCO_2吸収という可能性はなく、海洋が吸収の中心的役割を果たしたと見るべきである。そのプロセスとして、水温低下、生物活動の活発化、アルカリ度の変化、海洋循環の変化、南極海氷面積の拡大といったことが候補としてあげられているが、実際にはこれらのプロセスは複合していたと考えられる。

大気中のCO_2変動とその原因

大気中のCO_2濃度測定は、化学的手法を用いてヨーロッパやアメリカで18世紀にはすでに試みられていたが、近代的な計測器による系統的観測は、国際地球観測年を契機として、Charles D.Keelingによって１９５７年に南極点で、１９５８年にハワイ・マウナロアで開始され、今日まで継続されている。特に１９９０年代に入って地球温暖化の重要性が広く認識されるようになった結果、観測所の数は急速に増加し、今日ではおよそ世界の１００カ所で行われている。わが国においては、東北大学の筆者らのグループによって１９７８年以来、地上観測に加え、航空機、船舶、大気球といった機動力に富んだプラットフォームを利用した地球規模の観測が行われており、その後、気象庁や国立極地研究所、国立環境研究所、気象研究所でも系統的観測が行われるようになっている。

大気中のCO_2濃度の時間・空間変動の一般的特徴を理解するために、南極点とマウナロアおよび日本上空の対流圏で観測されたCO_2濃度を図５と図６に示す。これらの図から、CO_2濃度が季節変化を示しながら年々増加していることが明らかである。季節変化は、主に陸上植物の光合成と呼吸による大気との間のCO_2交換によるものであり、植物の現存量が少なく、海洋が占める割合の多い南半球では海洋とのCO_2交換も重要となる。CO_2濃度の経年増加率は、系統的観測が開始された１９６０年頃は０・７

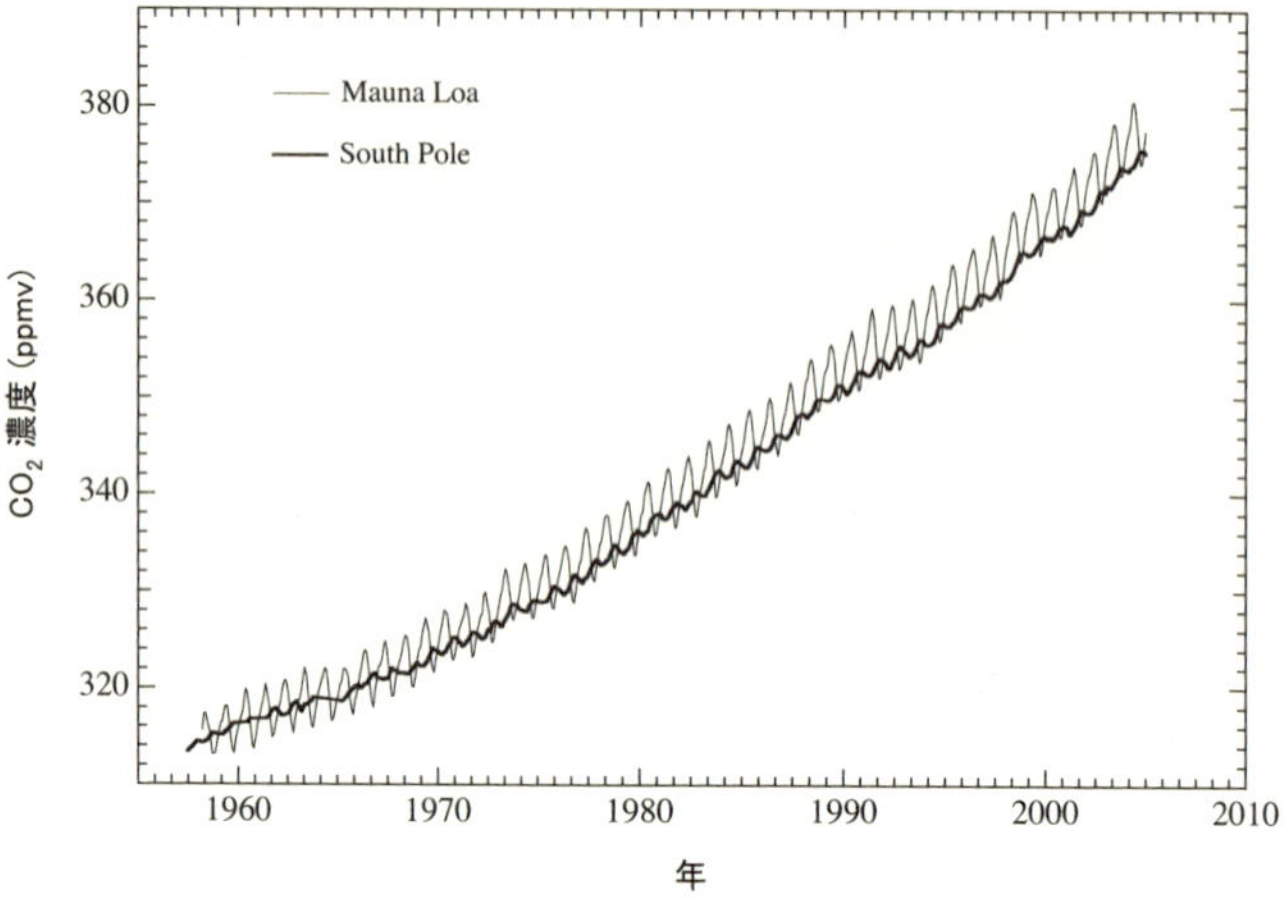

図５　南極点およびハワイ・マウナロアで観測された CO_2 濃度の変動

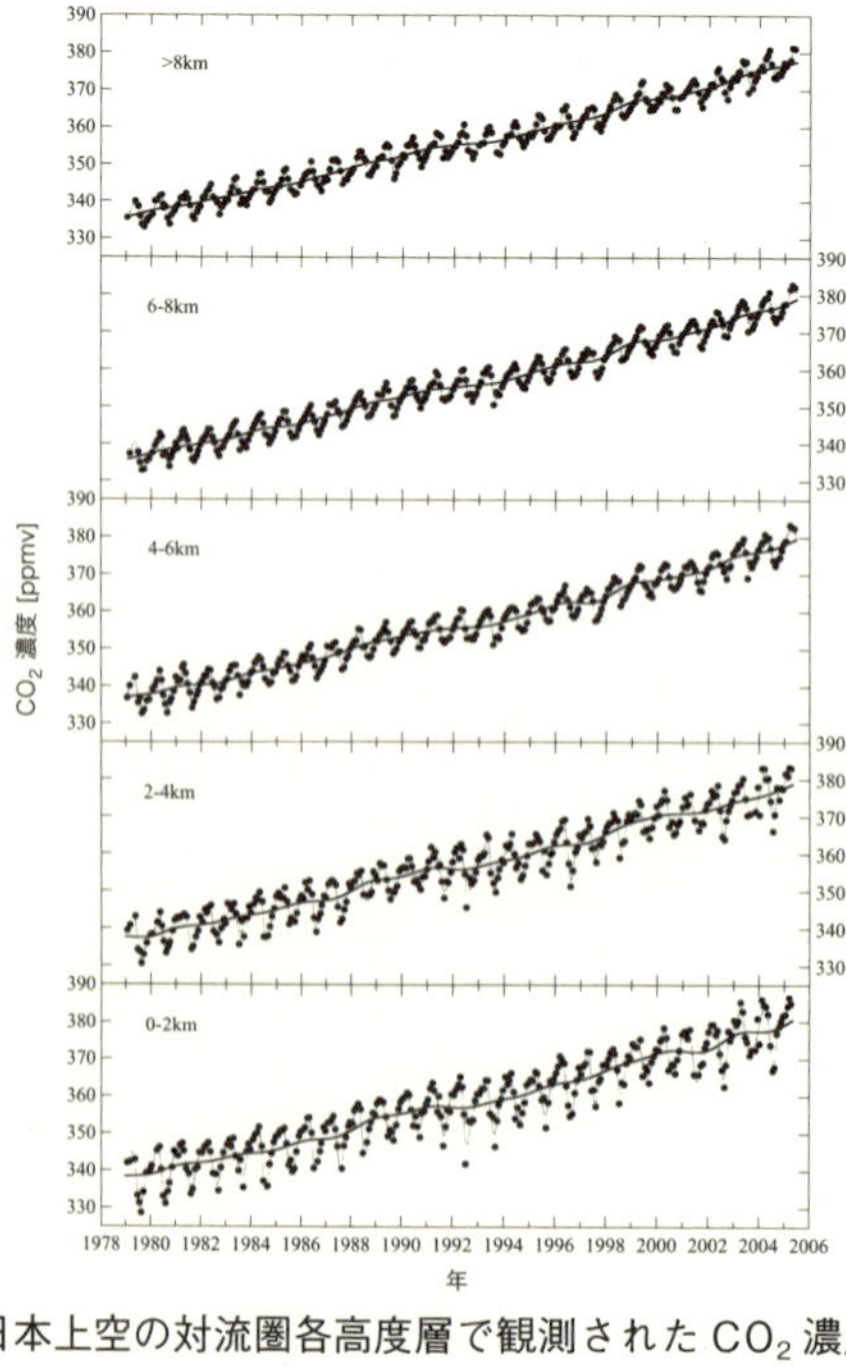

図６　日本上空の対流圏各高度層で観測された CO_2 濃度の変動

ppm/年であったが、時間の経過とともに大きくなり、現在では2ppm/年となっている。しかし、図2からわかるように、化石燃料は1980年代より1990年代に多く消費されているにもかかわらず、両年代の濃度増加率はほぼ等しくなっている。その原因は、上でも述べたように、海洋のみならず、陸上生物圏による正味のCO_2吸収が最近強まっているためと考えられる。また、図5と図6の結果は、濃度の経年増加に年々変動が重畳していることを示している。このような変動は、エルニーニョや火山噴火によって引き起こされる気候変動にともなう大気・陸上生物圏間および大気・海洋間のCO_2交換の不均衡によるものである。後で述べるように、一般的にはエルニーニョが発生すると大気中のCO_2濃度は急増し、特に低緯度で大規模な火山噴火が起こるとCO_2濃度の増加率は大きく低下する。さらに、図5に見られるように、年平均CO_2濃度は南極点よりマウナロアで常に高くなっているが、両地点の濃度差は、主に北半球で行われている化石燃料消費の増大を反映して時間の経過とともに拡大している。日本上空で観測されたCO_2濃度の年平均値は常に上層より下層で高く、また対流圏の最下層(高度0〜2キロメートル)と最上層(高度8キロメートル〜対流圏界面)との差は観測開始時には約2ppmであったが、特に1990年代以降に時間とともに拡大し、最近では約3ppmとなっている。このような事実は、地表から大量のCO_2が放出されており、その量が時間的に増加していることを意味しており、中国を中心とした東アジアにおける化石燃料消費の増大によるものと考えられる。

大気中のCO_2濃度の経年増加とそれに重畳する年々変動の原因をさらに詳細に検討するために筆者らがおこなった、日本上空で観測されたCO_2の炭素同位体比($\delta^{13}C$)の解析結果と、大気輸送モデルによるCO_2濃度変動の解析結果を示すことにする。現在の状況において、大気と陸上生物圏との間でCO_2

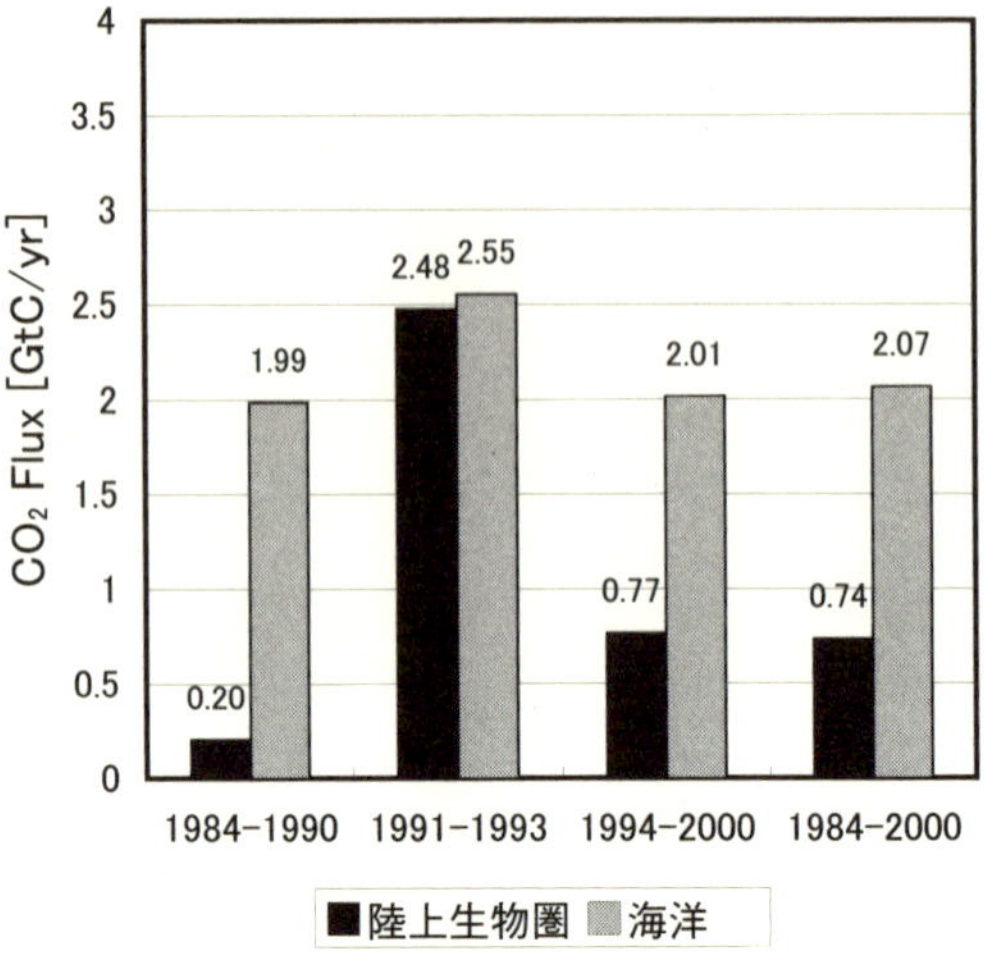

図７　1984〜2000年に日本上空で観測されたCO_2濃度、および$\delta^{13}C$の変動を解析することによって推定された海洋と陸上生物圏によるCO_2の正味吸収量

が交換されると、大気中の$\delta^{13}C$は大きく変動するが（−0.05‰/ppm）、海洋との間でCO_2交換が起こった場合の影響は−0.005‰/ppmと小さい。したがって、このちがいを利用して、観測されたCO_2濃度とその$\delta^{13}C$の変動を同時に解析することによって、大気・陸上生物圏間と大気・海洋間のCO_2フラックスを分離して評価することが可能である。図７は、１９８４年から２０００年に日本上空で観測されたCO_2濃度（図６）と$\delta^{13}C$（ここでは図として示していない）を解析することによって推定されたCO_2フラックスである。全期間の平均を見ると、海洋による吸収が2.1PgC/年、陸上生物圏による吸収が0.7PgC/年であることを示している。ここで得られた正味の陸上生物圏吸収量は、森林統計から推定された土地利用改変による１９８０年代と１９９０年代のCO_2放出がそれぞれ1.4PgC/年と1.6PgC/年であること（ＩＰＣＣ、２００７）を考えると、どこかの森林が約

2.2PgC/年のCO₂を吸収していることを意味している。また、期間別に見てみると、陸上生物圏による吸収は海洋より変動が明らかに大きく、特に１９９１〜１９９３年には吸収が著しく大きくなっている。一般的にはエルニーニョが発生すると高温・干ばつになり、山火事も頻発するために、陸上生物圏から大量のCO₂が放出され、大気中のCO₂濃度は増加するが、１９９１〜１９９３年にはエルニーニョが発生し、化石燃料も通常と変わらず消費されていたにも関わらず、濃度増加が停滞した。ピナツボアノマリーと呼ばれるこの現象は、特に北半球で顕著に観測され、１９９１年６月にフィリピンのピナツボ火山が噴火し、対流圏の気温が低下したために、陸上生物の呼吸・分解が不活発となり、光合成によるCO₂吸収が相対的に強まったためと考えられる。

大気中のCO₂濃度の変動は、地球表層に複雑に分布するCO₂の放出・吸収源の時間的な強度変化と大気輸送の結果として現れる。したがって、大気中のCO₂濃度を詳細に観測し、それを大気輸送モデルで解析することによって、CO₂の放出・吸収量を推定できるはずである。最近では、このようなアプローチが多く試みられるようになっており、結果の一例を図８に示す。この結果は、地球を64分割（陸を42領域、海洋を22領域）し、大気・海洋間のCO₂分圧差測定をもとにして推定された海洋のCO₂フラックスと全球生態系モデルによって計算された陸上植物のCO₂フラックス、化石燃料消費によるCO₂放出量を大気輸送モデルに初期値として与え、世界の87地点で観測されたCO₂濃度変動をもっともよく再現するように各領域のフラックスを調整して得たものである（このような解析は逆解法と呼ばれる）。これによると、①全球規模および半球規模ともに、CO₂フラックスの年々変動はエルニーニョや火山噴火と強い関係がある、②１９９１年６月のピナツボ火山噴火の際には北半球と赤道の陸域がCO₂を吸収

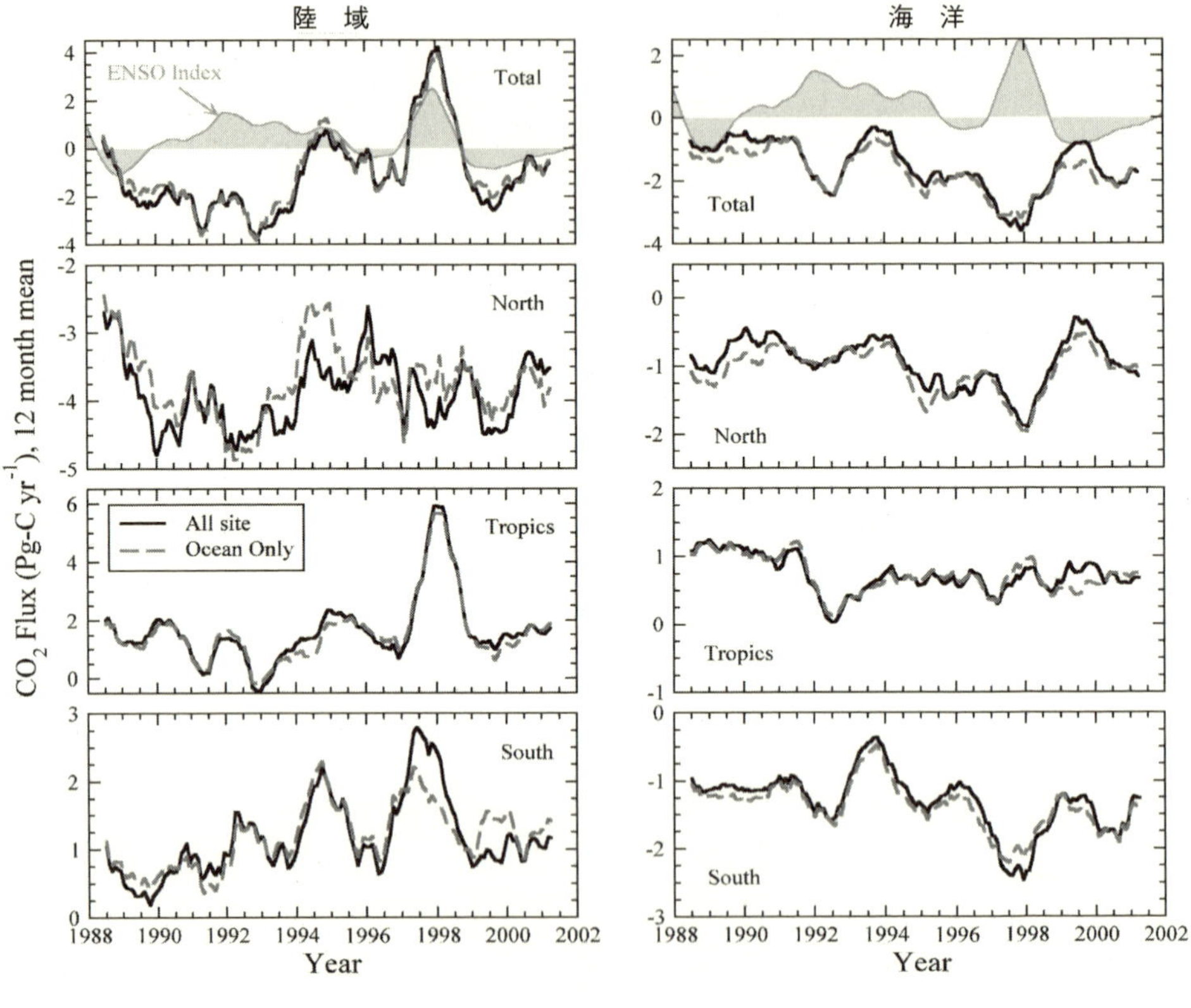

図8　逆解法によって推定された全球および半球規模の海洋と陸域のCO_2フラックス

Totalは全球、Northは北半球（15° N以北）、Tropicsは赤道（15° N－15° S）、Southは南半球（15° S以南）を表す。エルニーニョの指標となるENSO Indexは正負を逆に描いてあり、正の大きな値の時がエルニーニョ発生時期になる。

している、③エルニーニョが発生すると特に熱帯と南半球の陸域がCO_2を放出し、北半球と南半球の海洋がCO_2をより強く吸収する、ということがわかる。また、海洋は全体としてはCO_2を吸収しているが、個別に見てみると、北半球と南半球の海は吸収源として、深層からの湧昇がある赤道域の海洋は放出源として働いていることがわかる。陸域についてみると、北半球は強い吸収源であるが、赤道域と南半球は放出源となっている。

1990年代の平均的な陸域と海洋による正味のCO_2吸収はそれぞれ1.2PgC/年と1.9PgC/年であり、IPCC(2007)による1.0PgC/年と2.2PgC/年、大気中O_2変動からManningとKeeling(2006)によって推定された1.2PgC/年と1.9PgC/年、日本上空の$\delta^{13}C$の分析による1.2PgC/年と2.1PgC/年と良く一致している。しかし、Bakerら(2006)が逆解法によって求めた陸域と海洋の吸収量は2.1PgC/年と1.1PgC/年であり、主たる吸収源が陸域と海洋で逆になっている。

逆解法によってCO_2フラックスを推定する際には、使用する大気輸送モデルが現実の輸送場をうまく表現していることが前提となるが、多くのモデルがこの条件を必ずしも満たしていない可能性が指摘されている。実際、このことについてStephensら(2007)は、北半球の12地点で航空機を用いて観測されたCO_2濃度の鉛直分布と、12の大気輸送モデルによる全球22分割(陸が11領域、海洋が11領域)の逆解法の結果をもとにして、陸域のCO_2フラックスを検討し、興味深い指摘を行っている。この逆解法においては、1992~1996年に地上観測から得られたCO_2濃度データが用いられ、全モデルの平均として、熱帯域の陸から1.8PgC/年のCO_2が放出され、北半球中高緯度の陸が2.4PgC/年のCO_2を吸収している、という収支が得られている。森林統計からは、主に熱帯降雨林の破壊によっ

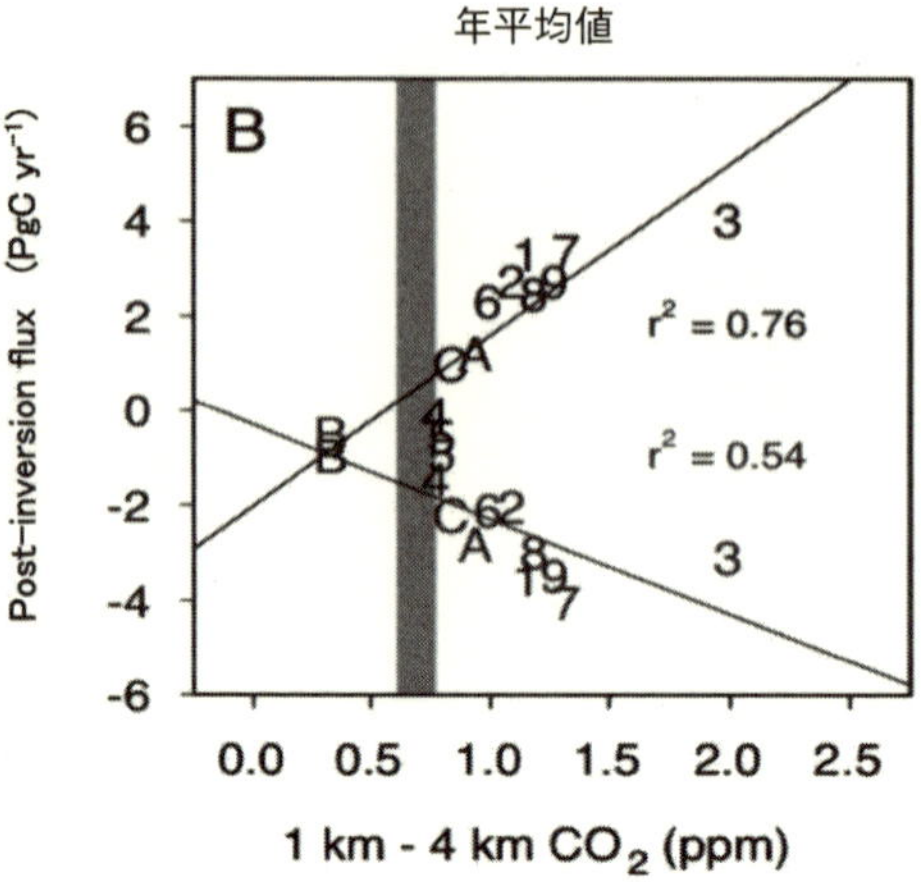

図９　12の大気輸送モデルが計算する北半球12地点での1kmと4kmの平均濃度差と、それぞれのモデルが逆解法によって求めた熱帯域（左下から右上に向かう線の周り）と北半球中高緯度（左上から右下に向かう線の周り）のCO_2フラックス

北半球12地点で観測された平均的濃度差は陰の縦棒で示してある（Stephens et al., 2007）

て赤道域から大量のCO_2が放出されていることが指摘されており、また多くの大気輸送モデルによる解析が北半球中高緯度の陸域に吸収源が存在していることを示唆していたために、この逆解法による収支像は広く受け入れられていた。しかし、12の大気輸送モデルが逆解法によって推定したCO_2フラックスを用いて、再度、航空機観測が行われた地点でのCO_2濃度を計算したところ、図9に示すように、多くのモデルが観測された鉛直濃度勾配を再現しないことが判明した。北半球の12地点で観測された高度1キロメートルと4キロメートルの年平均CO_2濃度のちがいはおよそ0・7ppmであるが、Bのモデルはこの勾配を過小評価し、4、5、C以外のモデルは過大評価となっている。比較的良い一致を見せた3つのモデルの結果を平均すると、赤道域からの放出は0.1PgC/年、北半球中高緯度の吸収が1.5PgC/年となる。このことは、森林統計による赤道域の陸からのCO_2放出の推

定が正しいとすると、熱帯域の手付かずの森林あるいは破壊された後に再成長した森林がCO_2を吸収しているために、正味としての放出がかなり小さく、結果として北半球中高緯度の陸域の吸収が弱いということを意味している。このことが事実とすると、全球炭素循環に関する現在の我々の理解を大きく覆すものであり、今後、大気輸送モデルを高度化し、より信頼できる逆解法解析を行うことが重要である。

大気中O_2の変動とCO_2収支の推定

化石燃料は基本的には炭素と水素から構成されており、その大気中での燃焼は

$$C_xH_y + (x+1/4y)O_2 \rightarrow xCO_2 + 1/2yH_2O$$

で、また光合成と呼吸・分解による大気と陸上生物圏とのCO_2交換は

$$6CO_2 + 6H_2O \rightleftarrows C_6H_{12}O_6 + 6O_2$$

で表現され、いずれの反応にもO_2が関与している。いっぽう、CO_2が大気と海洋の間で交換されると、海洋では

$$H_2O + CO_2 \rightleftarrows H^+ + HCO_3^-$$

$$HCO_3^- \rightleftarrows H^+ + CO_3^{2-}$$

という反応が起こり、O_2とは無関係である。このような特徴を利用することによって陸上生物圏と海洋のCO_2フラックスが分離して評価でき、新たな炭素循環の解明手法として注目を集めている。しか

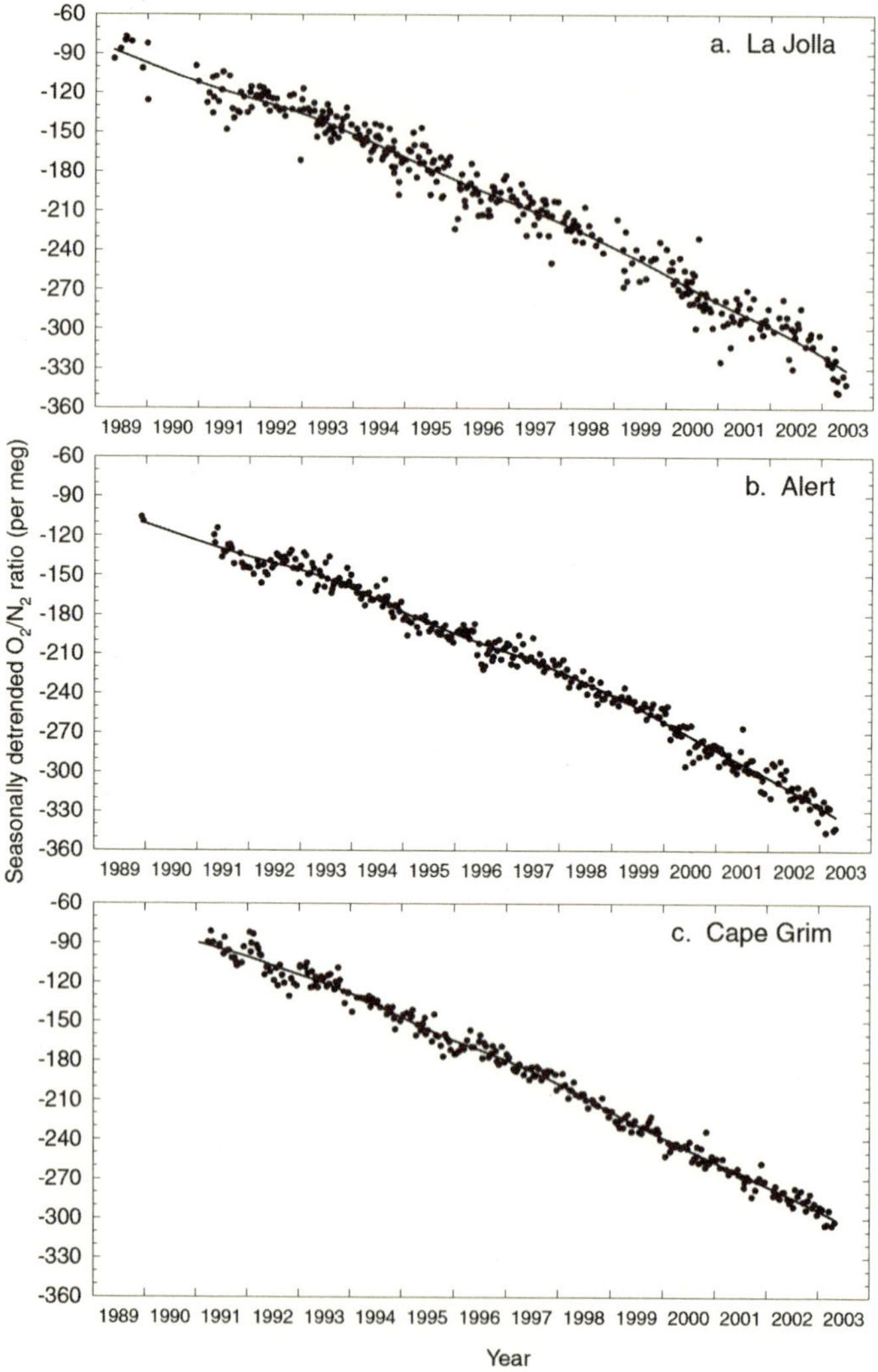

図10　アメリカ・カリフォルニア州ラホイヤ、カナダ北極域のアラート、オーストラリア・タスマニア島ケープグリムで観測された O_2 濃度の経年的変動（Manning and Keeling, 2006）

し、この方法によって有効な情報を取り出すためには、およそ２１０００ｐｐｍである大気中のO_2濃度を１ｐｐｍ以上の精度で測定する必要があり、極めて高度な計測技術を要する。このような精度の計測法はRalph Keeling（１９８８）によって初めて実現され、今日では幾つかの方法を用いて観測が行われるようになっている（Ralphは前出のCharlesの息子である）。

図10は、スクリップス海洋研究所によってアメリカ・カリフォルニア州ラホイヤ、カナダ北極域のアラート、オーストラリア・タスマニア島ケープグリムで観測されたO_2濃度の変動である。この図においては、O_2濃度はO_2／N_2比

$$\delta(O_2/N_2) = [(O_2/N_2)_{試料} / (O_2/N_2)_{標準} - 1] \times 10^6 \quad (\text{per meg})$$

で表現されており、１ｐｐｍのO_2濃度は4.8per megに相当する。また、大気中のO_2濃度は、CO_2濃度と逆位相の季節変化を示すが、この図では季節変化は除去され、経年的な傾向のみが示されている。ちなみに、O_2の季節変化は、陸上生物および海洋生物による活動と海水に対するO_2の溶解度の変化によって生み出される。図10は、CO_2濃度とは対照的に、O_2濃度がいずれの地点においても時間とともに減少していることを示している。CO_2濃度の増加に対するO_2濃度の減少率は、基本的には化石燃料燃焼と陸上生物圏および海洋によるCO_2固定によって決められている。しかし、近年、地球が温暖化しており、それに伴って海洋のO_2の溶解度が低下し、表層海洋の成層の強化が起こっているために、O_2が海洋から放出されていると考えられる。これらの効果を全て考慮し、観測されたCO_2に対するO_2の減少を解析することによって、１９９３〜２００３年間の平均的な海洋と陸上生物圏によるCO_2吸収量が2.2PgC/年と0.5PgC/年、１９９０〜２０００年間のそれぞれの値が1.9PgC/年と1.2PgC/年

と推定されている。いっぽう、Benderら（2005）は、アラスカのバロー、サモア、ケープグリムでの観測から、1994～2002年間の海洋と陸上生物圏による平均的CO_2吸収量を1.7PgC/年と1.0PgC/年と評価しており、遠嶋ら（2008）は、1999～2005年に沖縄の波照間島と北海道の落石岬で行った観測をもとに、海洋と陸上生物圏によるCO_2吸収量が2.1PgC/年と1.0PgC/年であったと推定している。これらの吸収量にちがいがある主な理由としては、観測期間が異なっていること、海洋からのO_2放出の補正および解析に必要な諸要素の採用値にちがいがあることがあげられる。

地球温暖化問題への関心の高まりによって、大気中のCO_2濃度の系統的観測は世界各地で行われるようになっており、データの蓄積がはかられている。しかし、大陸内部や低緯度、南米やアフリカといった地域での観測は極めて限られており、またほとんどが地上観測であるので、観測の地域的偏在を解消すると同時に、航空機などの機動力に富んだプラットフォームを利用した観測をさらに展開する必要がある。また、今日行われている観測はCO_2濃度が中心となっており、同位体やO_2に関する観測も充実させる必要がある。さらに、濃度増加の原因を定量的に理解し、将来の濃度予測を可能にするためには、観測データの充実とともに、大気輸送モデルやそれを用いた解析法の高度化を図ることも今後の大きな課題である。

参考文献

ＩＰＣＣ第４次報告書概要（日本語版）、気象庁ホームページ　(http://www.data.kishou.go.jp/climate/cpdinfo/ipcc/ar4/index.html) よりダウンロード可能

井上（吉川）久幸（１９９６）「二酸化炭素」、半田暢彦編『大気水圏科学からみた地球温暖化』72～82ページ、名古屋大学出版会

中澤高清（１９９９）「温室効果気体の増加と地球温暖化」、安成哲三・岩坂泰信編『岩波講座　地球環境学　大気環境の変化』１１９～１５５ページ、岩波書店

中澤高清（２００２）「二酸化炭素」、秋元肇・河村公隆・中澤高清・鷲田伸明編『対流圏大気の化学と地球環境』17～29ページ、学会出版センター

中澤高清・菅原敏（２００７）「温室効果気体の広域観測と地球規模循環」、気象研究ノート編集委員会編『次世代への架け橋―今、プロジェクトリーダーが語る―』53～65ページ、日本気象学会

中澤高清（２００８）「海洋による二酸化炭素の吸収」、『科学』78、５１７～５１９ページ、岩波書店

野崎義行（１９９４）『地球温暖化と海』、東京大学出版会

田中正之（１９７９）「二酸化炭素」、『大気汚染物質の動態』49～84ページ、東京大学出版会

Baker, D.F. et.al (2006) *Global Biogeochem*. Cycles, 20, GB1002.

Bender, M. L. et.al. (2005) *Global Biogeochem*. Cycles, 19, GB4017, doi:10.1029/2004GB002410.

IPCC (2007) *Climate Change 2007-The Physical Science Basis*, Cambridge University Press, London.

Keeling, R. F. (1988) Ph. D. thesis, Harvard University, Cambridge.

Manning, A.C. and Keeling, R. F.（2006）*Tellus B*, 58, 95-116, doi:10.1111/j.1600-0889.2006.00175.x.

Stephens, B. B. et.al.（2007）*Science*, 316, 1732-1735, doi:10.1126/science.1137004.

Tohjima, Y. et.al.（2008）*Tellus B*, 60, 213-225, doi:10.1111/j.1600-0889.2007.00334.x.

執筆者紹介

中澤高清（なかざわ・たかきよ）　１９４７年10月島根県松江市生まれ。１９７６年東北大学大学院理学研究科博士課程単位習得退学。１９８０年理学博士（東北大学）。１９７６年東北大学理学部教務系技官、１９７９年同学部助手、１９８６年スクリップス海洋研究所客員研究員、１９８７年東北大学理学部助教授、１９９４年同学部教授、１９９８年同大学院理学研究科教授、１９９９年同研究科大気海洋変動観測研究センター長、１９９９年（地球フロンティア研究システム（現海洋研究開発機構地球環境変動領域）グループリーダー。日本気象学会賞、山崎賞、日産科学賞、三宅賞、島津賞受賞。専門は気象学、大気物理学、大気化学。日本気象学会、大気化学研究会、米国地球物理学連合、米国気象学会に所属。

青木周司（あおき・しゅうじ）　１９５４年10月茨城県ひたちなか市生まれ。１９８４年東北大学大学院理学研究科博士課程修了（理学博士）。１９８５年国立極地研究所助手、１９９３年米国ＮＯＡＡ／ＣＭＤＬ客員研究員、１９９５年東北大学大学院理学部助教授、１９９８年同大学院理学研究科助教授、２００３年同研究科教授。日本気象学会堀内賞受賞。専門は大気物理学、大気化学。日本気象学会、大気化学研究会に所属。

(2) 陸域生物圏

陸域生物圏・大気間の炭素フラックス

地球規模でCO_2の大規模な循環が起きている。第2部第2章(1)の図1にまとめられているように、CO_2の循環は大気圏と海洋間と、大気圏と陸域生物圏間とに分けて捉えられる。さらに、最近の大きな問題が、石油・石炭といった化石燃料の大量消費にもとづくCO_2放出と、大規模な森林破壊に由来するCO_2放出といった人為起源のCO_2が、自然状態の循環系に大きな付加を与えており、大気中のCO_2濃度を2000年代に入ると年々2ppm前後まで増加させている（第2部第2章(1)の図5参照）。この増加が地球温暖化を加速させ、自然生態系はもとより、農地のような人為生態系にも大きな負の影響を及ぼすものと危惧されている。

初めに、陸域生物圏・大気間の炭素の流れ、すなわちフラックスを概観してみよう。植物は光合成によって大気中のCO_2を固定するが、その総量を総生産（GPP）という。光合成を行うと同時に呼吸（R）によってGPPの一部を大気に戻している。したがって、植物の正味の増分はGPPからRを差し引いた値であり、これを一次の純生産（NPP）という。このNPPがその生態系の規模を決めるので、一般的に植物生産力といわれている。これを式で表すと

$$NPP = GPP - R \qquad (1)$$

となる。このＮＰＰが植物の新たな成長に使われ、樹木ならば年々樹が太っていく。しかし、樹が大きくなるだけでなく、一部は葉や枝が枯れ落ちる部分や、動物によって食われた分も含まれる。したがって、（1）式は次のように書き換えられる。

$$NPP = GPP - R \qquad (1)$$
$$= \Delta W + L + G \qquad (1a)$$

ここで、ΔWはある期間のバイオマスの増分、Ｌはその間の落葉落枝量、Ｇは動物に食われた部分、すなわち被食量となる。つまり、我々人類の食糧として消費される部分もＧの一部である。したがって、人類に供給可能な食糧の上限もＮＰＰで規定されていることになる。東アジア地域では、水田が広く分布しているが、水田で収穫された米が食糧源として、日本はもとよりアジア地域の人々の暮らしを支えている。このようにモンスーンによる雨の恩恵は計り知れない。アジア地域の高い人口密度も米の生産に大きく依存している。また、最近、石油の値段の高騰のあおりを受けて、バイオエタノールに対する関心が高まってきたが、供給可能なバイオエタノール量もＮＰＰに依存している。

生態系全体の炭素収支を考えたときに、さらにＬに由来する土壌中の有機物が土壌生物によって分解された量（Ｄ）も考慮する必要がある。したがって、生態系全体の炭素収支、生態系純生産（ＮＥ

P)は次式で表される。

$$NEP=NPP-D$$
$$=GPP-R-D \quad (2)$$

現在大きな注目を集めているのは、陸域生態系がCO_2を正味で吸収しているのか、あるいは放出しているのかを定量的に明らかにすることである。NEPがプラスならば吸収源、すなわちシンクであり、NEPがマイナスならば放出源、すなわちソースと判定される。ここで紹介したNEPという概念は、従来の生態学的な概念から生まれたGPPやNPPとは異なる概念で、一般にはなじみが薄い。しかもGPPやNPPが大きい熱帯林において、NEPは決して大きくはない。時にはNEPがマイナスになる場合もあり(後で紹介するように、エルニーニョ現象発生時に、熱帯季節林ではNEPがマイナスになることが観測されている)、世界の各種陸域生態系のNEPがどの程度の大きさか、世界各地で観測が進められている。

地球上の自然植生の分布と気候条件

周知の通り、植物は光合成活動で大気中のCO_2を固定・吸収し、呼吸さらには土壌中の腐植が土壌微生物によって分解され、CO_2となって大気に放出される。このような生物圏における大規模なCO_2の吸

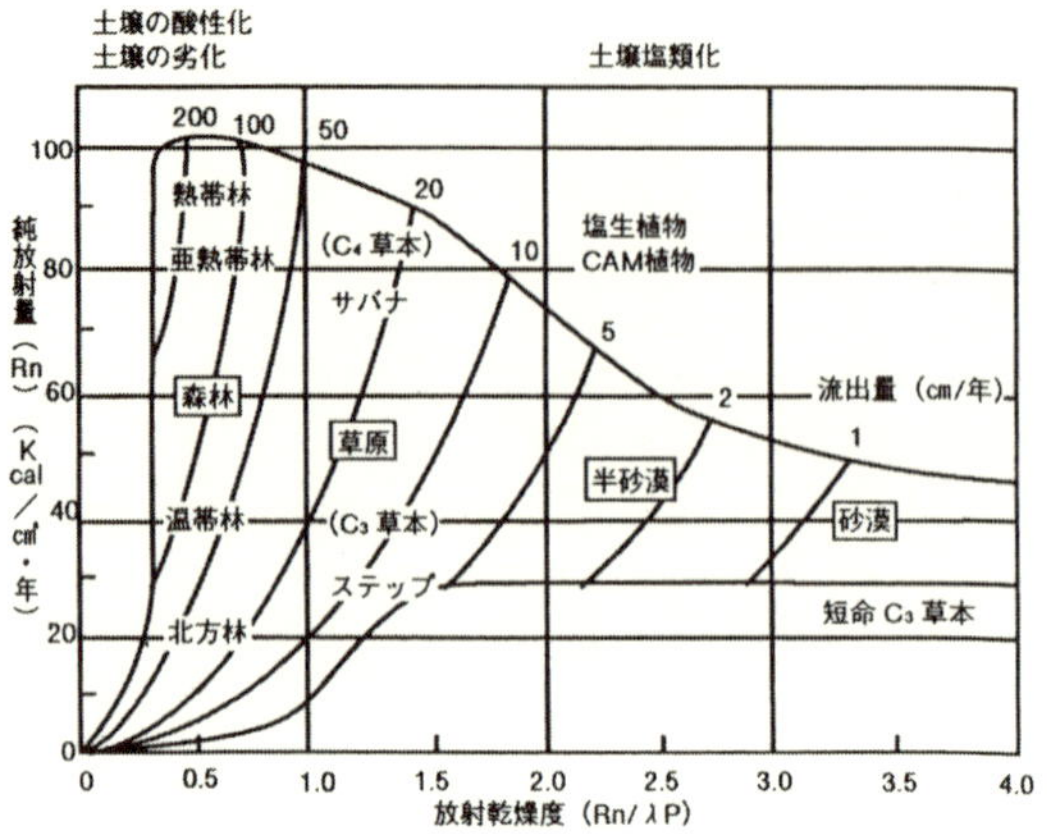

図１　放射乾燥度－純放射量の二次平面における世界の植生タイプの分布 (Oikawa 1995)
横軸に示した放射乾燥度に応じて、湿潤な地域の森林から、順次乾燥するにつれて、草原、半砂漠、砂漠が分布している。いっぽう、縦軸の純放射量は温度の指標となっており、上が熱帯、中間が温帯、下が寒帯に対応する。図中の等値線はその場からの水の流出量 (= 降水量－蒸発散量) を表しており、流出量が土壌中の塩類の動態に大きく関わっている

収と放出とが、土壌を含めた熱帯域の森林から北方圏のツンドラにいたるまで、その場の気温、降水量、光強度といった気候条件と密接に関わりながら進行している。したがって、気候条件が顕著に季節変化を示す温帯から高緯度地域にかけて、光合成や呼吸といった生命活動も季節変化を示す。第２部第２章（１）の図５に示されたハワイ島マウナロア山における大気CO_2濃度の１年を周期とした鋸歯状の規則正しい変化（春に極大となり、秋に極小となる）は、陸域生物圏のこの季節性を明瞭に反映したものである。マウナロア山観測所は赤道域に近接しているが、より高緯度に行くほど、CO_2濃度の極大と極小の差は拡大し、しかも極大・極小の現れる時期も遅くなる。このような事実もCO_2濃度の季節性は陸域生態系の生命活動の反映であることを示す明白な証拠である。なお、CO_2濃度の季節性は主に北半球にある陸域生態系の生命活動の反映であり、南半球は季節性には

余り関係ない。なぜなら南半球の赤道域付近以外には陸地が少なく、海面が広く覆っているからだ。

今述べたように、世界の植生分布は気候条件と密接に関連している。その一例が図1に示されている。この図で、横軸にはロシアの気候学者、ブディコによって考案された放射乾燥度がとってある。ここで、放射乾燥度とは年間のRn（純放射量）を分子とし、P（降水量）にλ（水の気化潜熱。1グラムの水が蒸発するのにほぼ2500ジュールものエネルギーが必要となる）をかけた値、すなわち最大蒸発散量を分母にしてあり、Rn/λPで定義される。すなわち、放射の観点からみたその場の乾湿度を表す指標である。横軸が大きいほど、その場は乾燥していることになる。いっぽう、縦軸には放射乾燥度の分子のRnがとってある。したがって、Rnが大きいほど気温は高くなるので、縦軸は気温の指標として見ることができる。このような乾湿度と気温の二次平面に世界の植生を配置すると、放射乾燥度が1以下の湿った地域に森林、放射乾燥度が1～2のやや乾いた地域にサバンナやステップのような草原、放射乾燥度2～3のかなり乾いた地域にはサボテンのような多肉で刺のある低木を主体とした半砂漠、さらに放射乾燥度が3以上の非常に乾いた地域が砂漠になっていることがわかる。いっぽう、縦軸に注目すると、森林が分布する放射乾燥度が1以下の地域でも、上の方は熱帯林、中間が温帯林、下の方が亜寒帯の北方林になっている。

ここにあげたいずれの植生も光合成活動により固定して作った有機物（NPP）を素材として、葉、幹、枝、根、種子といった自分の体を作って、生命活動を営んでいる。この光合成反応には大きく分けて3種類の方式がある。図1の上にC_3植物、C_4植物、CAM植物と書いてあるのが光合成で大気中のCO_2を取り込む方式の違う植物タイプを示している。C_3植物は最も基本となるカルビン・ベンソン回路と呼ばれる光合成経路を用いて有機物の生産を行う植物で、すべての木本植物と多くの草本植物がこれに属する。いっぽう、C_4植物は1枚の葉の中で葉肉細胞と維管束鞘細胞とで光合成を分業して行っている植物である。まず、大気中のCO_2は葉肉細胞で効率的に固定され、続いて固定されたCO_2を維管束鞘細胞で放出して、有機物は最終的に維管束鞘細胞で作られる。トウモロコシやサトウキビといった草本植物がC_4植物であり、植物生産力が高いと同時に蒸散で失う水の量が少ないことが大きな特徴である。高温で乾燥したサバンナ地域に分布する植物は、ほとんど例外なくC_4植物である。最後のCAM植物は、C_4植物と似た方式で光合成を行っている。C_4植物は1枚の葉の中で有機物合成を分業していたのに対し、CAM植物は1日の昼と夜とで時間を分けて光合成を行っている。すなわち夜に気孔を開いて大気中のCO_2を体内に取り込み、昼には気孔を閉じて蒸散で失う水を減らしながら、夜に取り込んだCO_2を材料として有機物の生産を行う植物である。多肉という形態を取るために表面積が非常に小さいサボテンやパイナップルのような植物がこのCAM植物であり、蒸散で失う水を極力減らしながら光合成を行うので、水利用効率が極めて高く、乾燥した半砂漠地帯に多く分布している。

以上のように、放射乾燥度とそれぞれの地域に分布する植物の光合成タイプとは密接に関わっている。すなわち、C_3植物よりはC_4植物、C_4植物よりはCAM植物の耐乾性が勝っている。

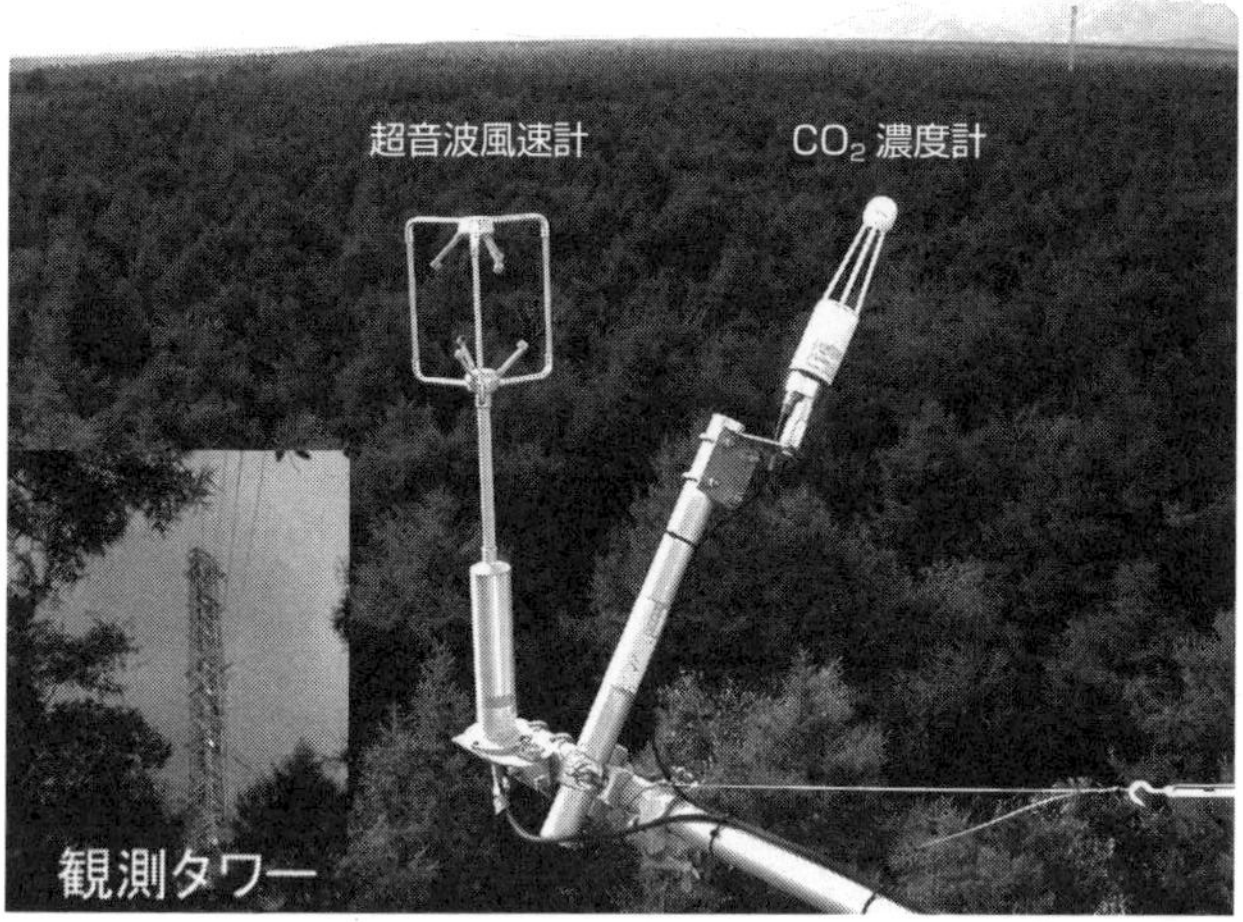

写真1　カラマツ林冠上における渦相関法による CO_2 フラックスの測定風景
場所は北海道の苫小牧。中央に見えるのが超音波風速計で、その右側に見えるのが赤外線 CO_2 濃度変動計。左下には設置された観測タワーが写っている（加藤知道氏提供）

陸域生物圏の炭素動態の調べ方

それぞれの生態系が光合成でどの程度大気CO_2を固定しているかを測定する手法に、現在では主に二つの手法がとられている。ひとつは生態学的手法であり、もうひとつは微気象学的手法である。

生態学的手法の測定原理は、先に示した（1a）、式にもとづいて行われる。たとえば、森林を例にすると、ある一定面積（通常、1000平方メートル程度）に生えている樹木1本1本の直径をはかり、バイオマスを推定する。そして、数年後に同じ木の直径を再びはかり、直径の増分から樹木の生長量ΔWを求める。そして同じ期間に林内に多数設置したリタートラップに落ちてくる枯葉・枯枝量Lを定期的に回収して、NPPを求めるのである。このようなバイオマスの増減に加えて、地表面に箱を被せて、放出されるCO_2を測定してDを求め、NEPを計算する。このような生態学的手法では森林の炭素フラックスはせいぜい2～3年の間の平均値でしかない。

いっぽう、微気象学的手法では、渦相関法という測定原理にもとづいている。森林の中に樹幹を突き抜ける高さまで、測定用のタワーを建てる（写真1参照）。そして、頂上部分に超音波風速計と赤外線CO_2変動計を設置して、1秒間に10回程度という高速で、垂直方向の風速とCO_2濃度を測定し、30分間の測定値からその生態系のNEP（気象学ではNEPにマイナスの符号を付けたNEEと表現されている）を求める。すなわち、

$$\mathrm{NEP} = \rho\,\overline{w'c'} \tag{3}$$

ここで、ρは大気の密度、w'は垂直方向の風速、c'はCO_2濃度の瞬間値であり、上についた横棒は30分間の値の平均値を示している。このように微気象学的手法では30分ごとのNEP値が求まり、生態系全体の正に時々刻々のCO_2の取り込み状況がわかり、非常に有効である。このような測定を1年間、さらには数年間にわたって欠測なく続けることは、測定用の測器の精度が飛躍的に向上した現在でさえ、至難の業である。しかし、欠測した期間の測定値を補間するさまざまな試みが進められており、現在ではかなり信頼性の高いデータセットが整備されてきた。このような努力にもかかわらず、同一の生態系で生態学的手法と微気象学的手法で求めた測定値が必ずしも一致しないことも多く、その食いちがいが起こる原因も検討が進められている。

ここに紹介した生態学的手法と微気象学的手法にもとづく植物生産力の測定は、それぞれの地点で

の生産力であるが、われわれがさらに知りたいことは、ある地域全体、さらには地球全体で、陸域生態系がどれだけのCO_2を固定しているか、である。このような広域のCO_2動態を調べる有力な手法が二つある。ひとつは人工衛星によってもたらされる画像から、地表面の植生の繁茂度、すなわち植生指数を読み取り、CO_2固定量を推定する手法である（詳しくは第3部第3章を参照）。もうひとつは生態系モデルにもとづいた推定法である。いずれも生態学的手法や微気象学的手法で求められた実測値を取り入れて、推定値の検証を行っている。

東アジアの森林におけるCO_2吸収量の多点観測の結果

１９９７年京都において開催された気候変動枠組み条約第３回締約国会議（ＣＯＰ３）において京都議定書が採択され、先進諸国は人為起源のCO_2放出を削減することが義務づけられた（米国は途中で離脱）。日本は２００８年から5年間に、１９９０年比で６％削減するという極めて厳しい削減を求められた。この削減は工業活動などで排出されるCO_2を減らすことが第一義であるが、その国の森林を適正に管理することにより、光合成によるCO_2の吸収を増やすことができれば、その分も削減量とみなす、という一種の柔軟措置も取り入れられた。このような国際的な動きが大きな契機となって、森林を中心として、陸域生態系の炭素吸収能に対する関心がにわかに高まった。日本の環境省も東アジアを対象として陸域生態系がどれだけCO_2を固定しているかを明らかにする大規模なプロジェクト（S1プロジェクトと呼ぶ）を２００２年度から5年計画で立ち上げた。

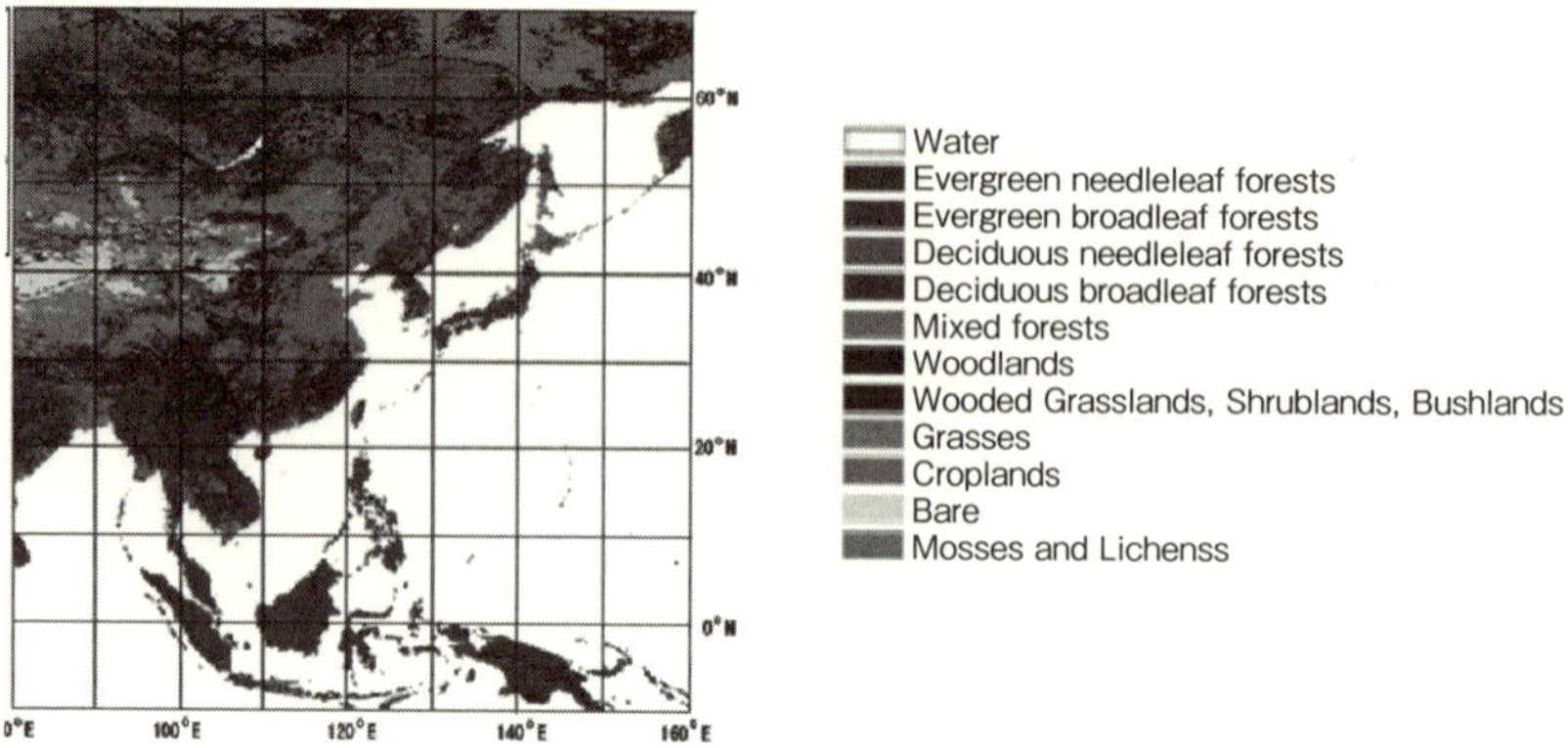

図２　東アジア地域の植生分布図とその中の森林観測地点の分布（三枝信子氏提供）

この研究プロジェクトにおいては、アジアの主要な森林による大気中のCO_2吸収量を観測し、気候帯や森林タイプ、季節的な変化や年々変化を比較するため、ロシア、モンゴル、中国、日本、タイ、マレーシア、インドネシアの森林（合計13地点）において、CO_2吸収量の長期観測を行い、そのデータを交換して総合的に解析した。観測を行ったのは、亜寒帯の北東アジアにおける主要な森林であるカラマツ林（ロシア、モンゴル、中国、日本）、温帯の典型的な森林である落葉広葉樹林、針広混交林、および常緑針葉樹林（日本）、東南アジアの乾季と雨季を有する熱帯季節林（タイ）と、ほぼ年中降水量の多い熱帯多雨林（マレーシア、インドネシア）である（図２）。これら東アジアを代表する森林での観測結果を総合的に解析した結果、森林CO_2吸収量の季節変化、経年変化、および空間分布が明らかになった。

①中～高緯度の落葉性の森林における春先の気温上昇とその後のCO_2吸収量

森林における正味のCO_2吸収量（ＮＥＰ）の季節変化は森林タイプにより大きく異なっていた。上から順に落葉広葉樹林、常緑針葉樹林、熱帯林の月別のＮＥＰ季節変化が示されている（Saigusa ら、２００８）。図３を見ると一目瞭然であるが、森林が活発に光合成を営む期間（図中の炭素吸収量がプラスになる期間）は上の落葉広葉樹林ほど短く、下の熱帯林ほど長いが、活動期間のＮＥＰは落葉広葉樹林で最も大きく、逆に熱帯林で最も小さく、しかも年間のＮＥＰも熱帯林で最も小さくなっている。（２）式で示したように、ＮＥＰはＧＰＰからＲとＤを差し引いた値であり、ＧＰＰやＮＰＰとは大きく異なることに十分に留意する必要がある。

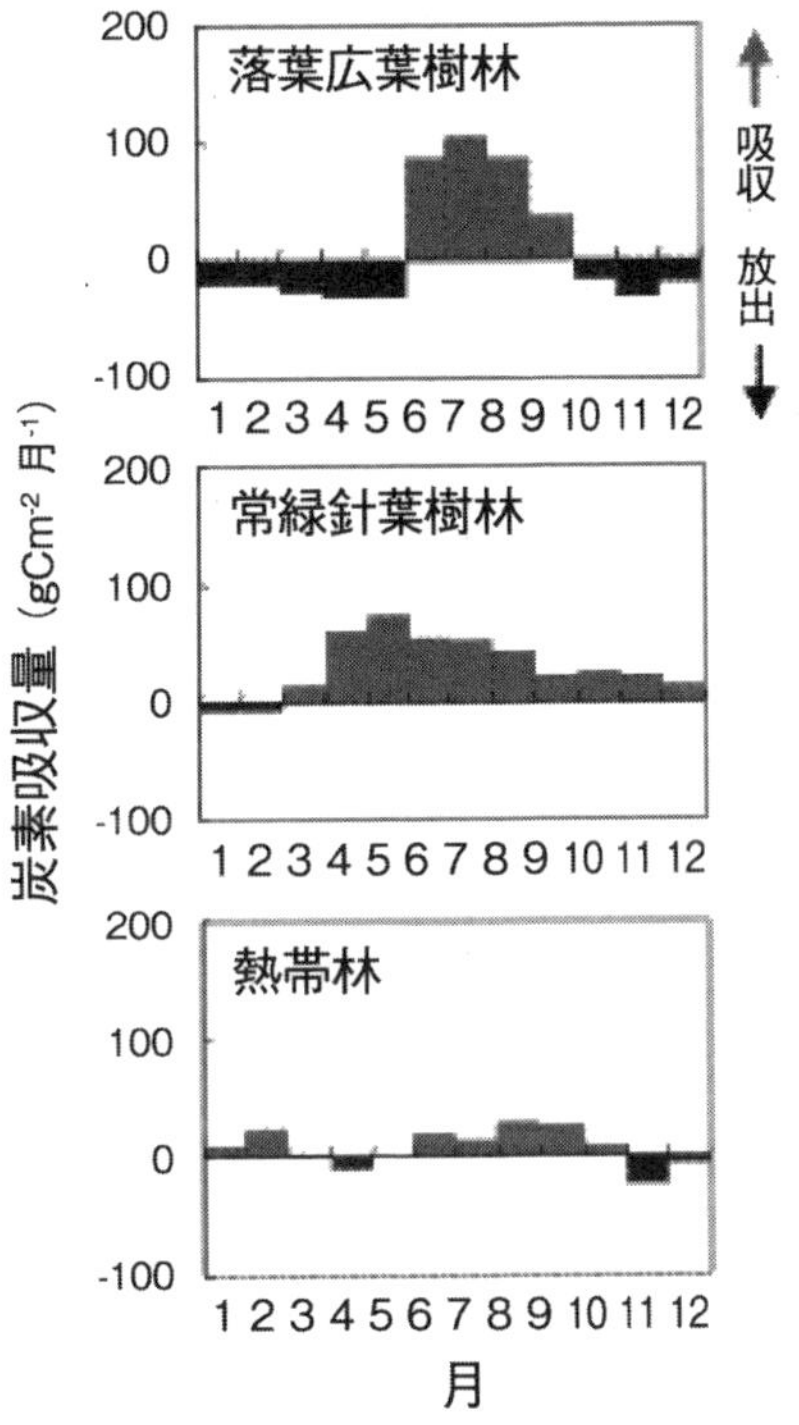

図３　森林の正味のCO_2吸収量（NEP）の季節変化（Saigusa ら 2008）

上）落葉広葉樹林（日本）。冬季は光合成が行われなくなり、呼吸等により大きな放出（負の値）が観測される（岐阜県高山、優占種はダケカンバ、ミズナラ）

中）常緑針葉樹林（日本）。年間を通じて光合成が行われるため、放出が観測される期間が短い（山梨県富士吉田、優占種はアカマツ）

下）熱帯林（マレー半島）。亜寒帯林や、温帯の森林と比べて、NEP の絶対値も、季節変化の振幅も極めて小さい（パソ、優占種はフタバガキ科）

さらに、年々の気象の変動にともない、CO_2吸収量は大きく変動していることも明らかになった。たとえば、中～高緯度の落葉性の森林では、冬から春にかけての気温が新葉の開き始める時期を決め、その時期が早いか遅いかによって、５～６月の光合成生産量（ＧＰＰやＮＥＰ）が大きく変動することが明らかになった。ユーラシア大陸の北東部の永久凍土上に広大な面積を有するカラマツ林帯でこのような季節性が表れているなら、北半球の中～高緯度の大気中のCO_2濃度の季節変化や年変化に大きな影響を与えることが予想される。

②乾季の長期化と降水量の減少が森林の光合成量に及ぼす影響

東南アジアの熱帯季節林においては、乾季が長引き、降水量が減少するのにともない、光合成生産量（ＧＰＰとＮＥＰ）が大きく低下することが観測された。土壌水分の減少（乾燥）も同時に観測されており、特に乾季における降水量の減少が落葉を促進させたためと考えられた。東南アジアにおける少雨年はエルニーニョ現象にともなって発生することが多い。過去の例を見ると、１９８６～１９８８年や１９９７～１９９８年などに発生したエルニーニョ現象にあわせて、大気中のCO_2濃度上昇が速まったことが観測されており、高温・乾燥による森林火災の多発などいくつかの原因が想定されているが、土壌が乾燥して森林のＧＰＰを減少させ、その結果ＮＥＰがマイナス、すなわち炭素の放出源となって、大気中のCO_2濃度増加に寄与する可能性もあることが、得られたデータから強く示唆された。

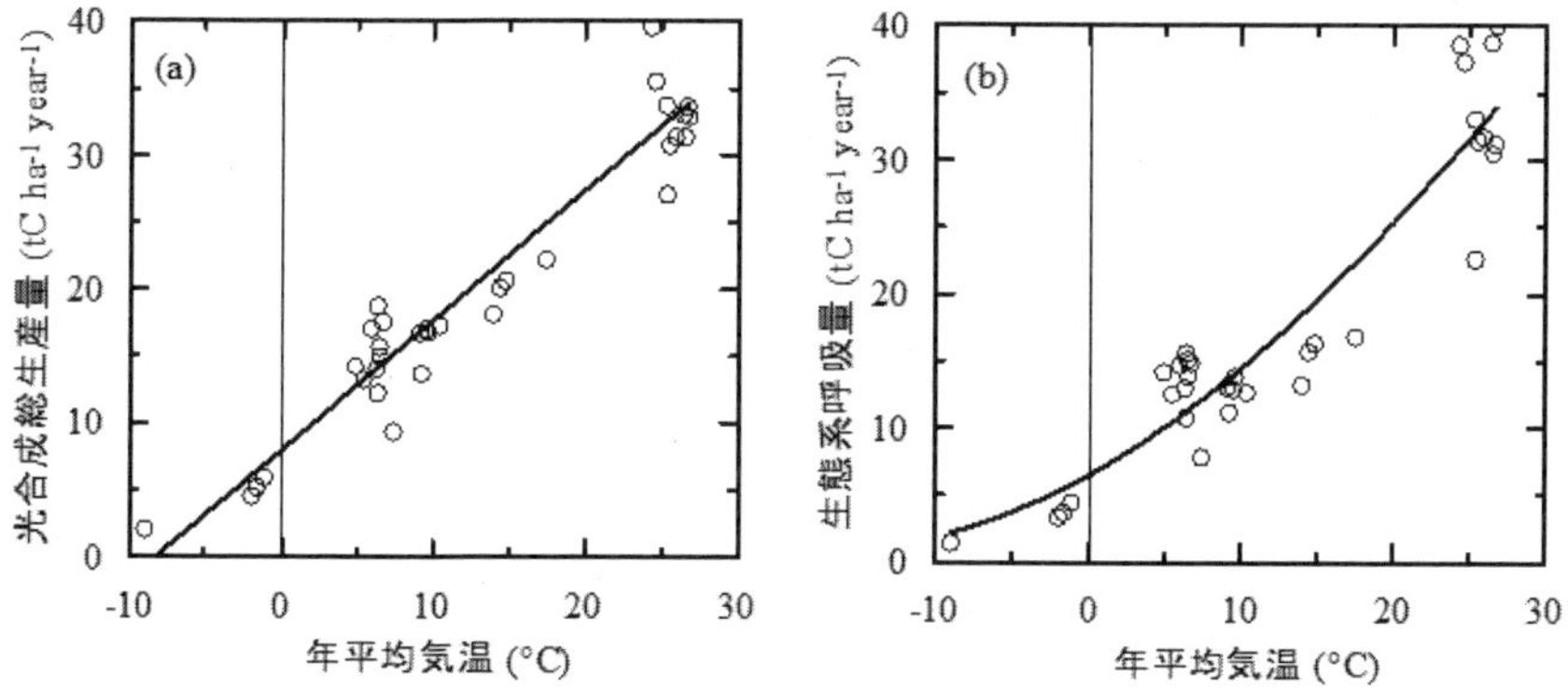

図4　年間の炭素吸収量と放出量の年平均気温に対する依存性 (Hirata ら 2008)
(a)光合成による吸収量(GPP)。年平均気温とともに直線的に増大
(b)呼吸と土壌有機物の分解による放出量。年平均気温とともに指数関数的に増大

③異なる気候帯の森林による1年間のCO_2収支

亜寒帯域から熱帯域という異なる気候帯に分布する森林の1年間のCO_2の収支の特性を明らかにするために、年平均気温を指標に比較した。その結果、光合成により吸収されるCO_2の総量（GPP）も、植物の呼吸（R）や土壌中の有機物の分解（D）によって放出されるCO_2の総量（生態系呼吸量、REC）も、年平均気温に対する強い依存関係が求められた（Hirataら、2008）。しかし、その依存関係は両者で異なり、GPPは年平均気温に対して、直線的に増加したのに対し（図4a）、生態系呼吸量は指数関数的に増加した（図4b）。このように生態系へのCO_2の入力であるGPPと出力であるRECの気温に対する反応のちがいが、図3(下)に示した熱帯林のNEP（＝GPP－REC）の小ささをもたらしている。さらに、地球温暖化が進行すれば、植物の呼吸や土壌有機物の分解は促進され、NEPをさらに小さくし、さらにはNEPがマイナスとなり、大

気CO_2濃度増加を加速する危険性もある。

このようにGPPやRECは年平均気温により強く制御され、他の環境要因から受ける影響が比較的小さいことがわかった。これは、S1プロジェクト対象の東アジアはモンスーン気候帯にあり、総じて降水量が多く、乾燥などのストレスの影響が比較的小さいためと考えられる。このことは欧米の夏に乾季となる地中海性気候帯にある硬葉樹林とは大きく異なる点である。このような熱帯域から亜寒帯域に及ぶ湿潤な気候帯における森林のCO_2吸収量の特性は、S1プロジェクトにおいて世界でも初めて明らかにされた興味ある知見といえよう。

CO_2のフラックス観測網からのまとめ

アジアフラックスと呼ばれる観測ネットワークが組織化されている。これはアジアの陸域生態系（森林、草原、農耕地などを含む）と大気との間で交換されるCO_2量、水蒸気量、熱量などを微気象学的方法により長期モニタリングすることを目的とし、技術情報やデータの交換、および研究交流の促進をめざして設立された組織である。１９９９年に主に日本と韓国の研究者が活動を始め、２００２年には中国が国内のネットワーク構築を開始した。同様の組織はすでにヨーロッパを対象としたCarboEUROや、アメリカを対象としたAmeriFluxができあがっている。

S1プロジェクトで行われた観測点を含む49地点の観測結果をまとめて、Kato と Tang（２００８）はアジア地域のNEEを森林、湿地、草原、農耕地別に、図5と表1のように取りまとめている。

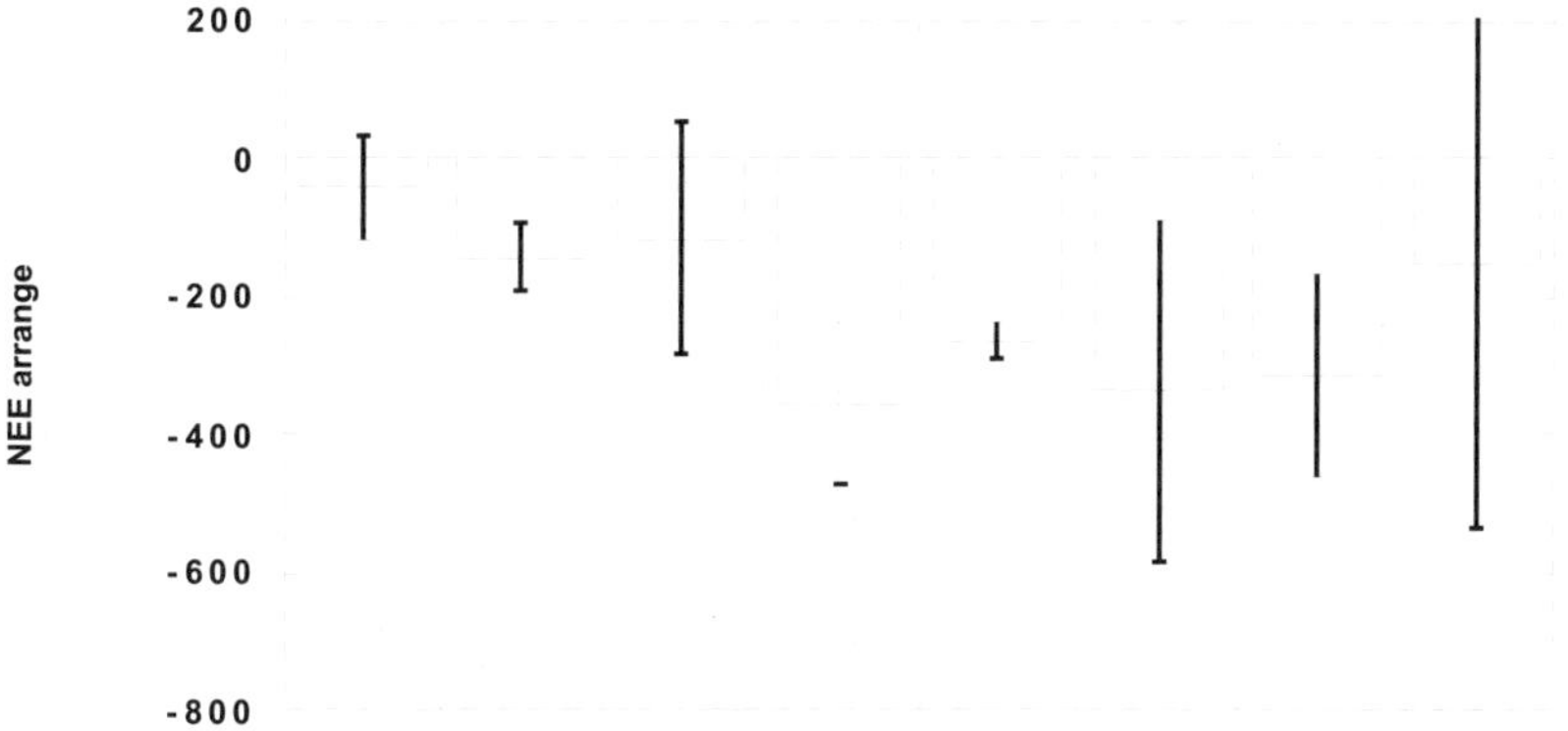

図5　フラックス観測値を取りまとめたアジア陸域生態系におけるタイプ別の NEE とその 標準偏差 (Yoshikawa ら 2008)

ここで、WET は湿地、DNF はカラマツ林、GRS 草原は、ENF は常緑針葉樹林、DBF は落葉広葉樹林、MIX は針広混交林、CRP は農耕地、EBF は常緑広葉樹林を表す

表1　フラックス観測値を取りまとめたアジア陸域生態系におけるタイプ別の年平均気温、 観測点数と NEE (Yoshikawa ら、2008)

生態系タイプ	年平均気温 (℃)	観測点数	NEE±標準偏差 ($gC\ m^{-2}\ yr^{-1}$)
湿地	-6.4	5	-42.3±75.6
カラマツ林	-1.8	4	-144.7±49.8
草原	2.4	11	-116.1±167.6
常緑針葉樹林	7.6	6	-354.2±117.5
落葉広葉樹林	7.9	4	-264.2±26.4
針広混交林	10.5	6	-337.9±246.8
農耕地	13.6	5	-315.5±147.2
常緑広葉樹林	25.0	8	-155.6±378.6

ここで、まず注目されるのは、いずれの生態系タイプにおいてもNEE（＝－NEP）の年平均値はマイナスであり、現在、炭素のシンクとして機能していることがわかる。ただし、標準偏差は非常に大きく、年によって、あるいは同一のタイプ内でも観測点によってマイナスになることがある。いっぽう、年平均気温との関係を見ると、マイナス６・４℃と最も寒い高山にある湿地ではNEEは最も小さく－42gCm^{-2}yr^{-1}であるのに対し、NEEが最も大きいのは年平均気温が７・６℃の温帯域に分布する常緑針葉樹林で、354 gCm^{-2}yr^{-1}である。25℃と最も暖かい常緑広葉樹林（熱帯林を含む）でのNEEは－156gCm^{-2}yr^{-1}にすぎない。NEPはGPPとRECという非常に大きな炭素フラックスの差であり、少しの環境条件の変動でもプラスからマイナスに変わりうるものである。また、測定法上も精度高く求めるのは非常に困難がつきまとう。さらなる研究が望まれる。

なお、ここにまとめられたアジア地域のNEEは、Law ら（２００２）が北米の AmeriFlux をまとめた－870～422gCm^{-2}yr^{-1}（観測点数１０４）や、Valentini ら（２０００）がヨーロッパのCarboEURO をまとめた－707～105gCm^{-2}yr^{-1}（観測点数39）の範囲内にある。

森林のNEPは林齢によっても大きく変わりうる。一般に、老齢林に近づくにつれ炭素の収支は０、すなわちNEPがゼロになることが予想されるが、Luyssaert ら（２００８）はこれまでに出された多くの文献値を調べて、８００年生の自然林でさえNEPがプラスであることを見出している。このように管理されていない森林でも、長期間にわたって炭素を正味蓄積し続けていることは興味深い事実である。その理由は不明であるが、産業革命以前は２８０ｐｐｍ前後であった大気CO_2濃度は、近年ではその１・４倍の４００ｐｐｍに迫るまで増加してきており、増加した大気CO_2濃度が光合成を促進する、いわゆる施肥効果が働いている可能性が大きいのではないだろうか。

いっぽう、バイオマスに関しては、図6の地図に示されている。ここで、実測値は○印で描かれている。それに対し、伊藤（2002）によって開発されたSim-CYCLEと名付けられた生態系のプロセスモデルから推定されたバイオマス値が色別に描かれている。実測値とモデル推定値を比較すると、赤道地帯にある熱帯多雨林のバイオマスは140トン／ヘクタール前後と大きく、薄いグレーで示されており、内陸の乾燥地帯のバイオマスは20トン／ヘクタール前後と小さく、濃いグレーで示されており、両者の傾向が一致している。ところが、詳細に見ると、必ずしも一致していない点もあることがわかる。この不一致は森林伐採などの人間活動が行われた所ではないかと予想されているが、今後、さらなる検討が必要であろう。

炭素動態モデルで捉える地球規模の炭素フラックス

最近では、大気・海洋・陸面を統合し、しかも陸面の状態を多くの植生タイプに分類し、それぞれの植生タイプにふさわしい生理・生態情報を組み入れた大規模なモデルが組み立てられ、将来の温暖化に加えて、陸域生態系を介した炭素動態も予測する大規模な研究が進められつつある。その一例として、Yoshikawaら（2008）の研究を紹介しよう。彼らは海洋研究開発機構（JAMSTEC）の地球シミュレータに20の植生タイプ（森林11、草原など5、その他4タイプ）に分けた陸域植生をSim-CYCLEに組み入れて、2100年までの地球規模の温暖化とそれに伴う炭素動態をシミュレー

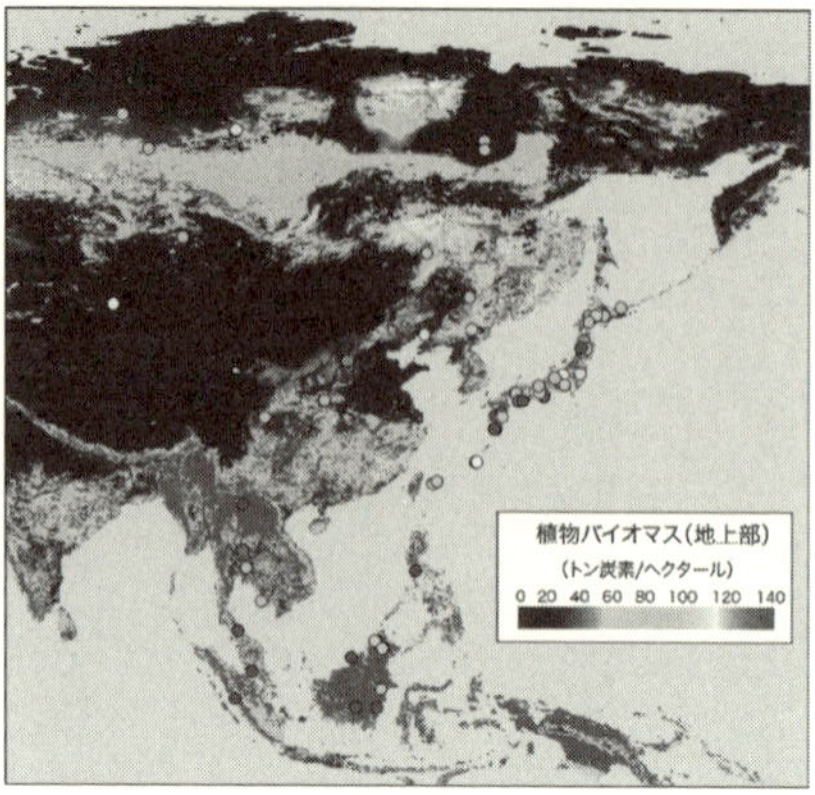

図６　東アジア地域のバイオマスの実測値とモデルによる推定値の比較

○印は実測値を示し、背景色は生態系モデル、Ｓｉｍ－ＣＹＣＬＥによる推定値を示す。（伊藤　２００７）

トした。

その結果、21世紀の終わりまでに、植生を組み入れた今回のモデルでは、組み入れてないモデルに比べて、地球全体の年平均気温が０・７℃高くなり、この昇温が大気CO_2濃度をさらに１２３ｐｐｍ増加させた。この主な原因は温暖化により、地球全体として見たときに、土壌微生物の呼吸を加速化させる強いプラスのフィードバックが働いて、土壌中に蓄積している有機炭素の分解を加速したためだった。

いっぽう、地域別に検討してみると、例えば北アメリカの西および中央部と南オーストラリアでは、マイナスのフィードバックを示した。その理由は温暖化して土壌呼吸によるCO_2放出が増える以上に、落葉落枝量が増加して、地中に蓄えられた土壌有機物量が、逆に差し引きとして増加していたためだった。

海洋は面積的には陸域よりもはるかに広いが、地球規模で見た場合、炭素吸収に対する海洋の寄与は、陸域の寄与よりもはるかに小さいものだった。

このように陸域生態系の動態が、大気CO_2濃度に大きな影響を与えることが強く示唆された。特に、土壌中の有機炭素の分解過程が大きく寄与する可能性が指摘されている。いっぽう、海洋の炭素動態は大気CO_2濃度にあまり影響を与えないものと予想された。このようなモデル結果は、今後ますます、陸域の、それも土壌に焦点を当てた研究の必要性を示すものであろう。ただし、このモデルでは当初設定した植生分布はほぼ100年後まで変わらずに維持される、と仮定されている。しかし、この仮定は必ずしも確かではないだろう。特にある植生と隣り合った植生との境界、いわゆるエコトーン(移行帯)では植生の移り変わりが最も早く生じるにちがいない。そこで温暖化に伴う植生変化も組み入れたモデル、いわゆる動的植生モデル(DGVM)を用いた研究もすでにいくつか行われている。Purves と Pacala(2008)によれば、過去に行われた6つのDGVMの結果を比較すると、陸域生態系が2100年まで炭素の大きなシンクとして働き続けるとするモデル結果もあれば、逆に近い将来、炭素のソースに転換すると予測するモデルもあり、モデル間で予測方向さえ大きく食いちがっている。したがって、今後はDGVMの精密化はもちろんのこと、それぞれの植生に関する生理・生態情報を増やしていくこともぜひとも望まれる。現地での実測研究とモデル化研究、さらには衛星画像解析からもたらされる広域の植生情報とが三位一体となって、研究を進めていくことがぜひとも必要である。

引用文献

Hirata, R. et al.（2008）*Agricultural and Forest Meteorology*, doi:10.1016/j.agrformet.2007.11.016.

伊藤昭彦（２００３）『農業気象』59、23～34ページ

伊藤昭彦（２００７）「８章　地球環境と植物の将来を見つめて」、葛西奈津子著『植物が地球をかえた！』１３９～１５８ページ、化学同人

Kato, T., Tang, Y.（2008）*Global Change Biology, Vol.14*, issue 10, 2333-2348, doi:10.1111/j.1365-2486.2008.01646.x.

Law, B. E. et al.（2002）*Agricultural and Forest Meteorology*, 1, 97-120.

Luyssaert, S. et al.（2008）*Nature 455*, Sep.11, 213-215.

Oikawa, T.（1995）A simulation study of grassland carbon dynamics as influenced by atmospheric CO_2 concentration. ed. S. Murai *"Toward Global Planning of Sustainable Use of the Earth"* 97-112. Elsevier Sci.

Saigusa, N.et al.（2008）*Agricultural and Forest Meteorology*, doi:10.1016/j.agrformet.2007.12.006.

Valentini R. et al.（2000）*Nature*, 404, 861,865.

Yoshikawa, C. et al.（2008）*J.GeophysicalRes.*, Vol.113, G03002, doi:10.1029/2007JG000570,

執筆者紹介

及川武久（４３９ページ参照）

（3）土壌圏

はじめに

土壌は地球の陸域表面を覆う薄い皮膜である。そのうち、活発な物質循環をになう部分は、ほんの数センチメートルからせいぜい数メートル、全地球を平均すると18センチメートルの厚みしかないといわれる（陽、1994）。しかし、この薄い生きた土壌はさまざまな生物に生存の場を与え、植物の生産の土台となり、ひいてはわれわれの文明の基盤を与えている。まさしく、土壌は「生きている地球の皮膚」を構成している（Dent ら、2005）。

土壌において、炭素は主として有機物として蓄積されているが、その総量は1兆5000億トン（1500ペタグラム）程度と見積もられている（Eswaran ら、2000）。これは、陸上植物バイオマス炭素量の約3倍、大気中の炭素量の約2倍に相当する。この土壌有機炭素は陸域生態系の土壌圏における物質循環の結果として長い年月をかけて蓄えられたものであるが、有史以来の人間活動は地球上の土壌有機炭素量を減少させ、大気CO_2濃度を増加させてきた。すなわち、先史時代における地球全体の土壌有機炭素量は約2兆トン程度であったと見積もられているが、森林や自然湿地を農地へと土地利用変化することにより、土壌有機物の分解が促進され、実に5000億トンもの炭素がCO_2として大気に放出されたと考えられている（袴田ら、2000）。人類は、まさに「生きている地球の皮膚」

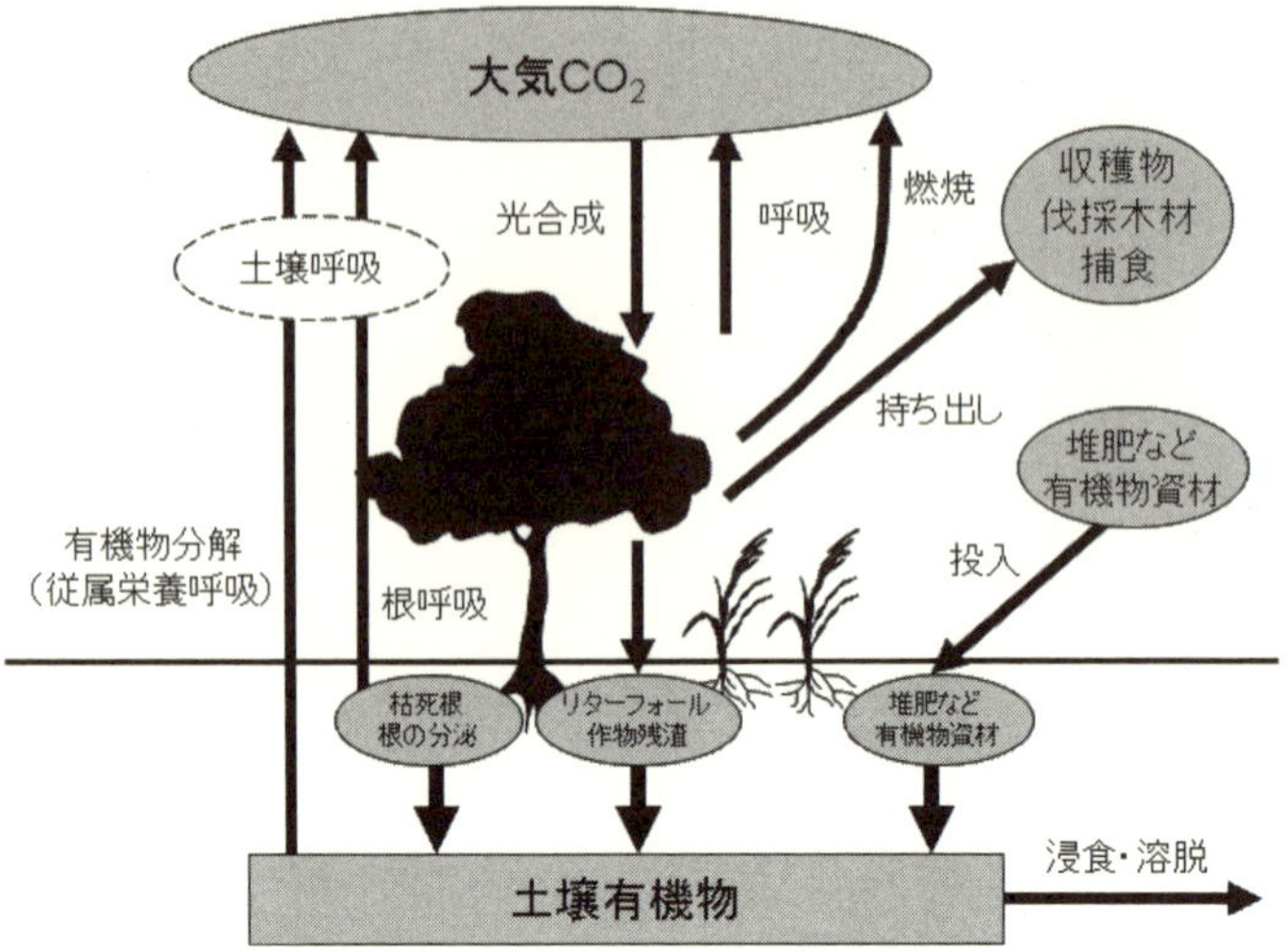

図１　土壌圏における炭素収支

をだいぶ荒れたものにしてしまっているのではないだろうか。

土壌圏の炭素循環

土壌圏における炭素循環は図１に示すように、植物を介した大気CO_2と土壌有機物の炭素の交換と考えることができる。植物は光合成により大気中のCO_2を有機物として固定しているが、その一部が落葉落枝として土壌に負荷される。農地では、作物残渣と刈り株がこれに相当する。さらに、土壌中では枯死根や根からの分泌有機物がこれに加わる。農地では、さらに、堆肥などの有機物資材が加えられる。以上が土壌への炭素の入力量となる。これに対し、出力量としては、大気への直接のCO_2放出である植物の呼吸と土壌有機物の分解がまずあげられる。植物の呼吸は地上部の呼吸と根呼吸に分けられるが、根呼吸と土壌有機物の分解によるCO_2放出合量を土壌呼吸量と呼ぶ。土壌有機物の分解は、土壌に棲息するさまざまな微生物や動物の働きによるもので、従属栄養呼吸(heterotrophic respiration)とも呼ばれる。出力量には、さらに、自然発火や野焼きなど燃焼による放出、作物収穫物や伐採木材などの持ち出し、動物による捕食、および浸食や溶脱による土壌有機物の損失も加えられる。

陸域全体での従属栄養呼吸による土壌からのCO_2放出量は炭素換算で年間約５００億トン（50ペタグラム）程度と見積もられている。さらに、燃焼によるCO_2放出が炭素換算で年間約１００億トンあると考えられている（ＩＰＣＣ、２０００）。これらの土壌から大気への炭素交換量は大気中のCO_2炭素量の約１／10に相当する。もし、陸域生態系の炭素貯蔵量が平衡状態にあるならば、植物の光合成量から呼吸量（地上部＋根）を差し引いた純一次生産量（Net Primary Production：ＮＰＰ）は土壌からのCO_2放出量と釣り合っているはずである。しかし、大気CO_2濃度の観測や化石燃料燃焼と海洋でのCO_2交換量などを含めた地球規模での炭素循環研究から、陸域生態系全体では年間約10億トンの炭素が蓄積されていることが示唆されている。いっぽう、熱帯地域を中心とした森林や自然湿地から農地への土地利用変化にともなうCO_2放出量は、依然、増加を続けていると考えられ、１９９０年代においても年間約16億トンの炭素を放出していると見積もられている。これらのことから、土地利用変化を受けていない陸域生態系は、その差である年間約26億トンの炭素を吸収していると計算される（ＩＰＣＣ、２００７）。

土地利用と管理の影響

土壌圏の炭素収支は図1に示した入力量と出力量のバランスから決定され、土壌は大気CO_2の吸収源とも発生源ともなりうる。農耕地では、耕起を行うことにより土壌中での有機物分解を促進するとともに、収穫物として系外へ炭素を持ち出すことが多い。したがって、以前に森林や草地としての土地利用により蓄積され平衡状態にあった土壌有機物は、耕作に伴って減少し、CO_2として放出される傾向にある。伐採時に植物バイオマスに蓄積された炭素が放出されることに加え、その後の土壌炭素の放出から、森林や草地から農耕地への土地利用変化は大きな炭素発生源となる。実際、化石燃料がまだ多量に使用されていなかった19世紀中は、土地利用変化によるCO_2発生量は化石燃料によるものを上回っていた。20世紀以降、その関係は逆転したが、それでもなお土地利用変化によるCO_2発生量は増加を続けている（グローバルカーボンプロジェクト、2006）。

いっぽう、管理を工夫することにより、農耕地土壌に炭素を蓄積する、すなわち、農耕地を炭素吸収源に変えることが可能である。その方法のひとつは土壌への炭素入力量を増加させることであり、このことは農耕地に作物残渣や堆きゅう肥などの有機物を投入することにより可能となる。この場合、投入された有機物の炭素の大部分は従属栄養呼吸により分解され、大気へ帰って行くが、一部分は土壌中での複雑な生化学・化学反応を受け、腐食などの安定な有機物に変換される。その結果、土壌からのCO_2発生量は緩和される。さらに、毎年の投入炭素量が分解炭素量を上回れば、土壌有機物としての蓄積量が増加する。このような有機物管理による土壌炭素貯留効果については、英国のローザムス

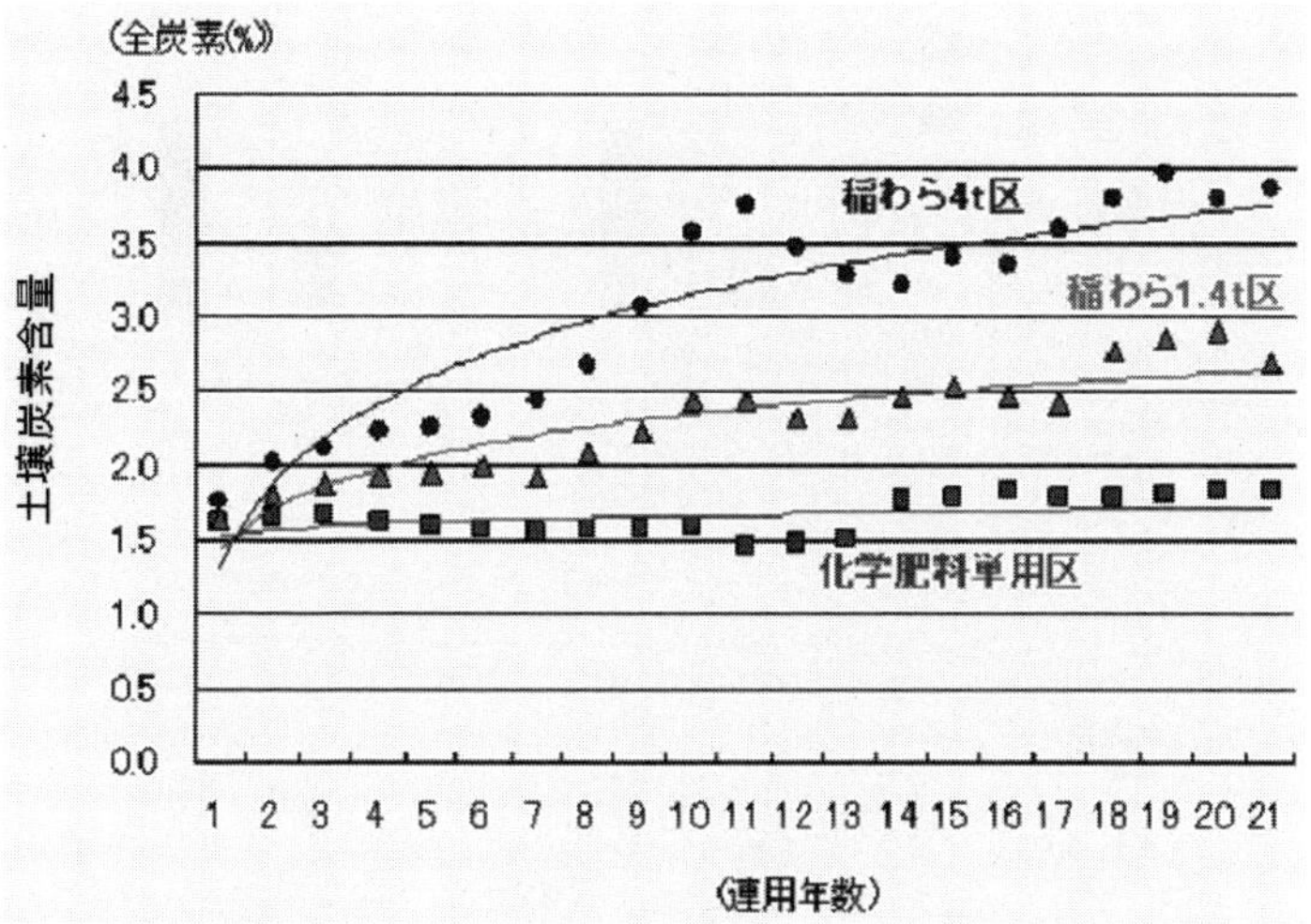

図２　有機物施用による水田土壌炭素量変化（鳥取県の一例による）

テッド試験場における１００年を越える試験に代表される、世界各地の農耕地における長期連用試験において実証されている。わが国においても、農林水産省の事業として、全国各地１００点を超える農業試験研究機関で長期連用試験が行われている。図２にその一例を示すが、化学肥料のみを連用した場合に比べ、稲わらや堆肥を投入することによる土壌炭素量の増加が示されている（草場、２００２および白戸、２００５）。

このほか、土壌の炭素蓄積に効果のある農業技術として、不耕起・簡易耕起等、土壌耕起方法の改善、輪作やカバークロップの導入による耕作体系の見直しが有効であることが示されている（Kimble ら、２００７）。不耕起・簡易耕起は土壌の攪乱を少なくすることにより、従属栄養呼吸による有機物分解活性を低下させる。輪作やカバークロップの導入は非耕作期間における土壌炭素の消耗を緩和できる。北海道十勝地域の畑圃場にお

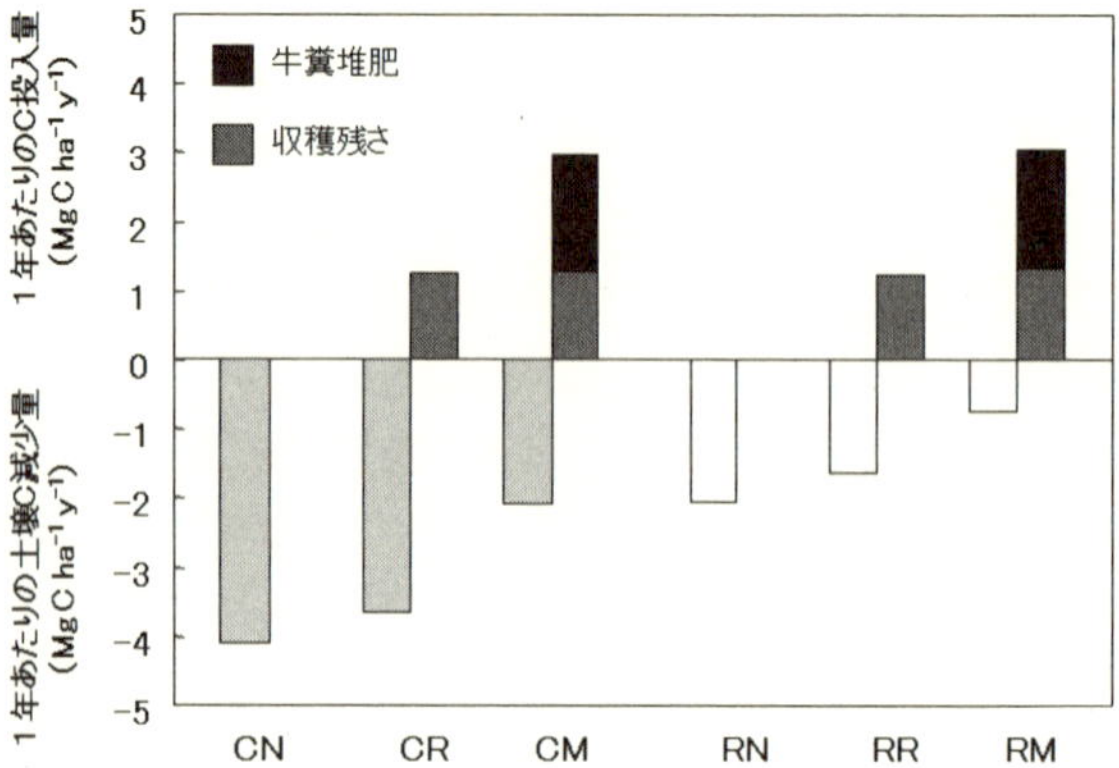

	CN	CR	CM	RN	RR	RM
耕起法	CT	CT	CT	RT	RT	RT
施肥	○	○	○	○	○	○
残さ還元	×	○	○	×	○	○
堆肥施用	×	×	○	×	×	○

土壌処理

図３　十勝畑圃場における各処理区の炭素投入量と土壌炭素減少量
CT：慣行耕起（収穫後に約25mの深耕）、RT：簡易耕起（春の整地のみ）

ける計測では、耕起方法と有機物投入量の異なった条件で作物を栽培した場合、図３に示すように、いずれの場合も土壌炭素は損失したが、慣行に比べて耕起の強度を弱めた簡易耕起と作物残渣や堆肥による有機物投入量を増加させることでその損失量を少なくできることを実証している（古賀、２００７）。

また、世界的には、森林や湿地から農地への土地利用変化を抑制することや土壌浸食による表層土壌の損失を防ぐことも土壌炭素の保全に重要である。気候変動に関する政府間パネル（ＩＰＣＣ）の第４次評価報告書（ＡＲ４）では、このような農耕地土壌の炭素貯留機能には大きな期待が寄せられており、CO_2換算で１トンあたり１００米ドルの技術を適用した場合、２０３０年までに年間３８７０メガトン（CO_2換算）の温室効果気体排出緩和ポテンシャルがあると推定されている（ＩＰＣＣ、２００７）。これは、２００４年の人為温

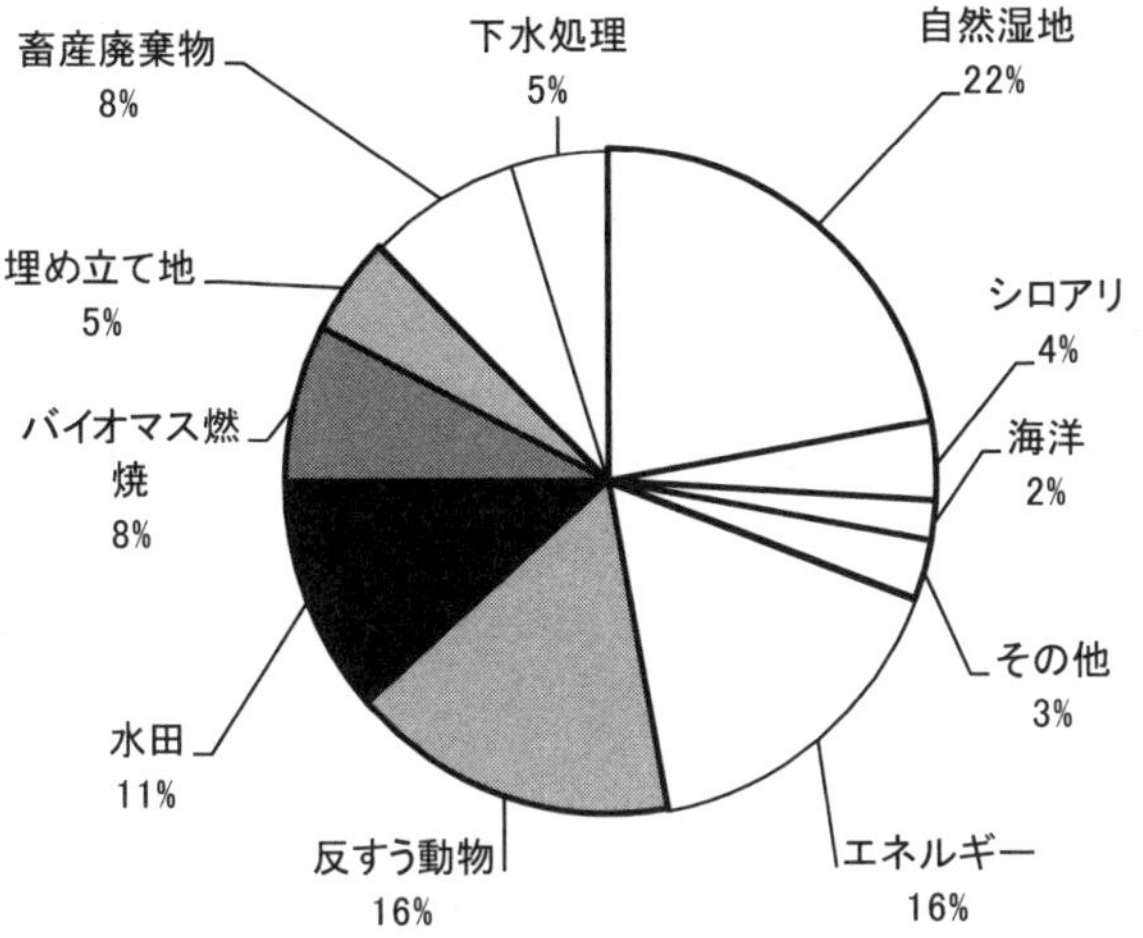

図4　地球規模でのメタン発生源と発生量の内訳 (IPCC, 1995)

室効果気体排出量の約8%に相当する。

水田と湿地からのメタン発生

土壌圏が関与する地球規模での炭素循環への影響として、土壌からのCO_2発生のほかに、水田や湿地からのメタン発生があげられる。水田や湿地では土壌表面が水で覆われることにより嫌気的な環境が発達し、メタン生成菌と呼ばれる一群の絶対嫌気性古細菌の活動により有機物分解の最終生成物としてメタンが生成される(八木、2004)。全球における水田と自然湿地からのメタン発生量は、それぞれ、年間約6000万トン(60テラグラム)および1億1500万トン(115テラグラム)と推定されている。CO_2に比べると、メタンによる大気と土壌の炭素交換量はきわめて少ない。しかし、メタンは単位質量あたりの地球温暖化係数(GWP)がCO_2の約25倍(100年スケール）あることから、その地球温暖化への影響は無視できないものとなる。また、大気メタンの発生源には図4に示すようにさまざまなものがあるが、これらのうちでも水田と自然湿地は重要な発生源である。特に、水田は、世界的な耕作面積の拡大と水稲生産性の向上による単位面積あたりの発生量増加から、大気メタン濃度増加の主要因のひとつであると考えられている。

１９８０年代以降、世界の各地で水田からのメタン発生の測定が行われ、発生量と気候や処理によるその変動が報告されている。これらの測定結果をまとめると、水稲栽培期間の１時間平均のメタンフラックスは多くの場合１平方メートルあたり数ミリグラム〜数十ミリグラム、栽培期間全体のメタン発生量は１平方メートルあたり１グラム〜１００グラムの範囲にあり、測定地点や処理によりメタン発生量は大きく異なる。特に、有機物を多く施用した場合、大きなメタン発生が観察されている。世界各地の水田におけるメタン発生量の変動は、温度や降雨などの気候条件、土壌の物理化学特性、有機物や水管理などの耕作管理方法のちがいなど、さまざまな要因の寄与が明らかにされている（Yanら、２００５）。水田からのメタン発生抑制方策として、中干しや間断潅漑による水管理、稲わらの堆肥化や非湛水期間での分解を促進する有機物管理、肥料または資材の使用、土壌改良など、候補となる技術が数多く提案され、その多くは効果が実証されている。これらのうち、水管理と有機物管理は早期の実用化が期待できる技術であり、わが国や他のアジア諸国の水田において、その効果が実証されている。

土壌圏の炭素管理の意義

ＩＰＣＣ ＡＲ４の見積もりでは、全球における農業と林業からの温室効果気体排出量は全人為起源排出量の、それぞれ、13・5%および17・4%を占めると考えられている（ＩＰＣＣ、２００７）。熱帯地域を中心とした森林の伐採と、その結果生じる土地利用の変化は現在も十分に管理できず、土壌圏から大気への多量のCO_2放出をもたらしている。さらに、農業にともなうメタンや一酸化二窒素（亜酸化窒素）の放出も地球温暖化を加速している。いっぽう、温室効果気体排出緩和策を考えた場合、農業と林業がかかわる土地利用変化と土壌の管理は、きわめて低コストで全体として大きな貢献が可能であることが指摘されており、この分野に対する温室効果気体排出削減の期待は大きいと言える。

その際、土壌圏が係わる問題の多くは、熱帯地域など、発展途上国にあることが重要なポイントとなる。これらの地域における土壌圏管理を考える場合、生態系の持続的開発と農林業生産性の維持・増大が問題解決に不可欠である。現在進められている地球環境に係わるさまざまな国際交渉は多くの難問に突き当たっているが、世界各国の共通の利益を何とか見出し、適切な土地利用と土壌圏管理を可能とする成果が期待される。そして、ＩＰＣＣをはじめとする科学的知見の集約は、その検討と交渉の基盤として今後も十分に認識されるべきである。われわれの文明の基盤を与えている「生きている地球の皮膚」のより良いケアが求められている。

引用・参考文献

Dent, D., A. Hartemink, and J. Kimble (2005) *Soil - Earth,s Living Skin*, Earth Sciences for

Society Foundation, Leiden, The Netherlands.
Eswaran, H., Reich, P.F., Kimble J.M., Beinroth F. H., Padmanabhan, E. and Moncharoen P. (2000) *Global carbon stocks, In Global Climate Change and Pedogenic Carbonates,* CRC Press, p. 15-25.
グローバルカーボンプロジェクト（２００６）「科学的枠組みと研究実施計画」GCPつくば国際オフィス監訳
袴田共之ら（２０００）土肥誌、第71巻、第2号、２６３~２７４ページ
IPCC（2000）*Land Use, Land Use Change, and Forestry,* IPCC Special Report, Cambridge University Press.
IPCC（2007）*IPCC Fourth Assessment Report: Climate Change 2007,* Cambridge University Press.
Kimble, J.M. et al.（2007）*Soil carbon management,* CRC Press, 268.
古賀伸久（２００７）土壌の物理性、第１０５巻、5~14ページ
草場 敬（２００２）「有機物施用を中心とした土壌管理による土壌への炭素蓄積」平成13年度温室効果ガス排出削減定量化法調査報告書、（財）農業技術協会、62~69ページ
陽 捷行（１９９４）『土壌圏と大気圏』、朝倉書店
白戸康人（２００５）「農耕地における土壌有機物動態のモデリング」、波多野隆介・犬伏和之 編『続・環境負荷を予測する』、博友社、２４３~２６２ページ
八木一行（２００４）農業環境研究叢書、第15号、23~50ページ、農業環境技術研究所
Yan, X. et al.（2005）*Global Change Biol.,* 11, 1131-1141.

執筆者紹介

八木一行（23ページ参照）

（4）海洋

はじめに

２００７年に発表された気候変動に関する政府間パネルの第４次報告書（ＩＰＣＣ、２００７）によれば、気温は過去１００年間（１９０６〜２００５）に０・７４±０・１８℃上昇している。同報告書では、このような変化が主として大気中の二酸化炭素（CO_2）の濃度増に起因している可能性がかなり高いと述べている。

人類による産業活動による化石燃料の大量消費によって、１７５０年以前には約２８０ｐｐｍであった大気中のCO_2濃度は、２００５年には３７９ｐｐｍにまで増加した（ＩＰＣＣ、２００７）。現在、こうして進行している地球温暖化が自然の生態系および人類に悪影響を及ぼす可能性があることから、CO_2濃度増加に早急に歯止めをかける必要があることは明らかである。

海洋はCO_2を吸収・貯蔵し、温暖化を緩和することができる。しかし、海洋が、いつ、どこで、どの程度大気とCO_2を交換・吸収しているのか、また、長期的にCO_2吸収量がどう変化しているのかについては不明な点が多い。本稿では、先ず全球の大気・海洋間のCO_2交換と海洋酸性化の問題について概観した後、日本における海洋炭素循環研究の一例として、北太平洋西部海域における大気・海洋間のCO_2フラックス、南太平洋における人為起源CO_2の蓄積について述べる。大気・海洋間のCO_2交換および海洋の酸性化について述べるためには、海水中でのCO_2の化学反応について述べなければならない。やや専門的になるので、難しいと感じる読者は、次ページの（5）式以降から読み始めてよい。

大気・海洋間のCO_2交換

先にも述べたように、海洋は人類が排出したCO_2を吸収している。これは化学的に見ればCO_2という弱酸が海水に溶ける過程である。CO_2は海水に溶けたあと、海水中で（2）、（3）式で示される反応により炭酸水素イオン（HCO_3^-）と炭酸イオン（CO_3^{2-}）を生成する。

$$CO_2(g) \rightleftarrows CO_2(aq) \quad (1)$$

$$CO_2(aq)+H_2O \rightleftarrows H^+ + HCO_3^- \quad (2)$$

$$HCO_3^- \rightleftarrows H^+ + CO_3^{2-} \quad (3)$$

（1）～（3）においてgは気体を、aqは水和（水分子に囲まれた）した状態をあらわす。水和したCO_2、炭酸水素イオンと炭酸イオンの総和を溶存無機炭素とよぶ。海洋では、溶存無機炭素のほとんどが炭酸水素イオンと炭酸イオンとして存在しており、水和したCO_2は溶存無機炭素全体の1パーセント未満である。これは海洋に溶けているさまざまな酸や塩基のはたらきの結果、海水のpHが8程度の弱アルカリ性になっているためである。水和したCO_2は1パーセント未満であるが、大気と交換可能な唯一の化学形であるので、炭素循環の観点からは大変重要である。

水和したCO_2の濃度は（4）式により、K_H（ヘンリー定数）を介して海洋の二酸化炭素分圧pCO_2^{SW}で表わされる。

$$[CO_2(aq)]=K_H\ pCO_2^{sw} \qquad (4)$$

このpCO_2^{sw}と大気の二酸化炭素分圧（pCO_2^{air}）との差は、大気・海洋間のCO_2フラックス（F_{CO_2}）の方向を決め、気体移動係数（E：風速の関数）とともにその大きさを決めている。

$$F_{CO_2}=E\cdot(pCO_2^{sw}-pCO_2^{air}) \qquad (5)$$

なお、二酸化炭素分圧（pCO_2）は、大気中のCO_2濃度や海水と平衡になった空気のCO_2濃度と数値的にほとんど変わらない。したがって、それぞれのCO_2濃度と思っても大きなまちがいではない。

観測によると海洋表層のpCO_2^{sw}は大気のpCO_2^{air}と比較して大きく変動する。事実上、海洋がCO_2を大気へ放出するか、あるいは吸収するかを決めているといってよい。大気中のpCO_2^{air}（CO_2濃度）は、多くはないが世界中の観測所で測定されている。したがって、もし全球でpCO_2^{sw}を見積もることができれば、Eは気象データから計算できるので、大気から海洋へのCO_2フラックスが（5）式により評価できる。

Takahashiら（2008）は、1970年代以降測定されたpCO_2^{sw}データを取りまとめ、2000年についての大気・海洋間のCO_2フラックスを評価した（図1）。海洋は大気からCO_2を吸収しているところもあれば、放出しているところもある。海洋へのCO_2フラックスは、北大西洋の高緯度や南インド洋中緯度で大きい。また、太平洋では日本を離れ、東に向かって流れる黒潮続流域で海洋へのCO_2フラックスが大きい。いっぽう、東部赤道太平洋は、大気へのCO_2フラックスが大きい。基本的に図1は、表層の海水が亜表層〜中・深層に向かって沈み込んでいく海域でCO_2を吸収し（例えば、亜熱帯環流域や大西洋高緯度海域）、逆に海水が表面に湧き上がってくる（例えば赤道湧昇域）海域ではCO_2を大気に放

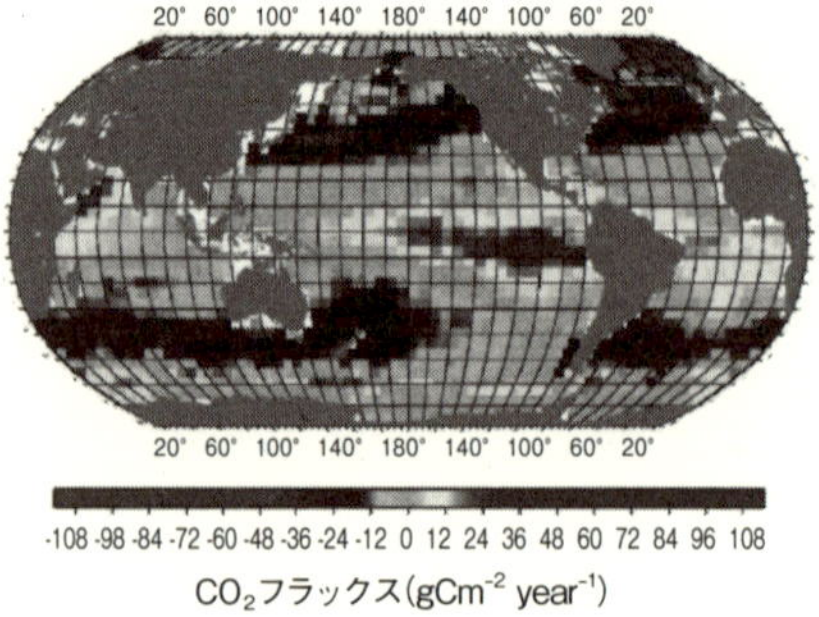

図１　西暦2000年における大気・海洋間の CO_2 フラックス
寒色系の色は、大気から海洋への CO_2 吸収を、暖色系の色は海洋から大気への CO_2 放出を示す
(Takahashi et al., 2009)

出していることを示している。このことから pCO_2^{sw} データを見積もり、大気・海洋間の CO_2 フラックスを計算することは簡単に思えるかもしれない。しかし、実際には pCO_2^{sw} の値は、次に述べるような過程が複雑にからみあっているため、それほど簡単に予測することはできない。

海洋表層の有光層（光強度が海面の1パーセントになるまでの深さ）に浮遊する植物プランクトンは、海水中の溶存無機炭素（一般的には水和した CO_2）や栄養塩から有機物を光合成し、海洋生態系の基礎生産をになっている。その結果、植物プランクトンによる有機物生成は、pCO_2^{sw} を減少させる。そのいっぽうで円石藻類や有孔虫などが炭酸カルシウムを生成すると pCO_2^{sw} を増加させる効果がある（さんご礁が大気の CO_2 を吸収しているのか、それとも大気に放出しているのか議論があるのは同じ理由による）。海洋では生産された有機物の一部は、沈降や鉛直混合によって海洋表層から中・深層へと輸送され、そこで分解されて再び溶存無機炭素や栄養塩となる。溶存無機炭素は、海水の移流や鉛直混合・湧昇により表面へと輸送される。輸送の間に CO_2 を吸収して酸性化した海水は、炭酸カルシウムと反応するかもしれない。さらに化学的には、水温が1℃上昇すると pCO_2^{sw} は約4パーセント増加する。表面海水温度が上昇すれば、当然 pCO_2^{sw} も増加する。これらは pCO_2^{sw} を決定する要因の一部にすぎないが、物理・化学・生物過程が複雑にからみあって pCO_2^{sw} の分布と変動が決まっていることは理解できるだろう。

さて、図1の CO_2 フラックスを全球について積算した結果、2000年の吸収量は 1.4±0.7 PgC/yr（産業革命前には海洋は 0.4±0.2 PgC/yr の炭素を大気に排出していたとされる）と評価された。残念ながら、人類は他の年の大気・海洋間の CO_2 輸送がどう変わったかを評価できるほどの pCO_2^{sw} データを持っていない。それゆえIPCC（2007）などで報告された2000～2005年の平均 CO_2 吸収量の 2.2±0.5 PgC/yr とおおむね一致しているとしかいえないが、図1は人類がこれまで測定してきたデータを統合し、描いた貴重な図である。

海洋の酸性化

海洋の炭酸カルシウムの大部分は、カルサイト（方解石）あるいはアラゴナイト（あられ石）の殻や骨格を有する生物により生成されている。外洋の主要なカルサイト生成者は、円石藻と有孔虫であり、アラゴナイトについては翼足類である。結晶形の異なるカルサイトとアラゴナイトを比較すると、後者は熱力学的に不安定である。

先にも述べたように海洋に CO_2 が溶けると弱酸として働くため、海洋の pH は減少し（海洋の酸性化）、炭酸イオン濃度も減少する。このことが、炭酸カルシウムの殻を持つ海洋生物に将来的に影響を与えるのではないかと危惧されている。炭酸イオン濃度の減少は、固体の炭酸カルシウムの殻を持つ海洋生物にとって、殻生成が困難になることを意味していると考えられるためである。実際、CO_2を溶かしpHを下げた条件で海洋生物を飼育した場合に、炭酸カルシウムの形成速度や殻の形状異常などの影響が出ることが報告されている。

酸性化が海洋生態系に及ぼす影響を考える際には、まず炭酸カルシウムの溶解度を考える必要がある。炭酸カルシウムの溶解度積（Ksp）は、次式で定義される。

$$Ksp=[Ca^{2+}]_{sat}[CO_3^{2-}]_{sat} \quad (6)$$

ここで$[Ca^{2+}]$と$[CO_3^{2-}]$は、それぞれカルシウムイオンと炭酸イオンの濃度を表し、satは飽和した状態を示している。先にも述べたようにアラゴナイトは熱力学的には不安定であり、ある温度と圧力のもとでは、カルサイトよりも溶けやすい。また、炭酸カルシウムは、他の多くの物質と異なり温度が低くなると溶解度が増加する。もし海洋の$[Ca^{2+}]$と$[CO_3^{2-}]$の積がKspよりも大きい場合には、海水は$CaCO_3$に対して過飽和であり、そうでなければ未飽和である。よって海水の炭酸カルシウムの飽和状態Ωは次式で議論される。

$$\Omega=[Ca^{2+}]_{sw}[CO_3^{2-}]_{sw}/Ksp \quad (7)$$

ここで、swは海水を示し、Kspは現場の水温、塩分、圧力における溶解度積である。当然のことながらΩが1より大きければ過飽和、Ωが1より小さければ未飽和に対応している。

現在、海洋表層は炭酸カルシウムの生成に関しては過飽和状態にある。つまり、炭酸カルシウムは生成しやすい状況である。過飽和といっても、例えば理科の実験のように炭酸カルシウムの結晶を海洋にタネとしてつるせば、炭酸カルシウムの結晶が直ちに生成してくるわけではない。自由エネルギー的には固体の炭酸カルシウムが生成すべき条件ではあるが、障壁があるため結晶の生成は直ちには生じない。実際、海水を使って実験してみると、海水をかなりアルカリ性にして、炭酸イオンの濃度を増やさないと炭酸カルシウムの結晶は生成しない。

外洋においては $[Ca^{2+}]$ の変化はかなり小さく、塩分の変動と密接に関連している。炭酸カルシウムの飽和状態は、それゆえ主に炭酸イオンの濃度により決定される。水温の低い南極海や北太平洋の高緯度海域では、先に述べた理由によりあと50年もすれば CO_2 吸収による酸性化の影響が出始めることが予想されている。これは、南極海周辺と北太平洋の高緯度海域は、相対的に Ω が低い海域であり、大気中の CO_2 増加が続いた場合に、まず不安定なアラゴナイトが溶けだす状況になると考えられているためである(Orrら、2005)。今後、CO_2 吸収によるpHの低下を、これらの海域で継続して観測・監視していくことが必要である。

日本の観測

pCO_2^{sw} の観測

日本においてはいくつかの機関により海洋 CO_2 の観測が行われているが、ここでは気象庁・気象研究所による pCO_2^{sw} と海洋研究開発機構による南太平洋での CO_2 蓄積に関する観測結果の一部を紹介する。

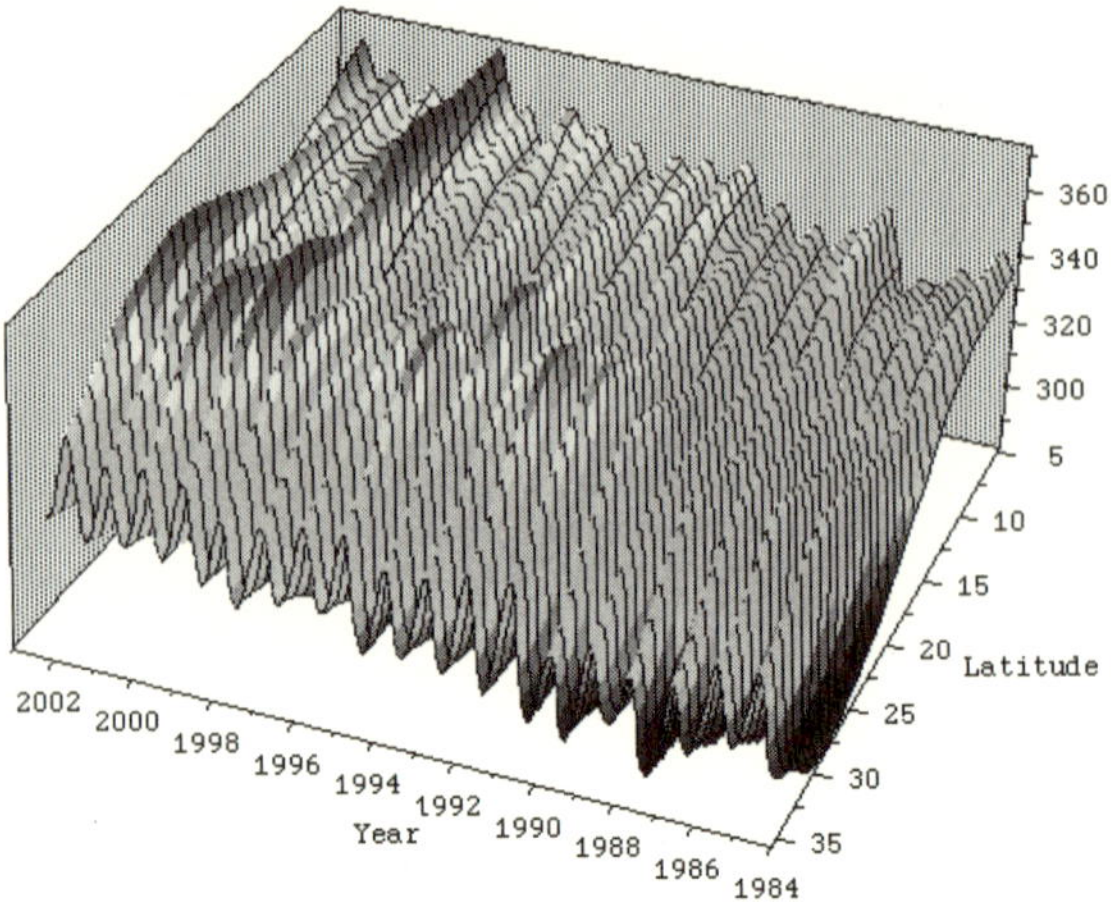

図２　北太平洋西部海域（137° E）における pCO_2^{sw} の分布と変動

気象庁・気象研究所は、北太平洋西部海域（137°E、3〜35°N）において pCO_2^{sw} の観測を１９８０年代より行っている（Inoue ら、１９９５、１９９９および Midorikawa ら、２００６）。この観測は、広域にわたり継続的に行われている観測としては、世界で最も長い歴史を持っており、貴重なデータを世界に提供している。図１と比較すると、限られた海域ではあるが、繰り返し測定によりさまざまな海洋炭素循環の変動・変化がこれまで明らかになってきた。図２は、１９８４年以降の pCO_2^{sw} 分布と変動を示している。pCO_2^{sw} は冬季に低く、夏季に高くなる季節変化を繰り返しながら、全体として増加している。30°N（北緯30度）付近では、季節変化の振幅が大きく、振幅は南に向かって減少し、5°N付近では大きな年々変動も示している。これは、①温度１℃の上昇で pCO_2^{sw} が約４パーセント増加する熱力学的な温度効果が、生物活動や混合層深度の季節変化に伴う溶存無機炭素の変動より大きいこと、②低緯度は、温度の変動幅がそれほど大きくないため、pCO_2^{sw}の季節変化の振幅は小さいこと、③赤道域では、季節変化よりも、エルニーニョに関連した鉛直混合の変化など物理的要因が重要な役割を果たしているためである。pCO_2^{air}と比較すると、30°N付近では冬季にpCO_2^{sw}がかなり小さく、夏季にわずかに大きくなっている。冬季に卓越する北西風の影響もあり、海洋へのCO_2フラックスがこの海域で大きくなっているのはこのためである（図1）。

北太平洋西部海域全体として平均的な季節変化からの偏りが大きくなったのは1998年の夏である。夏にはすでに1997／98エルニーニョは終わっていたが、冬に受けたエルニーニョの影響が出たためであるかもしれない。さて、北太平洋西部海域の1984年以降の平均的な増加率は、1.7μatm/yrであり、大気とほぼ同じ速度で増加している。この増加は、主として大気中で増加したCO_2の吸収によるためであると考えられる。北太平洋西部海域は、IPCC（2001）で報告されているように、海水温度は上昇傾向にある。このため、図2で観測された増加率には、熱力学的な効果が含まれているが、この影響はわずかである。その他の効果、例えば生物活動による長期的変動への影響は、この図を見てもよくわからない。北太平洋西部海域のpCO_2^{sw}の季節変化をもたらす要因は、先にも述べたように熱力学的な温度効果が卓越しているが、その他の寄与、例えば生物活動や海洋の物理の影響もある。これらの要因のpCO_2^{sw}変動への寄与は、季節ごとに異なっていることがわかっている。したがって、季節別に増加率のちがいがあれば、どのような過程が最も長期増加傾向の変動に影響を及ぼしているかを明らかにすることができる。北大西洋の高緯度では、夏季のpCO_2^{sw}増加率が冬季よりも大きく、生物生産の減少が指摘された（Lefevre ら、2004）。北太平洋西部海域では、現在までのところ冬季も夏季も、大気とほぼ同じ程度の速度でpCO_2^{sw}が上昇している。したがって北太平洋西部海域の長期的なpCO_2^{sw}の変化は、大気・海洋間のCO_2交換によってもたらされており、他の要因は長期的にあまり変動していないことを示唆している。近年ハワイ沖の定点観測点ＡＬＯＨＡあるいは西部赤道太平洋において、大気の増加率とは異なる速度でpCO_2^{sw}が変化していることが報告された。ＡＬＯＨＡではその原因を当初水循環変動による塩分の効果（Dore ら、２００１）が主体であると述べられていたが、近年、異なるpCO_2^{sw}を持つ北からの海水の移流による効果であると報告された（Keeling et al., ２００４）。また、西部赤道太平洋では太平洋10年規模周期振動（Pacific Decadal Oscillation）の位相の変化により年々の増加率が１９８８～９２年前とそれ以降では大きく異なっていることが報告された（Takahashi ら、２００３）。これらの事を確かめ、海洋の炭素循環がどのように変わっているのかを知るためには、さらに観測頻度を増やすことが必要であり、各研究機関・大学などが取得したデータを公表していくことが重要である。

さて、図2をもとに北太平洋西部海域（5～35°N, 132～142°E）でCO_2吸収を評価すると、平均で32 MtC/yr（炭素換算で年間32テラグラム）、年々の変動幅は16から52 MtC/yrとなった。この年々変動は、相対的に非常に大きい。しかし、北太平洋全体が、観測した海域と同様な年々変動を示しているとは限らない。今後、北太平洋広域でどのように年々変動がおこり、長期的にはどう変化しているのかを把握していくことが必要である。

海洋におけるCO_2の蓄積

先にも述べたように、地球の表面積の7割を占める海洋は、CO_2を内部に貯め込むことで大気中のCO_2濃度の増加を和らげ、ひいては地球温暖化の進行を遅らせている。大気中のCO_2増加にともなう海洋内部のCO_2の蓄積量は、一定量の海水に含まれる溶存無機炭素の増加から知ることができるが、先に述べたように溶存無機炭素濃度は生物活動によっても変動するため、この変動分を補正する必要がある。通常この補正は、溶存無機炭素濃度と同時に測定されることの多い溶存酸素や栄養塩、全アルカリ度によって行われる。人為起源CO_2の増加は10年スケールでみても、全炭酸濃度のせいぜい0・5~1パーセント程度である。このため海洋へのCO_2蓄積量の正確な見積もりには高精度データが必要である。

2003年から2004年にかけて、南半球周航航海(Blue Earth Global Expedition 2003, BEAGLE 2003)海洋観測が海洋研究開発機構により海洋地球研究船「みらい」を利用して実施された。この観測の目的は、1990年代に高精度観測が行われた世界海洋循環実験(World Ocean Circulation Experiment:WOCE)の観測ラインを再観測することで、気候の長期変動の要因のひとつとされる南極オーバーターン(南極海における深層水形成)を検出することであった。その中のひとつに、南極海起源の水塊に新たにCO_2がどれほど付加されているかを把握することが含まれていた。図3に南太平洋のほぼ32°Sライン(WOCE P6ライン)に沿ったCO_2増加分の鉛直分布を示す(Murata ら、2007)。この図は、1992年のWOCE航海と2003年のBEAGLE 2003航海で得られたデータをもとに、それぞれベースラインからの増分を計算し、単純に差を取ったものである。大気中のCO_2増加分は基本的には海洋表面で吸収され等密度面に沿って海洋内部に輸送される

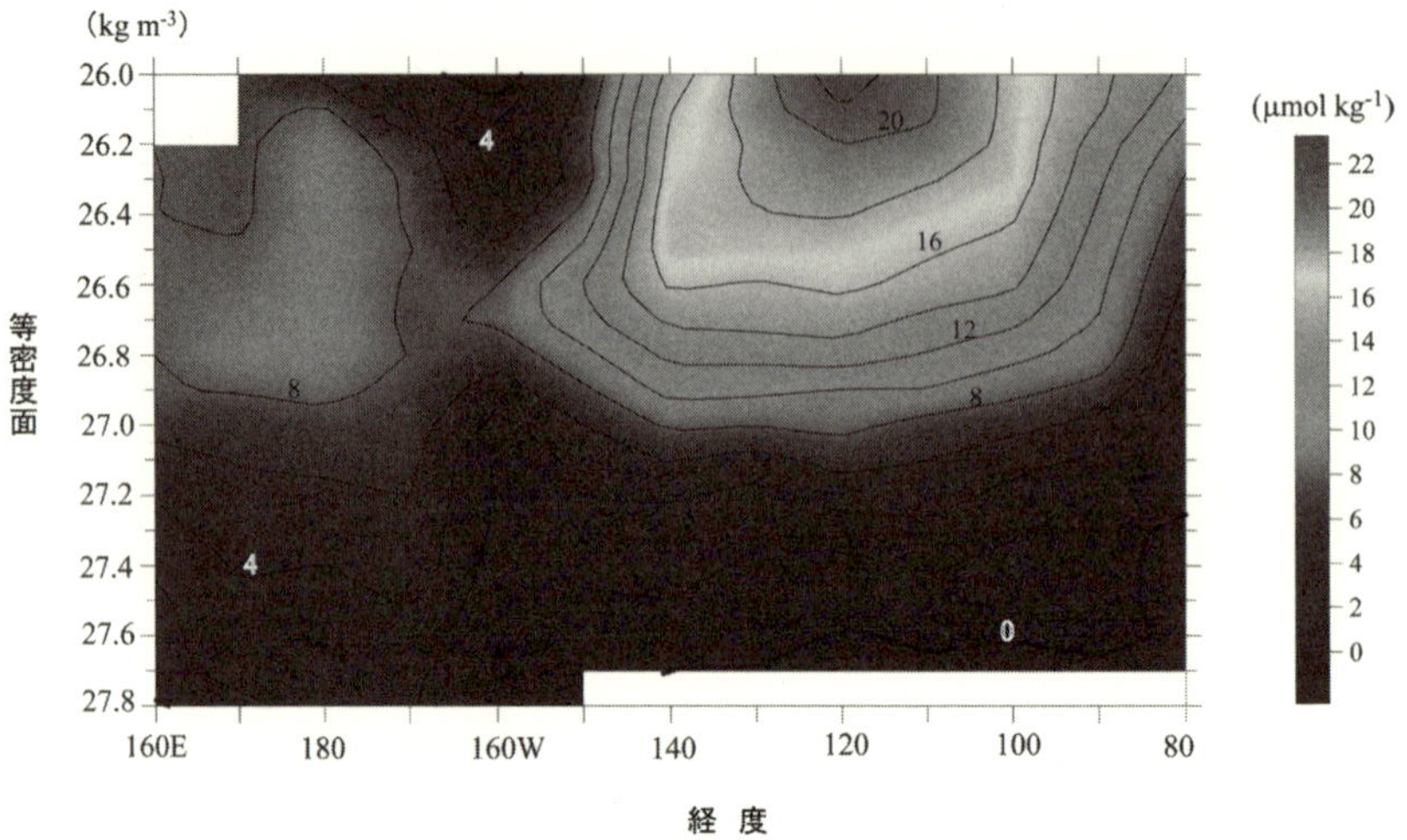

図３　1992 年から 2003 年の間に WOCE P6 ライン（ほぼ 32° S）に沿って計算された CO_2 増加分の鉛直分布

ことが知られていることから、縦軸には等密度面（σ_θ）をとってある。CO_2 の増加は27・5 σ_θ（深さ約１５００メートル）まで有意に検出できた。27・０ σ_θ（水深約７００メートル）より浅いところでは、東西で増加傾向の差が大きいが、上部等密度面（σ_θ＝26・０～26・４、水深２５０メートル以浅）で東西の差が大きい原因は観測した季節が異なっている（季節変化の）ためである。

図のなかで26・６ σ_θ から26・９ σ_θ の等密度面（水深３００～５００メートル）は、亜南極モード水（Sub-Antarctic Mode Water ＝ SAMW）で占められている。SAMW内の CO_2 の増加を理論的に見積もったところ８～10 μmol kg^{-1} となり（Murata ら、２００７）、160°W以西の増加傾向とよく合っている。160°W以東の観測された増加は理論的に見積もられた値より大きいが、これはこの海域の海洋循環が変動したことによる寄与が大きいと推定されている（Murata ら、２００７）。

表1 BEAGLE 2003 航海で求められた大気中の CO_2 増加による海洋 CO_2 増加の結果

海域	観測ライン	観測間隔	水塊	CO_2 濃度の増加量 (μmol kg^{-1})	増加率 (mol m^{-2}年$^{-1}$)
南太平洋	P6（32°S）	1992-2003	SAMW AAIW	10.0 ± 3.1 4.1 ± 2.0	1.0 ± 0.4
南大西洋	A10（30°S）	1992/93-2003	SAMW AAIW	6.8 ± 1.6 3.6 ± 1.4	0.6 ± 0.1
南インド洋	I3/I4（20°S）	1995-2003/04	SAMW AAIW	7.7 ± 1.4 3.2 ± 1.1	1.0 ± 0.1

南極中層水（Antarctic Intermediate Water＝AAIW）においては（σ_θ＝27・0～27・5、水深700～1500メートル）、SAMWほど増加分の東西差が顕著ではないが、160°W以西の方で増加が大きい。160°Wを境にAAIWの起源に差があることが知られており、増加分の東西差はこの水塊のちがいを反映したものと推定される。また、160°W以西の4～6 μmol kg^{-1}の増加は、AAIWの水塊年齢を10～20年とした時の理論的見積もりとほぼ一致している（Murataら、2007）。

これらの結果から南半球の海域では上層に占める水塊であるSAMWとAAIWにCO_2が蓄積していることがわかった。SAMWでは増加分の東西の差が顕著であったが、AAIWでは差が小さかった。同様な傾向はBEAGLE2003の他の観測ライン（南大西洋のA10ライン、南インド洋のI3／I4ライン）でも認められた（Murataら、

２００８ａおよび２００８ｂ）。表１は、大洋ごとのＳＡＭＷとＡＡＩＷでのCO_2の増加量と各大洋のCO_2の増加率を示す。南太平洋と南インド洋で相対的に増加率が大きくなっている。このように、CO_2の増加率は一様ではなく、大洋ごとに異なることが明らかになりつつある。その原因として、気候変動に伴う海洋循環の変動や大洋固有の循環系によるちがいなどがあげられている。

おわりに

本稿では、まず大気・海洋間のCO_2交換がどのようにおこり、海水が酸性化するかについて述べた。そのあとで、大気・海洋間のCO_2交換を支配するpCO_2^{sw}の分布と変動、海洋内部へのCO_2の蓄積について、日本の研究成果の一部を示した。こうした成果は、地道に、長年観測に取り組んで得られたものであり、世界に誇れる内容になっている。今後は、「変わりつつある炭素循環」をいかに観測によりとらえるかが重要であり、日本のはたすべき役割は大きいものがある。

参考文献

大気水圏科学からみた地球温暖化　半田暢彦編　名古屋大学出版会　３８０ページ、１９９６
海と環境　海が変わると地球が変わる　日本海洋学会編　２４４ページ、２００１
地球化学講座６　大気・水圏の地球化学　日本地球化学会監修　河村公隆・野崎義行共編　培風館　３２０ページ、２００５

地球温暖化の科学　北海道大学大学院環境科学院編　２４６ページ，２００７

Dore, J. E. et al. (2003) *Nature, 424*, 754-757.

Inoue, H.Y. et al. (1995) *Tellus, 47B*, 391-413.

Inoue, H. Y. et al. (1999) *Tellus, 51B*, 830-848

IPCC (2007)" *Climate Change 2007: The Physical Scieice Basis*, Working Group I Contribution to the Fourth Assessment Report of the Intergovernmental Panel on Climate Change," edited by S. Solomon, D. Qin, M. Manning, M. Marquis, K. Averyt, M. M. B. Tignor, H. L. Miller Jr., and Z. Chen, Cambridge University Press, Cambridge, U. K. and New York, U. S. A. 996p.

Keeling, C. D. et al. (2004) *Global Biogeochem. Cycles, 18*, GB4006, doi:10.1029/2004GB002227.

Lefevre, N. et al. (2004) *Geophys. Res. Lett.*, 31, No7, L07306, doi:10.1029/2003GL018957.

Midorikawa, T. et al. (2005) *Geophys. Res. Lett.*, 32, No5, L05612, doi:10.1029/2004GL021952.

Murata, A. et al. (2007) *J. Geophys. Res., 112*, C05033, doi:10.1029/2005JC003405.

Murata, A. et al. (2008a) *J. Geophys. Res., 113*, C06007, doi:10.1029/2007JC004424.

Murata, A. et al. (2008b) in preparation.

Orr, J.C. et al. (2005) *Nature, 437*, 681-686, doi:10.1038/nature04095.

Takahashi, T. et al. (2003) *Science, 302*, 852-856.

Takahashi, T. et al. Deep-Sea Res. II. (SOCOVV SymposiumVolume)(in press).

Takahashi et al. (2009) Climatological Mean and Decadal Change in Surface Ocean pCO2, and Net Sea-air CO2 Flux over the Global Oceans. *Deep-Sea Res.*,II, 56, 554-577

執筆者紹介

吉川久幸（よしかわ・ひさゆき）　１９５１年広島県尾道市生まれ。１９７９年京都大学大学院理学研究科化学専攻博士課程単位取得後退学。１９７９年日本学術振興会奨励研究員（京都大学）、１９８０年理学博士（京都大学）、１９８０～２００２年気象庁気象研究所地球化学研究部で、とくに海洋に着目した炭素循環研究に従事した。１９９１年オランダグロニンゲン大学客員研究員。２００２～２００５年以降北海道大学大学院地球環境科学研究科教授。２００５年以降北海道大学大学院環境科学院・地球環境科学研究院教授。気象庁長官表彰、日本気象学会堀内奨励賞受賞。専門は海洋化学、大気化学、同位体地球化学。日本化学会、日本地球化学会、日本海洋学会、日本気象学会、米国地球物理連合に所属。

(5) 森林における炭素吸収

はじめに

地球上の陸域の30パーセントにあたる約39億ヘクタールを占めている森林は(FAO、2006)、陸域生態系の中ではもっとも人間活動による撹乱が少なく、人為的に造成された人工林の森林面積に占める割合は約5パーセントである。残りは人為的インパクトを受けているものの、自然に更新し成立した森林である。大まかな森林タイプは気温と平均降水量だけで区分することが可能であり、各森林タイプの分布は気候によって決まると考えることができる。つまり、森林の構造は気候、地形条件といったような自然環境に規制されて存立している。そして、森林はそこに成立する樹木を中心に下層の灌木や林床植生、動物、昆虫、菌類などから構成される森林生態系を形作っている。森林生態系の中核部分を構成する樹木の生育には一般に、気温、降水量、地形、土壌型などが影響を与え、そこに成立する樹種もこうした自然環境要因によって決まる。したがって、気候変動がおこれば森林生態系は大きな影響を被る。

いっぽうで、森林生態系は地球規模で行われている炭素循環の重要な部分を占め、森林生態系と気候は相互に干渉し合いながら変動していく関係にある。森林の炭素収支をみると陸域における地上部分の有機性炭素の約80パーセント、地下部の有機性炭素の約40パーセントが森林生態系に貯えられている（Dixonら、１９９４）。これらの炭素は人為や気候変動による森林破壊や森林の劣化によって大気中に放出され、地球温暖化を促進する可能性があるとともに、樹木の育成を助長すれば逆により多くの大気中の炭素を森林生態系内に固定し、森林造成による太陽光反射能の変化、葉面からの蒸散活動による雲の生成などによって地球温暖化を軽減する機能も有している。

もっとも、歴史的に見ると温帯林・北方林は約５０００年前から地中海周辺、中国で減少し始め、19世紀には北米・大洋州で多くの森林が減少し、20世紀に入って熱帯林が急速に減少しており、森林は温室効果気体の供給源となっている。森林と大気中の温室効果気体との関係をみるとき、二つの点から考える必要がある。ひとつは温帯林、北方林での光合成による二酸化炭素吸収の働きと、熱帯林が消失する際に大気中に排出される炭素を主とした温室効果気体排出源としての働きである。

森林の炭素吸収量を推定する方法としては、地域・国別統計データやリモートセンシングによる推計値を積み上げていくアプローチと、大気輸送および生態学的モデルによるアプローチがある。ここでは前者のアプローチによるデータを用いて森林の炭素吸収量についての評価を行う。

森林の炭素貯蔵量

森林生態系はバイオマス、土壌の中に大量の炭素を貯蔵している。図１は各地域別の１９９８年頃の森林植生および地下１メートルまでの土壌中の炭素貯蔵量を示したものであるが、熱帯では森林植生中に、北方林では土壌中に炭素が多いことがわかる（ＩＰＣＣ、２０００）。北方林で土壌中の炭

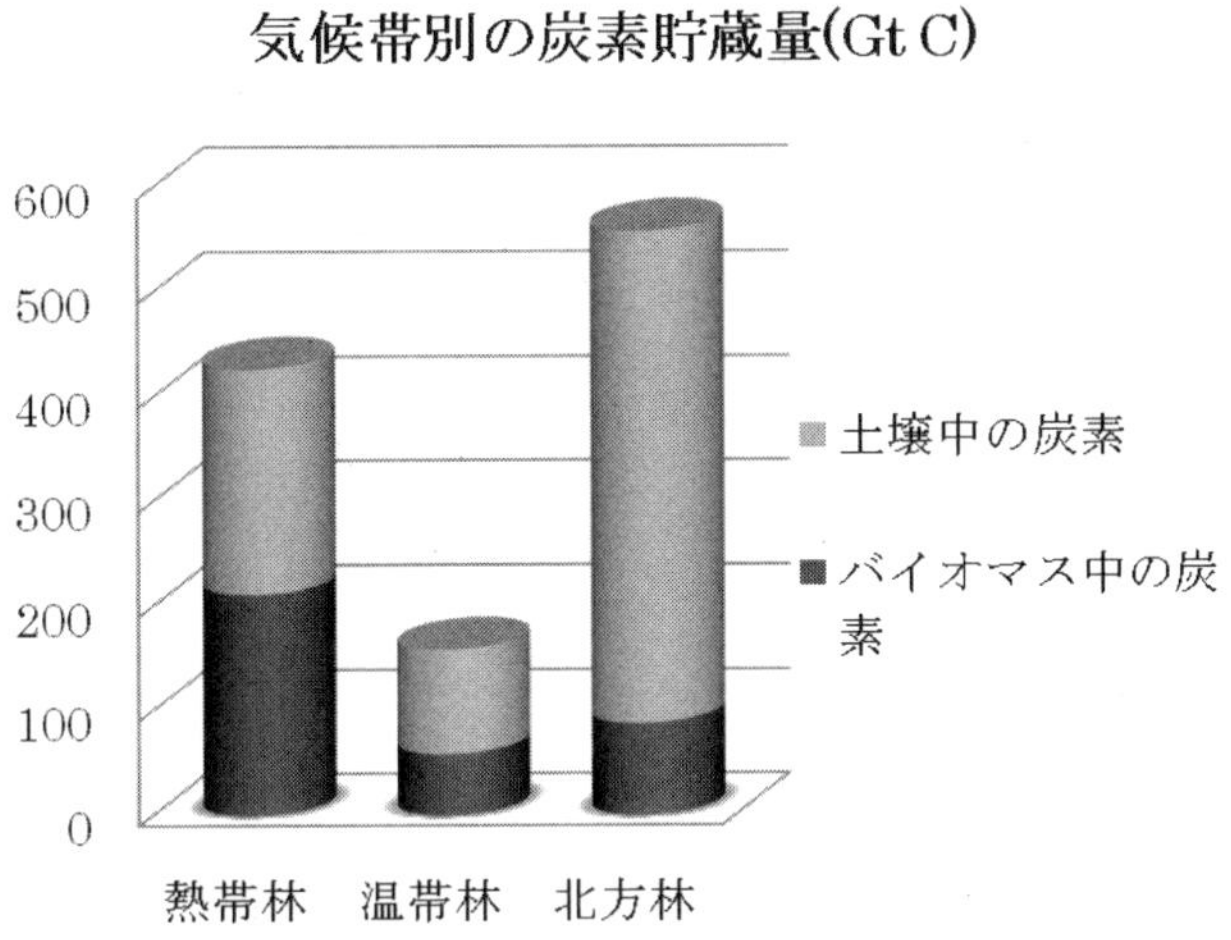

図１　気候帯別の炭素貯蔵量（単位：Gt）（IPCC、LULUCF特別報告書、2000より作成）

素が多いのは冷涼な気候のため土壌中の有機物が分解されにくいことによる。いっぽうで熱帯地域では湿地を除いて土壌の厚さが薄く、土壌中の有機物の分解速度が速いため、土壌中の炭素量が北方林に比べ極めて少ない（ＩＰＣＣ、２０００）。地球全体では森林植生に３５９ペタグラム、土壌中に７８７ペタグラムの炭素が貯えられている。ただ、森林生態系内での炭素量は自然環境や人為インパクトにより局所的に大きな変動があることから、情報の収集手段や推計手法、推計時点のちがいによりさまざまな推定値が公表されている。例えばＦＡＯの２００５年森林資源評価報告書ではバイオマス中の炭素量を３２１ペタグラム、地下30センチメートルまでの土壌および落葉中の炭素を３１７ペタグラムと推定している。この数値にもとづけば、森林生態系内の炭素貯蔵量は大気中の炭素蓄積量とほぼ同じといえる。

　ＦＡＯが算定した森林バイオマスおよび土壌

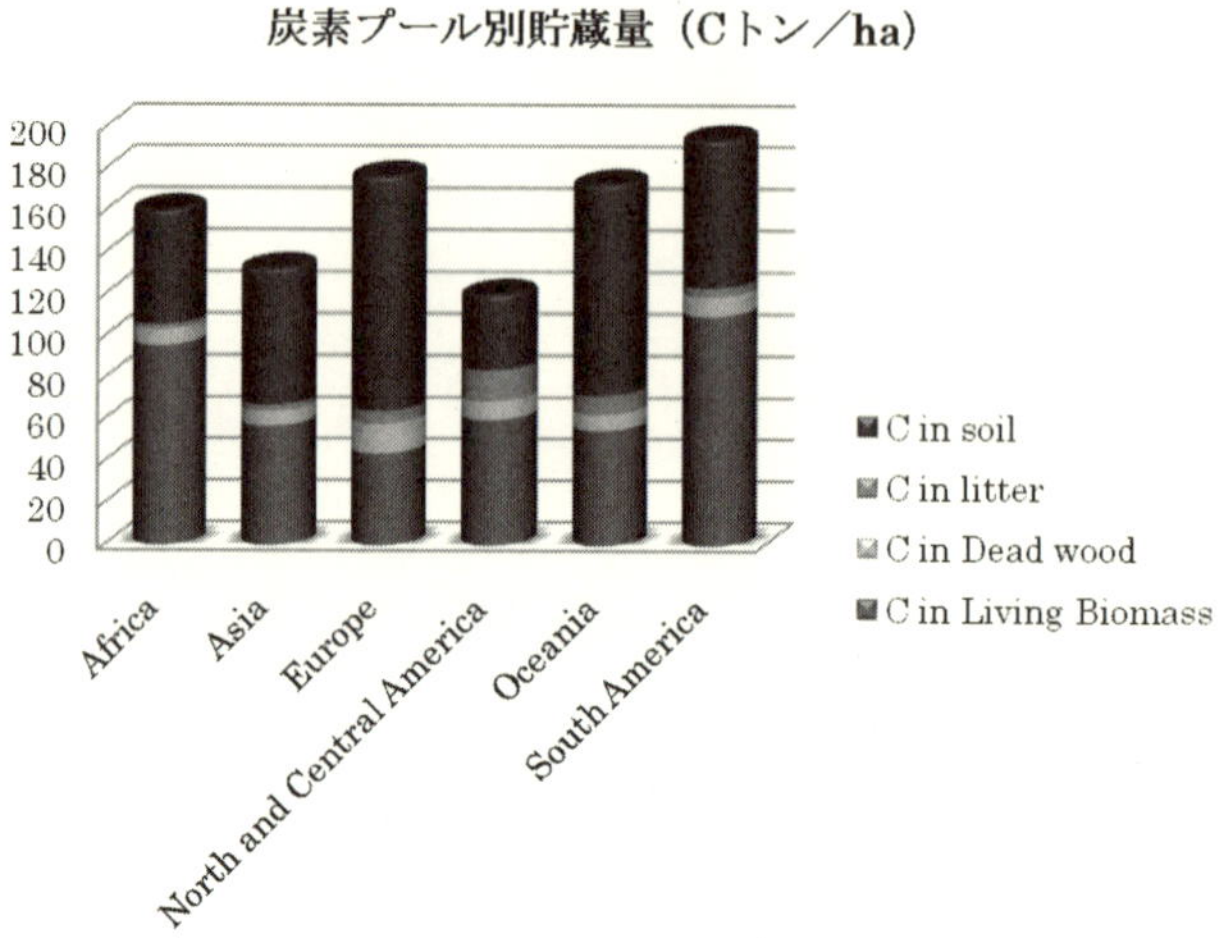

図2　地域別の各炭素プールのhaあたり炭素貯蔵量
（FAO、Global Forest Resources Assessment 2005、2006より作成）

中の炭素量は、各国政府から報告された蓄積からＩＰＣＣグッドプラクティス・ガイダンス（ＩＰＣＣ、２００３）に掲載されているパラメータなどを用いて換算したものである。単位面積あたりのバイオマス、枯死木、落葉、土壌（地下30センチメートルまで）の炭素量を地域別に表したものが、図２である。なお、欧州にはロシアも含まれる。南米に続いて欧州の森林生態系の炭素蓄積が高い。ただ、南米がバイオマス中の炭素蓄積が高いのに対し、欧州は土壌中の炭素蓄積が高い。本来であれば北中米の土壌炭素の蓄積量はもっと多いと予想されるが、京都議定書を意識し低めに見積もった推定値を採用していると思われる。

森林の炭素収支

森林と温暖化の関係を論ずる場合には、森林の炭素収支を見る必要がある。図３は地域別のバ

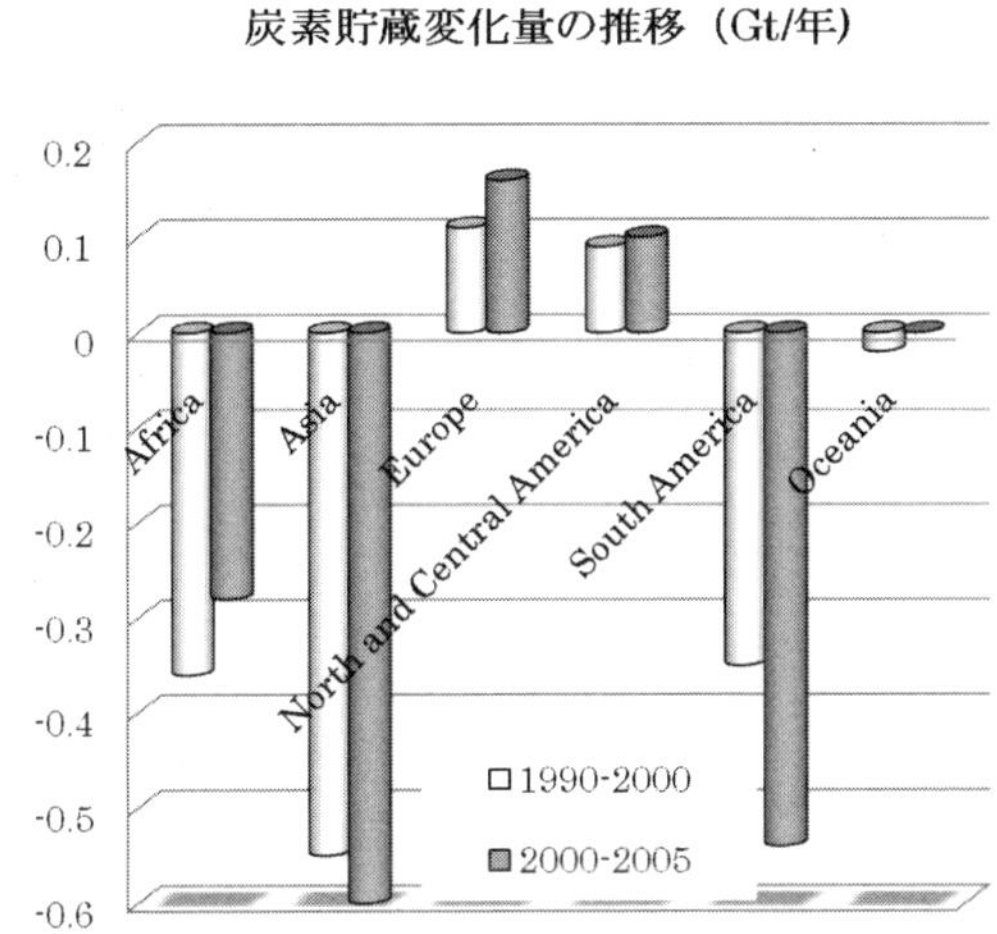

図３　地域別の森林バイオマス中の炭素貯蔵量の推移
(FAO、Global Forest Resources Assessment 2005、2006より作成)

イオマスに含まれる炭素貯蔵量の１９９０年代、２０００年以降の変化を表したものである。プラスは森林が吸収源であること、マイナスは排出源であることを示している。これをみると欧州、北中米が吸収源、アフリカ、アジア、南米が排出源であり、吸収量、排出量ともに増加傾向にあることがわかる。なお、炭素収支を論ずるのであれば、正確には土壌中の炭素の変動量も見る必要があるが、現時点では広域における土壌炭素の変動を表す統計情報の入手は不可能である。

森林の炭素収支に影響を与える要因

◆気候

森林の炭素貯蔵量としてはバイオマスだけでなく土壌中の炭素の比重も無視できないことが、図１からも明らかである。しかし、土壌中炭素の変動は比較的ゆっくりしていることから、森林の短

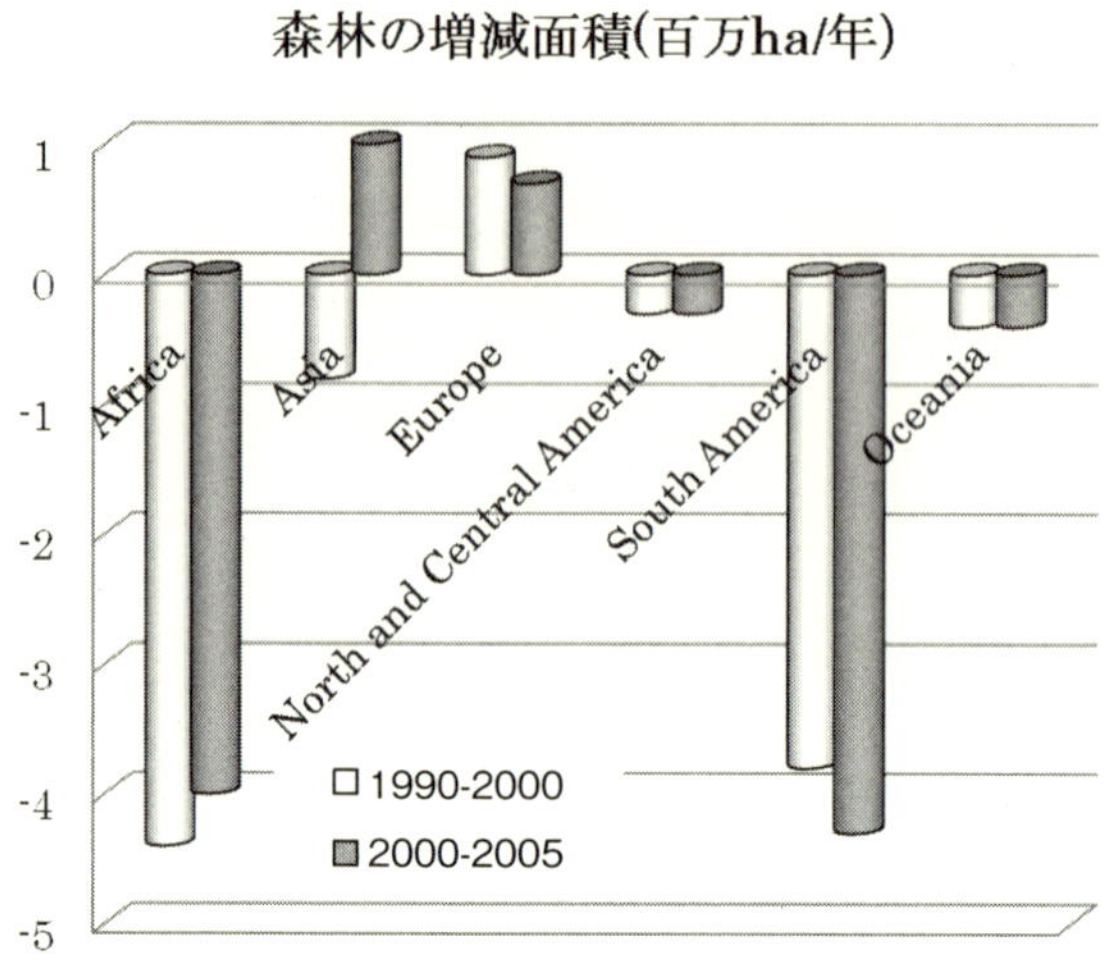

図４　地域別の森林面積の増減(百万ha/年)
（FAO、Global Forest Resources Assessment 2005、2006より作成）

期的な炭素吸収能力はバイオマスの増加をもたらす光合成能力と読み替えることが可能である。光合成に影響を与える気候因子としては日射量、雨量、温度が関係している。生態学モデルをもっとも単純化すれば、これらの気候因子を用いてCO_2吸収能力を推定することになる。具体的には緯度が低く雨量が多い地域の森林はCO_2吸収能力が高く、緯度が高く乾燥した地域ではCO_2吸収能力は低い。

◆森林面積の増減

図３に示した炭素貯蔵量の変化は森林面積の増減に負うところが大きい。森林が増加する地域ではCO_2の吸収源となり、減少しているところでは排出源となる。そこで、各地域の森林面積の増減を見ると図４のようになっている。これをみると先進国は増加か横ばい、アジアを除いた途上国は大幅に森林面積が減少している。アジアの森林面積が２０００年以降に増加しているのは、中国が大規模の植林を実施しているためで、中国を除け

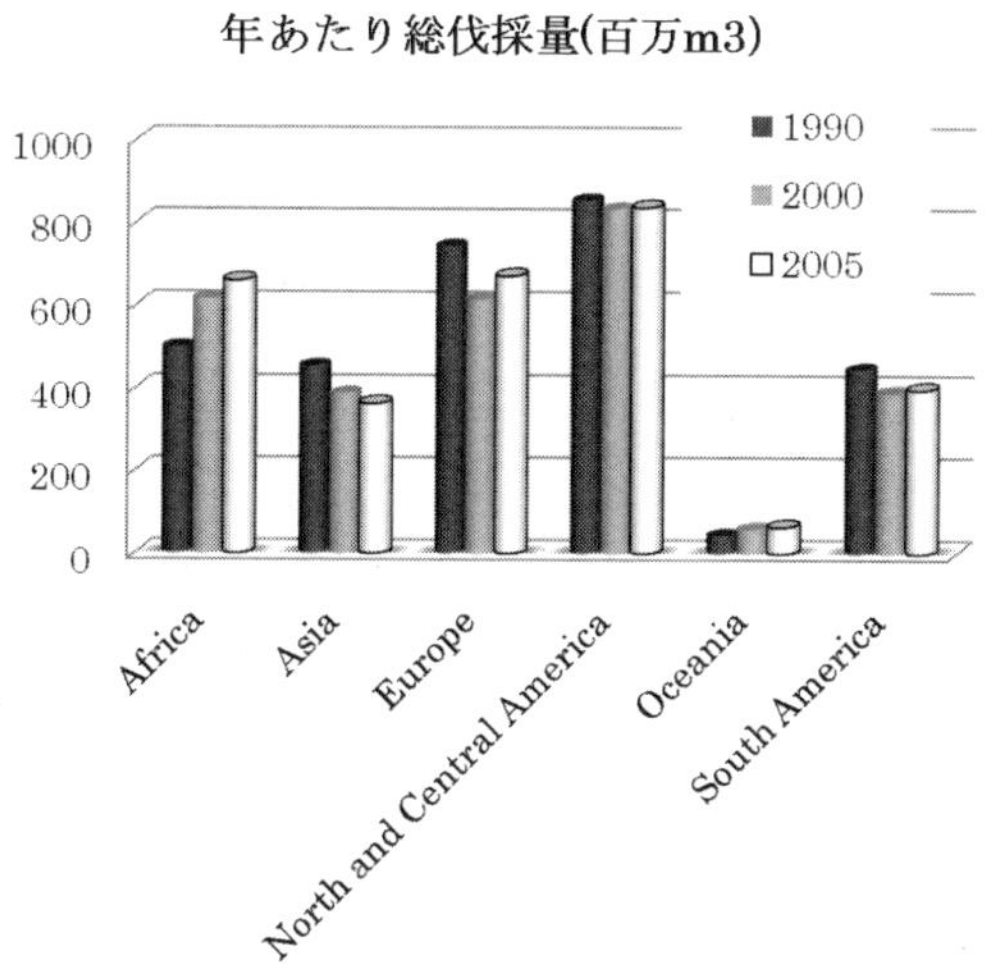

図５　地域別の森林伐採量(百万m^3/年)の推移
（FAO、Global Forest Resources Assessment 2005、2006より作成）

ばアジアの森林面積は減少傾向にある。

◆木材生産と森林伐採

森林からのCO_2放出の大きな原因のひとつが工業用材生産や薪炭材生産のための伐採である。毎年の木材生産量はおおむね30億立方メートル前後で推移しており、6割が工業用材、4割が薪炭材である。地域別の伐採量を図5に示したが、欧州・北中米とアフリカの伐採量が多い。前者は工業用材の生産が主であり、ほぼ一定量の木材を生産している。欧州・北中米地域とも図3で示したように森林は吸収源となっており、地球温暖化という点で問題はない。いっぽう、アフリカの森林伐採は薪炭材生産が主体であり、年ごとに生産量が増加している。これはアフリカの人口増加が背景にあると見られ、短期的に薪炭材生産が減少する見込みはない。しかし、アフリカの森林は図3に示したようにすでに排出源となっており、この傾向が続くことは地球環境の点から望ましくない。アジアの森林は排出源ではあるものの伐採量は減少傾向にある。

世界の木材生産の動向をみると、森林面積の約5パーセントである人工林が2000年時点での木材生産量の35パーセントを占めており（FAO、2006）、木材生産量を維持させながら森林を吸収源として活用するには、人工林の増加が望まれる。現在、人工植林面積は1・4億ヘクタールであり2000～2005年の間に年間280万ヘクタールずつ増加している。

◆森林の攪乱

森林の炭素収支に大きな影響を与えるものとして、森林面積の増減と同様に攪乱による森林劣化がある。攪乱の要因としては森林火災、病虫害などがあるが、FAOが5年ごとに出している資源評価の報告書（FAO、2006）では森林の攪乱は十分に把握できていない。森林火災では70パーセントの森林しかカバーされておらず、病害に至っては30パーセントの森林がカバーされているにすぎない。その範囲内での数値であるが2000年に森林火災は27・7百万ヘクタール、病虫害は68百万ヘクタールあったと報告されている（FAO、2006）。これ以外にも、伐採統計に掲載されない違法伐採や過度の野焼きによる森林劣化もある。

森林の地球温暖化対策への貢献

森林をCO_2吸収源として活用しようという動機は4つの点からなっている。ひとつはすでに技術的に確立していること、二つ目は他の炭素固定技術に比べ相対的に安い費用で実施可能という点である。

3番目として森林のCO_2吸収能力には十分な余力があり（IPCC、2001）、温暖化軽減のためのツールとして活用する価値が高いと考えられている。最後の点は熱帯林の減少による大気中へのCO_2排出量が、化石燃料からの排出量の4分の1程度に相当していることから、森林減少を低減させることが温暖化の防止を考える上で重要だという点である。IPCC第4次報告書が、これらについてどのように評価しているのか、以下で検討する。

（i）森林を用いた温暖化対策の経済分析

生物学的吸収源は温暖化対策の中では小さな割合しか占めないというのが一般的な考えであるが、IPCC第3次評価報告書（IPCC、2001）ではもっと大きな役割として吸収源を認識すべきだと記述している。同報告書では2050年までに排出されるCO_2の20パーセントは生物的吸収源によって相殺することが可能としている。ただ、コスト的な分析が同報告書ではあまりされていなかったが、第4次報告書では森林が吸収することができるCO_2の量を、コストとの関係で詳細に分析することに多くの紙数をさいている。たとえば、地域ごとの数値を積みあげた結果として、1トンのCO_2削減に100USドルをかければ、2030年までの間、地域研究の積み上げ数値で年平均27億トン（2.7ペタグラム）のCO_2を森林が吸収、20USドルの場合は16億トン（1.6ペタグラム）を吸収することが可能としている。

（ii）森林分野からのCO_2排出削減による温暖化対策

2000～2005年の間に年平均で1290万ヘクタールの森林が消失している。いっぽうで

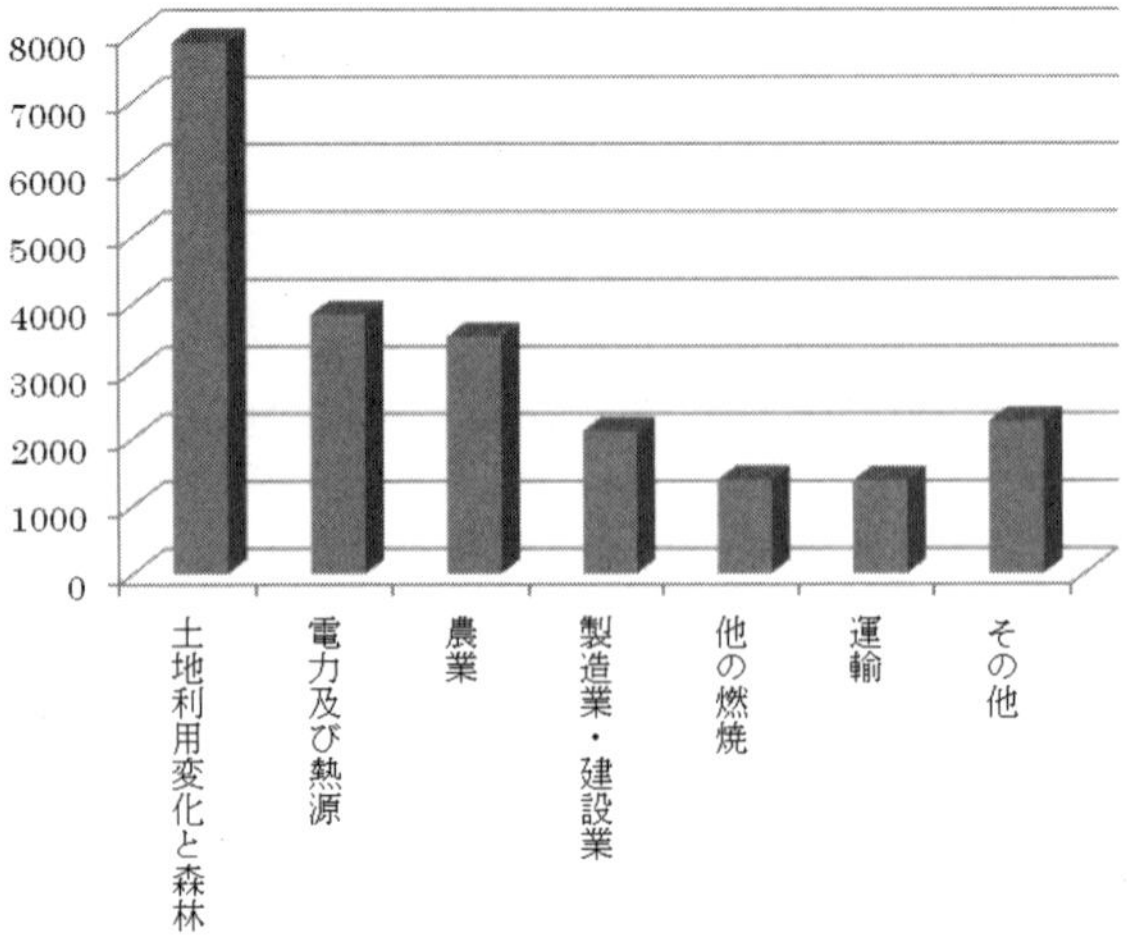

図６　途上国の分野別炭素排出量（単位：百万t）
（世界銀行、The little green data book 2007より作成）

新規植林や自然回復による林地の拡大もあり、年平均の森林面積の純減は７３０万ヘクタールである。ただ、森林減少の６割はブラジル、インドネシアの２カ国で占められる特異な構造になっている。いっぽう、森林面積が増加している国は先進国を除けば中国、インドなど一部の途上国であり、大多数の途上国では森林分野は排出源となっており、図６に示すように途上国全体の排出量でみると土地利用変化・森林分野からの排出量がもっとも多い。この森林減少からのCO_2排出量は58億トン（５・８ペタグラム）と推定されている（ＩＰＣＣ、２００７）。以前のＩＰＣＣ報告書でも森林減少による森林からのCO_2放出は報告されていたが、第4次報告書ではＣＯＰでの森林減少に関する議論の高まりを受け、森林減少の抑制が迅速な温暖化対策になることを強調している。迅速な効果とされるのは、光合成によるCO_2吸収は樹木の生長に伴う比較的ゆっくりした貢献であるが、森林が減少する際には一気に大量のCO_2が大気中に放出されるのを防止できるためである。

森林減少だけでなく火災や病虫害、気象害（干害、雪害、風害等）などによる森林の劣化によるCO_2の放出も看過できない。こうした被害や木材生産による森林バイオマス中の炭素の動態を地域別に図3で示した。これをみるとアフリカ、南米だけでなく森林減少が止まったアジアにおいても炭素貯蔵量が着実に減少していることがわかる。被害後も森林蓄積は回復せず劣化したままの森林は、途上国全体で年平均240万ヘクタールずつ増加しているとみられる（IPCC、2007）。

温暖化対策への森林活用の不十分さ

IPCC第4次報告書では森林が低コストで温暖化対策に貢献できる重要手段であるにもかかわらず、政治的な意志の欠落で森林を十分に活用していないと指摘している。ひとつには森林政策が温暖化対策を意識していないためであり、これとは別に京都議定書では森林を温暖化対策として活用する際に、煩雑な制約が多いことも原因となっている。なぜ京都議定書では森林の取り扱いが煩雑かつ厳しくなっているか、検討してみる。

(i) 森林資源分布の偏在および木材生産と炭素蓄積

森林の潜在的な炭素吸収能力が極めて大きいものの、吸収能力のもととなる森林資源量や森林の林齢構成、木材生産状況が国によって異なることから、各国の利害が対立し交渉が難航した。図7に

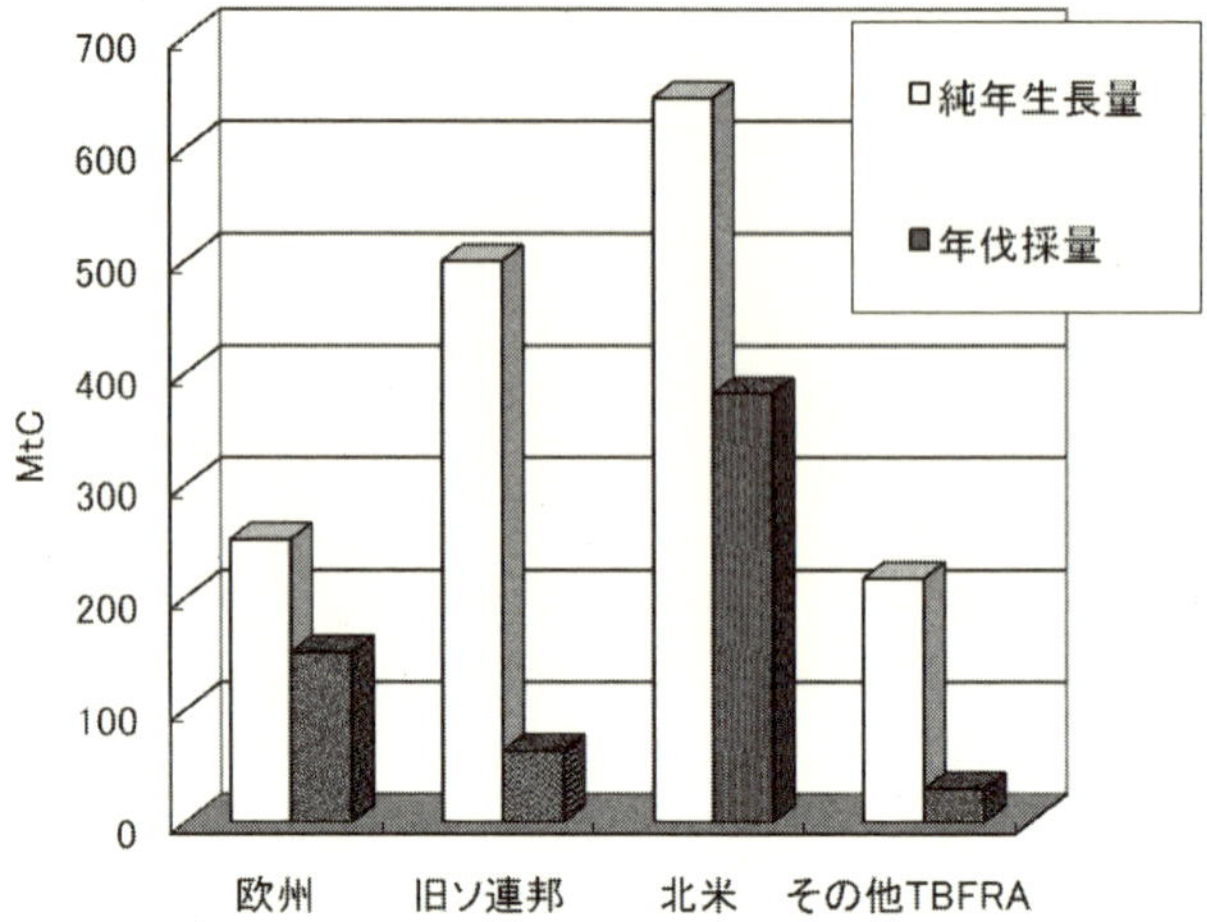

図７　森林の年あたりの生長と伐採による地域別の炭素収
（FAO，　TBFRA2000、2000　より作成）

世界の各地域におけるCO_2吸収量のベースとなる森林の生長量と木材生産量を示した。両者の差に定数をかけたものが純吸収量である。欧州ではCO_2吸収量に相当する森林の生長量と伐採量の差が他の地域ほど大きくないことから、吸収源として森林を活用するメリットが小さい。また、資源量という点で見ても図８に示すように森林資源が一部の国に集中しており欧州諸国は一般的に森林資源が少ないことから、吸収源を使える利点が少ないということで、森林の活用に消極的であった（Amano と Sedjo，２００３）。

（ii）　永続性の問題

化石燃料の使用を削減すれば、使用するはずであった化石燃料は永久に地中に眠ったままである。他方、森林に吸収された炭素は永久に森林生態系内に固定されるわけではなく、火災による燃焼や伐採、病虫害、気象害、寿命等によって枯死

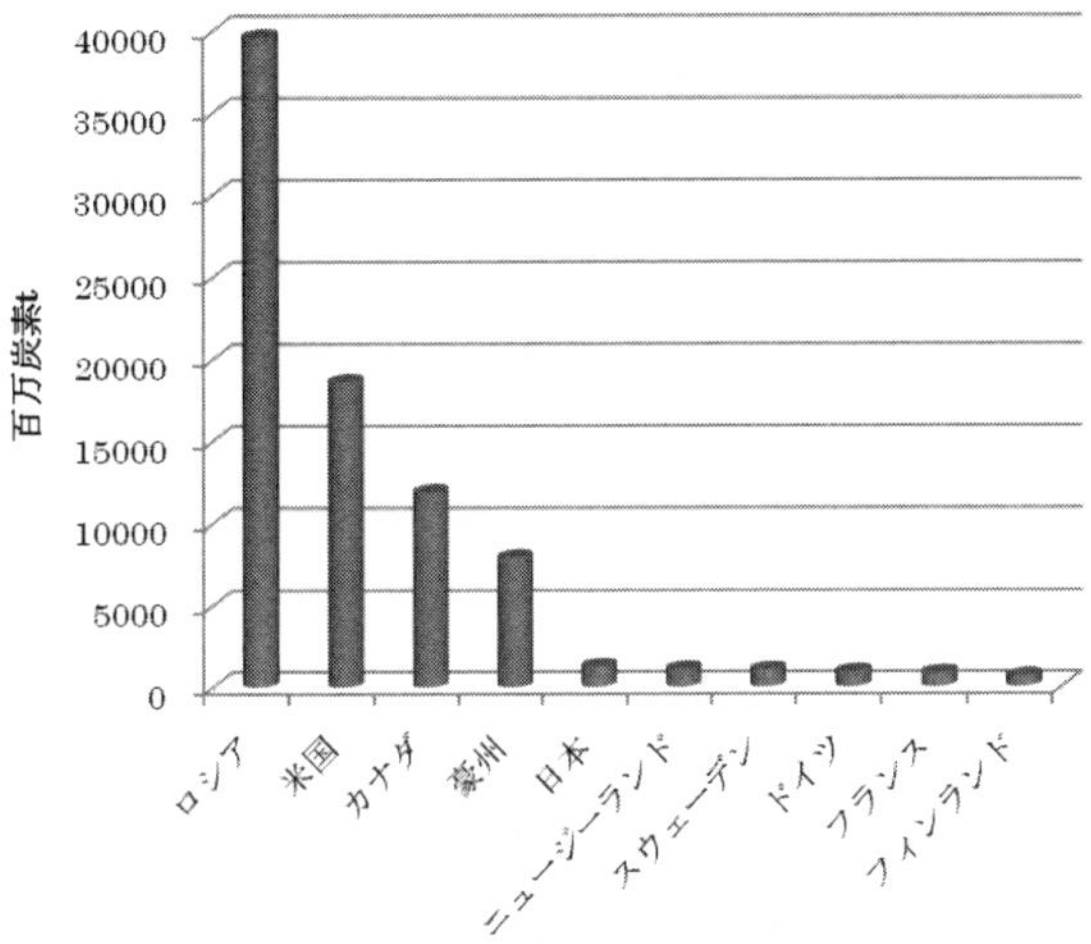

図8 森林バイオマス中の炭素貯蔵量が多い上位10か国
(FAO,TBFRA2000より作成)

し腐朽することで、炭素がCO_2として再び大気中に戻る。このため、森林生態系に吸収されたCO_2は、常に大気中に再び放出されるリスクをもっている。

(iii) 不確実性

森林は広範囲に分布し生物の特性である多様性に富んでいるため、集計結果に必ず不確実性を伴う。また、精度を少し上げるだけでも膨大な経費を要する。

(iv) 社会経済および自然環境への影響

世界には森林のもつ多様な機能やサービスに依存して生活している数億世帯の住民が存在し(IPCC、2007)、森林をCO_2の吸収だけに特化させた管理を行えば、利害の衝突が生じる。また、森林は極めて生物多様性に富んだ生態系であり、自然環境がCO_2吸収を目的とした森林管理により質的に劣化することをおそれ、多くのNGOが京都議定書において森林を取り上げるのに反対した。

以上のような問題から京都議定書では森林の扱いについての意見対立があり、結果的に運用しにくい内容で合意がなされた。

最近のUNFCCCにおける森林分野の状況

先に述べたように多くの国が吸収源としての森林の扱いについて厳しく制限することを主張し、欧州諸国も吸収源の扱いには慎重であった。このため、マラケシュ合意直後は各国が必ず対応しなくてはならない3条3項での新規植林、再植林、森林減少については炭素収支を報告するものの、3条4項の森林管理による吸収量について積極的に選択の意思表示をしたのは、日本だけであった。しかし、森林のもつCO_2吸収における高い潜在能力、低コストで実施できるといったメリットを活用することが現実的だと認識されるようになり、3条4項を第1約束期間から実施することに消極的であった欧州諸国も、森林管理を選択する方向に変わった。

マラケシュ合意で認められた新規植林、再植林CDMも負の側面が強調され、結果的に実現性の乏しい運用規定になってしまった。このため、2009年夏までに登録された森林分野のCDMプロジェクトは5件のみであり、それも痩せた土壌での植林が多いため、炭素クレジットは期待されていない。しかし、工業化が進まず排出削減に関連したCDM事業の発掘が難しいLDC諸国にとって、森林を用いた温暖化対策は取り組みやすいプロジェクトである。

そこで、途上国の森林がもつ温暖化対策手段としての潜在的能力を活用しようと、排出削減CDMプロジェクトに参画する機会が少ない国を中心として、バリで開催されたCOP13では、多くの先進国の支持を受けながら森林減少・森林劣化による排出の削減（REDD）を目指した議論が進展した。現在のまま熱帯林の減少が進めば温暖化だけでなく気候緩和や生物多様性、砂漠化など地球環境にとってさまざまな問題が悪化することから、REDDの議論は地球環境の保全という観点で歓迎できる。

まとめ

温暖化対策手段としての森林の潜在能力は高く、積極的に活用すべきである。ただ、森林管理の体系が変われば地域社会や地域の自然環境にさまざまな影響を与える。そのため、森林管理にあたっては必要以上にCO_2吸収に特化させることなく、森林のもつさまざまな機能やサービスにも配慮する必要がある。現在、途上国では毎年、日本の森林の半分に相当する熱帯林が減少している。森林減少には人口増加や貧困、換金作物の栽培などさまざまな要因が絡んでいるが、もっとも大きな要因は森林を保全するという行為は経済的価値がゼロという点である。数億世帯の人々は日常的に森林から得られるさまざまな林産物を利用しているが、それらは市場価値をもっていないため、森林の重要性を主張できずにいる。熱帯林の減少を防止しようというREDDは、森林減少を防止するという活動に対し炭素クレジットを通して経済的価値を与えようという試みであり、実現すれば生物多様性の保全、気候緩和、地域住民への薪炭材供給などさまざまな貢献が期待できる。さらに、熱帯林は単位面積あたりの森林蓄積が温帯林や北方林に比べ格段に多いことから、少ないコストで多くの炭素を貯蔵することができる。植林ＣＤＭの轍を踏まず事業化しやすい運用方法が決まれば、地域住民が森林保全に向けた経済的インセンティブをもつことができ、さまざまな地球環境問題の解決に貢献できる。先進国の森林についても木材資源としての評価を除けば、森林の機能やサービスは経済的に評価されておらず、炭素クレジットはＲＥＤＤに限らず幅広く森林の持続的管理に貢献するであろう。

参考文献

Amano, M and Roger Sedjo (2003) Forest Sequestration: Performance in Selected Countries in the Kyoto Period and the Potential Role of Sequestration in Post-Kyoto Agreements, ***Resources for the Future***, 58pp

FAO (2001) ***Global Forest Resources Assessment 2000***, 479pp, FAO

FAO (2006) ***Global Forest Resources Assessment 2005***, 320pp, FAO

IPCC (2000) ***Land Use, Land-Use Change, and Forestry***, 377pp, Cambridge University Press

IPCC (2001) ***Climate Change 2001–Mitigation-***, pp301-343, Cambridge University Press

IPCC (2003) Good Practice Guidance for Land Use, Land-Use Change and Forestry, IPCC, IGES

IPCC (2007) ***Climate Change 2007 –Mitigation-***, pp541-584, Cambridge University Press

UNECE/FAO, TBFRA2000,2000

執筆者紹介

天野正博（あまの・まさひろ）　１９７２年名古屋大学農学研究科修士課程修了。森林総合研究所において森林資源管理、林産物の長期予測に関する研究に従事、１９８０年代より熱帯林減少問題に携わるようになり、ＪＩＣＡの専門家として森林保全等のプロジェクトに参加。１９８０年代後半より地球温暖化と森林の関係についての研究を行っている。２００５年より早稲田大学人間科学学術院教授。

3. 地球規模の窒素循環

(1) 大気

はじめに

窒素の元素名が英語でnitrogenと呼ばれるのは、nitron（硝石）に含まれる元素であることに由来する。日本語では、空気中の「息のつまる、窒息する」成分（窒はふさぐ、ふさがる、つまるの意）にちなんで窒素と呼ばれるが、これはフランス語のazoteと同じ意味を持った名前である。窒素分子は他の物質と反応しにくいので、純窒素ガスは酸化防止や食品保存用に使われる。大気中の窒素分子は、過剰気味の酸素を含む地球大気が燃えやすくなるのをおさえ、地球大気を安定化するのに役立っているといえる。窒素は蛋白質を構成する元素として生物に必須であり、生物は窒素分子を作り出しているから、大気中の窒素は二酸化炭素とおなじく生物の廃棄物だが、今のところ大気環境にとって不都合な物質とはみなされていない。

大気中の窒素の起源に関しては、生物起源説と非生物起源説とがある。生物起源説によれば、土壌や水中に棲息する微生物が周囲の亜硝酸・硝酸（塩またはイオンの形で存在するNO_2^-、NO_3^-）を還元するか、アンモニア（NH_3）もしくはアンモニウム塩・アンモニウムイオン（NH_4^+）を酸化し、その結果遊離した窒素が漏出し、長年かかって大気中に蓄積したのだという。微生物によって大気中に供給される量について、正確なところはよくわかっていないが、微生物が地球上に誕生して以来の何十億年という時間を考えれば、今の大気中の窒素は全部微生物が供給したと考えても無理はないだろう。しかし、微生物が遊離窒素を作り出す材料となる土壌・水中の亜硝酸・硝酸・アンモニウムは、そもそも大気中の窒素の固定（生物によるものと雷放電などによる非生物過程とがある）によってもたらされたものといえるから、長い年月の間に窒素は大気と土壌・海洋との間を巡っていると考えるべきである。巡る前のもとの窒素がどこにあったのか、この問いに答えなくてはならない。

非生物起源説では、地球大気の窒素は火山活動により地殻中から出てきたものとする。実際、火山から噴出する気体成分を分析してみると窒素分子が数パーセント含まれているという。しかし、火山から噴出した気体成分を測っても、マグマから気体が出ていく際に周囲の空気が混入した可能性がある。また、火山体内のマグマから遊離した窒素分子を直接採取するのは不可能に近い。さらに、物質循環の視点に立てば、地殻中の窒素は、大気や海にあったものが長い年月の間に地殻中に取り込まれたものだと考えることもできる。したがって、地球内部から漏出した新鮮な窒素なんぞ捉えようがない、知りようがないというのが正しいかもしれない。それでも、非生物起源説に有利な傍証はある。すなわち、地球の兄弟分と見なされる火星や金星の大気にも、それぞれ大気全体の数パーセント程度の窒素分子が存在しているにもかかわらず、今のところ火星や金星に生物がいたという痕跡は見つかっていないことである。

大気中の窒素化合物とその起源

窒素分子（N_2）は地表付近の大気の78パーセント（水蒸気を除いた大気全体に対するモル濃度比あるいは体積比での値。重量比では75・5パーセント）を占め、大気中で最も多量に存在する気体成分である。また大気中に存在する窒素の99・99パーセントは窒素分子が占めている。窒素分子は高度100キロメートル以上の超高層大気中で太陽からのエネルギーの高い極紫外光（波長約100ナノメートル以下）を吸収して壊れるものの、太陽から地球に降り注ぐ紫外・可視放射に対して基本的に透明（吸収しない）である。また地球の放射する熱赤外光も吸収しないので、二酸化炭素のように大気を暖めることもしない。それゆえ、大気の熱収支においては、大気の熱容量を受け持つ主要成分として緩衝役をはたしている。窒素分子は化学的にも極めて安定しており、対流圏中の化学反応には直接的には関与しない。このため、窒素分子濃度は地球上どの場所でも一定であり、また1000年くらいの時間スパンでは変化することがない。

窒素を含む成分のうち大気中で二番目に多いのは一酸化二窒素（N_2O）であり、窒素分子を除いた残りの窒素のうちの99パーセント以上を占める。地表付近での濃度は320ppbv（ppbv＝parts per billion by volume は大気分子10億個に対して1個存在するというモル濃度比の単位）程度であるが、その濃度が産業革命以降、全地球的にみて濃度が徐々に増加しており、現在の濃度は産業革命以前と比べて18パーセント程度高くなっている。一酸化二窒素は、成層圏まで透過してくる太陽紫外光を吸収して光解離を起こすが、地上付近まで透過してくる長波長の太陽光はほとんど吸収しない。また化学的にも安定で、対流圏中では化学反応に関与しない。このため大気中の化学的寿命（平均滞在時間）は120年程度と極めて長く、一酸化二窒素の濃度値は地球上どこでもほぼ一定している。ただし、成層圏では太陽紫外光で壊れるので、高いところほど相対濃度は低くなる。いっぽう、一酸化二窒素は地球の熱放射の波長域に吸収帯をもっており、温室効果気体として働いている。産業革命以降の経年的な濃度増加により、+0.16W/㎡程度の放射強制力（グローバル平均、かつ産業革命以降2005年までの期間における大気放射の増加分、文献1による）をもたらしたと見積もられ、二酸化炭素の10分の1程度ではあるものの、地球の温暖化に寄与しているとされる。

一酸化二窒素を作り出しているのは主として土壌・水中に棲息する微生物である。大気中への一酸化二窒素の供給は、おもに土壌からの漏出によるが、地域別に見ると熱帯域からの放出量が大きい。

土壌からの放出には人為的な要因が少なからぬ働きをしている。すなわち、農耕地への窒素施肥である。他の人為的な発生源としてはバイオマス燃焼や工業がある。土壌中の一酸化二窒素は河川水・地下水に溶け込み、また海水中にも溶存しているので、これらも大気中に逃げ出している（表1を参照。さらに詳細は（2）～（4）章を参照）。これら個々の発生源からの供給量を合計すると、窒素原子換算で年間17・7テラグラム程度が大気中に放出されていると見積もられる。このような積み上げ（ボトムアップ）手法で求めた供給量は、大気中濃度の増加率や後述の大気中での消失速度（比較的正確に見積もり可能）からトップダウン手法により見積もられる供給量と整合している。このことからも大気中の一酸化二窒素濃度が産業革命以来徐々に増加しているのは、人間活動の増大によるものであることはまちがいない。しかし、個々の供給源の大きさについては、信頼度があまり高くなく、今後さらなる研究を必要とする。

一酸化二窒素が大気から消失する過程は、主として成層圏における太陽紫外光による光解離である。一酸化二窒素の一部は後述のように、成層圏において一酸化窒素（NO）を生成する。この反応は成層圏で化学活性のある窒素酸化物（NO_x）の主要な生成過程である。NO_xは成層圏オゾンの消失反応に深くかかわっているため、一酸化二窒素はオゾン層の化学にも重要な役割をはたしているといえる。

N_2とN_2Oを除いた他の窒素は、たいてい酸素原子を含む窒素酸化物として大気中に存在している。これらは大気中で化学反応性に富んでいるか、あるいは水溶性があって雲・霧・雨滴粒子に取り込まれ

表1　全地球でみた大気中一酸化二窒素 (N_2O) の供給・消失量
窒素原子換算で年間あたりの重量テラグラム。1テラグラムは10億キログラムに相当。1990年代での供給量の見積もり。参考文献1による

			全地球での供給・消失量 (Tg-N/yr)
供給	人為起源		
		化石燃料燃焼・工業過程	0.7 (0.2～1.8)
		農耕地土壌	2.8 (1.7～4.8)
		バイオマス燃焼	0.7 (0.2～1.0)
		人間の排出物	0.2 (0.1～0.3)
		河川、河口、沿岸域	1.7 (0.5～2.9)
		大気沈着 (沈着後の再放出)	0.6 (0.3～0.9)
		人為起源合計	6.7
	自然起源		
		自然土壌	6.6 (3.3～9.0)
		海洋	3.8 (1.8～5.8)
		大気中での生成	0.6 (0.3～1.2)
		自然起源合計	11.0
	供給源総合計		17.7
消失		成層圏での光解離	12.5 (10.0～15.0)

やすいため、大気中の平均滞留時間は比較的短く、濃度も通常1ppbvに満たないうえ（成層圏では数ppbvになるものもある）、場所や時間による変動が大きい。これらの仲間を列挙すると、一酸化窒素（NO）、二酸化窒素（NO_2）、硝酸（HNO_3）をはじめ、三酸化窒素（NO_3）、五酸化二窒素（N_2O_5）、亜硝酸（HNO_2）、ペルオキソ硝酸（HNO_4、あるいはHO_2NO_2）、硝酸塩素（$ClNO_3$、あるいは$ClONO_2$）、さらにペルオキシアセチル硝酸（$CH_3COO_2NO_2$、PAN）などの有機硝酸がある。また硝酸アンモニウムなどの硝酸塩や硝酸液滴・硝酸水和物などが浮遊微粒子（エアロゾル）の形で存在する。これらの成分を総称して総反応性窒素酸化物（NO_y）と呼んでいる。これらの成分はオゾン層の化学反応や光化学大気汚染において重要な役割をはたしている。とりわけ、一酸化窒素と二酸化窒素は、NO_xと総称されて大気の化学反応系の主役を演じる。成層

圏でNO_xはオゾンを破壊する成分として働くいっぽう、対流圏でNO_xはオゾンを生成するはたらきがある。NO_xはさまざまな反応を介して別の成分に変化しており、その反応系は定量的にもかなりよくわかっている（図１および図５参照）。これらの窒素酸化物はすべて、一酸化窒素（NO）として大気中に生成・放出されたものが、大気中での化学反応により変化したものである。

アンモニア（NH_3）は、大気中に例外的に存在する還元性の気体成分で、二酸化硫黄（SO_2）や二酸化窒素（NO_2）の酸化反応で生成する硫酸（H_2SO_4）や硝酸（HNO_3）を大気中で中和し、硫酸塩の微粒子（$(NH_4)_2SO_4$）や硝酸塩の微粒子（NH_4NO_3）を生成する。アンモニアは微生物が作りだしたもの（蛋白質の発酵・腐敗による）で、嫌気的な雰囲気で局所的に数ｐｐｂｖの大気濃度に達することもある。しかし、アンモニアは水溶性のため、水に溶けてアンモニウムイオン（NH_4^+）になり降雨により大気からすばやく除かれ、またアルカリ性のため硫酸や硝酸との中和反応を起こし硫酸アンモニウムや硝酸アンモニウムに変化し、微粒子となって大気から除かれる（これらは植物の栄養塩として重要である）。したがって、全地球的に見れば、大気中のアンモニア濃度は０・１ｐｐｂｖかそれ以下となっているようである。大気中のアンモニアが酸化される過程で一酸化窒素ができる反応がある。いっぽう、同じ反応系のなかに一酸化窒素を消費する反応もあるので、地球全体としてみるとアンモニアは、一酸化窒素の供給源としての重要性が低いと思われる。

大気の主成分は窒素と酸素であるから、窒素と酸素の化合物である窒素酸化物は大気中で簡単にできそうだが、窒素分子が化学的に安定で、常温では壊れにくいため、一酸化窒素ができにくい。しかし、温度が1000度にもなると酸素分子や窒素分子がごく一部熱分解し、一酸化窒素が生成されるようになる。一酸化窒素ができれば、ただちに酸化されて二酸化窒素ができる。大気中での高温燃焼で窒素酸化物ができるのはこのためで、特に金属表面での反応を可能にする内燃機関やボイラーなどの燃焼器が窒素酸化物の発生源となるのである。燃料は石油・石炭・天然ガスなどの化石燃料だけでなく薪炭などのバイオ燃料(バイオマス)でもおなじことだが、燃焼温度が低いほど発生する窒素酸化物の量は少ない。窒素化合物を含んでいる燃料は、当然のことながら燃やすと窒素酸化物が発生する。石炭を燃やすとき発生する窒素酸化物は、おもに含有する窒素化合物がもとになっているといわれている。大規模な山火事は窒素酸化物の発生源として重要である。

地表付近の窒素酸化物の発生源としては、人為的な発生源以外に土壌中の微生物が重要である(詳細は(3)章を参照)。いっぽう、雷放電は特に高空での窒素酸化物の発生源として重視されている。雷放電では放電エネルギーにより放電径路に沿って局部的に空気が高温化するため一酸化窒素が生成されるのである。雷放電による一酸化窒素の生成量を全地球的に見積もるには、雷放電による一酸化窒素の生成効率や雷活動の場所と季節による変動データが必要で、いまのところまだ高い精度は望めない。また、高空における人為的な一酸化窒素の排出源として航空機エンジンがある。地上付近の一酸化窒素は、強い対流がないと高空まで運ばれないので、高空での直接の排出源は比較的少量であっても無視するわけにはいかない。航空機エンジン排気の影響を正確に把握するためにも、雷放電による一酸化窒素

表２ 全地球でみた大気中窒素酸化物 (NO_x) の供給量

NO_x は NO と NO_2 の総和で、大部分 NO の形で供給される。窒素原子換算で年間あたりの重量テラグラム。１テラグラムは 10 億キログラムに相当。参考文献１および２による

供給源	全地球での供給量（Tg-N/yr）
人為起源	
化石燃料燃焼・工業過程	24.9（21 ～ 28）
航空機からの排気	0.7（0.5 ～ 0.8）
農耕地土壌	1.6
バイオマス燃焼	5.9（6 ～ 12）
大気沈着（沈着後の再放出）	0.3
人為起源合計	33.4
自然起源	
自然土壌	7.3（5 ～ 8）
雷放電	1.1 ～ 6.4
自然起源合計	8.4 ～ 13.7
供給源総合計	41.8 ～ 47.1

の生成量の正確な把握が必要とされる。

大気圏における窒素酸化物の役割

① 対流圏における窒素酸化物

対流圏においては、窒素酸化物はオゾン生成の鍵をにぎる成分である。オゾンは次のような化学式で表わされる反応により、大気中の多くの成分の酸化を引き起こす強力な酸化剤であるOHラディカル（反応性の高いOH分子はOHラディカルと呼ばれる。OHは水酸基ともいう）を生成するため、大気の酸化能力（いいかえれば浄化作用）を支配する重要な成分である。

$$O_3 + h\nu \rightarrow O_2 + O(^1D) \quad (R1)$$

$$H_2O + O(^1D) \rightarrow 2OH \quad (R2)$$

ここで、hνは太陽放射による光解離を示す

(hはプランクの定数、νは光の振動数で、hνは光のエネルギーを示す)。またO(^{1}D)はエネルギーの高い(波長の短い)太陽紫外光によって生成される、電子エネルギーが高い励起状態の酸素原子であり、その反応性は極めて高い。この高い反応性により、安定な水分子と反応してOHを生成できる。大気中に人為的あるいは自然起源により放出される一酸化炭素(CO)、メタン(CH_4)、その他の炭化水素類、あるいは他の数多くの大気成分は、OHの酸化作用により二酸化炭素(CO_2)に変化し、またその他の酸化物へと変換され、大気から除去されていく。以下に窒素酸化物がオゾン生成にはたす役割について述べる。

対流圏に供給されたNOは、オゾン(O_3)との反応で数分の時定数で酸化されてNO_2になるが、日中は太陽光によってNO_2はすぐに分解してNOにもどる。これを化学反応式で表すと以下のようになる。

$$NO + O_3 \rightarrow NO_2 + O_2 \quad (R3)$$

$$NO_2 + h\nu \rightarrow NO + O \quad (R4)$$

このため日中はNOとNO_2との間の活発な相互交換により、両者は光化学的定常状態にある。それゆえ、両者をまとめてNO_xとして扱うのが便利である。

(R4)の反応で生成した酸素原子Oは、次のような反応により速やかにオゾンにもどる。

$$O + O_2 + M \rightarrow O_3 + M \qquad (R5)$$

ここでMは反応の余剰エネルギーを熱として持ち去る他の分子を表わす。N_2やO_2分子がこれに該当する。（R3）、（R4）および（R5）の反応を通して見ると、オゾンの正味の変化は起こっていない。これに対し、（R3）以外の反応により（すなわちオゾンを消費せずに）NO_2が生成される場合には、これと（R4）および（R5）の組み合わせで正味のオゾン生成が起こる。例えば、（R3）の代わりに次の反応のいずれかが組み合わさる場合である。

$$NO + HO_2 \rightarrow NO_2 + OH \qquad (R6)$$

$$NO + CH_3O_2 \rightarrow NO_2 + CH_3O \qquad (R7)$$

$$NO + RO_2 \rightarrow NO_2 + RO \qquad (R8)$$

ここでRO_2、ROのRはさまざまな有機類（アルキル基）を表わす。HO_2、CH_3O_2、RO_2などの過酸化物は、一酸化炭素、メタン、あるいはメタン以外の炭化水素類の酸化反応の過程で生成される。HO_2は（R2）の反応で生成したOHの酸化反応によっても生成される。大気中のNO_xの濃度が低い場合、HO_2などはお互いの反応により消失してしまい、オゾン生成を引き起こさない。前述したようにNO_xの発生源は限定されており、また後述するようにNO_xの大気中での寿命が短いこともあって、対流圏でのNO_xが正味のオゾン生成を引き起こすかどうかは、その濃度によって微妙に左右されることになる。

② 対流圏における窒素酸化物の化学反応 (化学反応式にがまんできない読者はこの節を読み飛ばしてよい)

日中においては、前述したように(R3)と(R4)の反応により、NO_xは光化学的定常状態にある。いっぽう、太陽光のない夜間にはNO_xはすべてNO_2に変換され、さらにNO_2はオゾンとの反応で酸化され、NO_3やN_2O_5に変わる。これを化学式で表すと、

$$NO_2 + O_3 \rightarrow NO_3 + O_2 \quad (R9)$$

$$NO_2 + NO_3 + M \rightarrow N_2O_5 + M \quad (R10)$$

NO_3は太陽放射による光解離やNOとの反応により日中速やかにNO_xにもどる。またN_2O_5も熱解離や光解離を介してNO_xを再生成する。したがって、NO_xのNO_3やN_2O_5への変換反応そのものは、NO_xにとって正味の消失とはならない。

これに対し、NO_xが硝酸(HNO_3)に変換されると、対流圏の中・低高度ではNO_xにもどらないため、NO_xにとって正味の消失過程となる。日中NO_xは次の反応によりHNO_3を生成する。

$$NO_2 + OH + M \rightarrow HNO_3 + M \quad (R11)$$

この反応により地表付近のNO_xは1日程度の時定数で大気から除去される。また夜間には、大気中に浮遊する微粒子（エアロゾル、英語発音ではエァロソルが近い）の表面での水との反応（気体と液体・固体など異なった相の間の反応ということで、異相反応という。不均一反応という呼称が一般的に使用されているが、空間的な不均一ではないことに注意。不均質相反応の名称は可）によりNO_xはN_2O_5を経由して硝酸となる。

$$N_2O_5 + H_2O \rightarrow 2HNO_3 \quad \text{（異相反応）} \qquad \text{(R12)}$$

生成した硝酸は気体成分として存在する。硝酸は光化学的な寿命が長く、ひとたびNO_xが硝酸に変換されると、対流圏の高い高度や成層圏以外ではNO_xを再生成しない。すなわちHNO_3は窒素酸化物の最終形態のひとつである。硝酸は水に溶けやすいため雲・降水に溶け込み、大気中から除去される（湿性沈着）。また地表面などにも降下・付着して除去される（乾性沈着）。また硝酸は強い酸であるからアンモニアなどのアルカリ性物質との中和反応を起こしやすく、その結果、硝酸塩の微粒子（NH_4NO_3）が生成される。生成された微粒子は、風によって遠くまで運ばれることもあるが、水溶性であるため最終的には地表に沈着し大気から消失する。

もうひとつの対流圏中の重要な窒素酸化物は、有機硝酸のひとつであるペルオキシアセチル硝酸（PAN、$CH_3COO_2NO_2$）である。PANは揮発性炭化水素の大気中の酸化過程において、アセトアルデヒドを中間体として、最終段階で次の反応により生成する。

$$CH_3COO_2 + NO_2 + M \rightarrow CH_3COO_2NO_2 + M \qquad (R13)$$

ＰＡＮは気温が高くなると熱分解により、（R13）の逆反応としてNO_2を再生する。この熱分解に対するＰＡＮの寿命は気温20℃で約1時間くらいであるのに対し、普通自由対流圏高度に見られるような気温−25℃では数か月にもなる。ＰＡＮはHNO_3と異なり水にほとんど溶けないため、空気が降水などをともないながら上層の自由対流圏に輸送される際にも、湿性沈着を起こすことなく運ばれる。この結果、ＰＡＮの自由対流圏における平均寿命は長くなり、この高度での速い水平風により、アジア大陸から太平洋上遠距離に輸送され、空気が下降した際にNO_xを再放出する。このNO_xが発生源から遠く離れた地点の下部対流圏におけるオゾン生成に寄与することとなる。ＰＡＮ以外のＰＡＮと類似した構造をもつ有機硝酸には、ＰＰＮ（$C_2H_5COO_2NO_2$）、ＰｎＢＮ（$C_3H_7COO_2NO_2$）など多種存在するが、大気中での濃度はＰＡＮに比べて低い。また有機硝酸の別の形として、RO_2とNOの反応により生成するアルキル硝酸（RO_2NO）もある。

次の反応により生成するペルオキソ硝酸（HNO_4あるいはHO_2NO_2）は、ＰＡＮと同様に下部対流圏では熱分解に対する寿命が短いが、低温である上部対流圏では比較的安定して存在する。

$$HO_2 + NO_2 + M \rightarrow HNO_4 + M \quad (R14)$$

したがって、ＰＡＮと同様にNO_xの貯留物質としてはたらくと考えられている。

亜硝酸（HONOあるいはHNO_2）は光解離により日中OHを生成する重要成分とされている。

$$HONO + h\nu \rightarrow OH + NO \quad (R15)$$

HONOは日中、OHとNOとの反応から生成すると考えられるが、生成したHONOは（R15）の反応ですぐに光解離してしまう。主要なHONOの生成過程は、湿った表面や微粒子表面上でのNO_2の異相反応と考えられている。しかし、その反応過程の詳細は、まだ十分には理解されていない。

まとめると、窒素酸化物はNO_xによるオゾン生成などを通じて対流圏大気化学反応系や物質科学に重要な役割をはたしている。しかしNO_xの発生源は限定されており、また下部対流圏での寿命が短い（早期にHNO_3に変換される）ため、発生源から離れるとその濃度は急速に減少する。このため、NO_xの広域的な作用は、いったんＰＡＮなどの貯留物質に変換され、大気中を輸送された上でNO_xを再生する過程を通して現れることになる。NO_xの影響を全地球的に理解するためには、窒素酸化物の化学反応系に加えて、その大気中での輸送過程を知ることが必要となるゆえんである。実際、NO_xによる汚染大気が大洋

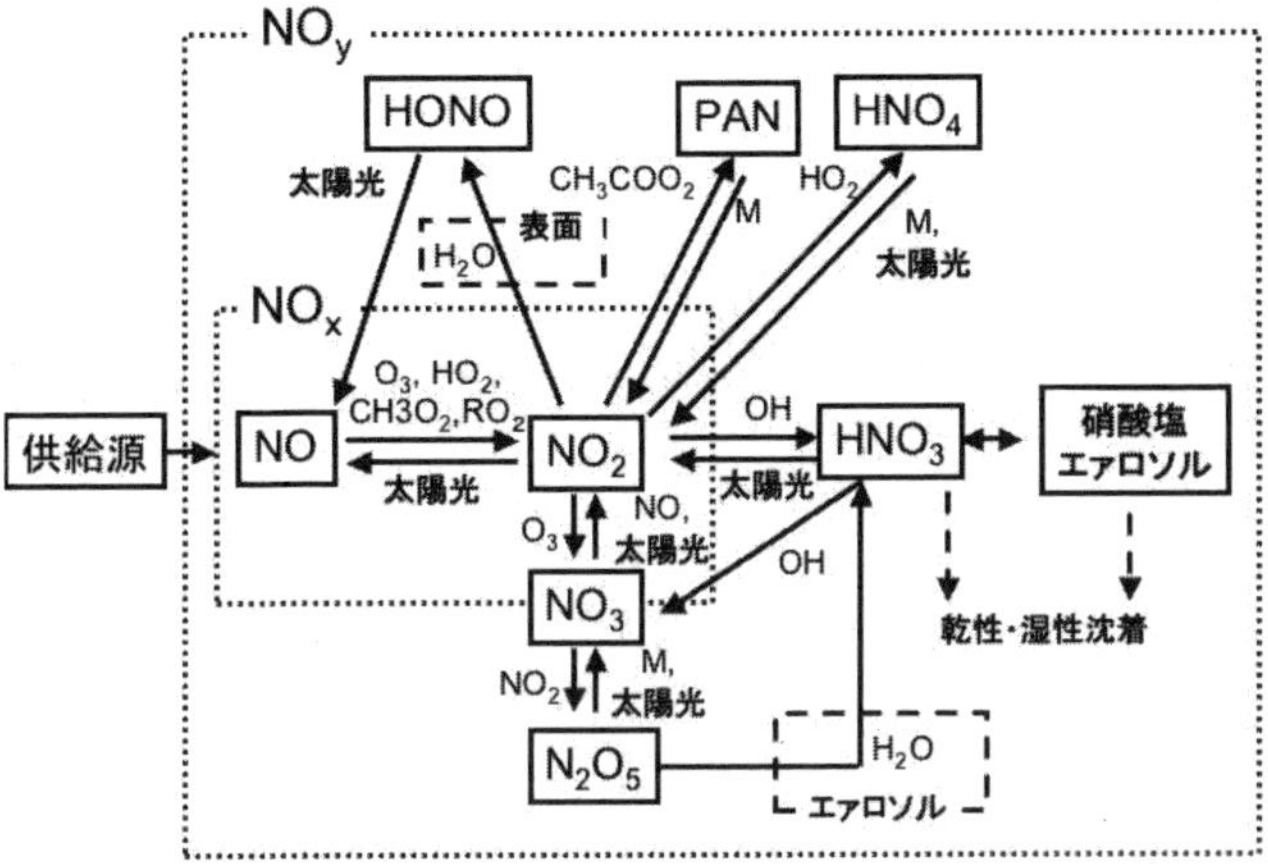

図 1 対流圏における窒素酸化物の反応系

大気中にもたらされた NO が NO_2、NO_3、N_2O_5 へと酸化される主経路、それから分かれて HNO_2、HNO_3、HNO_4、PAN などの有機硝酸に至る分岐がある。HNO_3 および HNO_3 が変換されてできる硝酸塩エアロゾルは、降雨などにより地表に沈着して大気から除去される

上へ拡大する現象や大陸間を移動することが知られており、このことはＰＡＮなどの長距離輸送が重要なことを示唆している。HNO_3や硝酸塩エアロゾルは窒素酸化物の最終形態であり、乾性および湿性沈着により大気から除去される。これらの沈着過程は窒素酸化物の大気からの消失過程であると同時に、土壌や海にとっては、微生物の栄養となる硝酸イオン・硝酸塩の供給過程となっている。窒素酸化物の化学反応系のさらに詳しいことについては、文献３〜６を参照されたい。

③対流圏における窒素酸化物の動態

NO_xはオゾン生成に直接関わるため、大気中の濃度の直接測定が広く実施されている。これに対し、ＰＡＮやHNO_3などは成分ごとに異なる特別な直接測定方法が考案され、限られた地点・領域での測定が行われている。いっぽう、NO_2が可視光を吸収することを利用して、近年では人工衛星からのNO_2の

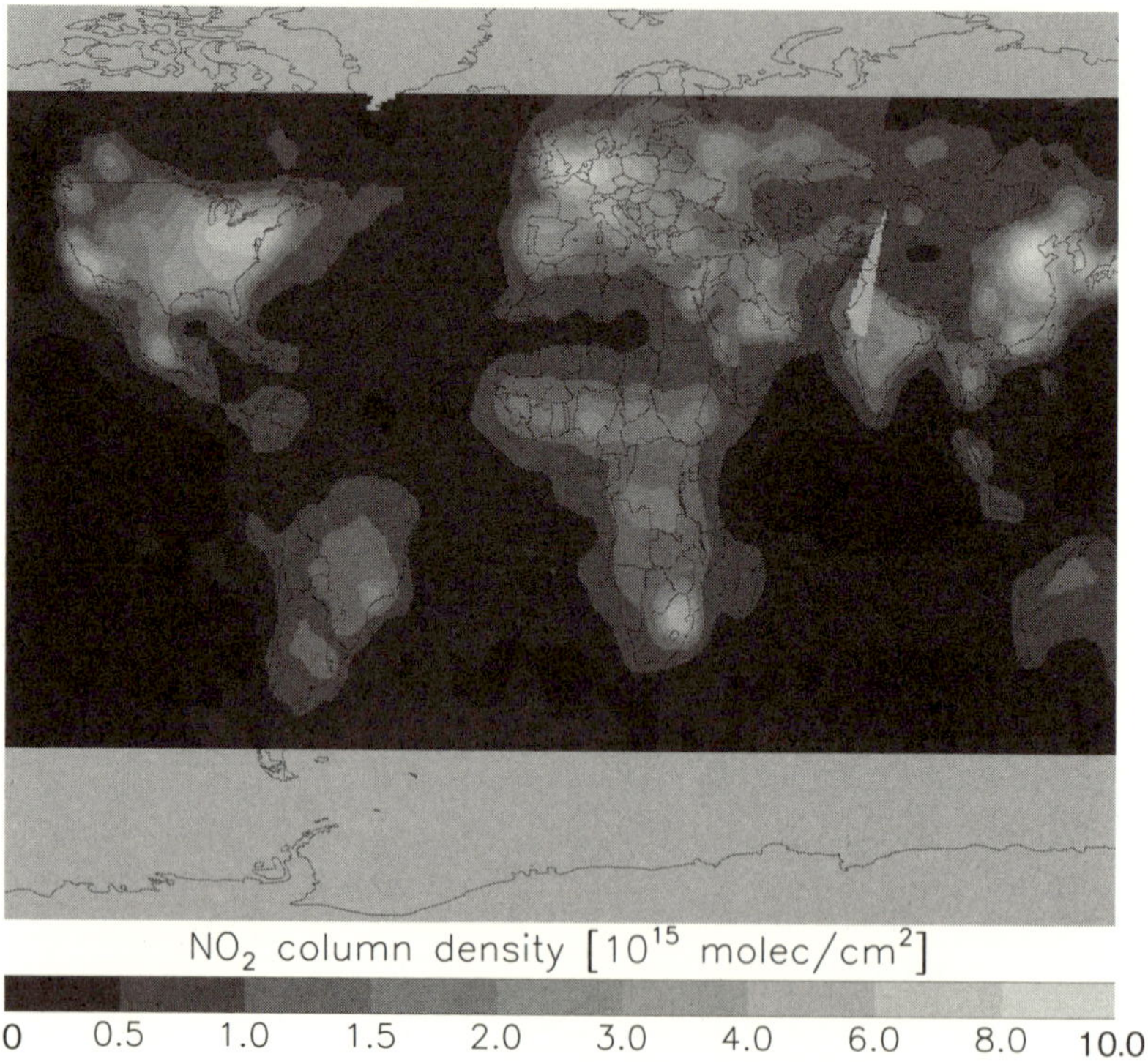

図２　NO_2の対流圏気柱全量の世界分布

人工衛星搭載観測器 GOME による観測から得られた 2000 年における年平均値。対流圏気柱全量とは、地表から対流圏上端（高度 10 ～ 17 キロメートル）までの、１平方センチメートルを底面とする空気の柱の中に存在する分子の個数。NO_2濃度は日変化するが、この衛星は各場所での午前 10 時半前後の値を観測している。北米、欧、東アジアで見られる明るい部分はNO_2全量が多い領域に対応する。　　Noije ら (2006) より

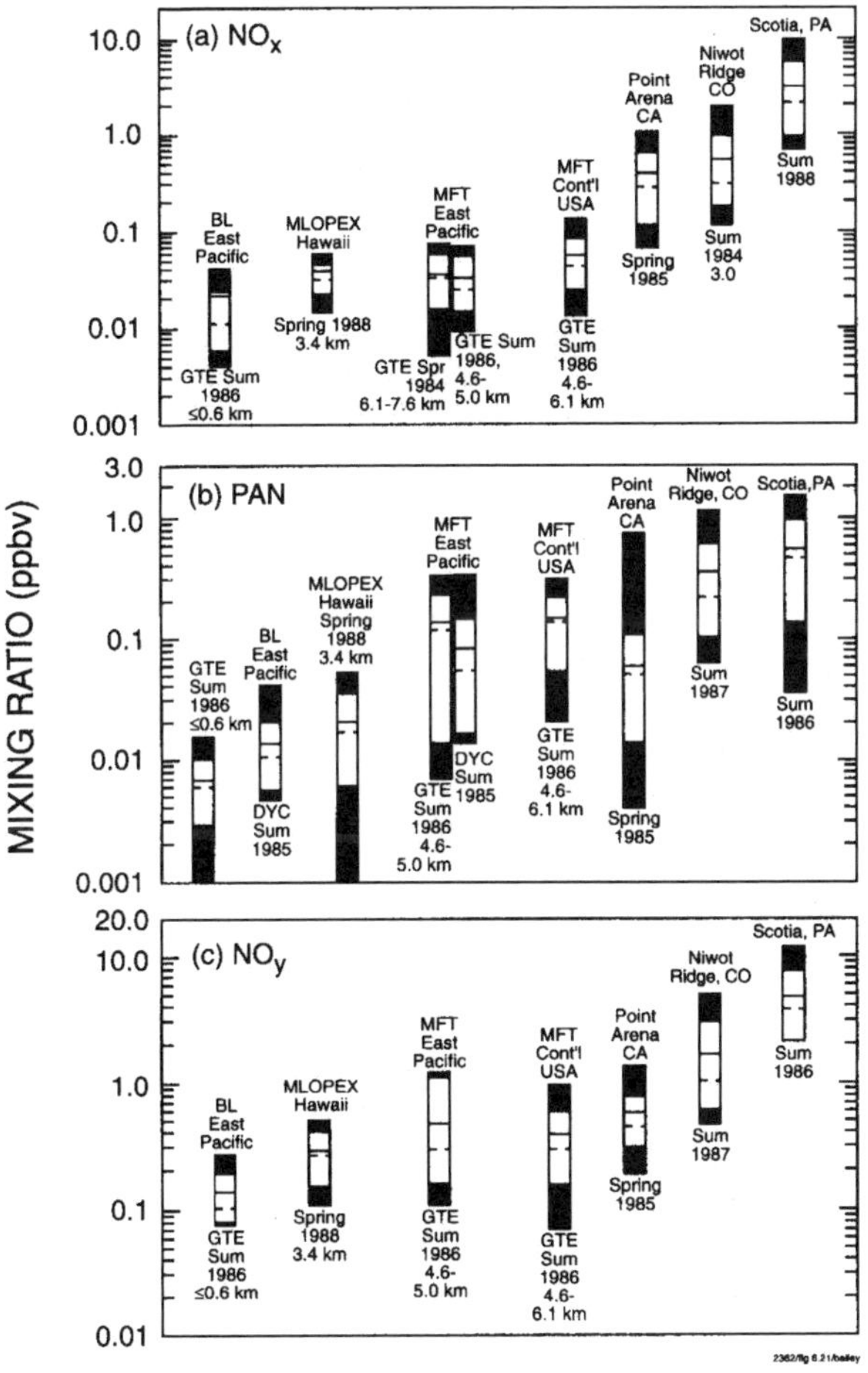

図３　対流圏におけるNOx、PAN、NOy濃度の観測値

北米大陸過疎域の観測所（スコシア、ナイウォー・リッジ、ポイント・アリーナ）、ハワイの高山観測所、および航空機による太平洋上境界層や自由対流圏での観測結果をまとめたもの。測定値を柱状で示し、横実線は平均値、横破線は中央値、白上下幅は67パーセント偏差、黒上下幅は90パーセント偏差を示す。参考文献5より

対流圏気柱量（地表面から対流圏界面までの積分量）の全球的な測定が可能となっている。

図2では、人為的な発生量（自動車からの排気などの化石燃料の燃焼にともなうもの）の多い、アメリカの東海岸、ヨーロッパ、東アジアでNO_2の量が多くなっていることがはっきり見てとれる。またアフリカや南米あるいは東南アジアでのNO_2量はバイオマス燃焼の影響も受けていると考えられる。

図3で特徴的なことは、人為的な発生源の多い場所付近で濃度が高いのに対し、海洋上で濃度が低いことである。これは、（R11）の反応などによりNO_xから変換され海洋上に運ばれたHNO_3が降水過程などにより湿性沈着するためだと考えられる。このように、対流圏内の窒素酸化物濃度は地域によって3桁以上の濃度幅の変動を示す。都市域の大気中では、内陸の過疎域よりもさらに1桁程度高い濃度となっている。

総反応性窒素（NO_y）のなかでNO_xやHNO_3などの成分が占める割合を示したのが図4である。窒素酸化物はNO_xの形で大気中に放出されるが、アジア大陸から西太平洋域へと輸送される間に、そのほとんどは他の窒素酸化物へと速やかに変換され、NO_xとして残っているのは地表に近い大気境界層内（この図では高度1キロメートル以下）でも10パーセント程度である。この高度では、硝酸（HNO_3）と硝酸塩エアロゾル（NO_3^-）が50パーセント程度を占めていた。しかし、硝酸は雲・降水などに溶け込みやすいため、上部対流圏へは輸送されにくい。いっぽう、水に溶けないＰＡＮは、比較的低い気温を反映して、

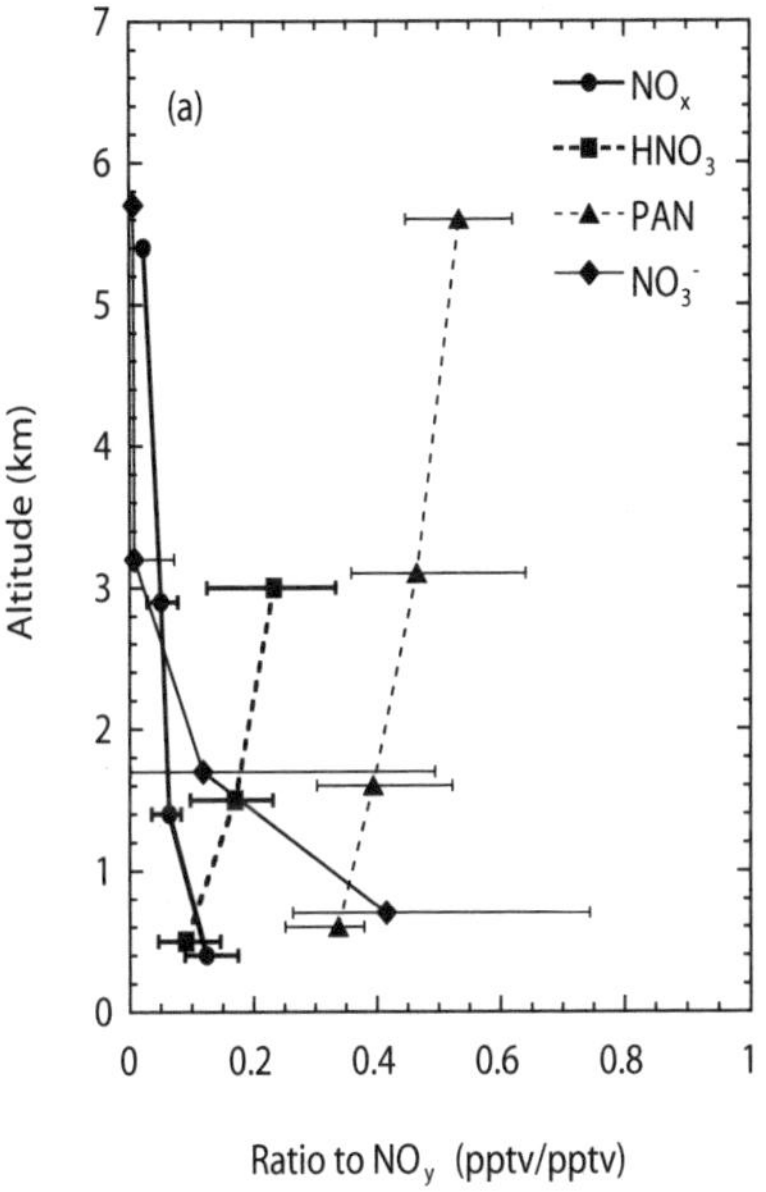

図４　総反応性窒素酸化物 (NO_y) における各成分間の分配比率の高度によるちがい
2001 年 3 ～ 4 月に西部太平洋で行われた航空機観測の結果をもとに作成。小池ら (2003) より

窒素酸化物のうち30～50パーセント程度を占めていることがわかる。

④成層圏における窒素酸化物

成層圏におけるNOの生成は、（R1）の反応で生成する$O(^1D)$（成層圏は対流圏に比べてオゾン（O_3）濃度が高く、（R1）を引き起こすような太陽光の強度も強いので、$O(^1D)$も数多く生成される）とN_2Oとの反応によりもたらされる。

$$N_2O + O(^1D) \rightarrow 2\,NO \quad (R16)$$

成層圏においてNO_xは次のような連鎖反応サイクルでオゾンを壊している。

$$NO + O_3 \rightarrow NO_2 + O_2 \qquad (R3)$$

$$NO_2 + O \rightarrow NO + O_2 \qquad (R17)$$

$$\text{正味の反応：} O + O_3 \rightarrow 2O_2 \qquad (R18)$$

O原子は、酸素分子（O_2）と反応して速やかにオゾンを生成することができるため、オゾンと同等にみなされ、このオゾン消失サイクルでは、実質的に2個のオゾン分子が破壊されたことになる。高度30キロメートルでのNO_x濃度は10ppbv程度であるのに対し、オゾンは数千ppbvの濃度であるから、NO_x濃度との間には1000倍近い開きがある。しかし正味の反応からわかるように、この反応サイクルではNO_xの量は変化しない。このような連鎖反応サイクルによってNO_xが自分自身を再生しながら、HNO_3などの他の形に変わるまでに何回もオゾンを壊す反応をくり返し続ける。このためにオゾンの1000分の1程度しか存在しないNO_xがオゾンの量に影響しうるのである。なお前述したように、対流圏において窒素酸化物はオゾンの生成に中心的な役割を果している。窒素酸化物のオゾンの生成・破壊に果す役割は、成層圏と対流圏とで反対になっていることに留意されたい。なお成層圏オゾン層の破壊については、文献7および8が参考になる。

成層圏でオゾンを破壊するメカニズムには、NO_xの連鎖反応サイクルの他にも水素酸化物（HO_x）、塩素酸化物(ClO_x)、臭素酸化物(BrO_x)のからむ連鎖反応サイクルがある。これらの連鎖反応サイクルの重要度を高度別に調べてみると、NO_xの連鎖反応サイクルは中部成層圏で支配的である。これに対し、HO_xの連鎖反応サイクルは下部および上部成層圏で重要であることがわかる。また、ClO_xのオゾン破壊反応サイクルは、高度40〜45キロメートル付近で主要な役割をはたしているうえ、下部成層圏でも別の連鎖反応サイクルにより少なからぬ寄与をもっている。さらに下部成層圏では、ClO_xとBrO_xの協同の連鎖反応サイクルも重要である。オゾンの数密度は下部成層圏で最も多いため、この高度におけるオゾン破壊は、オゾンの気柱全量の減少と大いに関係する。

成層圏における窒素酸化物の反応系は対流圏と似ているものの、次のようなちがいがある。

・成層圏では日中、太陽紫外光による酸素分子の光解離が起こり、また対流圏より多量にあるオゾンも太陽光で解離し、多量の酸素原子(O)が生成される。そのため、酸素原子濃度が高くなり、反応系のなかで酸素原子との反応も重要になる。

・塩化メチル、CFC(クロロフルオロカーボン類)などの塩素化合物、および臭化メチル、ハロンなどの臭素化合物が成層圏で分解(おもに太陽紫外光による光解離)してできた塩素化合物・臭素化合物が反応系に加わってくる。窒素と塩素・臭素の化合物として硝酸塩素と硝酸臭素が存在する。

・成層圏では、メタン以外の揮発性炭化水素の濃度が低いので、有機硝酸は考慮しなくてよい。

・成層圏では雲・雨がないので、窒素酸化物の雲・雨粒子への取り込みは無視できる。しかし、

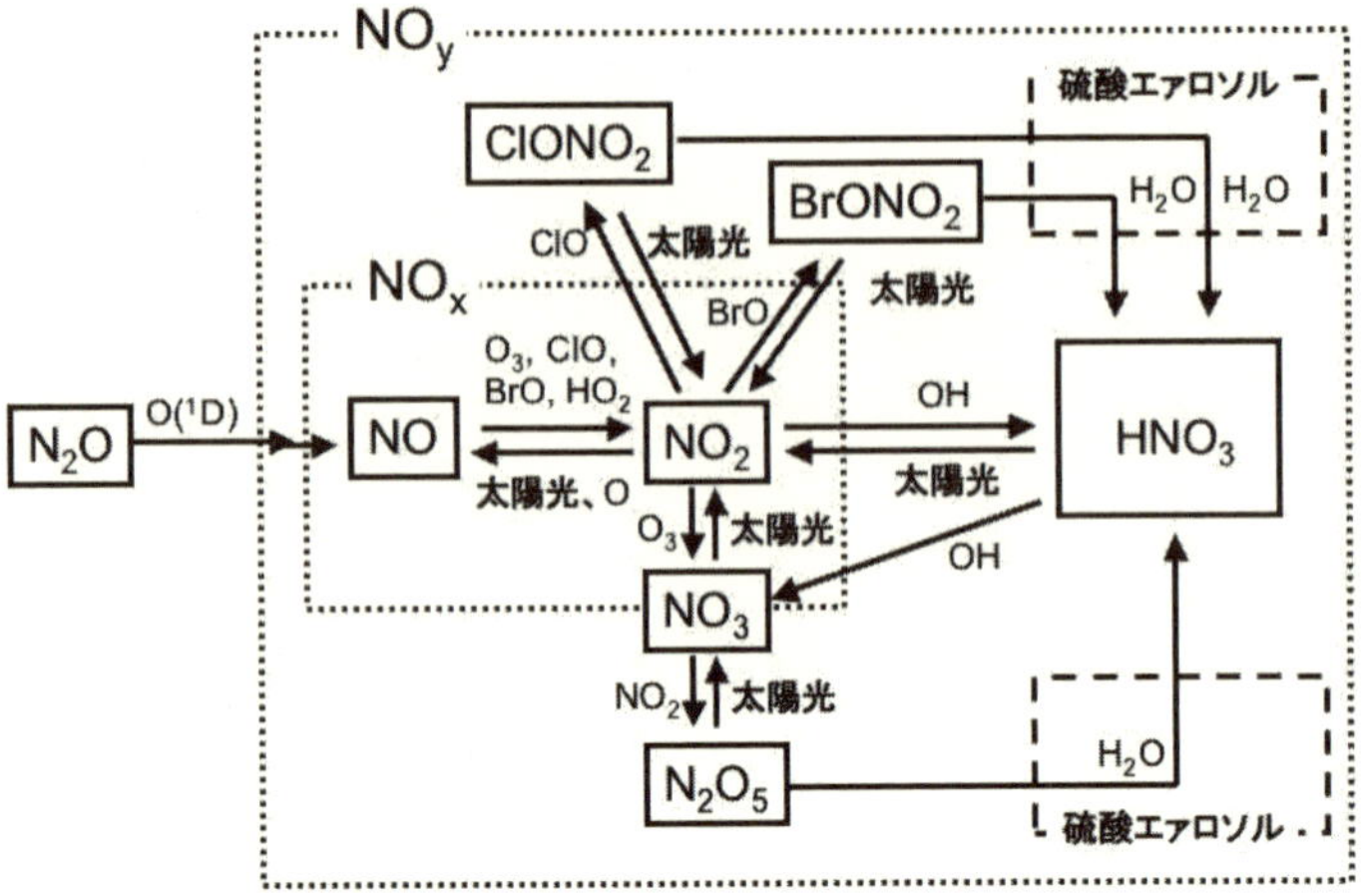

図５　成層圏における窒素酸化物の反応系

対流圏の場合と似ているが、有機硝酸の代わりに $ClONO_2$ と $BrONO_2$ が加わる。成層圏には雲・雨はないが、硫酸液滴 (硫酸エァロソル) からなる微粒子層が存在する

南北極域の冬季には極域成層圏雲（ＰＳＣ）と呼ばれる固体ないし液体の微粒子が下部成層圏で形成されるので、ＰＳＣ粒子表面での化学反応を考慮する必要がある。ＰＳＣは冬期南北極域成層圏におけるオゾン破壊、とりわけ南極域に出現するオゾンホールの形成において決定的な役割をはたす。

成層圏においてもNOとNO_2の速い相互交換反応と、それに続くNO_3、N_2O_5への酸化の主経路があり、NO_xとHO_xラディカル（HO_xはOHとHO_2の総称）との反応を介してHNO_3へと分岐することは対流圏と同じである。ただし成層圏中には降水過程がないため、対流圏のようにHNO_3が湿性沈着により除去されることはない。HNO_3は準安定な貯留物質として存在し、その一部は光解離やOHとの反応によりNO_xを再生する。また、NO_xとClO_xおよびBrO_xとの反応で、別の貯留物質であるClONO$_2$、BrONO$_2$を作る。貯留物質はNO_xやClO_x、BrO_xの連鎖反応サイクルから除外されるので、オゾンを破壊する効率は、個別にはたらく場合より全体としては少々低下することになる（ClONO$_2$に変化してオゾン破壊に関係しなくなった塩素が、PSC粒子表面の反応によってClO_xにもどると、オゾンの破壊が進む。これがオゾンホールの形成メカニズムとされる）。また、成層圏内で水蒸気から生成される水素酸化物HO_xもオゾン破壊に一役買っているが、HO_xの一部がNO_xと反応してHNO_3に変われば、HO_x、NO_xそれぞれの単独作用を加算したものより、複合作用としてのオゾン破壊効率は弱まる。以上のことから、成層圏に窒素酸化物、水蒸気、塩素化合物を同時に排出する場合には、単独排出の場合の足し合わせよりも全体としてのオゾン破壊率は小さくなることがわかる。ただし、塩素化合物と臭素化合物の場合は、ClOとBrOが協同してオゾンを破壊する連鎖反応サイクルを形成するため、逆に単独の場合の足し合わせよりもオゾン破壊率は大きくなる。

窒素酸化物が最終的に成層圏から消えていく過程はあまりよくわかっていない。成層圏では降水過程がないため、窒素酸化物は対流圏へと輸送されて成層圏から消失するのであろう。成層圏・対流圏の大気大循環のモードのなかには、冬半球の中高緯度で成層圏から対流圏への大気の降下が起こるタイプがあり、このようなタイプの循環が関与していると考えられている。

⑤ 成層圏における窒素酸化物の動態

成層圏では対流圏と異なり、窒素酸化物の生成（反応（R16））などに経度依存性が少ないし、また強い東西風のため、東西方向によくかきまぜられており均質性が高いので、その濃度分布や変動は、東西方向に平均して緯度と高度の子午面断面を表す座標系を使うと理解しやすい。高度分布の詳細は、１９７０年代から世界各地で行われている成層圏気球観測のデータから知ることができるし、１９８０年代からは人工衛星観測によって全地球的に高度・緯度分布のデータが得られている。その結果、高度30キロメートルよりも高い高度ではNO_xが窒素酸化物の主要成分であり、30キロメートル以下ではHNO_3が主成分であることがわかる。上部成層圏では太陽紫外光の減少が少ないので、光解離やOHとの反応によりHNO_3がNO_xへと変換される率が増加するためである。また、人工衛星の観測から得られたNO_xとHNO_3の高度・緯度分布をみると、太陽光照射が強くあたる低緯度側でNO_xの濃度が高くなっているのに対し、高緯度側ではHNO_3の濃度が高くなっていること、また最大濃度を示す高度は、NO_x、HNO_3とも赤道に向かってやや高くなっていること、などがわかる。人工衛星の観測データによって、高度・緯度分布が季節によって変化する様子、さらに年々の変動まで明らかになっており、それらのデータは欧米の宇宙機関のホームページなどで検索できる。なお、オゾン層破壊についての詳細は参考文献（７）、（８）を参照のこと。

参考文献

（１）IPCC, Climate Change 2007, The physical science basis　地球変動に関する政府間パネル第４次レ

ポート
(2) IPCC, Climate Change 2001, The physical science basis　地球変動に関する政府間パネル第3次レポート
(3) 小川利紘（１９９１）『大気の物理化学』、東京堂出版
(4) ジェイコブ、D. J.、近藤豊訳（２００２）『大気化学入門』、東京大学出版会
(5) Brasseur, G. P. et al.（1999）Atmospheric Chemistry and Global Change, Oxford University Press.
(6) Brasseur, G. P. et al.(eds.)（2003）Atmospheric Chemistry in a Changing World, Springer.
(7) 小川利紘（１９９３）「オゾン層の危機」、日本化学会編『どうする地球環境』第4章、大日本図書
(8) 環境省（２００８）平成19年度オゾン層等の監視結果に関する年次報告書

執筆者紹介

小池　真（こいけ　まこと）　１９６２年東京都生まれ。１９８５年早稲田大学理工学部物理学科卒業。１９９０年、東京大学大学院理学系研究科修了（地球物理学専攻、理学博士）。同年より名古屋大学太陽地球環境研究所助手、１９９８年より同助教授として、成層圏窒素酸化物の直接測定・地上分光測定、航空機による対流圏窒素酸化物の直接測定を国内外で実施し、成層圏・対流圏大気化学反応系や大気中の物質輸送などの研究を推進してきた。２０００年より東京大学大学院理学系研究科助教授（准教授）として、それまでの気相大気化学に加え、大気中のエアロゾル（浮遊する微粒子）の観測や三次元化学輸送数値モデル計算を使った研究を展開してきている。この間、国際グローバル大気化学研究プロジェクト（ＩＧＡＣ）の国際委員など各種委員を務め、国内外の大気化学研究の推進に尽力してきている。

小川利紘（４３８ページ参照）

（2）陸域生物圏

まえがき

大気・生物・土壌間にあって、物質循環と生物代謝をつなぐのは炭素（C）と窒素（N）である。Cは、大気中に二酸化炭素（CO_2）として濃度380ppm程度存在し、そのCO_2から植物の光合成作用で炭水化物がつくられ、植物体の形成がなされる。さらに炭水化物は呼吸による化学エネルギーのとり出しに利用される。植物体は、動物の食べ物となり、また土壌中の有機炭素にもなって、土壌圏に棲息する生物のエネルギー源になる。これに対してNは、大気中に窒素気体（N_2）として78パーセントを占める。このN_2は地球上の動植物に直接利用できない不活性な分子である。これにくらべ生物圏にあるNは微量であって、その形態はアンモニア（NH_3、NH_4^+）、硝酸（NO_3^-）などの無機態から、アミノ酸、蛋白質、塩基のようにN以外の元素C、H、Oと結合した高分子有機態までさまざまであり、活性（反応性）の高い窒素形態（reactive nitrogen：Nr）をとっている。活性の高いNrは不活性なN_2から生成される。大気中の雷放電によりN_2とO_2からNOが生成され、これがNO_3^-となり地表に降下する。また大気中のN_2は生物的窒素固定（biological nitrogen fixation：BNF）によってNH_3（水にとけてNH_4^+）の形で生物圏に供給される。BNFは土壌や海洋に棲息するシアノバクテリア（cyanobacteria）や窒素固定細菌が持つ酵素ニトロゲナーゼによっており、その反応は次のようである。

$$N_2 + 16ATP + 8H^+ + 8e^- \rightarrow 2NH_3 + 16ADP + 16Pi + H_2$$

ニトロゲナーゼ反応にはマイナス５００mV程度の低電位還元条件と高エネルギー（ＡＴＰ）を必要とする。植物自身は窒素固定酵素を持たず、窒素固定微生物との共生関係によって、植物起源の化学エネルギーを利用したＢＮＦ（NH_3の生成）が行われるのである。

ＢＮＦで生成したNH_3は植物細胞で同化され、アミノ酸となり、それを使って植物の生長と生殖の生命活動が営まれる。植物が吸収するNr源には、固定窒素以外に土壌圏に残された植物残渣やこの残渣を摂食した土壌生物の遺体分解物から放出されたNH_4^+やその酸化物NO_3^-がある。植物の生命活動には、Nr以外に水とリン酸（Ｐ）、カリウム（Ｋ）、鉄（Fe）などのミネラルの摂取が必要であるが、Nrの供給が制限因子になる場合が多い。Nrは環境と生命をつなぐものであり、環境に存在する無機態Nrが植物体と結合（アミノ酸の生成）することによって生命が始まると言える。アミノ酸生成は植物が主役であり、植物生産、さらには人や動物のための食物・食糧・飼料生産の制限因子となっている。

人類は１９１０年代になって工業的窒素固定（ハーバー・ボッシュ法）による窒素化学肥料の生産技術を発明した。自然界のNr（土壌有機態からの無機態窒素とＢＮＦ）による生成に加えて、植物への肥料Nr施用は、食物・食糧の飛躍的な増産を可能にした。後で述べるように現在肥料Nrの利用は、自然生成のNrとほぼ同量となっている。肥料は農耕地へ集中的に施用されるが、植物（作物）が吸収する肥料Nrの割合（利用率）は30～50パーセントであり、残りの70～50パーセントの肥料Nrは土壌に蓄積する。化学肥料の多くは無機態であるため、土壌中で酸化され硝酸イオンとなり、有機物の少ない土壌では、土壌有機物への取り込みがないまま農耕地外に放出される。この放出されたNrは地下水・河川水系の汚染のもとになる。また、土壌中でNH_3、N_2O、NOとなって、大気中に放出される。

生物圏における窒素循環

生物圏の窒素循環について、Galloway ら（2004）は、化学肥料が使われる以前の1860年、および化学肥料の発明から100年たった1990年代初期の全地球規模のN収支表を作成し、2050年でのN収支の予想を行った。また1990年代初期のアジア、北アメリカ、そのほかの地域ごとのN収支を推計した。その結果明らかとなった点は、人間活動が全地球規模でも地域ごとでもN収支の主役になっていること、そしてBNFや化学肥料からのNrが土壌・水圏に集積していることである。

表1によると、1860年において、陸上ではほとんどが自然界のプロセスによるNr生成であったものが、1990年代初期にはそれと同量以上（156テラグラム）が人為的に生成されたNrであり、そのうち肥料生産を主目的としたハーバー・ボッシュ法によるNr生成が100テラグラムにも達している。

また、1990年代初期における地域ごとのNrの年間生産と放出の推計（表2）によると、アジア、ヨーロッパ、北アメリカでの人為的なNr生成、すなわち肥料製造と作物窒素固定、そして肥料と食糧の輸入の占める割合が大きい。このことがこれらの地域の窒素循環の問題を引き起こしていると考え

表1　1860年、1990年代初期、2050年における全地球規模のNr生成と分配

Galloway ら (2004) による

	1860年推定 (TgN/年)	1990年代初期推定 (TgN/年)	2050年予想 (TgN/年)
Nr生成			
自然			
カミナリ (NO_3^-)	5.4	5.4	5.4
陸生生物的窒素固定 (NH_3)	120	107	98
海洋生物的窒素固定 (NH_3)	121	121	121
小計	246	233	224
人為的			
ハーバー・ボッシュ法 (NH_3)	0	100	165
作物生物的窒素固定 (NH_3)	15	31.5	50
化石燃料燃焼 (NO_x)	0.3	24.5	52.2
小計	15	156	267
合計	262	389	492
大気への供給			
NO_x			
雷放電	0.3	24.5	52.2
カミナリ	5.4	5.4	5.4
その他	7.4	16.1	23.9
NH_3			
陸域	14.9	52.6	113
海洋	5.6	5.6	5.6
N_2O			
陸域	8.1	10.9	13.1 ±?
海洋	3.9	4.3	5.1
合計 (NO_x + NH_3)	13.1	46	82
大気からの降下			
NO_y			
陸域	6.6	24.8	42.2
海洋	6.2	21	36.3
NO_x			
陸域	10.8	38.7	83
海洋	8	18	33.1
合計	31.6	103	195
流域への流出			
川へのNr	69.8	118.1	149.8
陸域にとどまる	7.9	11.3	11.7
海洋へ	27	47.8	63.2
脱窒素			
内陸			
陸地		67	95
流域		47.8	63.2
河口と岩礁			
流域硝酸	27	47.8	63.2
海洋	145	145	145
外洋	129	129	129

表2　世界各地域でのNr生成と放出（2000年頃の推計）

単位は年間あたり窒素原子換算でテラグラム。1テラグラムは10億キログラムに相当。Galloway ら（2004）による

	アフリカ	アジア	ヨーロッパ/FSU	ラテンアメリカ	北アメリカ	オセアニア	合計
Nrの生成							
雷	1.4	1.2	0.1	1.4	0.2	0.2	4.4
生物的窒素固定	25.9	21.4	14.8	26.5	11.9	6.5	107
化石燃料燃焼	0.8	5.7	6.1	1.3	7.3	0.4	21.5
肥料製造	2.5	40.1	21.6	3.2	18.3	0.4	86.1
作物窒素固定							
マメ科	1.5	4.1	0.4	1.9	2.5	0.2	10.6
牧草など	0	4.5	3.5	2	3.5	0.8	14.3
イネ	0.2	4.3	0	0.2	0	0	4.7
サトウキビ	0.1	0.8	0	0.9	0	0.1	1.9
輸入（肥料と食糧）	1.2	13.8	9.6	2.5	5.0	0.6	32.7
Nrの放出							
輸出（食糧と肥料）	1.1	5.1	15.2	2.7	8.3	0.3	32.7
大気 NOy	1.9	1.9	3.0	2.3	3.8	0.6	13.5
大気 NH_3	1.4	1.4	2.4	2.0	0.6	0.5	8.3
河川内陸	2.0	5.1	0.7	1.4	0.6	1.5	11.3
河川海洋	6.6	16.7	8.4	8.2	7.2	0.7	47.8

られる。今後、地域ごとの窒素循環がどのように変わるか、特にNrが植物生産の制限因子になっていない熱帯地域では、Nrの放出が大きな問題を引き起こすのではないかと考えられる。Miwa（1990）は世界各国における食物と飼料の輸入と輸出に伴うNrの流れについて推計を行い、その当時の日本では輸入に伴うNrの多くが環境負荷になっていることを明らかにしている。

Galloway ら（2004）の解析では、将来陸上、特に土壌の窒素循環に大きな変化がないと仮定しているが、それは必ずしも正しくない。河川によるNrの移送量は増加しており、陸上の植物・土壌によるNrの蓄積も飽和に達してきているからである。アフリカやラテンアメリカの乾燥地では、自然のBNFが盛んだが、アジア、北アメリカ、ヨーロッパでは、人為的なNr生成と利用が増大している。今後アフリカ、ラテン

アメリカで人為的なNr生産が多くなると、生態系の窒素循環は変わってくるだろう。現在、外洋には人為的影響はないようにみえるが、今後、陸上Nrの海への放出量が増えれば、海洋の窒素循環が変わる可能性がある。

$\delta^{15}N$ を指標とした窒素代謝の研究

生物の窒素代謝の研究は、小さな実験系における窒素の収支と形態変化を基本として、さらに詳しく窒素同位体^{15}Nの化合物を用いたトレーサー実験でなされてきた。しかし、生態系の窒素代謝は空間的にも時間的にも複雑なので、上記の実験室の方法を援用することは不可能であり、これまでモデルによる推定（シミュレーション）しか方法がなかった。

１９７０年代頃から自然界に存在する炭素と窒素などの生命活動に関わる元素（生元素と呼ぶ）の同位体存在比の計測が始まった。元素レベル、分子レベル、固体レベル、生態レベルの窒素同位体自然存在比（$\delta^{15}N$、^{15}Nの存在比の標準試料からの差）に同位体分別の法則に則った変異があることがわかってきた。分析機器の進歩もあって今日まで40年にわたって多種のデータが集積されてきており、これらの情報から、生物圏における窒素代謝についての推定が試みられるようになった。

大気および陸域の反応性の高いNrは化学反応において、窒素の同位体（^{15}Nと^{14}N）間で、同位体分別が起こり、反応前と後で、$\delta^{15}N$ 値が変化する。しかしNrの反応における同位体分別は、大気N_2の$\delta^{15}N$ 値に変化をもたらすことはない（大気N_2の$\delta^{15}N$ 値は０‰ゼロ・パーミルと表示されるパーミルは

1000分の1)。N_2(N≡N)がNr(N≡)になるときの$^{15}N/^{14}N$の同位体分別は小さい(-0.2~-2‰)が、Nr間の反応における同位体分別は大きい。自然界の炭素代謝での同位体分別の程度は、光合成によるCO_2固定を除けば小さく、$\delta^{13}C$はトレーサ(追跡子)として使える(米山、2008)。これに対し陸上生態系の窒素代謝の同位体分別は大きく$\delta^{15}N$値を自然界でどのような窒素代謝が生じているかの指標として利用できることがわかってきた。すなわち全地球規模、地域ごと、さらに時間的変化でみられる$\delta^{15}N$値の変動から陸域生物圏での窒素代謝や循環を推論することができるのである。

植物の窒素獲得と$\delta^{15}N$値

自然生態系の亜寒帯から温帯の植物はマイナスの$\delta^{15}N$値、そして温帯から熱帯ではプラスの$\delta^{15}N$値を示す。このなかで窒素固定植物の$\delta^{15}N$値は、非固定植物とはちがって0‰に近い値となることがある。非窒素固定植物は、土壌有機態窒素が無機化した窒素(アンモニア、アミノ酸、硝酸)や大気から地表に降下した窒素を吸収している。これに対して窒素固定植物では、共生窒素固定菌がN_2から生成するアンモニア、アミノ酸を受け取る。100パーセントのN_2固定に由来する窒素の$\delta^{15}N$値は-0.2~-2‰であり、固定窒素を利用する窒素固定植物の$\delta^{15}N$値は0‰に近くなる。ところがブラジル、タイの低地熱帯雨林で植生の$\delta^{15}N$値の調査をしたところ、根粒を着生するマメノキに、非固定植物の$\delta^{15}N$値と同レベルの値となるものが多数見出された(Yoneyamaら、1993)。これは熱帯マメノキの多くが窒素固定をしていないことを示唆する。熱帯雨林では、窒素は植物の生長制限因子とはなっていないと推測される。熱帯の土壌では、活発な代謝サイクルによって窒素が供給され、植物は盛んに生育する（Vitousekら、２００２）。不足する栄養分は窒素よりはむしろリン酸であったり、窒素固定ではモリブデンであったりする。南米ガイアナや仏領ギアナの熱帯雨林の全林木窒素への固定窒素の供給は約６パーセントと見積もられている（Ponsら、２００７）。内部的窒素循環に加えてこのわずかな割合の固定窒素の供給が熱帯雨林の窒素循環を維持しているといえる。いっぽう熱帯湿地帯や乾燥地（雨季）のシアノバクテリアの土壌クラストによる窒素固定も注目されている。

Yoneyamaら（１９９０）は、日本の土壌における施肥と畑作物やイネのδ^{15}N値の関係について調査をして以下のことを明らかにした。①土壌から硝酸を吸収する畑作物のδ^{15}N値は、アンモニアを吸収するイネのδ^{15}N値より低い。後者の値は土壌のδ^{15}N値に近いこと、②化学窒素肥料の施用によって作物のδ^{15}N値は０‰に近くなり、有機質肥料の施用によって土壌のδ^{15}N値より高くなること、③リン酸の施用は作物のδ^{15}N値を高くすること。①は、土壌窒素の無機化で生成するアンモニアのδ^{15}N値は土壌のδ^{15}N値に近いが、アンモニアの硝化反応で^{15}N/^{14}Nの同位体分別が生じ、生成した硝酸のδ^{15}N値が低下することで説明される。②は、植物遺体や家畜フンを含む堆肥など有機物は高いδ^{15}N値をもつためであり、作物が有機農産物か否かの指標に使える。③は、土壌中でリン酸が土壌窒素の代謝サイクルを高め、また植物の窒素吸収を活発にするため植物の吸収したδ^{15}N値が高くなることによって説明がつく。

魚から植物へのNrの移行を示す例として、熊などが捕獲して食べ残したサケの窒素（δ^{15}N値が高い）が周辺のコケや植物に吸収され、δ^{15}N値を高めることが報告されている（Wilkinsonら、２００５）。また

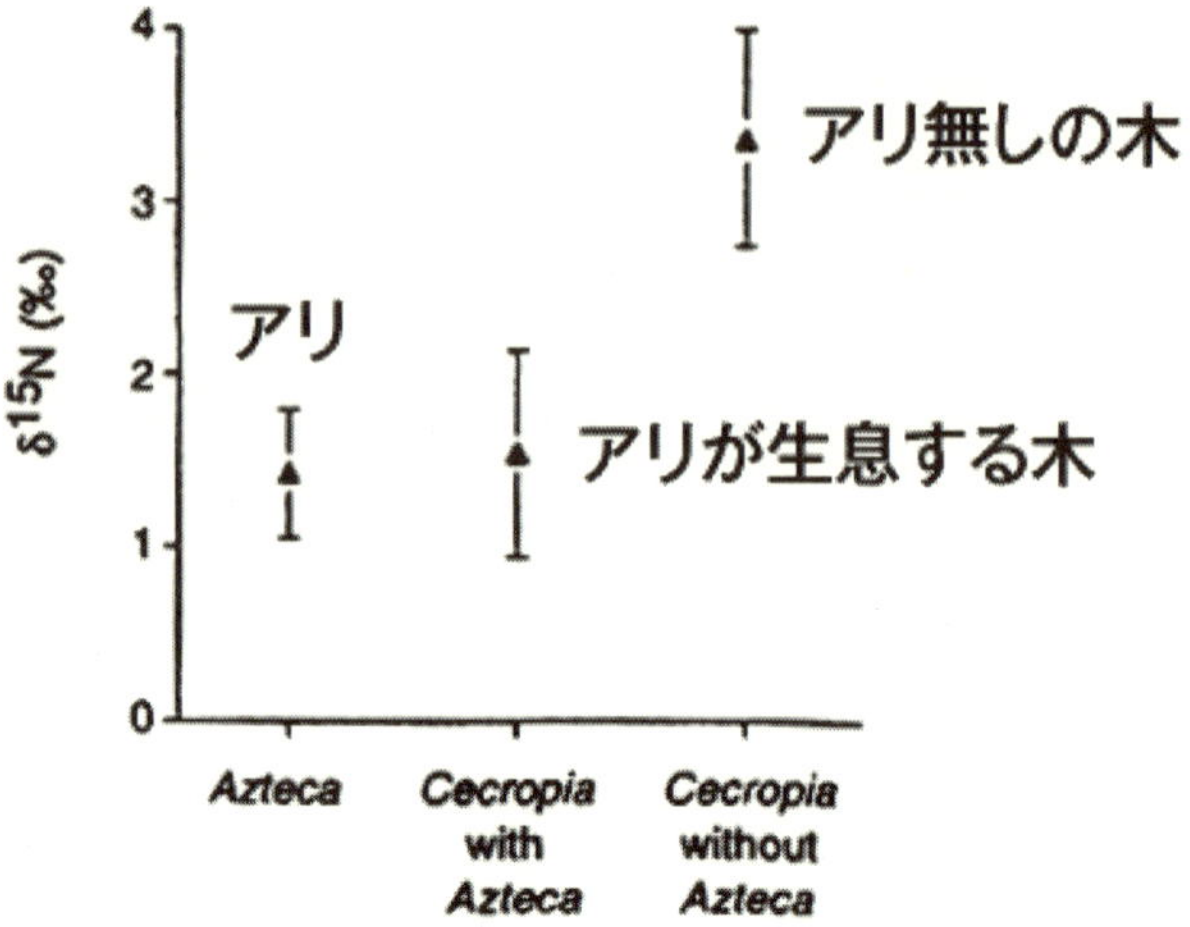

図１　アマゾン アリ植物の δ^{15}N値（Sager ら 2000）

昆虫糞の窒素が木に利用される例として、アマゾンにおける〝アリ植物〟があり、アリ Azteca が木 Cecropia 幹内に住むとき、木の δ^{15}N 値はアリの値に近くなるという（Sagers ら、2000、図１）。

土壌窒素の集積と δ^{15}N 値

森林木や土壌の δ^{15}N 値はその地域の降水量と逆相関を示す（Handley ら 1999、Amundson ら 2003）。降水量が多いと土壌窒素の多くが流失し、降水量が少ないと、土壌は閉鎖系となり土壌内部で窒素は代謝サイクルをくり返す。後者の条件では、代謝サイクルで生成する δ^{15}N 値の低い NH_3 や NO、N_2O が放出された結果、土壌 Nr の δ^{15}N 値は上昇する。地温のちがいを反映して、寒地では土壌 Nr の代謝サイクルがおそく、熱帯では速いため、後者の土壌の δ^{15}N 値は高くなる。

土壌のNr集積について、ハワイ諸島でのVitousekら（1989）の研究が興味深い。火山噴火後土壌には、大気降下物としてマイナスの $\delta^{15}N$ 値をもつ硝酸やアンモニアが降下供給される。その後マメ科植物が侵入しBNFにより0‰に近いアンモニア、アミノ酸が供給される。さらにこの後、草地、林地となり、土壌に有機態窒素が蓄積し、その代謝サイクルによって土壌の $\delta^{15}N$ 値は上昇していくと考えられた。

一般に農耕地土壌の $\delta^{15}N$ 値は高く、林地の $\delta^{15}N$ 値は低い（Yoneyama、1996）。前者では、植物残渣や施肥によってNrが供給され、土壌Nrは飽和となり、土壌窒素の代謝サイクルにより $\delta^{15}N$ 値の低い気体状窒素が放出され、残った土壌Nrの $\delta^{15}N$ 値は上昇する。いっぽう林地では、マイナスの $\delta^{15}N$ 値をもつ大気降下窒素の供給があり、土壌蓄積窒素量は少なく、またその多くが植物に吸収されており、$\delta^{15}N$ 値は低いままにおかれる。

生態系からのNrの放出――$\delta^{15}N$値との関連

先に述べたように自然生態系には、マイナスの $\delta^{15}N$ 値をもつ大気からの降下物Nrと $\delta^{15}N$ 値が0‰に近い窒素固定によるNrが導入される。これらと相まって、$\delta^{15}N$ 値がプラスとなった植物・動物起源の土壌蓄積有機物からNrが供給され、植物の継続的生産を支えている。農耕地においては、作物生産増のために不足となるNrが化学肥料、有機質肥料そして作物窒素固定として供給され、植物Nrの10

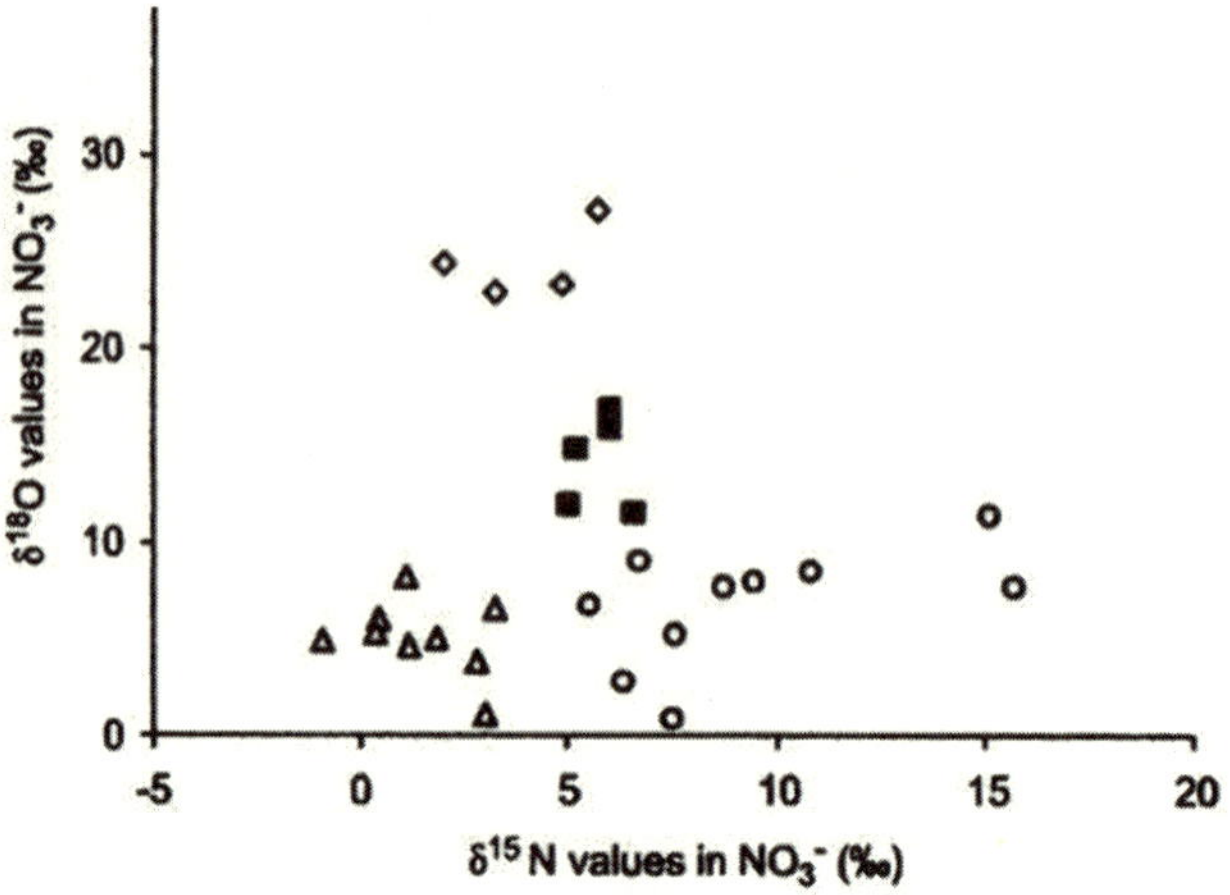

図２　ドイツ Jena の圃場で想定された雨水硝酸（◇）、マメ科植物由来土壌有機物が無機化した硝酸（△）、非マメ科植物由来土壌有機物が無機化した硝酸（○）と土壌溶液硝酸（■）のδ^{15}N値とδ^{18}O値

～１００倍の量である土壌窒素からNrの放出がなされる。地球全体での推計として、農耕地に施用されたNrの約50パーセントは作物に吸収され、２～５パーセントが土壌Nrとして蓄積、大気へ約25パーセント放出され、そして地下水・河川水系へ約20パーセントが流出される（Galloway ら、２００４）。作物に吸収されたNrの半分は残渣として土壌に、また他の半分は食糧、食物、飼料として利用され、後者のいくらかが有機物として土壌に還元される。大気へはN_2、アンモニア、窒素酸化物（NO、N_2O、NO_2）として放出され、水系には硝酸、有機態Nrとして流出する。

農耕地周辺の水系の硝酸起源の主要なものは、土壌有機物（δ^{15}N＝２～８‰）、化学肥料（δ^{15}N＝−２～２‰）、堆肥（δ^{15}N＝10～20‰）がある。またマメ科作物では、生物的窒素固定窒素（δ^{15}N＝−0.2～−２‰）がある。図２に示すように、硝酸の起源と生成経路によって、同位体比はちがい、植物

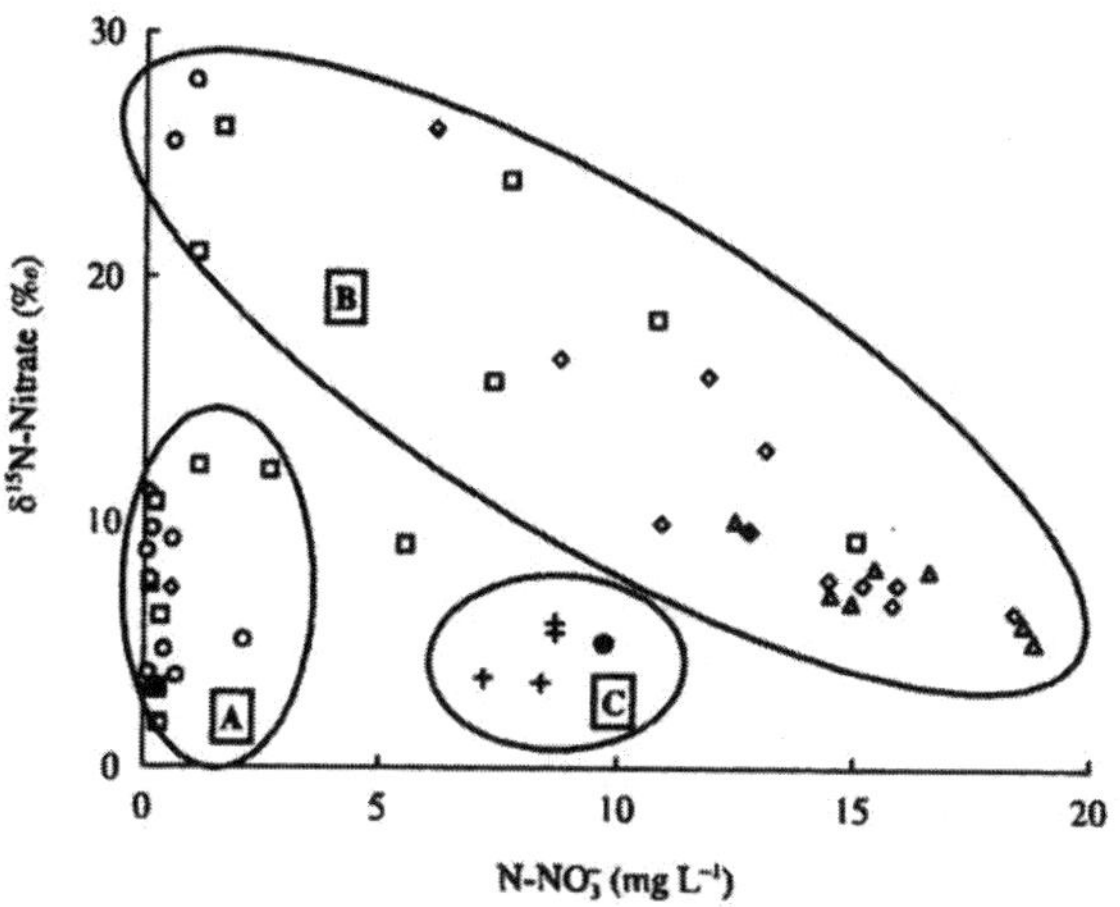

図3　フランス Petit Hermitage 流域 ABC で採取した各種の硝酸の濃度とδ^{15}N値
(Clément ら 2003)

が栽培されれば、植物のδ^{15}N値は土壌硝酸のδ^{15}Nに対応した値に近づく。いっぽう土壌から放出される硝酸は、土壌Nrと混合され、有機物が多い土壌では同化（有機化）と再無機化を起す。このようにして放出された硝酸のδ^{15}N値は土壌窒素代謝での同位体分別を受けたものになり、起源となるもとのδ^{15}N値を反映しているとはいえ、もとのδ^{15}N値とはちがったものになる。特に地下水への硝酸の移行で、酸素濃度の低い土壌層を通過するとき、一部の硝酸が脱窒素作用を受け、残留する硝酸濃度は低下するが、そのδ^{15}N値は極めて高くなる（図3、Clément ら、2003）。

河川にはいろいろの径路で異なるδ^{15}N値をもつ硝酸が集まるいっぽう、流入した硝酸の多く（東北アメリカでは37～72パーセント）が、河川中で植物による吸収、底泥への吸収、脱窒素、ほかの水路への移行などにより失われる（Seitzinger ら、2002）。さらに硝酸のδ^{18}O値は、大気降下物

（δ^{18}O＝25～70‰）、土壌生成硝酸（δ^{18}O＝5～12‰）、化学肥料硝酸（δ^{18}O＝約22‰）と異っているが、いちど土壌中で有機化と無機化のサイクルを経るともとのδ^{18}O値のシグナルが失われるため、硝酸中酸素の起源の判断は難しくなる。このことから、水系の硝酸の起源を推定できるのは、土壌系に入った窒素のδ^{15}N値のシグナルが残る範囲、すなわち土壌でのサイクルが少ない条件で、地下浸透水、地下水、湧水などの小さいスケールに限られるといえよう。

おわりに

これまで述べてきたように、生物圏の窒素代謝の追跡や小さなスケールの生態系での窒素循環の追跡ではδ^{15}N法を用いることが可能だが、グローバルな生態系では、多くの窒素源と多くの半閉鎖系の窒素循環の集合であるため、定量的な窒素循環の評価は難しい。しかし生物圏への流入・流出量のみならず生物圏での窒素代謝と循環の現実に迫るには、δ^{15}N情報を用いてのシミュレーションが重要な貢献をすると考えられる。これにより人為的なNrの生物圏への導入がもたらす地球規模、地域ごと、さらに時間的変化を伴う生物圏窒素循環と生物生存への影響を予測できると考える。２０５０年にはどのような窒素循環が地球、日本で見られるだろうか。

参考文献

Galloway, S.N. et al. (2004) *Biogeochemistry 20*, 153-226.

Vitousek, P.M. et al. (2002) *Biogeochemistry 57/58*, 1-45.

Vitousek, P.M. et al. (1989) *Oecologia 123*, 582-586.

Yoneyama, T. (1996) Characterization of natural 15N abundance of soils. Bouton T.W. and Yamazaki S. (eds.) *Mass Spectrometry of Soils*, p.205-223, Marcel Dekker.

米山忠克 (2008) *Radioisotopes 57*, 121-137

Yoneyama, T. et al. (1990) *Soil Science and Plant Nutrition 36*, 667-675.

執筆者紹介

米山忠克（よねやま・ただかつ） 昭和51年3月東京大学農学系大学院博士課程修了（農学博士）、昭和52年4月国立公害研究所生物環境部、昭和55年8月農業技術研究所化学部、昭和58年12月農業生物資源研究所機能開発部、昭和61年4月農業研究センター土壌肥料部研究室長、平成4年4月筑波大学教授応用生物化学系（併任）、平成12年8月東京大学大学院農学生命科学研究科教授、現在に至る。

(3) 土壌圏

はじめに

窒素、「ものみなめぐる」ということの大切さと、「万物流転」の法則をこれほどよく教えてくれる元素は、他にないであろう。

人間はプラスチック、クロロフルオロカーボンおよびダイオキシンなど、短期間では「めぐる」ことのできないものをたくさん作りだした。それらは、「めぐる」ことのできないままに、使い捨てられ、たまりつづけ、われわれの住む地球生命圏を窮地に追い込む。「めぐらない」から抜け出して、窒素のもつ「めぐる」に帰依しないと、地上はいずれ取り返しのつかない世界となる。

しかし、すでにわれわれはこの窒素のもつ「めぐる」にも重大な変調をもたらした。その中でも環境にとって最も重要なことは、大気圏における亜酸化窒素（一酸化二窒素 N_2O）濃度の上昇と、河川、湖沼および地下水の硝酸（NO_3^-）濃度の増大である。

前者の N_2O 濃度の上昇は、成層圏のオゾン層を破壊し、対流圏の温暖化に大きな影響を及ぼすため、地球規模の問題として取り扱われている。後者の NO_3^- 濃度の上昇は、飲料水の水質悪化および地下水・湖沼・河川・海洋の富栄養化に代表される生態系への変調に大きく関わっている。窒素循環の変調によって、地下水から成層圏に至る生命圏すべての領域が脅威にさらされているのである。

なぜ、そのようなことになったのか。それは、大気中に無限(体積比で空気の78%)に存在する窒素(N_2)が、われわれ人間の手によって自然界のそれよりも上回る速度で、地上へ固定されはじめたからである。そのうえ固定された窒素は、形態変化を伴いながら反応性の高い窒素になり、土壌・地下水・河川を経て海洋へと流出し、その過程で先に述べた大気圏と生態系を悪化させているのである。このため、窒素の「めぐる」はすでに変調をきたしていると述べたのである。

人間活動に伴う地球規模での窒素負荷量の変動

Burns と Hardy[1] によれば、微生物による地球上への窒素固定は、陸域で約 140TgNy^{-1}(窒素原子換算で年間あたり140テラグラム。1テラグラムは10億キログラムに相当)、海域で36TgNy^{-1}と推定されている。豆類や水稲の栽培地および畑地の多くは、以前は森林や草地などであったことを考えると、人為活動が生物的な窒素固定を増加させてきたと見ることができる。

Galloway と Cowling[2] は、1890年と1990年の地球規模での窒素の収支をまとめた(図1)。人間活動は食料生産やエネルギー生産を通して、この100年の間で反応性の高い窒素を作りだしていることが、この図から理解できる。

現在、年間80~86テラグラムの窒素が工業的窒素固定、すなわち化学肥料として地上に固定され、化石燃料やバイオマスの燃焼に伴って年間約30テラグラムの窒素が大気に発生している。これら人為的に作り出された反応性の高い窒素は、陸上生態系が自然に窒素を固定する量と同程度である。

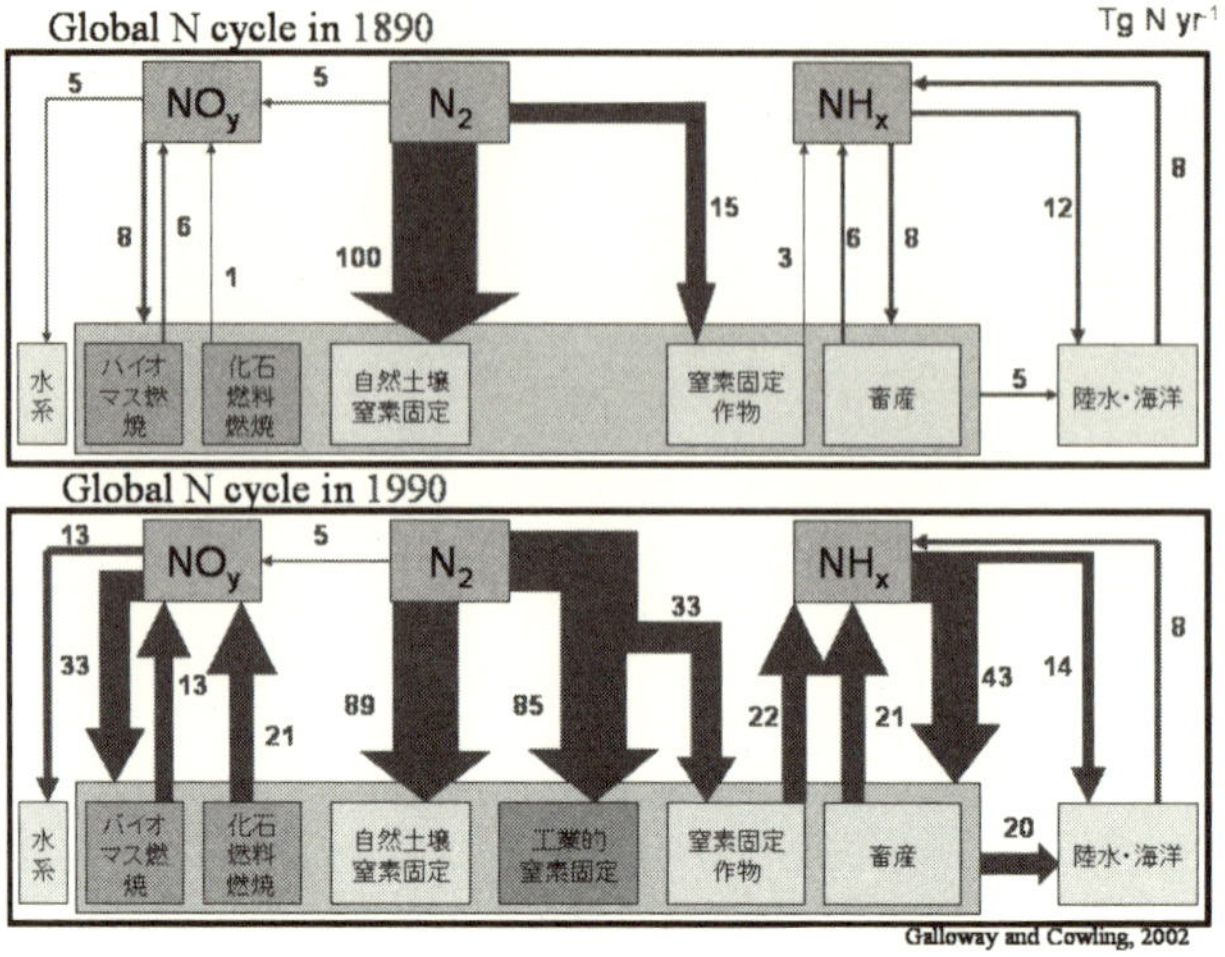

図１　1890 年と 1990 年の地球規模での窒素収支[2]

このように地球上の窒素の動態が大きく変化したのは、１９０８年頃にドイツのハーバーが水素と空中の窒素からアンモニアを合成することに成功し、さらに１９１１年頃これをボッシュが工業化したためである。すなわち、大気中の窒素分子が人為的に反応性の高い窒素へ変換可能になったためである。

現在では、１００年前に比べて工業的窒素固定および化石燃料・バイオスの燃焼により、約２倍の窒素が陸上生態系を循環していることになる（図１）。この結果、陸域生態系に吸収される窒素酸化物は年間33テラグラム（１ヘクタールあたり２・５キログラム）、アンモニアは年間43テラグラム（１ヘクタールあたり３・３キログラム）となり、１８９０年頃の５倍近くになったと見積もられる[2]。さて、陸域生態系が引き受けたこの反応性が高くて過剰な窒素は、どのような運命をたどるのであろうか。

生元素の循環

生物によって積極的に摂取され、その生体機能を維持するために使われている化学種は、養分と呼ばれる。これらを構成する元素は、必須元素または生元素として知られている。生命を維持するために必要なさまざまな化学反応を行っているこれらの養分の数は、それほど多くない。

生元素のうちの9種が、生物にとって多量に必要とされる。これを多量必須元素という。それらは、酸素（O）、水素（H）、炭素（C）、窒素（N）、カルシウム（Ca）、リン（P）、硫黄（S）、カリウム（K）およびマグネシウム（Mg）である。どんな生物も大部分は、この多量必須元素の結合により存在を維持している。例えば、人間の体全体の99パーセントは、これらの元素の最初の6種で構成されている。

地球は閉鎖系である。このことは、生元素の供給には限界があることを意味する。それにもかかわらず、全地球規模でみると、これらの元素は尽きることがないように思われる。これは、これらの元素が環境を通して再生しているからである。われわれが食べている食料の構成元素は、実ははるかなる以前に誰かが食べていたものであるかも知れない。

それぞれの生元素は循環している。生元素の循環の回路は、生元素が有機体である生命相と、地球化学（物理）環境にある無生命相の両方からなる。このため、そのような回路は、生物地球化学循環とよばれる。これらの循環が連続的であるためには、持続的なエネルギーの供給に依存することになる。多くは太陽により供給され、残りは地球の内部エネルギーからくる。生物地球化学循環の重要な特性は、それらが相互に関連していることである。また、ひとつの元素の循環は、しばしば他の元素の循環に深く影響する。

ナトリウム、カリウムおよびマグネシウムなどの循環は、主として地球化学的な循環であるから、仮に地球上に生命がなかったとしても、本質的には変化なく遂行される。しかし、窒素、硫黄、炭素および酸素などの循環は、生物圏で起こる転移が循環作用にきわめて重要となる。

窒素の形態と窒素循環

さて、窒素である。もちろん窒素は生命にとって不可欠な元素である。これは、アミノ酸とよばれる分子種の基本的な成分である。これらは、生命を維持するためになくてはならないものである。アミノ酸が合成されたものが蛋白質で、これは酵素や酸素のような分子を転移させたり貯蔵する機能をもつ。また窒素は、ＤＮＡ（ダイオキシリボ核酸）を創る塩基の基本的な組成でもある。ＤＮＡは、すべての生命体の遺伝的コードを運ぶ分子である。

また、窒素は他にも生物学的に重要な役割がある。例えば、呼吸するとき酸素の代用品として酸化形態での窒素を利用することができる有機体もある。いっぽう、還元された窒素を酸素で酸化でき、エネルギーを解放するものもある。

事実、窒素にはさまざまな酸化状態がある(3)（図２）。窒素は、酸化と還元状態でおどろくほどさまざまな顔を呈する。酸化数がプラス５からマイナス３まで多数にわたる顔をもつ。このことは、窒

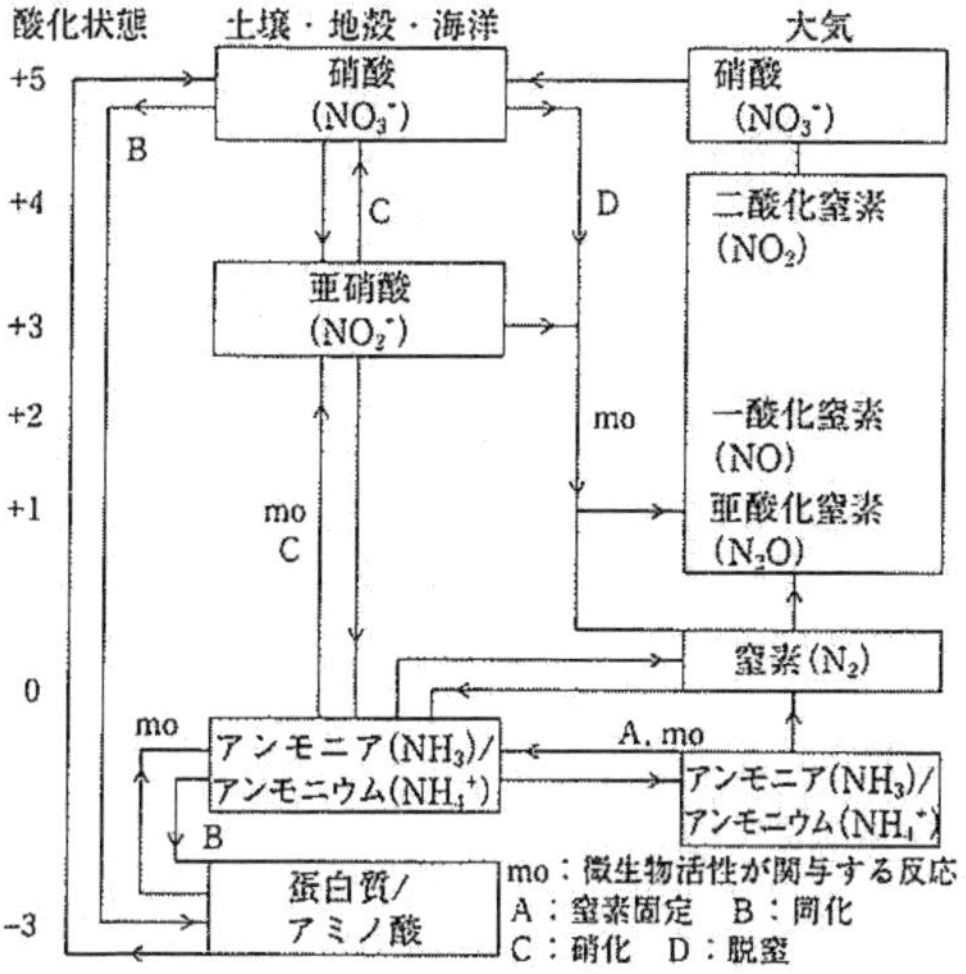

図2　環境中の窒素の形態 (3)

素循環に最も大きな影響を及ぼすのが、生物的に調整される酸化還元反応であることを意味する。このように酸化還元反応によって窒素の顔が変わるということは、さまざまな条件で、窒素がある系から他の系へ移動するということを示している。

窒素は、土壌、河川、湖沼、海洋、動植物および大気の間をさまざまな形態をとりながら流転している。窒素は、あるときは有機成分として、あるときは無機成分として土壌の内部に、あるときは有機成分として人間の体に、あるときは気体として大気の中に存在する。すなわち、窒素は地球をめぐっているのである。

これが、窒素は反応性が高いと述べた理由である。窒素は、地殻または海洋では主要な成分ではない。窒素は大気全体の78パーセント（体積比）に相当するから、大気圏が最も重要になる、また、窒素は植物の必須元素であるため、土壌圏でもきわめて重要な元素である。

土壌の窒素循環

大気の窒素がアンモニアに還元され、結果的にアミノ酸に組み込まれる過程を窒素固定と呼ぶ。これは、原核微生物のみに限定された反応である。これらの微生物は、単独あるいは植物と共生している。窒素固定のためのエネルギーは、炭水化物の酸化によって供給される。それゆえ最後には光合成によって供給されることになる。そのため、光は窒素循環を制御するエネルギーの主要な源である。したがって、窒素、酸素および炭素の循環は密接に関連していることになる。なお、その他にも雷による窒素固定などもある。

微生物により固定された窒素は、さまざまな経路で陸域の高等植物に利用されることが知られている。窒素固定菌と共生関係にあるこれらの高等植物は、関係する微生物によって直接アミノ酸を供給される。

しかし、ほとんどの高等植物は無機物の形態で土壌溶液から窒素を獲得する。それは、アンモニウム（NH_4^+）か硝酸（NO_3^-）の形態である。この無機態窒素がアミノ酸に転移する過程を同化と呼ぶ。

還元された無機態窒素が土壌で硝酸に酸化される微生物的な過程は、硝化として知られている。また、硝酸が還元される過程は脱窒素と呼ばれ、古くからよく知られている。図３に大気・植物・土壌・地下水系の窒素の流れを示した。

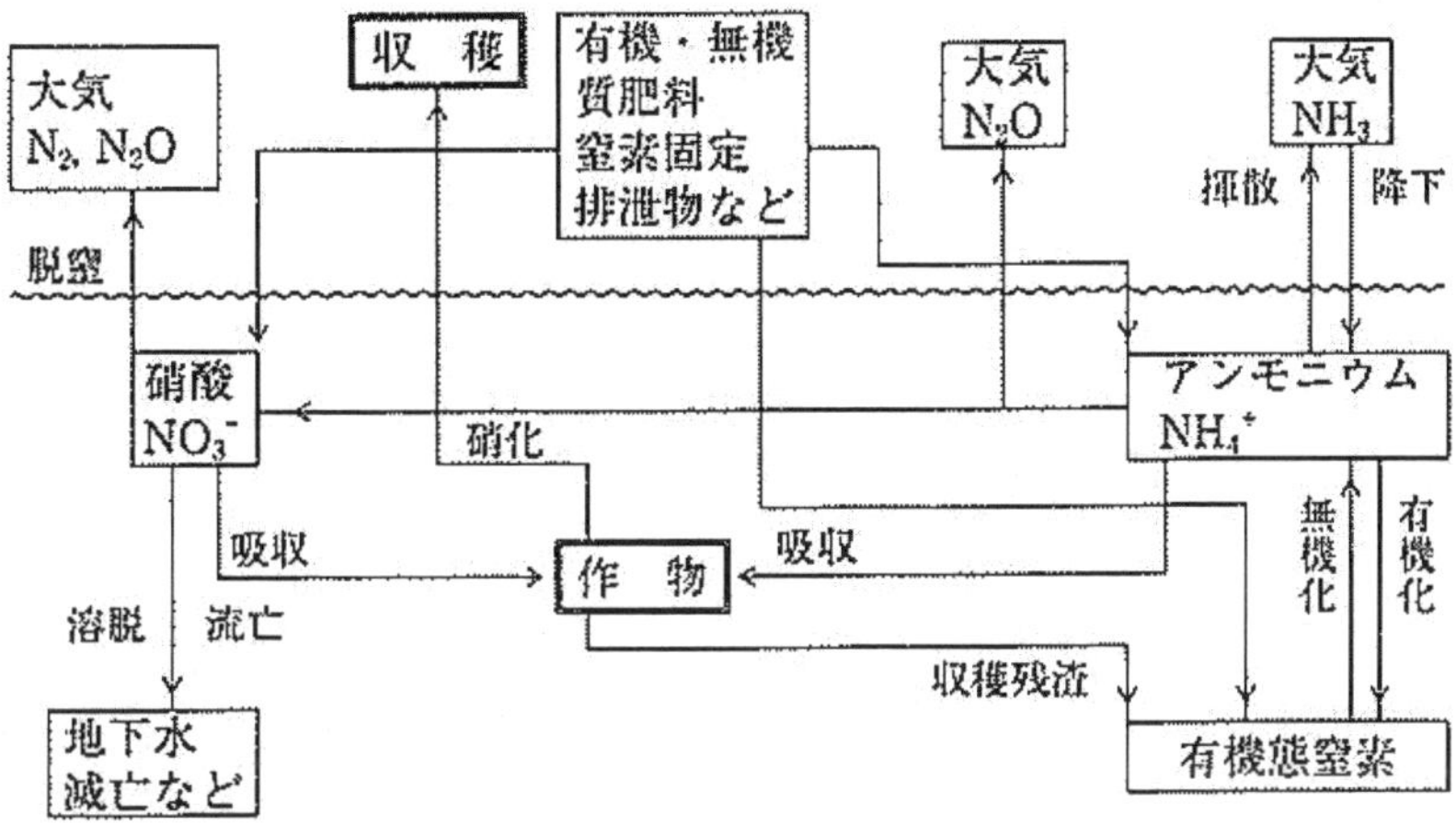

図3　大気－植物－土壌－地下水系の窒素の流れ

土壌から大気に放出される窒素酸化物は土壌中の微生物活動によって生成される。生成メカニズムのひとつに脱窒素作用がある。脱窒素とは、土壌中の微生物により嫌気条件下で硝酸態窒素または亜硝酸態窒素が、気体状の窒素（N_2）か窒素酸化物（NOまたはN_2O）に還元される反応で、すでに19世紀に明らかにされた事実である。この作用は、土壌中の脱窒菌によって行われる。この反応径路は次のように表される。

$$NO_3^- \rightarrow NO_2^- \rightarrow NO \rightarrow N_2O \rightarrow N_2$$

脱窒素のほかに、窒素酸化物の重要な生成メカニズムに硝化作用がある。これは、好気条件下で土壌中のNH_4^+が硝酸態窒素に酸化される過程において、N_2Oが生成される現象で、近年明らかにされた事実である。この過程では主として *Nitrosomonas* 属の細菌が関与しており、次のように表される（4）。

$$
\begin{array}{l}
\qquad\qquad\quad N_2O \\
\qquad\qquad\nearrow \\
NH_4^+ \rightarrow NH_2OH \rightarrow NO_2^- \rightarrow NO_3^-
\end{array}
$$

図3にも示したが、この硝化および脱窒素の過程で生成されるN_2Oと、硝化作用で生成されるNO_3^-の増大が環境に大きな負荷を与えているのである。前者は大気に放出され、後者は土壌から溶脱され、地下水、水田、河川、湖沼および海洋に移行する。窒素循環の変調が環境問題を起こしている原因は、これらの動きである。窒素肥料の多量施用および家畜排泄物の分解過程からの生成が主な発生源である。

大気の亜酸化窒素（一酸化二窒素）

温室効果気体であると同時にオゾン層破壊の原因物質であるN_2Oは、現在最も注目されている気体のひとつである。N_2Oは大気圏での平均滞留時間が約１５０年もあるきわめて安定した気体であるため、対流圏から成層圏に流れ込む。成層圏に移動したN_2Oは、一部は原子酸素（$O(^1D)$）との反応によりNOに変わる。NOはまずオゾンから酸素原子を一個奪って、みずからはNO_2になる。ついで、周囲にある酸素原子がこのNO_2と反応して、NOと酸素分子を形成する。つまり、NOがNO_2を経てリサイクルする間にオゾンが失われることになる（詳細は（1）章を参照）。

N_2Oの発生量については、約半分が海洋、森林、サバンナといった自然発生源から、残りの約半分が農耕地、畜産廃棄物、バイオマス燃焼、その他の産業活動といった人為発生源である。これら人為発生源のそれぞれが、大気N_2Oの濃度増加に関わっていると考えられるが、最も重要な発生源は農業セクターである。特に、第二次大戦後以降における世界的な水田耕作面積の拡大、窒素肥料使用量の増加、および家畜飼養頭数の増加など、農業活動の拡大が、これらの気体の大気中濃度の増加と地球温暖化に大きく影響してきたことは明らかである。

２００７年に公表されたＩＰＣＣ第４次評価報告書（ＡＲ４）によれば、２００４年について計算された地球温暖化への寄与率は、CO_2が全体の約77パーセントと最大であるが、CH_4とN_2Oもそれぞれ全体の約14パーセントおよび８パーセントを占めている(6)。

全球での年間発生量は、14・7（10〜17）テラグラムと推定されている(5,6)。１９５９年以降、大気の濃度が急激に増加しているところから、人為起源に由来する発生源にはとくに注目する必要がある。オゾン層の破壊は他の環境、すなわち太陽からの紫外日射量の増加のみならず、地球の気候変動や水循環にも影響が及ぶ恐れがある。

世界各地で観測された最近の実測値から、現在の大気のN_2O濃度は約３１５ｐｐｂｖで、この20年間の年増加率は０・２〜０・３パーセントの割合である。１９５０年代の濃度が約２９５ｐｐｂｖであるから、急激な上昇をつづけていることになる。

世界の窒素肥料の生産量は増加しつづけている。窒素肥料の使用量の増加や、耕地面積の増大なくして、食料の世界的な需要は満たされないから、世界の窒素肥料の生産量は今後も増大しつづけるであろう。また、農地の開発にともなって起こるバイオマス燃焼も増加しているところから、農業生態系のもつ環境への潜在的な負の効果がさらに懸念されつづけるであろう。とくに、窒素肥料の施用による土壌からの発生は今後もきわめて重要な問題となるであろう。

地下水の硝酸汚染

人為的に地球に負荷された窒素は、地下水、水田、河川、湖沼、海洋などの水系をさまざまな形態を経ながら流転している。ここでは、最後には海洋に到達する前の地下水の窒素についてのみ紹介する。

地下水の環境基準における監視項目のひとつに、硝酸態窒素（NO_3－N）濃度がある。硝酸塩を多量に摂取すると、これが条件によっては胃のなかで亜硝酸に還元される。還元された亜硝酸が血液中に取り込まれると、ヘモグロビンと結合してメトヘモグロビンに変化し、血液の酸素を運ぶ能力が低下する。このことが、とくに乳児に対してチアノーゼなどの健康影響を引き起こす。このため、地下水のNO_3－Nの濃度は、10mg/ℓ（1リットルあたり10ミリグラム）と規定されている。

しかしながら、世界のいたるところで、地下水のNO_3－N濃度が10mg/ℓをこえている。アメリカのアイオワ州の測定例をみると、1960年代に3mg/ℓ以下であったものが、1983年には10mg/ℓに上昇している。カリフォルニア州の家畜多頭飼育地帯では、345mg/ℓを示した例もある。

EU諸国も同様である。オランダのある地域での調査によれば、56点の浅層地下水のNO_3^--N濃度の平均値が20mg/ℓ、最高値81mg/ℓが検出されている。フランスでは、１９７０年後半にすでに20パーセントの井戸水が10mg/ℓを越えた。日本も例外ではない。１９９３年に行われた11都道府県の井戸水の調査によれば、７９９地点のなかで39地点が10mg/ℓの値をこえていた。最近では、中国でも窒素肥料の使用料の増大にともなって、地下水のNO_3-N濃度が急激に上昇している。ちなみに、現在の中国の窒素肥料使用料はアメリカのそれをすでにこえている(7)。

このように、世界各地で地下水から高濃度のNO_3-Nが検出されるようになり、しかも多くの国でその濃度は年とともに上昇の一途をたどっている。

このことは、地下水が到達する湖沼や河川の窒素濃度が高まりつづけていることを意味する。すなわち、過剰窒素による生態系の変動である。河川や湖沼にみられる富栄養化現象が代表的な事例である。

大気N_2O発生制御と地下水のNO_3-N汚染対策

現在、爆発的な人口増加がつづいている国の多くは、単位面積あたりの作物収量を獲得するため大量の窒素肥料を使用している。最近、先進国では窒素肥料の使用量と作物生産量が経済的に見合わなくなったため、使用量が減少する傾向にある。しかし、耕地面積の拡大と窒素肥料の使用量の増大なくして、増えつつある人口に対する食料の世界的需要は満たされないから、とくに発展しつつある国々での窒素肥料の使用量は、今後も増大しつづけるであろう。

その結果、今後さらに土壌から発生するN_2Oは上昇し、地下水のNO_3－N濃度度も増大しつづけ、このことが地球規模での環境問題として懸念されつづけるであろう。これらの発生量を可能なかぎり減少させるためには、まずこれらの現象に関する多量かつ正確なデータの蓄積が必要である。さらに、それぞれの専門分野での幅広い研究と、それに伴う息の長い対策が必要であろう。とくに、土壌の生化学代謝を制御する技術の開発が必要となるであろう。

ここでは、窒素肥料の施用に伴って農用地や生態系から発生するN_2OとNO_3^-の制御に関する技術について簡単にまとめる。このなかの一部は、すでに実行されている。

例えば、次のような技術をN_2OおよびNO_3^-の制御という観点から見直す研究も必要であろう。①窒素肥料の施用時期の改善、②窒素肥料の分施、③緩効性窒素肥料・被覆肥料の活用、④葉面散布の活用、⑤効果的な窒素肥料の施用、⑥窒素肥料と有機物の施用、⑦ウレアーゼ阻害剤などの活用、⑧輪作による肥料の効率的利用、⑨潅漑水の効率的活用、⑩地形連鎖の活用、⑪肥効調節型肥料の活用などがあげられるが、その基本は、硝化作用を制御し、植物による窒素の吸収利用率を最大にすることによって、N_2OやNO_3^-の発生や生成を最小限にすることにある。とくに、硝化抑制剤、被覆肥料および肥効調節型肥料の活用による発生制御技術はきわめて重要な技術で、今後の発展が期待される。詳細は文献を参照されたい(8, 9)。

おわりに

このように、土壌の生化学代謝を通して土壌圏と大気圏がN_2Oの交換を行ったり、土壌圏での生成物であるNO_3^-が地下水へ流失していく現象は、土壌圏そのものが雄大な呼吸をし、目にみえないところで排泄をもおこなっていると捉えることができる。大地の呼吸や排泄を健全に維持するためには、そして人口増加を制御しつつ世界の人口に食料を持続的に提供するためには、土壌環境、とくに土壌の生化学代謝をどのように管理したらいいのか。今後われわれに残された課題は大きい。

すべての人間が、土壌から提供される食料を毎日食べながらひとつしかない地球生命圏に乗船している。満載となる喫水線は、食料不足や飽食を問わずすべての人に同じ意味をもつ。そして、環境悪化という地球生命圏への積み荷を軽くするために行動する時間は、もはや少ししか残されていない。

参考文献

(1) Burns, R.C. and Hardy, R. W. F. (1975) *Nitrogen fixation in bacteria and higher plants*, Springer Verlag, New York

(2) Galloway, J.N. and Cowlling, E.B. (2002) *Reactive nitrogen and the world; 200years of change*, Anbio, 31, 64-71

（3）Jackson, A. R. W. and Jackson, J. M.（1996）*Environmental Science*, Longman
（4）陽 捷行編著（1994）『土壌圏と大気圏』朝倉書店
（5）IPCC（2007）*IPCC Fourth Assessment Report: Climate Change 2007*, Cambridge University Press, http://www.ipcc.ch/ipccreports/assessments-reports.htm
（6）Houghton et al. eds.（1996）*Intergovernmental Panel on Climate Change: Climate Change 1995*, London, Cambridge University Press.
（7）陽 捷行（1998）『世界の窒素循環と環境問題』栄養と健康のライフサイエンス、3、652～656ページ
（8）陽 捷行（1995）「土壌環境」、庄子貞雄編『新農法への挑戦』、博友社、25～42ページ
（9）小川吉雄（1995）「水環境」、庄子貞雄編『新農法への挑戦』、博友社、43～62ページ

執筆者紹介

陽 捷行（439ページ参照）

(4) 海洋

はじめに

窒素は人間をはじめとする地球上の生命活動にとって必須の元素であることはよく知られており、食品栄養表などにも1日に蛋白質として窒素をどれ位摂取しなくてはいけないかが書かれている。食料となる作物を効率的に栽培するのに化学的に合成された窒素肥料が畑や水田などで使用され、作物に使われなかった窒素分は河川に流れ込む。さらに都市圏などでの日常生活からの排水を処理する下水処理場からの排水に含まれる窒素分などによって、東京湾や大阪湾などで植物プランクトンが大増殖する現象である赤潮などが生じていることもしばしば耳にする。このように、窒素が肥料中の例えばアンモニアから野菜中の蛋白質になり、その残渣が汚水処理場で分解・酸化されて硝酸イオンとなって河川や内湾に放出されるプロセスも、窒素の地球表層での形態の変化とその移動が生じることから人間活動による窒素循環の一部と見ることができる。しかし、このような人間活動が関与する窒素循環が顕著になったのは産業革命以来の数百年のことであり、それ以前の地球表層では微生物を中心とする自然界における生命活動が窒素の循環を駆動し制御してきていた。地球表層における窒素の循環は大型生物が地球表層に誕生する古生代よりもはるか前に、窒素循環に関与する微生物群の誕生によりすでに成立していたと考えられているからである。

海洋は現在の地球システムの中で陸域とならんで生命活動の活発な環境であり、また生命誕生の場でもある。また、陸域と異なり海洋は最深部が一万メートルを越し平均水深でも３８００メートルの厚みに海水という流体が満たされており、海洋内部においても三次元的な物質循環の場を海洋は提供している。いっぽう、海洋は大気、陸域、海底でその外側を仕切られており、これらの地球サブシステムとの間にも活発な物質の交換が起こっている。この節では、地球表層の約７割を占めるこの海洋で窒素の循環がどのように行われ、今後どのようになっていくかに関して現在の知見をまとめる。まず、窒素循環を駆動している生物活動の中で特に重要な窒素の酸化・還元に関与している微生物群集の代謝について、その海洋環境との対応を中心に説明する。つぎに海洋が地球表層の環境として窒素循環を考えたとき、どのような特性を持つかを中心に海洋での窒素の循環を把握する。最後に沿岸域での人間活動の窒素循環への影響を調べることで、現在におけるその影響の評価を行い、さらに今後の人間活動の進展によって海洋での窒素循環がどうなって行くかについての予測を示すことにする。

海洋での窒素循環に関与する細菌群集

海洋の窒素循環の中で、大気中の窒素をアンモニアなどの結合態の窒素に変える窒素固定と、結合態の窒素を分子窒素に変える脱窒素の二つの微生物代謝は、特に重要なプロセスであると考えられる。その理由は、この二つの微生物代謝が多くの生物が利用可能な結合態窒素の海洋での現存量を決めているからである。いっぽう、硝化反応と呼ばれる還元態窒素の酸化プロセスは、窒素固定と脱窒素の間を結ぶ代謝系として重要なプロセスである。ここでは海洋の窒素循環に関与するのはどのような微生物のグループであり、その窒素代謝が微生物代謝としてどのような意味を持っているかをまとめた。

窒素固定は、基本的には微生物が窒素源として使う窒素として大気中の窒素ガスを利用するニトロゲナーゼと呼ばれる酵素系によって行われる。この酵素系は、窒素ガスの化学的な安定性の高さからその還元には多くの化学エネルギーが必要であり、１モルの窒素ガスの固定に16モルのＡＴＰを必要とする。また、Mo、Feなどの微量金属元素も必要とし、さらに遊離酸素による阻害もある。窒素固定を行う微生物群は、そのためのエネルギーを光合成で得るものや他の生物との共生で得るものが多いが、海洋においてもそのことは変わらない。海洋で窒素固定を行う生物群集が初めて認識されたのは今から50年近くも前のことである。これは光合成を行う藍藻で、数ミリメートル以上のフィラメント状の細胞がかたまって毬栗状の塊を作る ***Trichodesmium*** であり、^{15}N窒素ガスを用いた培養実験で窒素固定活性が確認された（Dugdale ら、１９６１）。この藍細菌は、熱帯・亜熱帯の沿岸域から外洋でしばしば海洋の表面に集まって赤潮状態を作るためその分布に関しては多くの報告例があり、最近では衛星画像からもその分布が推定されるようになった（Westberry と Siegel、２００６）。これ以外に海洋で窒素固定を行う生物としては、珪藻の共生藻として知られる藍藻 *Richelia* が知られており、分子生物学的な手法が海洋に導入される以前には、これら二つの生物群集が海洋での窒素固定を主に担っていると考えられていた。

最近の10年間、海洋環境中の遺伝子を全体として解析し、その多様性を検討する手法が行われるようになった。特に機能のわかっている遺伝子群を用いた検索は手法が確立しており、そのひとつに窒素固定酵素 nif がある。このような分子生物学的な手法によって、単細胞の *Cynechocysteis* などのサイズが数ミクロン以下の藍藻あるいは従属栄養細菌が窒素固定に大きな役割を果たしている可能性が指摘され始めた（Zehr と Ward，2002）。これらの手法では、窒素固定酵素の保有（nifH など）だけでなく、RT－PCRによるメッセンジャーRNAによるこの酵素の発現の検出まで行うことが可能である。このような分子生物学的な手法に併せてサイズ分画を行った現場の微生物群集での^{15}Nトレーサーによる窒素固定の現場での確認、あるいは現場から培養した藍細菌での窒素固定能の確認などを総合して窒素固定活性の規模を推定することができる。これらの微小藍細菌は、その現存量が表層で1ミリリットルあたり10～50細胞から多いときには1000細胞にも達するいっぽう、従属栄養細菌にも窒素固定酵素が存在し、その分布は中・深層まで及ぶことも示されたが、活性との関連がまだ明確でない。

硝化と脱窒素を含めた酸化還元反応は、細菌群集ではエネルギー獲得系と密接な関係を持っている。硝化細菌は、アンモニアから亜硝酸までの酸化を行う亜硝酸生成菌と、亜硝酸イオンから硝酸イオンなどの酸化を行う硝酸生成菌に分けられる。この両者ともアンモニア、亜硝酸イオンを遊離酸素で酸化することでATP生成を行い、そのエネルギーで炭酸固定することができる化学合成独立栄養細菌に属している。また、これらのエネルギー獲得系は、人間も含めて多くの生物が行っている有機物を酸素分子で酸化するタイプの呼吸に比べるとかなり効率が悪いが、それは呼吸の基質となるアンモニアや亜硝酸と酸素分子との酸化還元電位の差が小さいためである。海洋環境からの硝化細菌も単離され培養されており、すでに単離された他の環境からの硝化細菌もあわせて、硝化細菌を検出するための分子マーカーも作成されている(Ward と Carlucci、1985)。海洋での硝化(アンモニアの酸化)は従来の研究により、光で強く阻害されるため、海洋の中・深層でゆっくり進行すると考えられてきた。しかし、^{15}Nアンモニアをトレーサーに使った研究では、海洋表面からの光が減衰した有光層とそれ以深の境界付近で活発な硝化が起こっていることが示されている。

脱窒素細菌は分類的には硝酸還元を行う幅広い細菌グループに属するが、有機物を基質とした呼吸の電子受容体として酸素分子のかわりに硝酸イオンや亜硝酸イオンなどを利用できる。一般にこれらの菌は酸素の供給がある環境では酸素呼吸を行い、酸素が欠乏すると呼吸の電子受容体を窒素の酸化物に変えることができる点で、幅広い環境に適応できる通性嫌気性菌である。海洋で酸素が欠乏し有機物の供給の豊富な場としては沿岸域の堆積物がある。さらに密度成層の発達した東部熱帯海域などがあってこれらの場では脱窒素細菌が実際に脱窒素反応を行っていることが調べられている(Codispoti、2007)。また、窒素ガスまで還元の中間生成物として温室効果気体のひとつである一酸化二窒素を生成するものも多いためその抑制が問題になっている。硝酸還元には、以上のような機能的に呼吸と呼ばれるエネルギー生成に伴うものと、同化型と呼ばれる窒素源として硝酸イオンを還元する代謝系があり、この酵素系は植物・微生物に広く分布している。

脱窒素に関しては、これまでの脱窒素のプロセスとは異なる代謝系を持つ細菌群集が1990年の半ばに発見された。これらの菌は当初排水処理の反応槽の中で見つかったもので、嫌気的な条件でアンモニアを亜硝酸イオンで酸化し亜硝酸イオンは窒素ガスに還元する代謝系を持っており、これを"Anammox"代謝と呼んでいる（Van de Graaf ら、1995）。この代謝系は熱力学的に可能な系であり、生じた気体状の窒素はアンモニアと亜硝酸イオンのそれぞれに由来する。この新しい細菌の場合、従来の好気条件での硝化と、嫌気状態での脱窒素という二つの異なる環境間での窒素の移動を必要とせず、海洋の嫌気的な条件下で蓄積しやすいアンモニアの存在と亜硝酸の供給があれば生じることから、多くの嫌気的な場で実際に代謝を行っていることが想定された。^{15}Nでラベルしたアンモニアや亜硝酸を使うことで、このような代謝系が実際に働いているかの検証が可能であり、堆積物の表層、外洋の貧酸素水塊などで次々にこれらの活性が検出されている（Arrigo、2005）。

海洋での各態窒素の分布

海洋を中心に地球表層における各態別の窒素の現存量と推定されているそれぞれの平均滞留時間を表1にまとめた。窒素は窒素分子が化学的に安定していることもあって、大気中の窒素分子が最も大きい現存量を占めている。また、海洋においても窒素のほとんどは溶存している窒素分子で存在していることがわかる。大気中の窒素ガスの回転時間は、窒素分子を結合態窒素に変換する窒素固定のプロセスと、その逆反応である脱窒素と呼ばれるプロセスの二つの速度のバランスで決まるが、現存量が極めて大きいことを反映して約1000万年の長さである。これに対して同じ大気成分でも、温室効果気体のひとつである一酸化二窒素は、大気中の濃度が320ppb（2005年）と極めて低

	10^{12} gram N	平均回転時間(年)
大気窒素(N2)	$4x10^9$	10^7
堆積物	$4x10^8$	10^7
海洋(N2)	$2.2x10^7$	1000
海洋(無機結合態)	$6x10^5$	1000
海洋(有機態)	$2x10^4$	1000-2000
海域生物体(植物)	$3x10^2$	0.1-1
海域生物体(動物)	$1.7x10^2$	0.1-1
土壌	$9.5x10^4$	2000
陸域生物体	$3.5x10^4$	50
大気(N2O)	$1.4x10^3$	100

表１　海洋を中心に地球表層における各態別の窒素の現存量と推定されている平均回転時間

いこともあって、平均滞留時間は約１５０年である。

　窒素分子に次いで現存量の大きいのは堆積物に蓄えられた窒素で、このほとんどは有機体であり、回転時間も長いことから短期間の循環からは除外される。これ以外の有機態窒素の区分としては、陸域での生物体と土壌態窒素、海洋での生物体と有機態窒素がある。土壌態窒素の起源は生物体であるが、現存量としては土壌中の有機窒素の方が生物量よりも大きい。さらに海洋では、主たる一次生産者が単細胞藻類であることを反映して、生物量が極めて小さく、そのかわり栄養塩である硝酸イオンが大きな現存量で存在する。

　さらに陸域の土壌有機窒素に海洋で相当するのが溶存有機窒素である。表１で示される有機窒素のうち海洋ではその大部分（95パーセント以上）が、サブミクロンサイズのフィルター孔を通過するいわゆる溶存有機窒素（ＤＯＮ）として存在している（Hansell と Carlson，2002）。溶存有機窒素（DON）は，極めて多様な化学成分からなることが想定されたが，全体としてのその分析法が確立したのは比較的最近である。このサブミクロンサイズのフィルターを通過する溶存有機物（DOM）は，1980年代に海洋表層での従属栄養の細菌群集の役割に注目した微生物食物連鎖が発見され，その重要性が認識されるとともに，細菌群集の増殖を支える有機物として注目され，学際的な研究が進められた（Ogawa と Tanoue，2003）。現在までに海洋表層から深層までの溶存有機物のC／N比，分子サイズ別の現存量，^{14}C法による年代測定などが行われ，さらにその生物利用性についても微生物による分解実験などでの解析がなされている。その結果，分子量を推定する限外ろ過法での検討では溶存有機物の約70パーセントは分子量1000以下の低分子であるが，糖やアミノ酸などの生物が容易に利用可能な成分は少なく，比較的高分子の分画に関してはアミド基を持つ難分解成分からできていることが報告されている。このことは，中・深層での溶存有機物の溶存有機炭素の年代が1000～2000年位の値が出ていることとも整合性がある。しかしながら，海洋における溶存有機窒素の動態に関しては，その性状の解明を含めてまだ研究の途上である。

海洋は平均水深が3800メートルあり，光の関係で多くの海域ではその表層50～100メートル付近までしか植物プランクトンは光合成を行って生育することができない。このため，ほとんどの海底の底生生物は表層から沈降してくる有機物に依存した生活をしている。いっぽう，活動的な深海底と呼ばれメタンや硫化水素などの還元的な化合物を熱水活動などによって放出している海域も存在

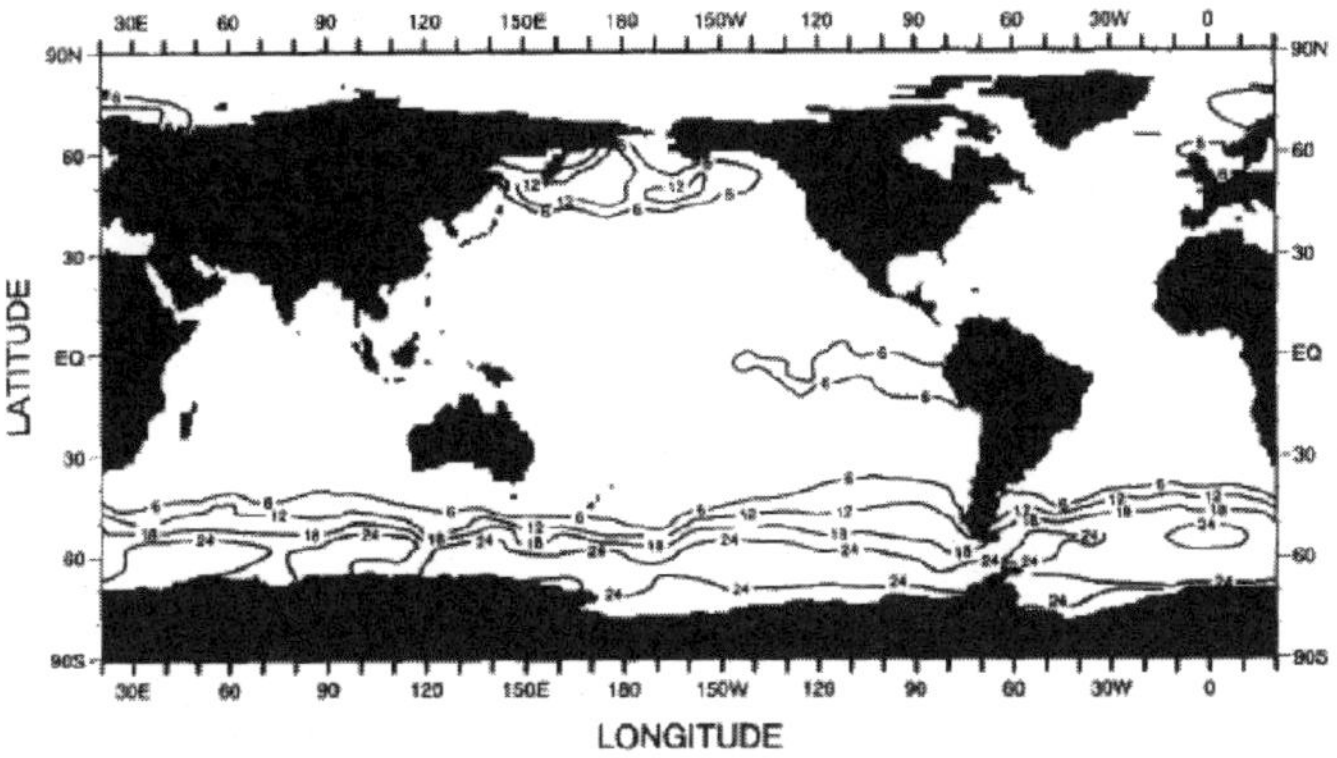

図1　海洋表層における硝酸イオン（μm：年平均値）の濃度分布
(Levitus ほか、1993)

し、そこでは還元的な化合物を使った化学合成細菌による有機物生成が行われている。

海洋での有機物生産を担っている植物プランクトンに対する栄養塩である窒素の供給は、沿岸域と外洋では陸域による影響が大きく異なり、少なくとも河川や地下水経由の陸源窒素は、そのほとんどが水深200メートル以浅の陸棚域で代謝され沈降すると考えられている。陸域からの窒素の供給に関しては、近年の人間活動の影響を強く受けるようになってきたが、これに関しては後で述べる。

図1に海洋表層での硝酸イオンの水平分布を示した（Levitusら、1993）。外洋域では表層で植物プランクトンによる硝酸イオンの取り込みが活発なため、表層で硝酸イオン濃度は低く、深くなると増加して1000メートル付近で最大となる一般的な鉛直分布を示すが、図1で示される表

層における硝酸イオンの濃度分布には、海洋の中・深層からの硝酸イオンの供給を支配する海洋の物理構造が寄与している。すなわち、海洋の水温、塩分は海洋表層では大気からの熱輸送や降水、蒸散などの海洋と大気の境界層で生じる物理現象によって大きく変化する。その結果、塩分、水温のちがいによる密度躍層が生じるが、この密度躍層が強いほどその上下での水塊の鉛直拡散が遅くなるため、中・深層からの硝酸イオンの鉛直輸送が小さくなる。冬季になっても大気からの冷却がほとんど生じない亜熱帯・熱帯域では、このような密度躍層が通年発達しているため、赤道湧昇などで中層水が大規模に表面付近まで上昇する海域を除くと、表層水とそれ以下の水塊の鉛直混合は極めて抑制される。したがって、硝酸イオンなどの栄養塩濃度も表層での生物による取り込みでナノモルレベルに保たれる。このような貧栄養海域での表層への物理的な栄養塩の供給プロセスとして、低気圧の通過による表層水塊の撹乱が報告されているが、同様な現象としては熱帯性低気圧の通過による、中層水の表面への上昇を示す水温の低下と、その後の植物プランクトン現存量の増加が衛星での水温・クロロフィル量の観測から示されている（Lin ら、２００３）。これも物理的な撹乱による栄養塩の表層への供給の一プロセスを示すものである。

いっぽう、亜寒帯域より北ではこの密度躍層が季節的に大きく変化し、冬季には大気の冷却によって季節躍層は深さ２００メートル付近まで下がり、そこまでの深さが完全混合するため、中層の高濃度の硝酸イオンが表面まで分布する。春になり光条件が好転すると密度躍層は次第に浅くなり、また同時期に植物プランクトンが増殖を始めることで表層の硝酸イオンは減少し、夏の終わりには表層の硝酸イオンがほぼ完全に消費される海域もある。なお、海洋の約25パーセントにあたる海域では、その表層に常時硝酸イオンなどの主要な栄養源が存在するにもかかわらず植物プランクトンの指標であるクロロフィルの現存量は低い。南極海、赤道周辺海域などがその例である。このような海域を、高い硝酸イオンが存在し低いクロロフィル現存量ということでHNLC (High Nutrient Low Chlorophyll) 海域と呼んでいる。このような海域が存在する理由として、植物プランクトンの微量栄養分である鉄の欠乏によることが実験的に示されている (Martin と Fitzwater、1988)。

海洋内部における窒素循環および他の生元素とのリンク

海洋表層における植物プランクトンに対する窒素源としては、①海洋表層の有機物の分解で再生産されるアンモニア、あるいは尿素などの低分子の有機窒素、②海洋の中深層から鉛直的に湧昇などによって供給される硝酸イオン、③海洋表層での窒素固定の3つが考えられる (図2)。これらの寄与は海域によって異なり、③の寄与が大きいのは、次の節で示すように表層に硝酸イオンが枯渇した熱帯・亜熱帯海域と考えられており、それ以外の海域では窒素源として右記の①と②が主体となっている。Dugdale と Goering (1967) は、植物プランクトンによる一次生産において硝酸イオン (新生産) とアンモニア (再生産) をどれ位の割合で利用するかを実験的に測定することで、表層で生産された有機物のうち、どれ位の割合が海洋深部に輸送されるかが推定できることを提唱した。

アンモニアは、表層における植物プランクトンから動物プランクトンあるいは細菌群集へといった食物連鎖を経由して、有機窒素の分解によって供給される。したがってその循環はアンモニアの酸化

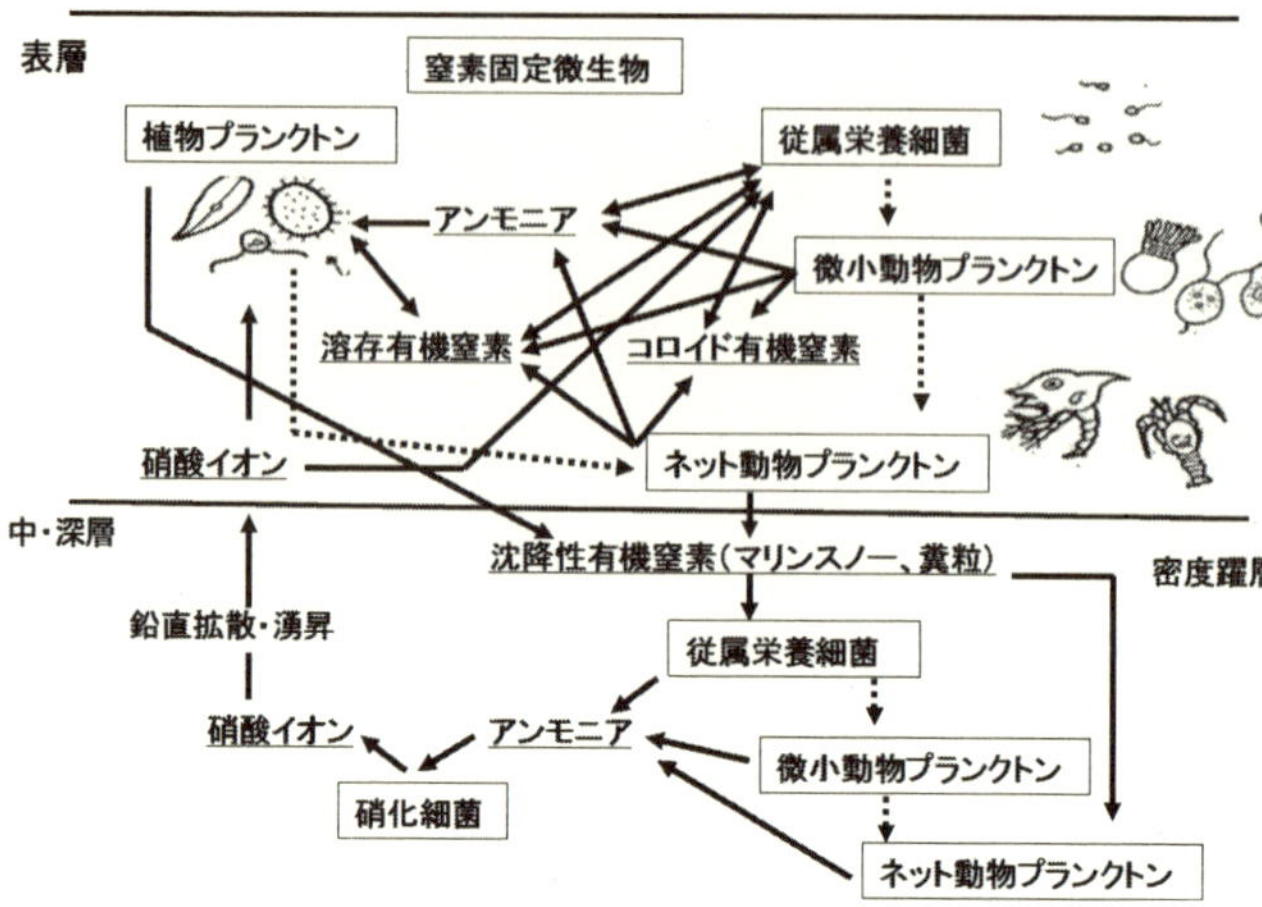

図２　生物活動を中心とした外洋での窒素の循環

数である−3のレベルであり表層にとどまる。いっぽう、海洋表層で生産された植物プランクトンの一部はさまざまな沈降性の有機物粒子となって沈降し、中深層で分解・酸化されて硝酸イオンとして蓄積する（図２）。深さ数千メートル以上ある外洋では、表層で生産された有機物のわずか１パーセント位しか海底に到達しないと考えられている。中深層で高濃度になった硝酸イオンは、鉛直拡散や湧昇などの物理過程で表層に戻って植物プランクトンの窒素源となる。このような海洋での鉛直的な酸化・還元を伴った窒素循環を定常的なものと仮定すれば、硝酸イオンによる有機物生産を中深層に輸送される部分と見なして、海洋表層での一次生産で固定された炭素のどれ位の割合が中深層に輸送されているかを推定することが可能になる。海洋の場合、中・深層に隔離された各態炭素は１０００年規模の滞留時間を持つため、大気中の二酸化炭素の増加分を吸収する重要なプロセスとして、近年多くの研究が行われており、このプロセスを〝生物ポンプ〟と呼んでいる。

すでに示したように、海洋での窒素循環は植物プランクトンなどの生物活動を通じて他の生元素の循環と密接につながっているが、海洋生態系は陸域と異なり、卓越する有機物生産者が単細胞の植物プランクトンであること、生物間の捕食・被捕食のプロセスや微生物による有機物の分解が海水という均一系の中で生じるなどの特徴を持っている。プランクトンの栄養塩である硝酸イオンとリン酸の比は海洋中深層でほぼ16対1であり、これは海洋プランクトン群集の平均的な元素組成と極めて類似していることから、これは海洋の植物プランクトンが栄養塩として要求する平均的なN／Pの比は16対1であり、さらに中深層では溶存酸素によるこれら有機物の酸化分解が完全に生じるため、同じような元素比を持つ栄養塩が生成・分布していると推定される（Redfield ら、1963）。この元素比に炭素まで含んだC／N／P比106／16／1はレッドフィールド比と呼ばれ、栄養塩の分析データやプランクトンの元素組成のデータが蓄積するにつれて、レッドフィールド比は海洋学における極めて重要な概念のひとつとなった。植物プランクトンという海洋での生元素循環の最も重要な駆動者において、この3つの生元素は一定の量比で収束していることを意味しているからである。

なぜ海洋の植物プランクトンの元素組成がC／N／P＝106／16／1に収束しているかについて、最近次のような仮説が出されている。Klausmeier ら（2004）は植物プランクトンの元素組成を決める要因として、細胞内の増殖にかかわる核酸などの成分とエネルギー獲得にかかわる光合成系や生合成酵素など成分でのN／P比のちがいに注目し、細胞としてどのような成分に取り込んだ元素をより配分しているかが、そのＣ／Ｎ／Ｐを決めていると考えた。すなわち、活発に増殖している細胞ではＮ／Ｐ＝８／１ぐらいにまで下がるのに対し、エネルギー獲得を優先している状態ではＮ／Ｐ＝36〜45／１まで窒素過剰になるのである。この考えかたにしたがえば、レッドフィールド比のＣ／Ｎ／Ｐ＝１０６／16／１は多様な種類の植物プランクトンが多様な生育環境のもとでの平均的な元素組成比ということになる。海洋の深層循環は数千年のスケールなので、現在の表層プランクトンと深層での元素組成の一致は、このような見かけ上のバランスが１０００年規模で継続していたことを示唆する。しかし、植物プランクトンの元素組成が環境により強く支配される可能性を考えると、今後の環境変動がこのレッドフィールド比にどのような影響を与えるか、注目すべきである。

海洋における窒素固定と脱窒素

陸域と同様に海洋においても、一次生産（有機物生成）は窒素の供給で支配されている海域が多いため、窒素固定と脱窒素の二つの微生物代謝は、海洋全体における利用可能な窒素の現存量を規定している極めて重要な要因である（図３、Capone、２００９）。海洋における窒素固定と脱窒素速度の規模の見積もりに関しては、これまでにも多くの研究が行われてきた。その典型的なものは前節で説明した海洋の中深層水中の硝酸イオンと無機リンの一定比率（レッドフィールド比＝16対１）を応用し、脱窒素と窒素固定という二つの微生物代謝の規模と栄養塩におけるレッドフィールド比からのずれの規模（N*）との関係について解析するものである。古くは１９６０年代に東部熱帯太平洋に帯状

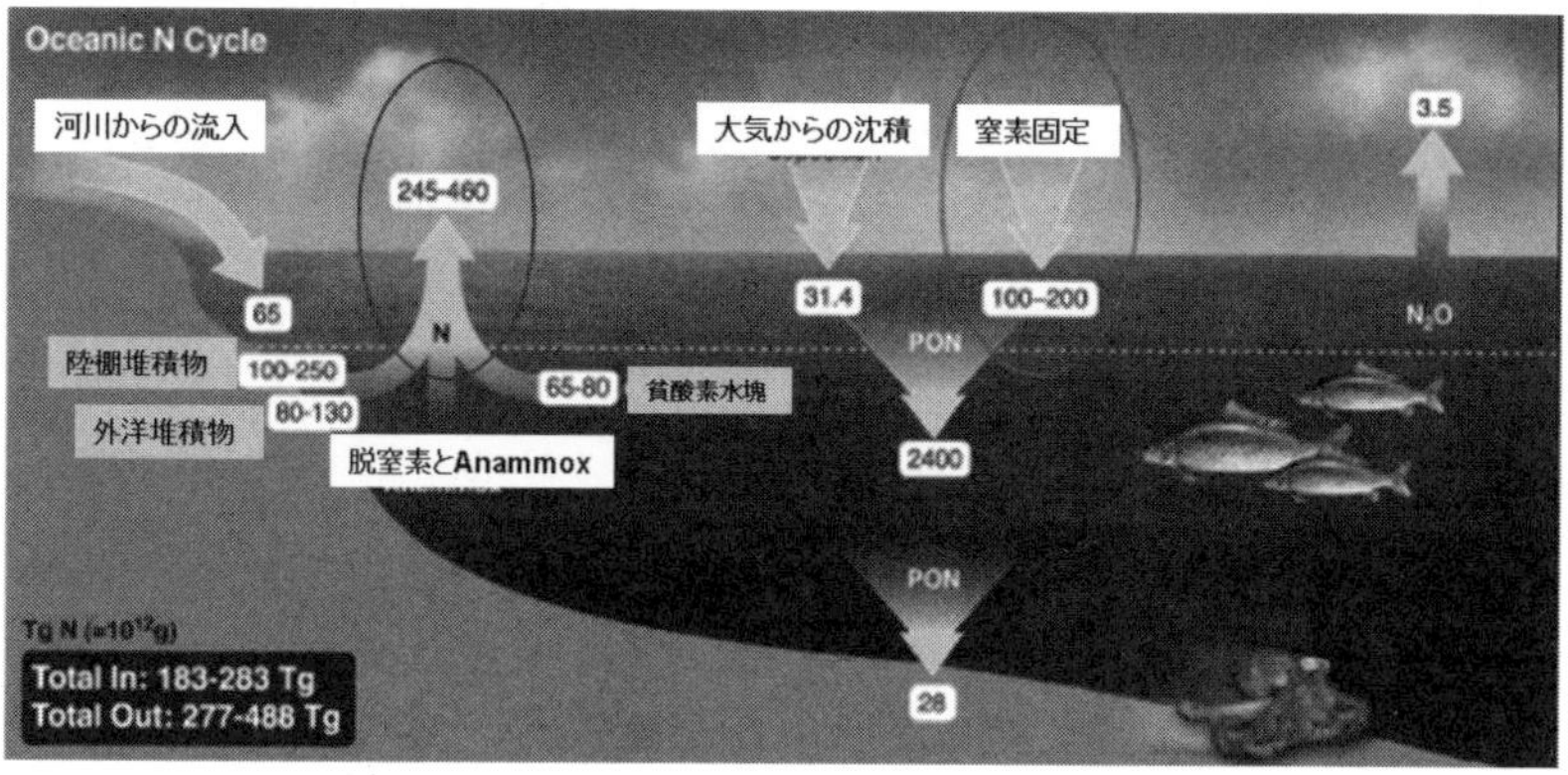

図３　窒素固定と脱窒素にとくに注目した
海洋を中心とした窒素のフラックスの現在における推定値
(Capone、2008)

に広がる貧酸素水塊での脱窒素の研究にこのレッドフィールド比が使われている。この海域では溶存酸素が枯渇した中層の深さ200～600メートル付近に亜硝酸が蓄積し、その成因として脱窒素代謝が想定された。その規模を推定するために、無機リンの鉛直分布から脱窒素が生じる前の海水はN／P＝16／1であったと仮定して、その硝酸イオンの量を推定し、実際に測定された硝酸イオン、亜硝酸イオンを差し引いた残りが脱窒素されたと考えたのである（Thomas、1966）。海洋で実際に脱窒素が生じる場としては、古くから知られていた東赤道太平洋、ベンガル湾などの貧酸素水塊以外に、脱窒素細菌による代謝が、容易に分解できる有機物の供給と貧酸素条件とが満たされた環境下で活発に進行することから、図３のように沿岸域などの海底堆積物の表層での脱窒素の規模がこれらの水塊での規模を上回ると90年代の終わりにはすでに考えられた（Codispoti、

2007)。このように90年代までに地球化学的な脱窒素の規模の推定の見積もりが先行して大きな値(年間約200テラグラム)を出していたのに対して、限られた実験的な代謝活性データによる窒素固定の規模の推定(年間10～20テラグラム)ははるかに低かった。

最近になると、世界の海域における栄養塩のデータセットが整備されてきたことや海洋の物理循環モデルが精緻になってきたことを受けて、レッドフィールド比からのずれを利用した窒素固定と脱窒素の解析はさらに活発になってきた。例えば、Deutsch ら(2007)は微生物による窒素固定が海洋表層での相対的なリンの欠乏(P*)を生じさせることから、表層での栄養塩のデータと循環モデルを組み合わせて全海洋表層での窒素固定の海域分布とそれらの規模を推定した。得られた全海洋表層での窒素固定の規模は年間150テラグラムとなり最近における推定値を大きく超えるものではないが、これまでの予想と異なり太平洋の中低緯度で活発な窒素固定が生じている結果となった。彼らは、太平洋の東部熱帯海域では活発な脱窒素が生じていることから、窒素固定の活発な海域で相対的にリン欠乏になった有機物が沈降する海域と、脱窒素が生じて窒素が除去されている海域が隣接していることによって、全体として窒素固定と脱窒素の規模はバランスし、レッドフィールド比のC／N／P＝106／16／1を維持するようなホメオスタシスが海洋で働いていることを主張し、さらにその支配要因としてはリンの供給が重要であるとしている。しかし、前に紹介した〝Anammox〟などの新規に発見された海洋でも生じている脱窒素系などを考慮すると、海洋全体での脱窒素の規模は年間400テラグラム規模であるとする最新の推定に対し、窒素固定の規模は依然として半分たらずであり(図3)、この海洋における窒素バランスに関する議論は現在も収斂していない(Codispoti

2007)。

表1でも示したように海洋における窒素の大部分は硝酸イオンであり、窒素固定と脱窒素の速度から考えると、硝酸イオンの滞留時間は数千年となる。したがって、この二つのプロセスがバランスしていれば硝酸イオンの現存量はほぼ一定に保たれるが、脱窒素が窒素固定よりも卓越すれば硝酸イオンの現存量は数千年の間にはかなり減少することになる。海洋の一次生産の規模が大気からの二酸化炭素の吸収を支配していることから、氷期・間氷期の大気中の二酸化炭素の増減を、海洋での窒素収支と結びつける考え方もこれまでに提唱されたことがある(Falkowski、1997)。さらに深層も含めて窒素固定の海域あるいは高い活性が新たに見つかるのか、あるいは現在は脱窒素がより勝っている状況なのか、さらなる研究が必要である。

窒素循環における人間活動の影響

多くの生物にとって利用可能な結合体窒素の陸域での供給量を見ると、人為的な供給量は現在、自然界での供給量を上回っており、その影響が窒素過多という形で河川、地下水などに現れている。Galloway ら(2004)はこれまでの窒素循環に関する研究をまとめて、1990年代初めの地球表層における窒素循環がどの程度の規模で人間活動の影響を受けたか、また2050年にはどの位の規模にこれが拡大するかを検討した。それによると1990年代初頭では、陸域に供給された全結合態窒素(年間263テラグラム)のうち約6割は人間活動に由来すると推定している(表2)。これ

窒素源		1860年	2000年	2050年
・陸域での結合態窒素の生産				
自然界(窒素固定生物)		120	107	98
人間活動		15	156	267
・沿岸域への窒素の河川からの流出		27	48	63
		1860年	2000年	2030年
・大気由来の窒素の海洋への沈積				
酸化態窒素	自然界	5	6	7
	人間活動	2	17	18
アンモニア態	自然界	6	3	4
	人間活動	2	21	25
全有機態窒素		6	20	23

表２　結合態窒素の陸域から海域へのフラックス（TgN/ 年）
(Galloway ほか、2004 および Duce ほか、2008)

らの窒素の内、48テラグラムが陸域にとどまらず水系を経由して海洋まで流入している。１８６０年を人間活動が巨大化する前の基準年とすると、この年で海洋への窒素の供給は年間27テラグラムと推定されているので、人間活動は年間約20テラグラムの河川経由での海洋への負荷を増加させたことになる。この海洋への窒素負荷が世界の人口密集地域の沿岸域に深刻な富栄養化の問題を引き起こしているかについては後半で記述する。

いっぽう、バイオマスの燃焼や石油・石炭の使用により発生する酸化窒素および畜産などの人間活動で生成するアンモニアのような大気経由で輸送される窒素化合物もその一部が海洋に負荷される（表２）。最新の推定では人為的な酸化窒素の海洋への負荷は２０００年で年間17テラグラム、アンモニアの負荷は年間21テラグラムであり、合計年間38テラグラムの人為起源の無機態窒素が海洋に負荷され、これは大気経由の無機態窒素供給

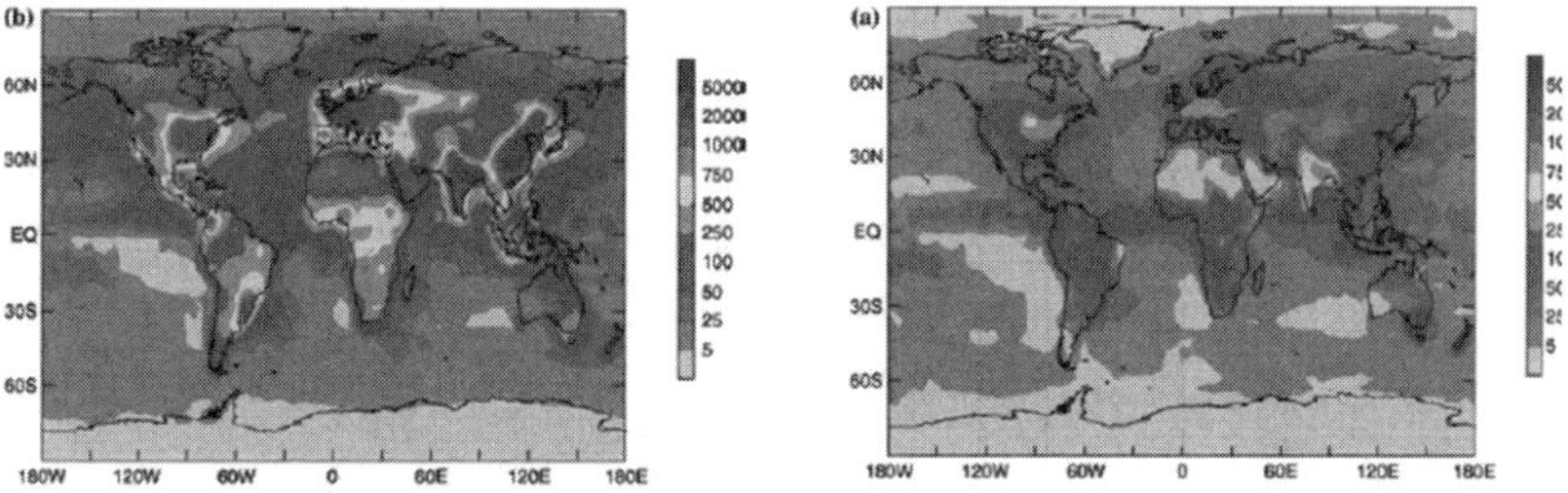

図4　1860年代（右）と1990年代（左）における無機態窒素の全地球表層における沈積フラックス（mgNm^{-2}y^{-1}）の推定値
（Galloway ほか、2004）

の約8割に達する（Duceら、2008）。1860年における大気経由の自然と人為起源を合わせた窒素化合物の供給が年間14テラグラムと推定されているので、これらの窒素の供給は人間活動の結果約3倍に増加している。また人為起源の有機態の窒素も大気経由で海洋に年間16テラグラムの量が輸送されているという見積もりがあり、それを合わせると大気経由の人為起源の窒素化合物の供給量は年間58テラグラムとなり、河川由来の増加の倍以上であり、大気経由の人為起源の窒素化合物の海洋への負荷が重要であることを示している。

このような、陸域から大気を経由する海洋への窒素負荷の特徴は大気の移動速度の速さに起因するその影響範囲の広さである。図4に1860年代と1990年代における結合態窒素の全地球表層における沈降フラックスの推定値を示した（Gallowayら、2004）。この世界の各陸域からの大気に移行する結合態窒素の発生量と大気の循環モデルを組み合わせた研究によれば、産業革命以前に比べて大気を経由する窒素のフラックスは大きく増加したが、その発生源も変わったことが示されている。すなわち、1860年代に供給される窒素酸化物は熱帯域での森林伐採にともなうバイオマス燃焼によるものが多くその影響はほとんど海域には及んでいない。しかし、１９９０年代になると、発生源は主な人口密集地である中国を中心とした東アジア、アメリカ東部、ヨーロッパでの化石燃料の燃焼による酸化窒素にかわった。また、北大西洋のほとんどの海域と、北太平洋でもほぼその半分の海域が陸域からの窒素負荷の影響を受けるようになっている。

すでに述べたように陸域から海洋への河川などによって運ばれる結合態窒素のフラックスは人間活動によって１９９０年代全地球では年間48テラグラムになったと推定されているが、地域的には偏りがあり、ヨーロッパ、アフリカ、北アメリカ、南アメリカが６～９テラグラムであるのに比べて、アジアが16・７テラグラムと最も大きい（Galloway ら、２００４）。わが国ではこの影響は半閉鎖性海域と呼ばれる東京湾、伊勢湾、大阪湾などの内湾域で最も顕著に現れる。これらの湾では大都市を集水域に持ち、その形状などから海水交換が悪いため流入河川からの窒素負荷が容易には外洋に拡散されないからである。これらの湾では、流入河川中の硝酸イオン、アンモニアなどの栄養塩を使って植物プランクトンが増殖し、表面に集積してしばしば赤潮を形成することが観測される。このように表層で生産されたプランクトンなどの有機物は、湾の水深が数十メートルと浅いためそのかなりの部分が沈降して海底に蓄積し分解され底層中の溶存酸素を消費する。その結果、東京湾などでは水温が高くなり水塊の鉛直混合が妨げられる６～９月頃の間、嫌気的な底層が広がることが近年では継続して生じている。底層の還元的環境では、溶存酸素が消失すると、余剰の有機物を使って海水中の硫酸イオンを硫化水素まで還元する硫酸還元細菌の代謝が活発になり、堆積物や底層に硫化水素が蓄積する。

海底においても硫化水素は多くの底生生物にとって致命的であるが、東京湾では水塊の鉛直構造が弱まる秋に北向きの風が吹くと、これらの底層水が表面まで上昇して硫化物が酸化され、毒性の強い硫黄のコロイドを含む水塊となってアサリなどの浅瀬の漁場などに大きな被害を与える例も多く報告されている(環境省、2007)。

閉鎖性海域である東京湾や伊勢湾では、集水域における窒素・リンの総量規制がすでに1982年から25年以上にわたって行われており、環境省などのデータでも窒素の流入量は、東京湾ではこの間に約5割にも減少している(図5)。しかし、東京湾などでの底層の貧酸素化はあまり変化せず、赤潮も相変わらず多発している。この理由としては、東京湾の場合単位面積あたりの流入付加が瀬戸内海などに比べてもはるかに大きいこと、堆積物中に有機、無機態の窒素、リンが高濃度に堆積しておりその分解や溶出によって栄養塩が堆積物から供給されていることなどがあげられる。

人間活動による陸域での窒素固定は、1990年には年間156テラグラムであったのが2050年には267テラグラムと約1・6倍に増加すると推定されている(表2)。この結果、海域への窒素の流入負荷も河川などの水系を通じた流入が47・8~63・2テラグラムへと増加する。また、2030年に対する予測では、大気中に供給されるNO_xは年間23~25テラグラムへ、NHxは24~29テラグラムへ増加し、1860年で結合体窒素の河川・大気からの輸送が年間47テラグラムであったのに対し、2030~2050年には陸域から海洋へ年間140テラグラムの窒素の流入が生じると考えられている。すでに述べたように海洋での窒素固定の規模は年間約150テラグラムであり、また脱窒素は

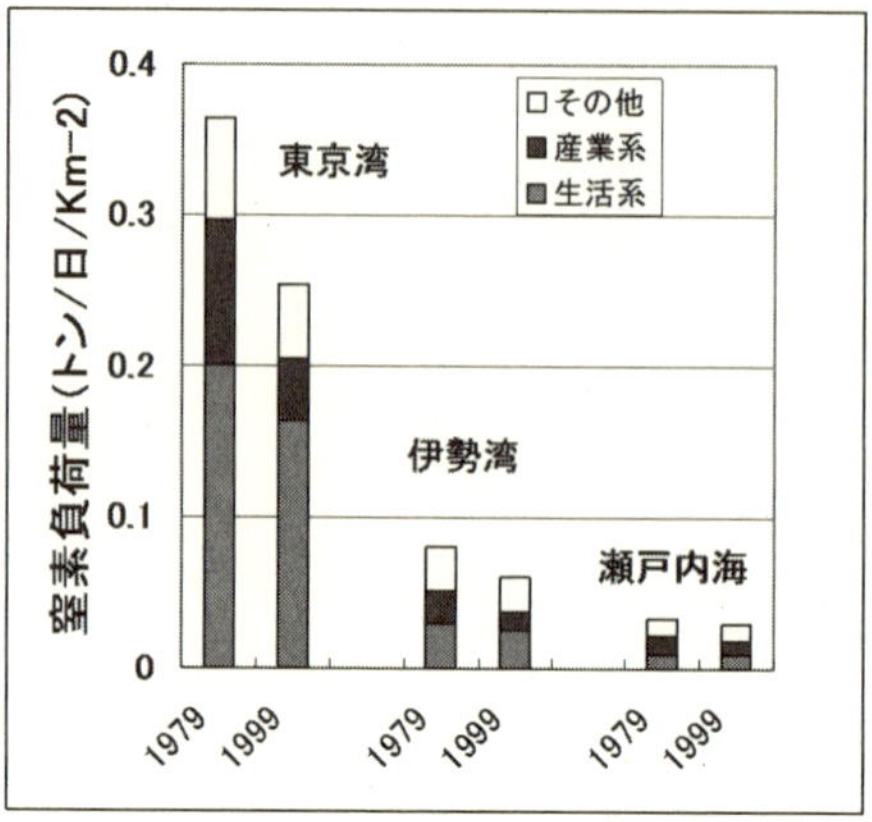

環境省および関係都道府県

図５　東京湾、伊勢湾、瀬戸内海の３つの閉鎖性海域における単位海域面積あたりの各態別窒素負荷の経年変化

約２４０～４００テラグラムの規模と推定されている。陸由来の窒素源は全て植物プランクトンをはじめとする生物代謝の最も高い表層に供給されることを考えると、海洋での全窒素固定量にも匹敵する結合態窒素の海洋への付加は、沿岸の限られた海域だけでなく海洋全体での窒素循環に対して大きな影響を与える。地球温暖化との関連でいうと、海洋での一次生産の増加による大気中の二酸化炭素の吸収の約10パーセントは海洋への人為起源窒素の負荷が受け持っているが、その効果の３分の２は増加する一酸化二窒素の影響で相殺されると推定される（Duce ら、２００８）。

参考文献

Arrigo, K.R. (2005) *Nature*, Vol. 437, 349-355.
Capone, D.G. (2008) *Microbe*, Vol. 3, No.4,

186-192.

Codispoti, L.A. (2007) ***Biogeosciences***, Vol. 3, 233-253.

Deutsch, C. et al. (2007) .***Nature***, Vol. 445, 163-167.

Duce, R.A. et al., (2008) ***Science***, Vol.320,893-897.

Dugdale, R.C. et al. (1961) ***Deep-Sea Research***, Vol. 7, 298-300.

Dugdale, R.C., and J.J. Goering (1967) ***Limnology and Oceanography***, Vol. 12, 196-205.

Falkowski, P.G. (1997) ***Nature***, Vol. 387, 272-275.

Galloway, J.N. et al. (2004) ***Biogeochemistry***, Vol. 70, No. 2, 153-226.

Hansell, D.A., and C.A. Carlson (eds) (2002) 〝Biogeochemistry of marine dissolved organic matter〟Academic Press, 774

Klausmeier, C.A. et al. (2004) ***Nature***, Vol. 429, 171-174.

環境省、（２００７）「今後の閉鎖性海域対策を検討する上での論点整理」、環境省閉鎖性海域対策室、www.env.go.jp/water/heisa/pdf/ronten_seiri-full.pdf

Levitus, S. et al. (1993) ***Progress in Oceanography***, Vol. 31, 245-273.

Lin, I. et al (2003) ***Geophysical Research Letters***, Vol.30, No. 13, 1718-

Martin, J.H., and S.E. Fitzwater (1988) ***Nature***, Vol. 331, 341-343.

Ogawa, H. and E.Tanoue (2003) ***Journal of Oceanography***, Vol.59, 129-147.

Redfield, A.C. et al. (1963) 〝The influence of organisms on the composition of sea-water on the composition of sea-water〟***The Sea*** Vol. 2, edited by M. N. Hill, 26-77, Wiley-Interscience, New York.

Thomas, W. H. (1966) ***Deep-Sea Research***, Vol. 13, 1109-1114.

Ward, B.B., and A.F. Carlucci, (1985) ***Applied and Environmental Microbiology***, Vol. 50, 493-513.

Westberry, T.K.and D. A. Siegel (2006) *Global Biogeochemical Cycles*, Vol. 20, GB4016
Zher, J.P. and B.B. Ward (2002) *Applied and Environmental Microbiology*, Vol. 68, 1015-1024.

執筆者紹介

小池　勲夫（こいけ・いさお）　１９６９年東京大学理学部生物学科卒業。１９７６年東京大学海洋研究所助手。１９８６年同教授、２００１年同所長、２００７年琉球大学監事。その間、カリフォルニア大学スクリップス海洋研究所、デンマーク・オーフス大学理学部にも勤務。海洋における微生物を中心とした、生元素の代謝・循環を研究対象にしている。研究のフィールドとしては沿岸・浅海のサンゴ礁、海草藻場から外洋の表層から深海堆積物までを扱い、研究船白鳳丸による長期航海や海外学術調査による太平洋・東南アジアの臨海実験所をベースに実験的な研究を展開した。現在、文部科学省科学技術・学術審議会委員、文部科学省科学技術・学術審議会海洋開発分科会会長、総合科学技術会議専門委員などを務めている。１９９２年日仏海洋学会賞、１９９９年日本海洋学会賞を受賞。主な編著は、『海洋問題入門』（編集代表　来生新、小池勲夫、寺島紘士：丸善株式会社、２００７年）、『地球温暖化はどこまで解明されたか』（小池勲夫編、丸善株式会社、２００６年）、『海底境界層における窒素循環の解析手法とその実際』（小池勲夫編、産業環境管理協会、２０００年）『Tropical Seagrass Ecosystem』（P.C.Pollard, I.Koike, H.Mukai and A.Robertson:CSIRO, Australia, 1993）などがある。

4. 水循環と水資源

はじめに

宇宙から撮った地球の映像は雲や海、雪氷や植物など、水が豊富である証でいっぱいであり、「水の惑星」という名にふさわしい印象を与えてくれる。しかも、地球上の水の量は地質学的年代よりも短い時間スケールでは減ることはないと推計されており、地球上の水は循環していて閉じた水文（すいもん）循環を構成している。

そんな地球で育まれた生命、ヒトを含むすべての有機体が生きながらえるためには水が必須である。さらに、人は生物として必要な最低限の水だけではなく、健康で文化的な生活を送るためにさらに大量の水を使うようになっている。しかしながら、世界にはいまだに安全な飲み水にアクセスできない人々が10億人以上もいると推計され、日本の平均の10分の1以下、1日ひとりあたり20リットルの水も使えずにいる人々が大勢いる。

石油資源とは異なり、水は循環資源であり、使ってもなくなるわけではない。それなのにどうして水不足などということが生じるのだろうか。一般に聞かれる答えは、地球上にはたくさんの水が存在するけれども、そのうちのたった2・5パーセントが淡水で、しかもそのほとんどが氷河や深い地下水などであり、人類が利用可能な水はほんの少ししかないからだ、というようなものである。この答えは適切な説明だとはいえない。水がどの程度利用可能であるかを評価するためには、どのくらいの水が溜まっているかという貯留量ではなく、どのくらいの水が流れて循環しているか、というフローに着目せねばならないからである。

さらにいえば、自然の水循環は季節変動も年々の変動も大きいので、安定して利用可能な水資源がどの程度確保できているかは、その土地が乾燥しているか湿潤であるかよりも、どの程度社会基盤施設が整備され、水資源の時間変動を制御し、空間的偏在を克服しているかに依存している。いわゆる地球温暖化にともなう気候変化によって地球規模の水循環が変化し、水資源の偏在が激化して水需給が逼迫する地域がでてきたり旱魃の頻度があがったり、あるいは洪水による水害リスクが上昇する地域があったりといったことが懸念されている。しかし、水問題にとってみると、気候変化は将来の水問題を深刻化させるいろいろな要因のひとつにすぎない。途上国への影響という点からみると、少なくとも今世紀の半ば頃まではさらなる人口増加とその増えた人口の都市への集中、経済発展などが水問題を悪化させる主要因子であり、気候変化はさらにその悪化を加速する一要因である。

以下では、自然の水循環と人間社会の水利用について概観してみよう。

グローバルな水循環と世界の水資源賦存量

図1は、さまざまな研究成果にもとづいて描いたグローバルな水循環の概要である。地表面に達した太陽や大気からの放射エネルギーの一部は吸収されて地面を暖める。しかし、地面の温度は上昇しつづけるわけではなく、地上の空気を直接暖めたり、土壌中の水を蒸発させたりして吸収したエネルギーを大気に伝える。水が蒸発する際には地表面のエネルギーを奪い、大気中に移動した気体の水、水蒸気は、いずれ雲となる際に今度はエネルギーを放出して大気を暖めるので、蒸発は潜熱フラックス、〝潜んだエネルギーの流れ〟であると呼ばれる。そういうわけで、水循環は地球表層の気候システムの中で重要な役割を担っているのである。

地球上の蒸発の9割近くは海洋上からである。海の面積は陸の面積の約2・5倍近いということを考えても海洋からの蒸発が圧倒的なのは、陸は乾いている地域も多く、そうした土地ではいくら太陽などからの放射エネルギーが降り注いでも、水がないので蒸発できないからである。なお、植物が根から水を吸い上げて葉の裏にある気孔という穴を通じて大気へと水を送り出すことを蒸散と呼び、水面や地表面からの蒸発と合わせて蒸発散という用語が用いられる。

海洋や陸面からの蒸発散により大気中に含まれた水蒸気は降水、雨や雪として降り注ぐ。降水量が多い熱帯のほとんどが海洋であることもあり、地球の降水量の8割程度はやはり海に降り注ぐ。しかし、その量は蒸発散量に比べると十分ではなく、海洋では年間総量として降水量よりも蒸発散量の方が多い。逆に陸上では降水量の方が蒸発散量よりも多い。その差が川などを通じて陸から海に流れ込

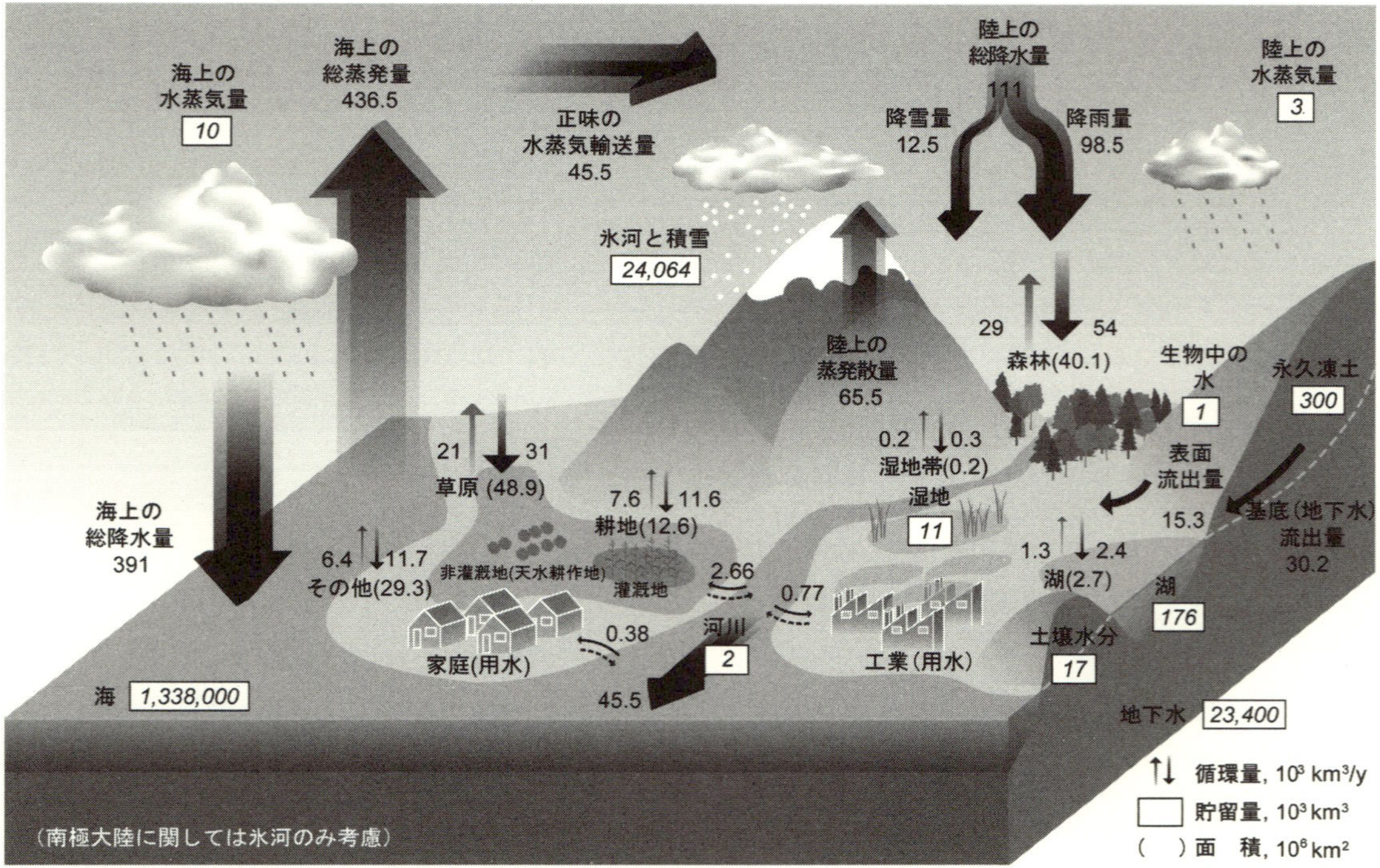

図１　地球上の水文循環量（年間1000立方キロメートル）と貯留量(1000立方キロメートル）

大きな矢印は陸上と海洋上における年総降水量と年総蒸発散量（立方キロメートル）を示す。陸上の総降水量や総蒸発散量には小さな矢印で主要な土地利用ごとに年降水量や年蒸発散量を示す。括弧内は主要な土地利用の陸上の総面積(百万平方キロメートル)を示す。河川流出量の約10パーセントと推定されている地下水から海洋への直接流出量は河川流出量に含まれている。初出 Oki と Kanae（2006）を修正したもの

み、陸上の水も海洋の水も一方的に増えたり減ったりしてはいないということになる。

　理論上最大限利用可能な水資源の量を水資源賦存（ふそん）量と呼ぶ。世界全体を考えると、陸上に降る降水のうち、蒸発散して大気に戻ってしまう分は人間が利用することはできないので、その分を差し引いた量、すなわち、川などを通じて陸から海へと流れ込む河川流量が水資源賦存量であるということになる。

　図１でいうと、ある瞬間に世界中の川の中にあると推計されている水の量、約２０００立方キロメートルではなく、河川を通じて海へと流れ込む地球上の年間あたりの全流出量４５５００立方キロメートルが水資源賦存量なのである。ちなみに、この全流出量には、地下水が直接海に流出する分も含まれていて、その量は総河川流量の約10パーセント程度だと推定されている。

　くり返しになるが、生活用水や工業用水、農業用水などのために人類が利用している水資源の量は全世界で年間約４０００立方キロメートル（図１では合計年間３８１０立方キロメートル）と推計されているが、この値は河川の水の貯留量２０００立方キロメートルではなく、年間流出量４５５００立方キロメートルと比較されるべきなのであり、人類は水資源賦存量、利用可能な最大水資源量の１割程度しか使っていない、ということがわかる。

循環する水資源

　石油のような化石資源とは異なり、水は太陽のエネルギーによって地球表層を循環している。蒸発しても液体から気体になるだけであり、いずれまた凝結する。光合成によって炭水化物の一部となり植物に蓄えられた水も、分解された際に結局は水に戻ることになる。水を使うと、水質、温度差、位置エネルギーといった水の性質が失われてしまうが、そういう質的に劣化した水も、ほぼ100パーセント太陽エネルギーによって駆動されている地球上の水文循環によって常に再生されている。

ただし、使ったら実質的には失われてしまう水源もある。地下水によっては出入りする自然の流れが非常に緩やかで、数百年、場合によっては数千年で入れ替わっているような地下水の塊、帯水層もある。そうした帯水層から水が汲みあげられた場合には、もとの水の量に戻るのには人間の時間スケールで考えると非常に長い時間がかかるので、実質的にはいったん汲みあげるともはや補給されず使い果たしてしまうのと同じである。水がそうした地下帯水層に貯まるには非常に長い時間がかかるので、そうした帯水層の水は化石水と呼ばれることがある。

再生可能資源としての水資源だけで人の水需要をすべてまかなえるものなのだろうか。そうともいえるし、そうでないともいえる。再生可能資源としての水資源は自然に再生するけれども、循環速度は気候システムによって決まっているので、人間社会が利用可能な水資源賦存量には上限がある。先に述べたように、世界規模では現在の水資源取水量はこの上限をはるかに下まわっていて1割程度しか使っていない。したがって、水循環を上手にマネジメントすることができれば、地球上の水循環は将来にわたって人類の水需要をまかなうことができるであろう。適切な水のマネジメント、というのがその鍵である。

ブルーウォーターとグリーンウォーター

従来の水資源工学者達は河川などの表流水や地下水から汲みあげた水が水資源で、植物の葉や土壌表面からの蒸発散はせっかく降った降水の損失であるとみなしていた。そういう観点では、陸上の降水量から蒸発散量を引いた量が最大利用可能な水資源賦存量である、ということになる。この利用可能な水資源賦存量の大部分は表流水、特に河川水である。

これに対し、灌漑されていない耕地からの蒸発散量も人間社会に貢献している水資源だとみなすべきだ、という指摘が１９９０年代からストックホルムの研究者グループによってなされ、水資源分野では市民権を得た意見になりつつある。こうした新たに水資源とみなすべきとされた蒸発散量を従来の水資源と区別するために、蒸発散量はグリーンウォーターと名づけられ、従来の河川水や地下水はブルーウォーターとも呼ばれるようになった。

ある穀物を一定量栽培するのに必要な水の総量のうち、どのくらいを雨水に由来する蒸発散分（グリーンウォーター）でまかなうことが可能で、残りの不足分としてどのくらいの灌漑水量（ブルーウォーター）を供給する必要があるか、といった推計をする際にグリーンウォーターの概念は有効である。つまり、雨水起源の分だけブルーウォーターを使わずにすむ、というふうに考えることによって、グリーンウォーターも水資源であるとみなされるのである。グリーンウォーターである蒸発散量については、耕作地から年間約７６００立方キロメートル（図１）、草地の約４分の３の面積を占める放牧地から年間約１４４００立方キロメートルと推定されている。これらを合わせると全陸地からの蒸発散量の約3分の1に相当する。

ちなみに、耕作地からの蒸発散量のうち、灌漑起源で蒸発散している分は年間1500立方キロメートル前後と推計されているので、世界の食料生産の大部分は灌漑ではなく耕地への降水、天水に頼っているということが最近明確に認識されるようになっている。

水資源賦存量をすべて使うことができるのか？

ブルーウォーターの1割とグリーンウォーターの3分の1しか現時点では水資源として人類は使っていないのに、どうして水不足を心配する必要があるのだろうか。

水資源が時間的にも空間的にも変動が大きいことがその理由のひとつである。例えば、アマゾン川のオビドス観測地点では、気候値としての平均値でさえ、最大月の流量と最小月の流量とでは2倍もちがう。もっと小さい河川流域では河川流量の変動はより大きいのが普通だし、日流量はもちろん月流量よりも変動が激しい。こうした時間的変動の激しさのせいで、水資源賦存量を100パーセント利用することは現実的には難しい。貯留施設がきちんと整っていないかぎり、洪水時や流量の多い時期の流量を、流量が少ない時期に利用することはできない。だからこそ、無数の人工的な貯水池や湖、小規模なため池が作られ、ほとんどの川の流況が調整されているのである。こうした人工の貯留施設の総貯水容量は、年間取水量の約2倍の約7200立方キロメートルだと推定されている。

余談になるが、全世界合計で7200立方キロメートルという値は、もし仮にそれらの人工の貯留

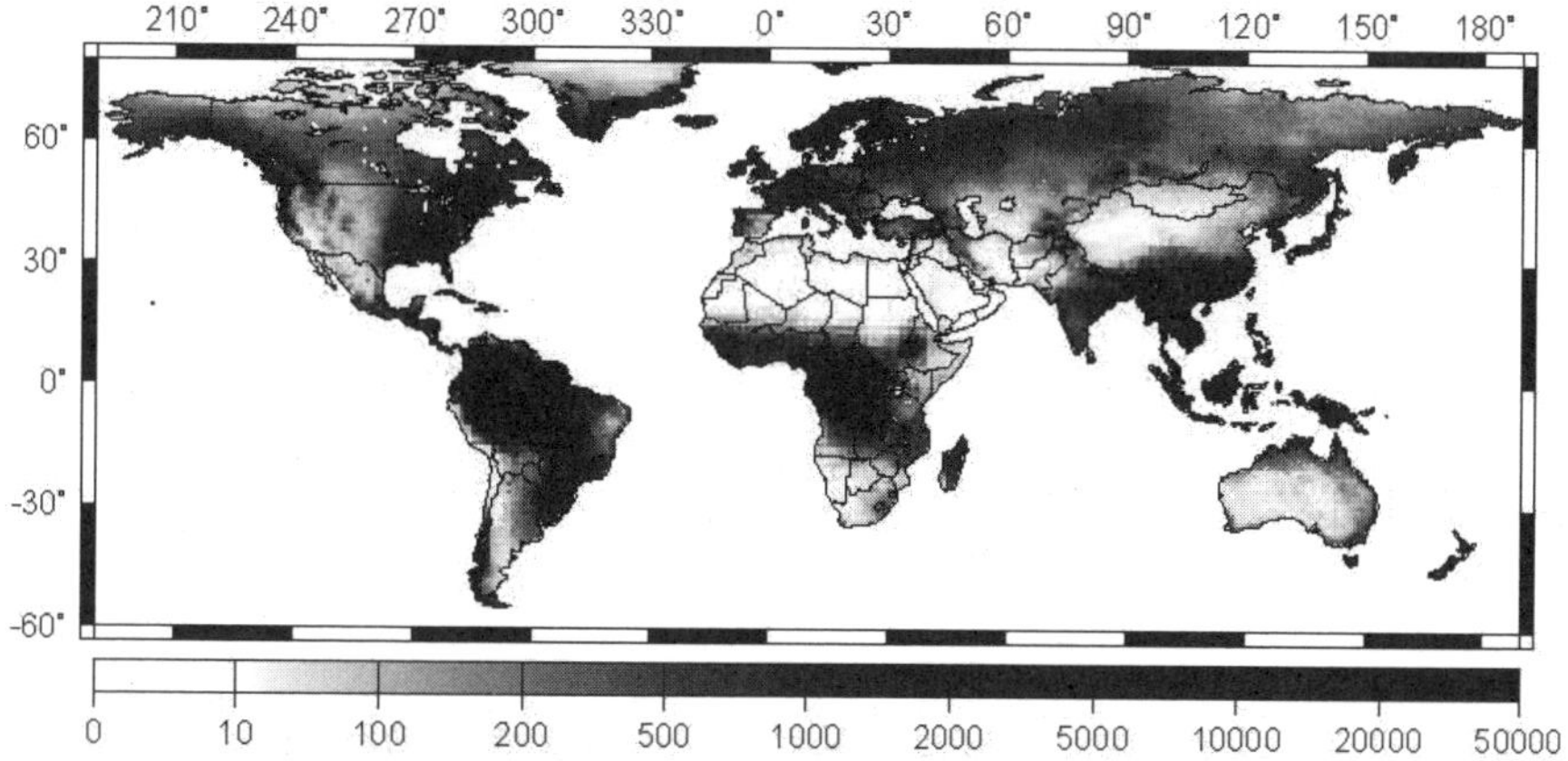

図2　平均年流出量(ミリメートル)のグローバルな分布
降水量のうち、蒸発散しなかった分に相当し、河川などへ流れ込む量に相当する

施設がすべて満杯になることがあるとしたらかなり大きい値である。瞬間瞬間に河川に貯留されている水の量の3倍以上であるし、全陸地の土壌中に含まれる水（飽和している地下水は除く）の半分程度である。さらに、海水面を約20ミリメートル押し下げる勘定になり、地球温暖化による海面上昇をわずかなりとも緩和してくれているかもしれない。

話を戻そう。水資源が足りなくなりうるもうひとつの理由は、それが空間的にも不均一に分布しているせいである。年流出量（図2）は上流から流れてくる水が上流での消費的使用や、水質汚染のため下流では利用できないとしたときに最大限利用可能な水資源量に対応している。実際には、流出量は河道を通じて集められ、河川流量を形成する（図3）。河川流量は、もし上流から流れてくる水がすべて利用可能だとした場合に潜在的に最大限利用可能な再生可能水資源量に対応する。

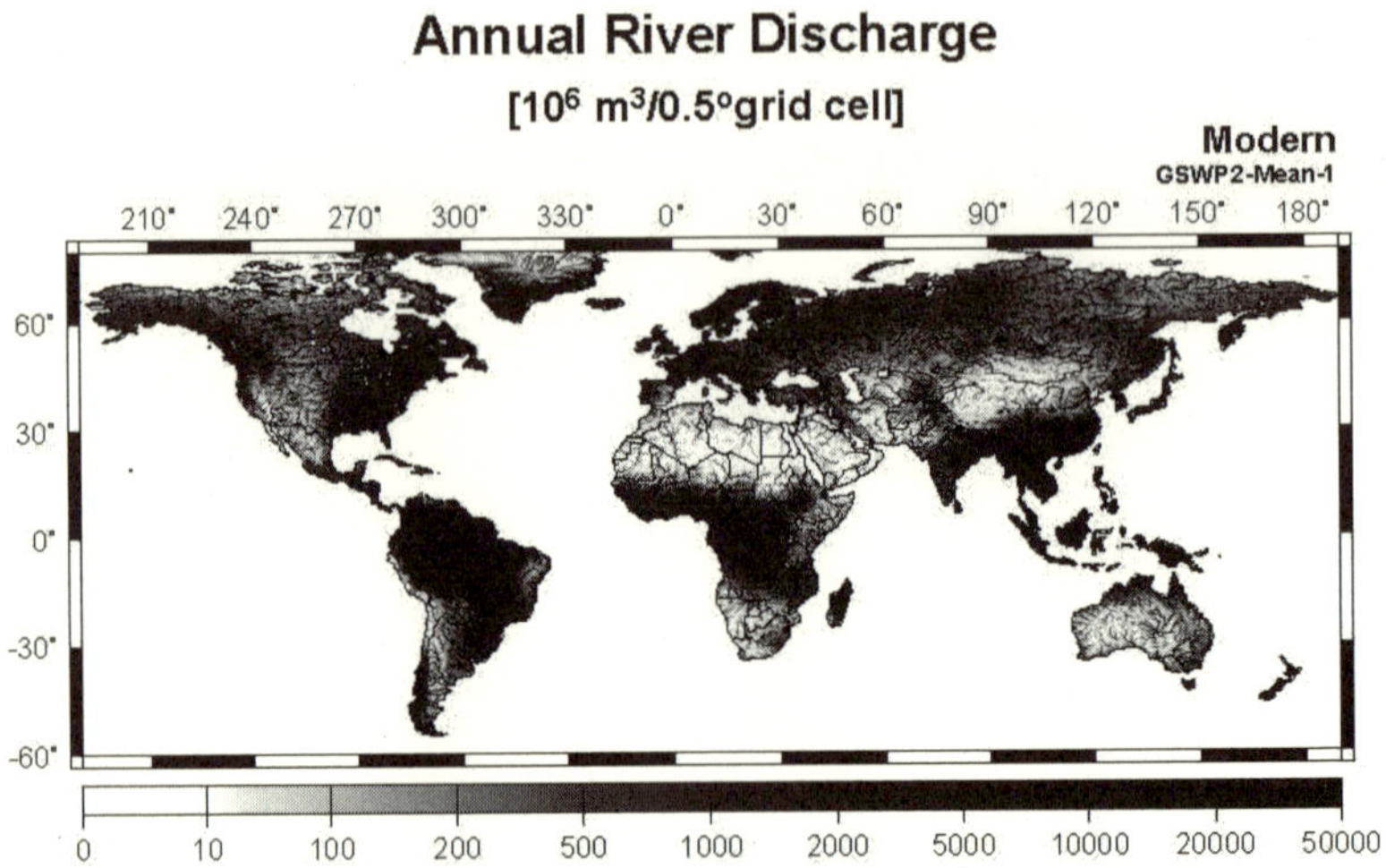

図3　平均年河川流量(百万立方メートル)のグローバルな分布
河道に流れ込んで実際に流れていると推計されている量

流出量も河川流量もどちらも限られた地域に集中していて、値もほぼゼロの地域から熱帯では年間流出量は２０００ミリメートル（降水量に合わせた単位）を超え、アマゾン川の河口付近では年平均流量は毎秒20万立方メートルを超えている。

地域的に水資源が偏在しているとしても、水資源の豊富な地域から、不足している地域に輸送すればよいではないか、という対策も考えられるが、水資源は一般にきわめて安価に供給されており、たとえタンカーなどを使っても、輸送コストが高すぎるため、むしろ、水資源をたくさん必要とする農業畜産製品を水の豊富な地域で生産してできた食料を輸送するか、海水淡水化などの造水技術が利用される。

また、健全な生態系維持のための水需要や、船舶の航行のための水需要も満たされねばならないため、再生可能な水資源のすべてを人間が利用するわけにはいかないのである。

日本の水資源

さて、日本の水資源の状況はどうだろうか。日本も高度成長期を迎えていた1960年代には、ますます伸びる都市用水等の需要を満たすための水資源開発が非常に大きな課題であった。これに対応するため、数多くの貯水池や堰、取水施設などの水資源に関わる社会基盤が整備され、利用可能な水資源量は着実に増大してきた。

しかし、環境意識の向上、水利用の効率化、減反、そして人口減少などの影響により、日本の水需要は頭打ちから減少に転じようとしている。福岡県や沖縄県、あるいは香川県のように現状でもまだ水需給が逼迫していてしばしば渇水に見舞われる地域もあるが、そうした地域でも海水淡水化施設の導入等により水道用水の緊急時の補給体制等が着々と整いつつある。気候変化や環境用水需要への認識の高まりなど、水需要増大の新たな要因はあるものの、表面上、日本の水資源の今後について悲観する必要はないようにも見える。

では、私たちはどれぐらいの水を使って生活しているのだろうか。世界平均のひとり1日あたりの生活用水使用量が約170リットルなのに対し米国では約500リットル、日本は約320リットル、中国やタイ、ボツワナなどでは約50リットルと国によっても大きく異なる

これに対し、人が飲む水の量というのは、せいぜい1日2~3リットルで十分である。水問題とい

うと飲み水がつい注目されがちであるが、実は風呂に入ったり、洗濯をしたり、トイレや炊事に使ったりする生活用水に飲料用の数十～百倍も多くの水を使っているのである。

その他、日本では国民ひとりあたりに換算すると工業用水は１日約２５０リットル、農業用水は約１３００リットル使っている計算になる。我々の暮らしを支えているのは果たしてこれらの合計１日ひとりあたり約２０００リットルの水だけなのだろうか？

日本を支える世界の水とバーチャルウォーター貿易

農業製品や工業製品の生産には大量の水が必要である。例えば日本で１キログラムの小麦を生産するには、その約２０００倍の２トンの水が必要であり、その他可食部１キログラムあたりに換算して大豆では約２・５トン、鶏肉だと約４・５トン、豚肉では約６トン、牛肉ではなんと２万倍の20トンの水資源が必要と推計される。肉類の場合には家畜の飲み水や洗浄水も考慮しているが、主に飼料が育つために必要な水が大半である。

こうした数値と西暦２０００年の主要穀物、畜産物の輸入統計にもとづいて推計すると、図４のような模式図を描くことができ、日本が輸入している食料や工業製品を全部日本で生産するとしたら、年間約６４０億トン（琵琶湖の貯水量の約２・５倍）の水が必要である計算になる。これは１日ひとりあたりに換算すると約１５００リットルもの水に相当する。

６４０億トンのうちの６２７億トンが農畜産物関連であるのに対し、国内の農業用水量は年間

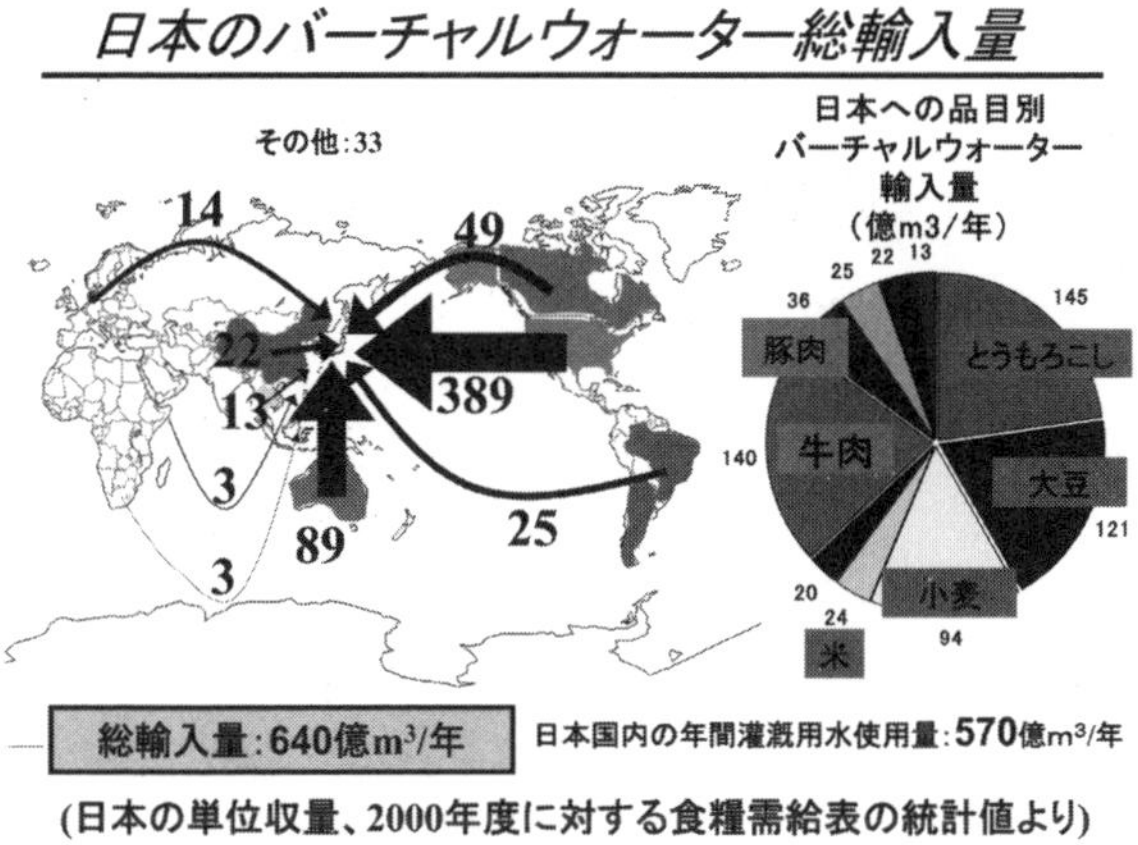

図4　日本が輸入している主要産品を日本で生産するとしたらどのくらいの水資源量が必要であったか、といういわゆるバーチャルウォーター貿易量の推定値
2000 年度に対する食糧需給表の統計値にもとづいて算定。佐藤 (2003) より

570億トン程度であり、日本はカロリーベースの自給率が4割で、残り6割を海外からの食料輸入でまかなっていることによく対応している。

ただし、ここで示した農業畜産製品の生産に必要な水の量の大半は天水、すなわち、降った雨がいったん土壌に蓄えられ、それを作物が利用している水、グリーンウォーターであり、河川や地下水から汲みあげる従来からの意味での水資源、ブルーウォーターの量とは一概に対応つけられない点に注意が必要である。

こういう水需給や水資源の観点から、食料の貿易は「バーチャルウォーター貿易」(以下VWT)と呼ばれる。この言葉を最初に使ったのは、英国のロンドン大学のトニー(アンソニー)・アラン教授で、彼は中東の地政研究者なのであるが、乾燥した自然条件から推定されるほどこの地域で水が不足しておらず、紛争や戦争の理由になっていない理由をこのVWTの概念で説明した。つまり、

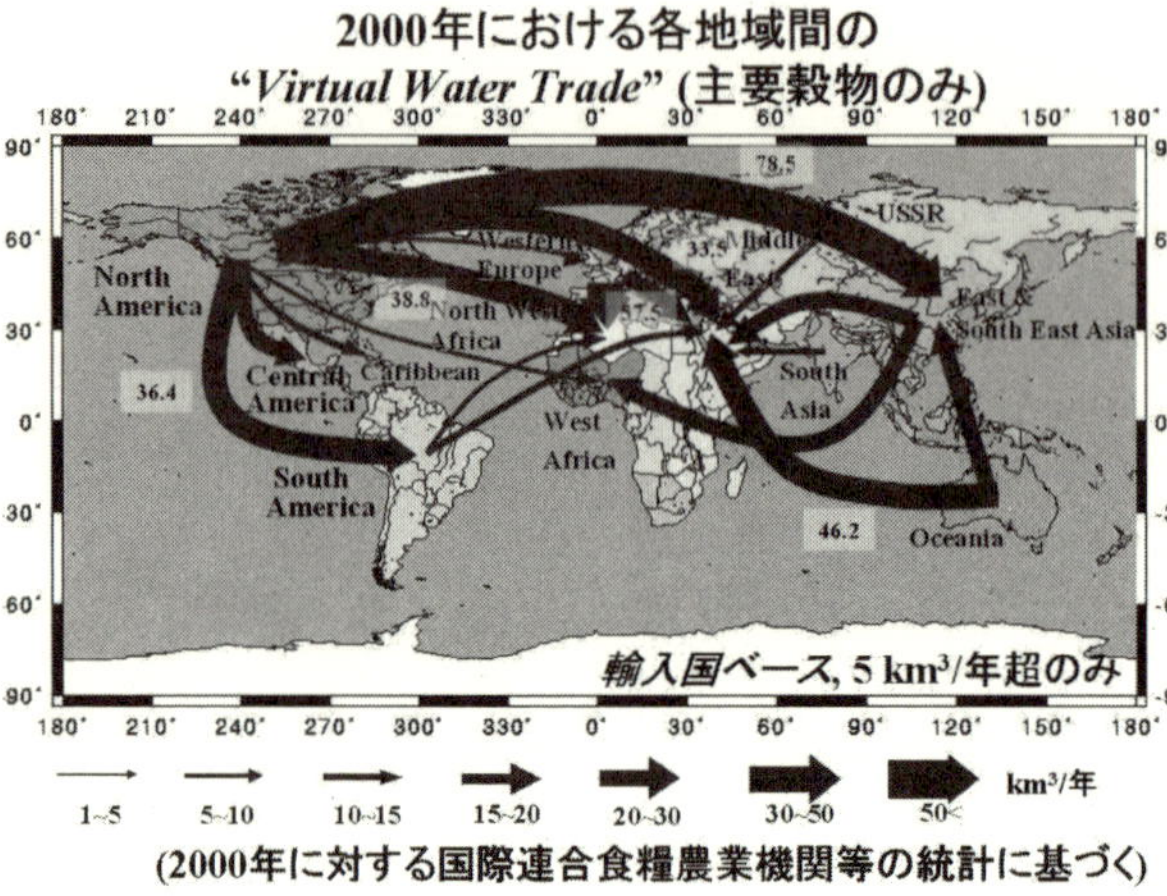

図５　世界各国が輸入している主要穀物を各国で生産するとしたらどのくらいの水資源量が必要であったか、といういわゆるバーチャルウォーター貿易量を推定し、世界16地域に集約した結果。Oki と Kanae (2004) より

中東の豊かな国は一見水不足のように見えるけれども、他国で大量の水を使って生産したものを輸入しているため、自国内の水資源が乏しくとも水では困っていない、ということなのである。

日本へのＶＷＴの品目（図４）を見ると、とうもろこしや大豆、小麦にともなうＶＷＴが多くなっている。とうもろこしの約７割は輸入された後に飼料として使われるし、大豆も油をとった搾りかすは大豆ミールという名前の飼料になる。小麦はもちろんパンやうどんになるいっぽうで、一部は飼料となる。いってみれば日本へのＶＷＴの半分くらいは畜産、つまり私たちが肉を食べるために輸入されていることになる。

世界各国間のＶＷＴを地域ごとに集計した結果が図５である。世界のＶＷの主な輸出元は米国やカナダ、そしてフランスを中心とする欧州であることがわかるだろう。日本は戦後、なんとか先進国の仲間入りを果たそうと工業化を進めたが、現在世界を主導している国々の多くがＶＷの輸出国である、という事実は真剣に受け止めねばならないだろう。日本以外で大量に輸入しているのは中近東や地中海沿岸の産油国であり、これらの国々では、食料の輸入はいわば石油を売って水を輸入しているようなものだ、ということからバーチャルウォーター貿易という名前がついているのである。

そういう意味では、経済的に豊かな国だと自然条件として水資源に乏しくとも社会的な問題にはつながりにくく、むしろ問題は、経済的にも豊かでなく、水資源も乏しい国だということが明らかだろう。こうした国は水もなく、食料も買えない状態にあるのだ。水問題は貧困や飢餓、食料問題と一体なのである。

21世紀の水需給の展望

では、現在の世界の水需給の様相は今後どのように変化していくのだろうか。

水供給側の変化としては地球温暖化に代表されるような気候の変動が、水需給側の変化としては、人口の増減、経済発展などによる水利用の増大などが考えられる。

温暖化が水資源に及ぼす影響として２００７年に発表されたＩＰＣＣ（気候変動に関する政府間パネル）の第４次報告書第２作業部会第３章に書かれているのは主に次の通りである。

○温度上昇の直接的影響

融雪促進による河川流況パターンの変化

農作物育成暦の変化による水需要期の変化

水需要原単位（人口あたりの量）の増加

損失量（蒸発散量）の増加

気候変動の間接的影響

○降雨変動パターン（豪雨・寡雨）の変化

○海水面上昇による沿岸地下水の塩水化

このうち、量的にもっとも影響が大きいのは中高緯度で融雪水が重要な水資源となっている地域だと考えられている。また、地球温暖化の影響だけではなく、都市化にともなうヒートアイランドや大規模な土地被覆改変なども地域的な気候を変化させ、水資源賦存量を大きく変えてしまう恐れがある点にも注意が必要である。

いっぽう、今後の世界の水需要に関しては、人口増大にともなう食料生産拡大のための農業用水需要の増大だけではなく、経済発展による水利用の増大、また、都市への人口の集中による水需給の地域的な逼迫などの懸念もあり、これらは発展途上国と先進国に共通している。

人口の増加は穀物の需要を増加させ、生活レベルの向上にともなう穀物の間接消費の増加はさらに穀物需要の増加をもたらす。こうした農業用水には世界で年間２６６０立方キロメートル程度が利用されていると見積もられているのに対し、人間が直接飲用、調理、入浴、洗濯、庭の水まきや洗車等に利用する生活（都市）用水は世界で年間３８０立方キロメートル程度であると算定されている。これまでのところ、マルサスの人口論や成長の限界の悲観論に反して世界の穀物生産量は人口増加を上

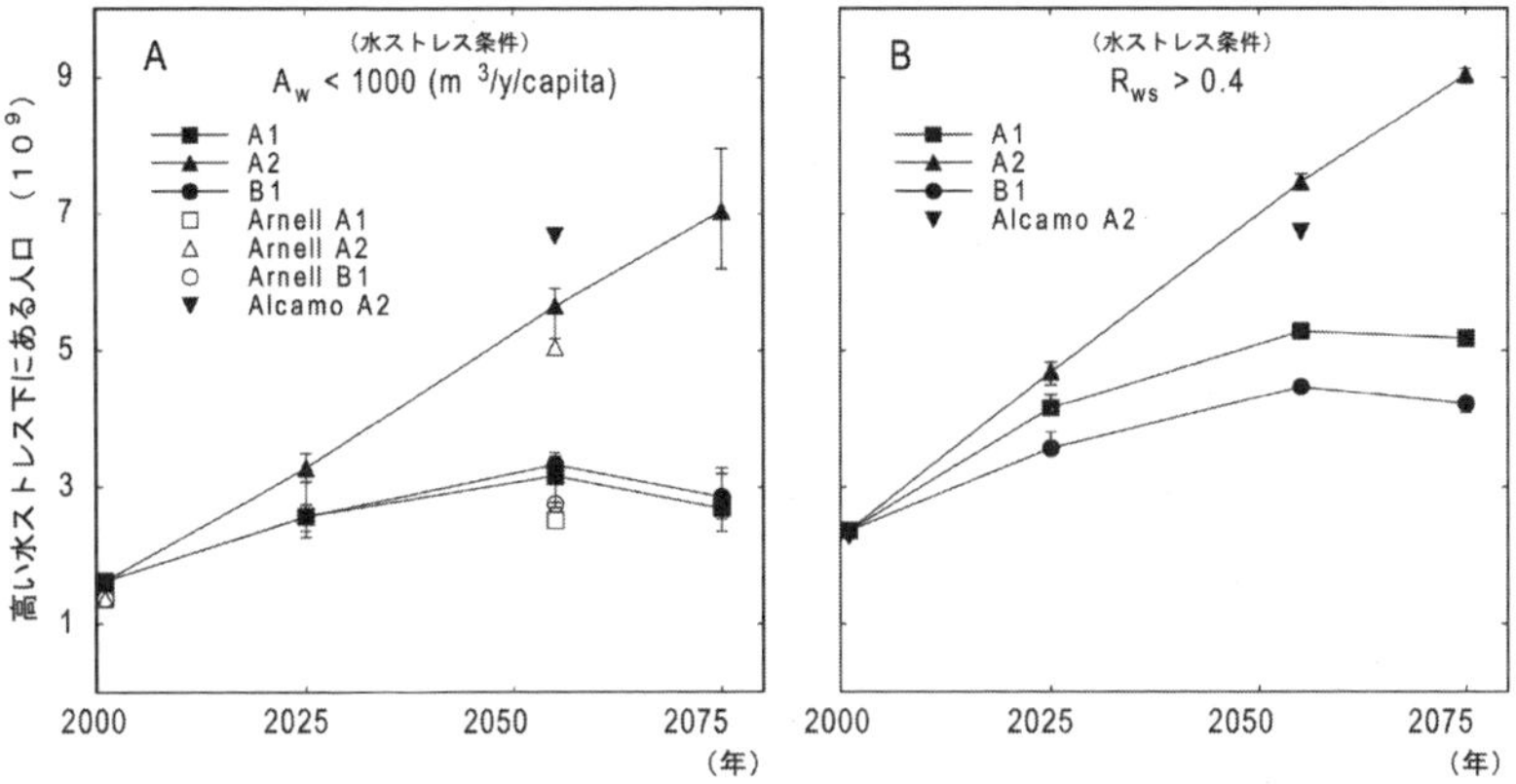

図6：ＩＰＣＣのSRESと呼ばれる将来シナリオに対応して推定された現在から将来にいたる高い水ストレス下にある人の数

高い水ストレスかどうかの閾値は(A)水混雑度指標 Aw = Q/C < １０００ m^3/ 年 / 人、(B)渇水指数 Rws = (W-S)/Q > ０. ４とし、ここに、Q、C、W、S はそれぞれ、再生可能水資源量、人口、取水量、海水淡水化による水資源量である。エラーバーは6つの気候モデルによる再生可能水資源量の推計に対応した高い水ストレス下にある推定人口の最大値と最大値である。 ２０１０～３９年平均を２０２５年に、２０４０～２０６９年平均を２０５５年に、２０６０～８９年平均を２０７５年にプロットしている。 (Oki と Kanae, ２００６)

回る成長率で増加してきている。これは、農耕地面積の増大ではなく、主に単位面積あたりの収量の増加によってもたらされてきており、それは緑の革命に代表されるような近代品種の貢献が多大であると考えられている。近代品種の育成には適切な灌漑と排水による水管理が不可欠であり、さらなる穀物増産にはより多くの灌漑水が必要とされることになる。もちろん、工業生産活動の増大による水需要の増加も見込まれる、都市化の進展は水の供給に関してより多くの社会資本投下を必要とすることになる。

図6は人口増加と経済発展にともなう水消費の増大、そして温暖化にともなう気候条件の変化を考慮して筆者らのグループで推計した今世紀の水需給の展望を高い水ストレス下にある人口、という指標で示し

たものである。左側は年間ひとりあたり使用可能な水資源量、右側は年間利用可能な水資源量に対する実際の水使用量の比、という指標にもとづいて算定された高い水ストレス下にある世界人口（10億人単位）を示している。それぞれ3本ある線は、気候変動に関する政府間パネル（IPCC）が利用している将来の社会経済発展シナリオに対応している。地域主義経済発展重視シナリオであるA2シナリオの結果では左右いずれも高い水ストレス人口は増大するが、グローバル主義経済発展重視シナリオA1や、グローバル主義環境重視シナリオB1では世界人口も2050年をピークとして頭打ちになることや、地球温暖化により利用可能な水資源量は全体としては増えることなどから、高い水ストレス下に置かれる人口も頭打ちになると予想されていることがわかるだろう。

こうした将来の水資源アセスメントは、より正確な将来予想を打ち出すためではなく、むしろ、いくつかのシナリオに沿って社会が進んだらどのような状況が想定されるかを示し、国民社会としてどういう選択肢を選ぶべきかの指針を与えることにある。すなわち、予測ではなく警告であり、おそらくこうした事態が来ると予言しているわけではない。

つまり、人口が急激に増加し、水需要も急増するA2シナリオではなく、世界の人口も安定化し、技術移転によって工業用水の再利用も増大するB1シナリオのような社会を実現するべく政策的に誘導する必要がある、といった道筋を示すことにこうした研究の意義があるのだと考えられる。

水需給が逼迫する地域の分布は、中国北部から西部にかけて、インドとパキスタン国境付近のインダス川流域から西アジア、中近東、地中海沿岸の特に北アフリカ、そしてアメリカ合衆国西部からメキシコに至る地域となっている。西アジアから中近東にかけては人口増加の影響が大きく、また、北アフリカの地中海沿岸などは気候変動の影響も大きくなっている。

いっぽう、変化量を相対比で表わすと、アフリカを中心とする地域で水ストレスの変化は大きくなる。これは、これらの地域で現在天水（雨水）に頼った水利用が多いのに対し、人口が増大し、生活用水需要や灌漑用水需要が増大して、どうしても水利用を増やす必要が出てくると想定されるからで、水利用施設の確保のみならず、適切に利用する社会システムも含めた構築が必要となるものと考えられる。

おわりに

今後の社会発展の方向、技術の動向にも大きく依存するが、少なくとも今世紀半ばまでは水需給が逼迫した地域に住むことになる世界人口が増大していくことはほぼ確実である。そうした地域は将来新たに水が十分に確保できなくなるというよりは、現在すでに水需給が逼迫している地域でより逼迫し、水利用システムが脆弱、不安定になると見込まれているのである。他の地球環境問題と同様、そうした水ストレスの増大によって不便を強いられるのは相対的に貧しい国の、相対的に貧しい人々である。飲み水にもこと欠くような地域には人は住めず、そうした水不足地域で足りないのは十分な生活用水や工業用水、そして農業用水を安定して供給する施設と社会的な仕組みなのである。それらの水利用には飲み水の約千倍程度の量が必要であり、飲み水であれば1立方メートルあたり数十セントから1ドル程度でも取引は成り立つが、農業用水であればコストは1立方メートルあたり1セント、というのが大雑把な世界の相場である。技術の進歩を考えても、穀物相場の高騰を考えても海水や汽水から淡水化された水によって農業用水がまかなわれるようになると考えるのは経済的には難しいと思われるが、エネルギー価格の国情や補助金など政治的誘導により実際に導入されている国や地域もある。まして、生活用水に関しては、比較的汚れの少ない排水を浄化して再利用するシステムが水ストレスの高い地域では有効な手段として浸透していく可能性もあり、技術的にはコスト削減が、社会政策的にはそうした国々の経済発展の誘導が、水ストレスの増大による深刻な問題を回避するのに必須であると考えられる。

エネルギー使用やモノの消費をやめればその分たとえわずかながらも大気中への排出量が減る二酸化炭素の問題とは異なり、水の場合には日本で節水しても貧しい国々で水が使えるようになるわけではなく、ローカルな活動がそのままグローバルな環境問題の解決につながるとは限らない。また、石油や石炭のように、いったん使ってしまえば基本的には失われてしまう化石エネルギー資源とは異なり、水は循環している資源であり、上手に使えば未来永劫利用可能である。

そういう意味では、水資源確保、生態系保全、洪水被害軽減などをバランス良く達成するためのソフト的手段を含めた社会資本整備に必要な技術や智恵、人材や資本を、それらを必要としている国や地域に提供することは、まさに仮想的に水を輸出するのと同じことである。そうした海外支援を通じて日本など先進国の企業が多少経済的利益などをあげるにしても、途上国をはじめとする世界の水問題解決につながるのであれば、今後推進していくべきだと考えられるし、実際に政治、行政、民間企業はそうした方向で動き始めている。世界の水問題解決へむけた今後の日本の貢献に国内外から期待がかかっているのはよろこばしいことである。

参考文献

Oki, T., and S. Kanae(2006) *Science*, 313, no.5790, 1068-1072.

佐藤 未希（２００３）「食糧生産に必要な水資源の推定」、東京大学大学院工学系研究科社会基盤工学専攻、修士論文

Oki, T. and S. Kanae(2004) *Water Science & Technology*, 49 (7), 203-209.

執筆者紹介

沖 大幹（おき・たいかん）　１９８７年東京大学工学部土木工学科卒業。１９８９年東京大学生産技術研究所助手。２００６年より現職。その間、日本学術振興会特別研究員としてアメリカ航空宇宙局ＮＡＳＡゴッダード研究所に、また助教授として大学共同利用機関総合地球環境学研究所に、上席政策調査員として内閣府総合科学技術会議事務局にも勤務。現在、東京大学生産技術研究所教授。地球水循環システムを専門とし、気候変動がグローバルな水循環に及ぼす影響やヴァーチャルウォーターを考慮した世界の水資源アセスメントなどを研究対象にしている。気候変動に関わる国家間パネル（ＩＰＣＣ）第４次報告書主要執筆者、国土審議会や社会資本整備審議会などの専門委員なども務める。第２回海洋立国推進功労者表彰（２００９年）、日経地球環境技術賞、日本学士院学術奨励賞、日本学術振興会賞、科学技術分野の文部科学大臣の科学技術賞の表彰（いずれも２００８年）を始め、土木学会環境賞（２００５年）、日本水大賞奨励賞（２００４年）、国際水文科学会（ＩＡＨＳ）Ｔｉｓｏｎ Ａｗａｒｄ（２００３年）ほか表彰多数。２００６年８月には米国科学雑誌「Ｓｃｉｅｎｃｅ」誌にレビュー論文「地球規模の水循環と世界の水資源」を発表。監訳に「水の世界地図」（丸善出版、２００６年）、監修・解説に「水の未来—世界の川が干上がるとき　あるいは人類最大の環境問題—」（日経ＢＰ、２００８年）、共著に「国土の未来」（森地茂編著、日本経済新聞社、２００５年）、「水をめぐる人と自然—日本と世界の現場から—」（嘉田由紀子編著、有斐閣選書、２００３年）、「千年持続社会」（（社）資源協会編、日本地域社会研究所発行、２００３年）などがある。

第3部　地球変動を追う

1．気候温暖化による亜高山針葉樹林の動態変化

温暖化と日本の森林植生

日本には、亜熱帯林から温帯林を経て亜寒帯に至る多様な森林植生がある。東アジア・モンスーン気候のもとで十分な降水量があるので、これらの森林植生の分布境界を決める環境要因は主に気温であると考えてよい。特に「暖かさの指数」(毎月の平均気温から5℃引いたものを1～12月まで合計した値。ただしマイナスの場合は零とする。「暖かさの指数」15以上で森林が成立する）と呼ばれる森林の生命活動の年間の総和を表す気候値は、それぞれの分布境界とよく一致する(吉良ら、1976)。そこで、温暖化による森林植生への影響予測を行う際には、この「暖かさの指数」の変化をもとに、森林植生が高緯度あるいは高標高域へ平行移動すると仮定して予測するのが一般的である。それをもとに、他の気候・地形要因の影響、森林の更新動態、天然林の分断化による森林移動の障害、森林生態系の平衡が維持されるか、などさまざまな要因を考慮して予測の精度を高めていくことが必要とされている。

東日本の日本海側の森林植生の特徴として、世界でも有数の多雪に守られた森林生態系が発達していることがあげられる。亜高山帯のマツ科常緑針葉樹のオオシラビソ（アオモリトドマツ *Abies mariesii*）は、低温・乾燥気候の氷河期には小集団として存在していたにすぎなかったが、約1万年前の後氷期以降、多雪環境に適応して日本海側の亜高山帯に広く分布を拡大したと考えられている。多量の積雪は、雪圧によって樹木に機械的損傷を与えるが、いっぽうでは樹木を雪で覆って厳冬期の低温・乾燥から保護する働きも大きい。太平洋側の亜高山帯に多いシラビソ（*Abies veitchii*）に比べて、オオシラビソは雪圧に強く、積雪の恩恵を受けて日本海側の多雪地帯に優占しているといわれている。したがって、温暖化によって大陸からの寒気の吹き出しが弱まって積雪量が減少すれば、これらの森林は大きな影響をこうむることになるだろう。すでに日本海側の多雪山域で、積雪量の減少から生態系の変化が進行していることが報告されている（安田・沖津、2007）。そこで、温暖化による少雪化が、多雪地域の亜高山帯針葉樹林の植生に与える影響について考えていくことにする。

北アルプスの森林限界

北アルプスにおいて「暖かさの指数」による推定からは、標高2800メートル付近まで亜高山帯針葉樹林が成立できるはずである。しかし実際には、約2500メートル付近で森林限界となっている山が多い。沖津（1984）によると、山頂からの比高200〜500メートルの範囲では、山頂効果として強風、多雪などの環境ストレスが厳しく、森林の成立を妨げているといわれている。北アルプスの高峰の山頂は2800〜3000メートルの高さをもつので、山頂から標高2500メートル位までは森林の成立が困難で、かわって低木のハイマツ群落が優占すると考えられている（図1）。

図1　乗鞍岳の6月の森林限界付近のようす
図中の矢印の位置が標高2500mの森林限界。それより上が高山帯のハイマツ群落で稜線付近を除いてまだ雪に覆われている。森林限界より下は亜高山帯針葉樹林

このような森林限界の成り立ちを考慮すると、温暖化によって亜高山帯が平行移動して上昇するとは単純に予測できないであろう。温暖化によって、森林限界付近の環境ストレスが増大するようであれば、森林限界は逆に下降し、亜高山帯は縮小または消滅し、生態的空白が生じてしまう可能性もある。そこで、まず森林限界においてどのような環境ストレスが作用して樹木の生育を妨げているのか、また冬季の積雪はどの程度、樹木を保護しているのか、現状について理解したうえで、温暖化によって寡雪環境となった際に、樹木の生育にどのような変化が生じるのかを予測してみることにしよう。

森林限界の成り立ち　―乗鞍岳―

乗鞍岳（標高3026メートル）は北アルプスの南端に位置し、日本海型の気候で冬季は風雪の

図２　乗鞍岳の森林限界（標高2500m）のオオシラビソ
左：夏のようす。図中の矢印は冬の積雪面を示す。オオシラビソとハイマツが混生している
右：４月上旬のようす。このときの積雪深は２～４mで、ハイマツは雪に埋まっている

強い日が続き、森林限界付近での積雪深は４～６メートルに達する。なだらかな東側斜面にはオオシラビソを主とする亜高山帯針葉樹林が発達しているが、標高２４００メートル以上ではオオシラビソは点在し、樹高は低くなり、偏形化して、やがて２５００メートル付近で上限となって、ハイマツにとってかわられる（図１）。

（１）森林限界でのオオシラビソの樹型

オオシラビソの偏形樹では、積雪面の上と下とで対照的な樹型をしている（図２）。高さ２メートル以下の幹は太く直径10～20センチメートルはあるが、２メートル以上の幹では急に細くなって直径５センチメートル以下しかない。枝・葉の量も同様に、乾重量にして９割以上が高さ０・８～２メートルの間に集中して叢状によく茂っているが、高さ２メートル以上では枝・葉の量はわずかで枯損も目立ち偏形化している（図３）。冬季の

図３ 森林限界のオオシラビソの樹型
図中の矢印は冬の積雪面を示す

積雪面以上では立ち枯れ幹も目立ち、生きている幹と枯損した幹とが共存していることもある（図３）。これらのことから、冬季の積雪面上に幹が伸長すると、環境ストレスを受けて枝・葉は次第に損傷していき、やがてその幹は枯損するが、個体が枯れることはなく、再び新たな幹を積雪面上に伸ばすといったサイクルを繰り返していると思われる。この間、積雪面下では環境ストレスを受けることはなく、密生した枝・葉を安定して保有し、この部分の物質生産によって積雪面上の幹が枯れた後に再生する幹の伸長を支えていると考えられる。高木であるオオシラビソが積雪面より上方に幹を伸ばしても、着葉量はわずかで、物質生産の主たる担い手は、積雪面下の葉である。冬季に積雪に保護されて越冬するハイマツは高い現存量を保っており（梶本、１９９５）、森林限界でのオオシラビソは、高木でありながら低木のハイマツと競争関係を強いられているということができ

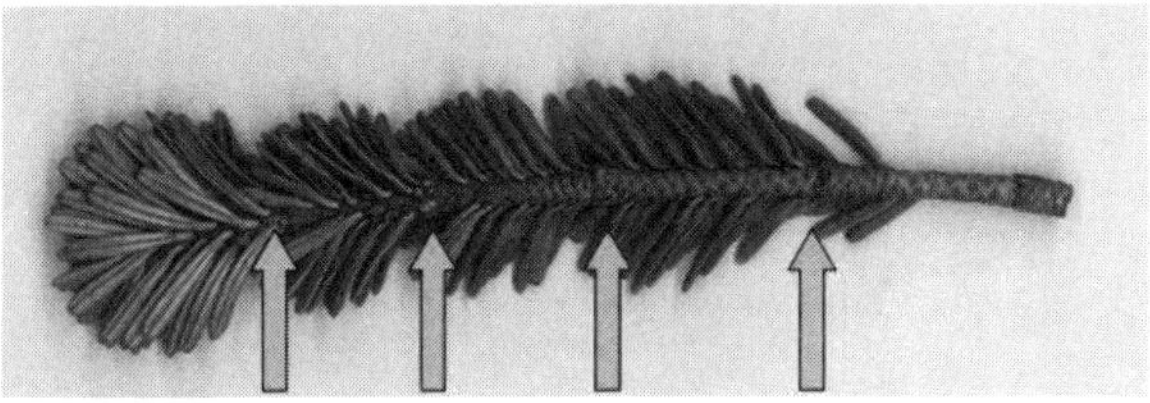

図４　森林限界のオオシラビソの積雪面より上にある偏形化した枝の裏面
図中の矢印は芽鱗痕といい各年に伸長した枝の区切りを示す。左側から当年枝、１年枝と順次、４年枝までよみとることができる

る。

(2) 針葉の寿命

亜高山帯の生育期間は短く年間の生産力は低い。それを補うかたちで、亜高山帯常緑針葉樹の針葉の寿命は、一般に通常10年程度と長い。森林限界のオオシラビソでは、冬季の積雪面以下の枝では、8年たっても針葉の5割が生残し、最長14年の寿命をもっており、亜高山帯の枝と同等であった。いっぽう、積雪面の上の偏形化した枝では、針葉の生残年数は短く、5年以内にその約8割が枯損・落葉し(図4)、8年までには針葉はすべて消失する。高標高域での短い生育期間にともなう生産力の減少は、寿命の長い常緑葉をもつことで補償されるはずであるが、積雪面上の枝では逆に寿命が半分に短縮したことで、物質収支が成り立たなくなり、前述したような幹の立ち枯れに至るものと考えられる。

では、このような針葉の寿命の低下は、どのような環境ストレスによってもたらされるのだろうか。図4に見られるように当年枝では越冬前に針葉が損傷することはないが、越冬するごとに裏側の針葉が1～2層ずつ褐変または落葉して、4回の越冬で表層の一部を残して、ほぼすべての針葉が落葉してしまっていた。この結果から、森林限界前線部では、越冬中に枝の裏側の針葉に褐変を引き起こし、枯損に至らせるような環境ストレスが作用することがわかった。

（3）森林限界の環境ストレス

温帯以北の森林限界で越冬する樹木に作用する環境ストレスとして、まず考えられるのは冬季の低温である。その他には強光や乾燥ストレスが考えられる。そこで、以下ではこれらの要因ごとに考えていくことにする。

①　低温

乗鞍岳の森林限界付近で最寒月の1月から2月にかけて、気温は−10℃～−20℃の範囲にあり、しばしば−20℃以下となる。森林限界付近のオオシラビソは、9月にはまだほとんど凍結に耐えることができないが、秋が深まるとともに耐凍性が高まり、12月には−30℃以下の低温に十分耐えることができるようになる。そのため、森林限界付近での低温が、越冬中のオオシラビソにストレスとして作用する可能性は低い。一般に北半球の亜高山帯や亜寒帯で優占しているマツ科針葉樹は、強い耐凍性をもっており、冬の寒さで損傷を受けることはない（酒井、1995）。

②　強光

図５　４月上旬に枝の裏側が褐変化したオオシラビソ

森林限界のオオシラビソでは、雪の上で越冬した枝の裏側の針葉が、４月初旬にいっせいに褐変化するのが特徴的である（図５）。この褐変化は、中部日本の多雪地の森林限界のオオシラビソでは広くみられる現象である。褐変化を引き起こす要因は、春先の強光である可能性が高い。春先の森林限界では低温でありながら、すでに日射は強く、特に雪の上のオオシラビソの枝は積雪面からの強い反射光も受ける（図２右）。植物にとって光は光合成のために必須であるが、過剰な光は、状況によっては活性酸素などの有害な物質を発生させ、細胞の損傷を引き起こし枯死に至らせることもある。光化学系は低温の影響を受けないので、光を受けるとそれを電子伝達系にエネルギーとして伝達するが、低温下では気孔閉鎖とカルビンサイクルの不活性化によって炭酸同化は行われないので、エネルギーの受け手がなく、過剰なエネルギーが生じてしまう。そのため強光条件下では光エネルギーを消散させる何らかの機構をもたなければ、過剰な電子によってチラコイド膜の損傷などが生じてしまう。寒冷地で越冬しているマツ科針葉樹は、葉に含まれる色素の組成を変化させて過剰なエネルギーを放出したり、クロロフィルの反応中心に含まれる蛋白質を分解して光利用効率を低く保ち、強光に対する防御機構を確立して越冬する（Öttanderら、1995）。乗鞍岳のオオシラビソでも、亜高山帯や森林限界の雪の下の針葉では、越冬期間を通じて強光に対する防御機構は保たれている。しかし森林限界の積雪面上の枝では裏面の針葉で、越冬中に強光に対する防御機構が失われ、4月初旬には雪面からの強い反射光を受けて強光障害が引き起こされ褐変化し、やがてその多くが枯死し落葉した。裏面のみが損傷を受けたのは、生育期間中には裏面は弱光しか受けることはなく、強光に対する防御機構が十分に備わらなかったためかもしれない。この防御機構は、積雪内や亜高山帯といった環境がより穏やかな条件では保持されるので、森林限界での強風、低温、強光などの環境ストレスが複合的に作用して失われるものと考えられる。

③ 乾燥

一般には樹木は夏季に乾燥害を受けやすいと考えられがちであるが、寒冷地の森林、特に冬季に土壌が凍結する地域では、冬季が最も樹木の乾燥害が起きやすい季節である。亜高山帯の樹木は、冬季は低温により土壌からの吸水を数か月間休止している。そのため、常緑葉をもって越冬するためには、クチクラ層で厚く覆って葉からの水分の消失をできるだけ低く抑えることが必要である。森林限界では、冬季に強風によって飛散する雪氷片により針葉のクチクラ層が傷ついて蒸散が高まり、針葉が致死含水量付近まで低下し、枯死する危険が高い（HadleyとSmith、1986）。森林限界のマツ科針葉

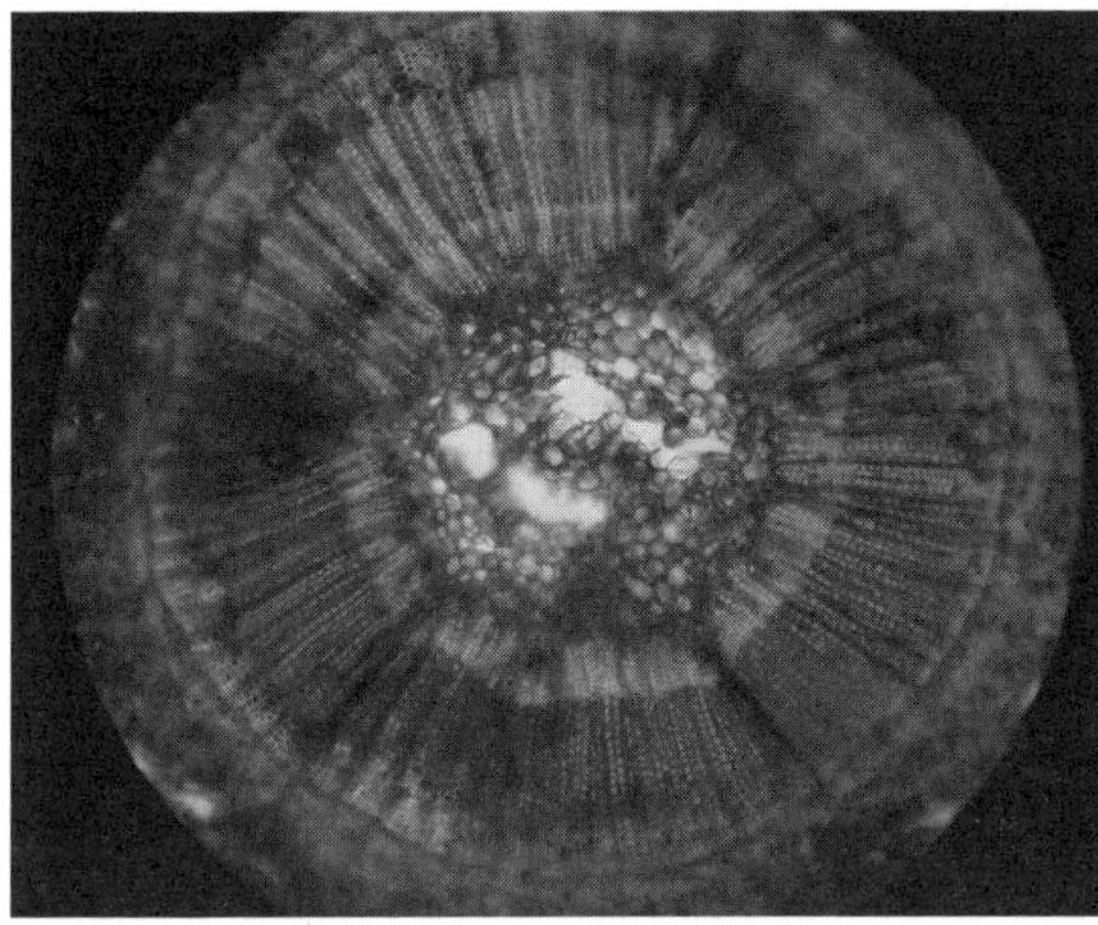

図6　オオシラビソの積雪面より上の枝で通導阻害が起きている枝の断面のようす
枝に色素（サフラニン）溶液を吸わせて、色素で染まっていない部分は気泡が入り水の通導が阻害されていることを示す

樹の針葉の枯損原因は、このような乾燥害であるというのが欧米で広く知られた説である。日本でも、冬季に降雪が少なく乾燥が続く太平洋側の富士山や八ヶ岳では、越冬中に乾燥害が多く発生する（Maruta、1996）。乾燥害の場合には、枝全体の針葉が褐変枯死するのが特徴である。乗鞍岳では厳冬期には降雪が続くため乾燥の程度が緩和され、森林限界でも致死含水量まで下がることはない。しかし3月になると移動性高気圧に覆われて晴れた日が多くなり、4月初旬には針葉の含水量は致死的ではないまでもかなり低下し、道管内に気泡が入り水の通導が阻害される（図6）。この通道阻害は雪融け後も回復せず、7月の生育期間になっても後遺症として水ストレスは残り、光合成低下をひきおこす。いっぽう、雪の下で冬を越した枝では水ストレスにおちいることはなく、生育期間には高い光合成能力を維持できる。このように積雪面の上と下で、光合成能力は対照

的となり、上の枝では強光による損傷に加えて、冬季の乾燥の後遺症としての生産量の低下によって ますます衰退が進むものとみられる。

森林限界の動態に対する温暖化の影響

以上の結果から、北アルプス・乗鞍岳で、気温条件から予測されるよりも低い標高2500メートル付近で森林限界に達してしまうのは、冬季の厳しい環境ストレス（強光、乾燥）のため、常緑針葉樹オオシラビソの幹が積雪面から上に伸長すると、針葉が損傷し寿命が短くなり、偏形化し、やがて幹が枯損するためであるということができる。これに対して、積雪面以下の枝では雪に保護されて損傷を受けることはなく、針葉の寿命も長く密生し、この部分の物質生産が枯損した幹の再生を支えていると考えられる。

温暖化にともなって少雪化が進んだ場合、針葉の乾燥ストレスは致死に至るほど進み、積雪面の低下にともない、物質生産の主な担い手である積雪面下の現存量も減少し、枯損幹の再生を支えられず、オオシラビソの生存ができなくなることも予想され、森林限界の下降をひきおこすかもしれない。また、高山帯のハイマツ群落も、冬季の強風や乾燥から積雪によって保護されることで成立しているが、少雪化によってハイマツ群落の生育が困難になって占有面積も減少することが予想される。したがって、積雪に保護されて成立している現在の森林限界や高山域の生態系の維持は困難となる可能性がある。

引用文献

Hadley, J. L. and Smith, W. K.（1986）*Ecology*, Vol 67, 12-19
梶本卓也（１９９５）日本生態学会誌 45巻、57～72ページ
吉良竜夫ら（１９７６） 科学、46巻、２３５～２４７ページ
Maruta, E.（1996）*Trees*, Vol 11, 119-126.
沖津進（１９８４）『地理学評論』57巻、７９１～８０２ページ
Öttander C. et al.（1995）*Planta*, Vol. 197, 176-188
酒井昭（１９９５）『植物の分布と環境適応』朝倉書店
安田正次・大丸裕武・沖津進（２００７）『地理学評論』80巻、８４２～８５６ページ

執筆者紹介

丸田恵美子（まるた・えみこ） 東邦大学理学部教授。専門は植物生理生態学。高山帯や亜高山帯の樹木を環境との関係を中心に研究している。

2. 北方林再生時における成長段階に依存した二酸化炭素吸収能の変動

はじめに

地球表層の炭素循環において、森林生態系の果たす役割は重要である。また近年の地球温暖化問題に対する二酸化炭素（CO_2）削減技術として、植林などによる森林生態系の有効利用が有望視されており、京都メカニズムにおいてもその効果が考慮されることになった。しかし、森林生態系のCO_2吸収能は、森林の成長段階（樹齢）や樹種に応じた生態系の環境のちがいに依存して大きく異なっていると見積もられているものの、その科学的データの蓄積は不十分であり、炭素収支の時空間分布の推定や森林生態系のCO_2吸収能を有効利用できる森林管理手法を開発する際の障害となっている。さらに地球温暖化に伴う気温上昇や降水量の変化が、森林生態系の炭素収支に影響を及ぼすと考えられているが、その推定には不確定性が大きく、将来の大気中CO_2濃度の予測を困難にしているひとつの原因となっている。このように森林生態系のCO_2吸収能に関する定量的な情報の蓄積は、地球温暖化対策のために不可欠であり、緊急を要する課題である。

いっぽう、地球温暖化の影響が顕著に現れると予測される北半球高緯度地域には、図1に示すよう

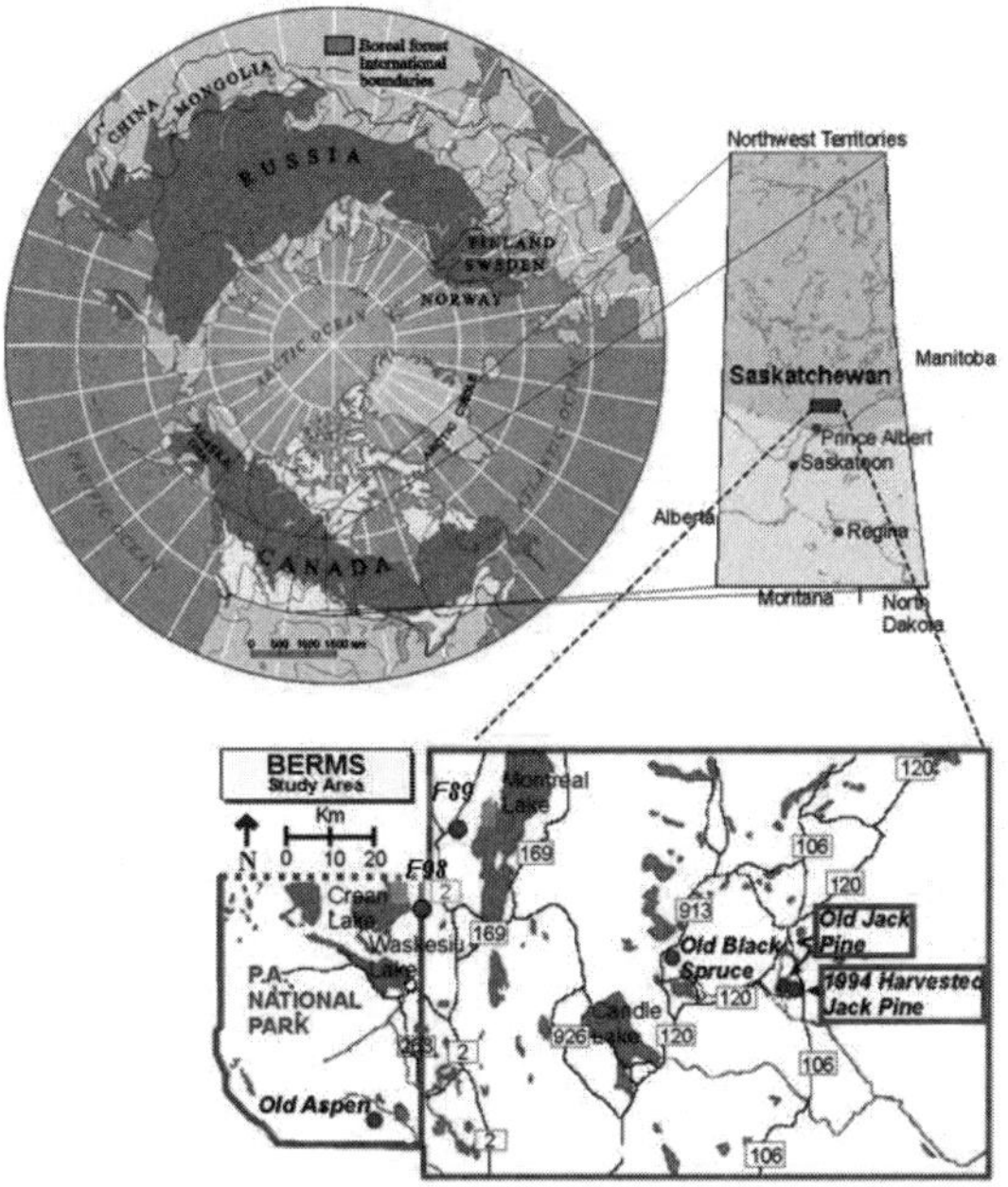

図1　（上）北方林の分布域（濃い灰色の領域）および（下）BERMS 観測サイトの位置

カナダの代表的樹種であるブラックスプルース（常緑針葉樹、Old Black Spruce: SOBS)、ジャックパイン（常緑針葉樹、Old Jack Pine: SOJP)、およびアスペン（落葉広葉樹、Old Aspen: SOA）の成熟林以外に 1994 年に伐採後再生しつつあるジャックパイン幼齢林（1994 Harvested Jack Pine: HJP94)、1989 年および 1998 年の火災後再生しつつある幼齢林 (F89, F98) のサイトがある　(http://berms.ccrp.ec.gc.ca/ より)

に、北方林（boreal forest）と呼ばれる森林が、広大な面積にわたって分布しているが、気候変動により、北方林生態系がどのような影響を受けるか、さらにそれが地球規模の炭素循環にどのような影響を与えるか懸念されている。陸域生物圏の炭素動態については、第2部第2章（2）で述べられているが、以下の節では、その具体例として、著者も参加して実施されたカナダ北方林における炭素動態に関する調査研究について紹介する。特に北方林の樹木の成長段階に依存した炭素動態のちがいについて見ることにする。

カナダ北方林で行われてきた炭素動態に関する観測研究

カナダ北方林において、カナダ、米国の研究者が中心となって、１９９０年代半ばにカナダ北方林における気候・生態系相互作用を明らかにしようとする大規模国際研究プログラムであるＢＯＲＥＡＳ（Boreal Ecosystem-Atmosphere Study）が実施された。そこでは、大気・北方林生態系間の熱、水、CO_2、その他の温室効果気体の交換過程に関する理解を向上させ、気候変動がこれら交換過程にどのような影響を及ぼすかを精度よく予測できるモデル開発のために必要なデータを取得することが目標とされた。また、生態学的調査によるプロセス研究やタワーを用いたフラックス測定などの多点地上観測以外に航空機観測や衛星データ解析も行われ、地上観測点の結果をどのように広域スケールに適用すればよいかについても検討された。この大規模かつ先駆的なプログラムの実施により、カナダ北方林生態系に関する理解が深まり、その成果は多数の学術論文にまとめられ、モデルの開発も促進された。さらに、BOREASプログラム終了後も、カナダ・サスカチュワン州の一部のサイトで観測が継続あるいは再開され、長期の観測により気象条件の年々変動による生態系への影響が調査されるとともに、火災や伐採後、再生中の若い森林サイトが観測地として新たに設定され、これら観測網をもとに、気候変動に対するカナダ北方林の応答性について樹種や攪乱（伐採、火災など）後の経過年数によるちがいを評価しようとするBERMS（Boreal Ecosystem Research Monitoring Sites）プログラムが開始された。BERMSプログラムは、その後、2002年に設立されたカナダ国内の他の地域のフラックス観測も含む観測ネットワークFluxnet-Canada Research Networkにおいて、中心的な役割を果たしている。

図1にBERMSプログラムの主な観測サイトの位置を示した。BERMSプログラムの観測サイトには、上記目的に合うように、ジャックパイン、ブラックスプルース（常緑針葉樹）、アスペン（落葉広葉樹）などのカナダ北方林の代表的な樹種の森林があり、また成熟林以外に、火災や伐採後、再生しつつある樹齢の異なる森林が含まれている。カナダ北方林では、火災や伐採が繰り返され、そのエリアごとに樹種や樹齢がほぼ一様な森林が再生している。BERMS観測サイトには、樹種や樹齢に依存した炭素動態のちがいを比較できるように、火災や伐採時期がわかっており、樹種・樹齢がほぼ均一に広域に広がっている森林が選ばれている。著者らは、1994年に伐採された後、再生中のジャックパイン幼齢林（Harvested Jack Pine、HJP94）において、Meteorological Service of Canadaとの共同研究として2001年より観測を実施してきている（Iwashitaら、2005）。いっぽう、HJP94の北西約2キロメートルには、同樹種で火災後70年以上経過した成熟

表１　両サイトの概況

サイト略称	HJP94	SOJP
位置	53.908° N 104.656° W	53.196° N 104.690° W (HJP94 の北西約２km)
主要樹種	ジャックパイン	ジャックパイン
樹齢 (2005 年時点)	11 年 1994 年伐採後再生	76 年 1929 年火災後再生
樹高 (2005 年時点)	0-4 m	13 m
葉面積指数 (LAI)*	0. 6	2. 5
土壌	やせた砂地	やせた砂地

Amiro et al. (2006) を一部抜粋、修正して作成
※葉面積指数 (Leaf Area Index)： 植物の葉の量を示す指標。単位土地面積に対する、その上方にあるすべての葉の片側面積の総和の比率

林サイト（Southern Old Jack Pine、SOJP）がある。このように、ほぼ同じ気象条件下で同じ樹種からなる樹齢の異なる森林が広がる両サイトの観測結果を比較することは、炭素動態の樹齢依存性を生態系レベルで調べるために有効であるといえよう。表１に両サイトの概況がまとめられている。

以下では、渦相関法によるフラックス観測から見積もられた生態系純生産（NEP）、光合成吸収による総生産（GPP）および生態系呼吸（REC）の変動と環境要素との関係やその樹齢依存性について、HJP94およびSOJPの結果を中心に北方林の炭素動態の特徴について見てみる。

フラックス観測より見積もられた炭素収支の変動と環境要素との関係

ここでは、カナダ北方林における炭素収支と環境要素との関係を見てみよう。BERMSサイトでは、年

間の平均気温は約０℃で、日平均気温が冬季は−40℃以下にまで下がり、夏季は30℃近くにまで上昇する。気温の季節変化は年々変動し、年間の炭素収支に対しては、春先の気温の変動が重要であることが、これまでの研究でわかっている。カナダ北方林においては、常緑樹であっても、冬季は土壌水が凍結するため光合成は行われない。春になり気温および地温が上昇すると、光合成が再開されるが、春先が温暖であるほど、早い時期より再開されるため、年間の光合成可能期間が長くなり、その結果、CO_2吸収量も大きくなると考えられている。アスペンなどの落葉樹林では、春先の気温が高いと、新葉が出る時期が早まり、着葉期間が長くなり、その結果、年間のCO_2吸収量も大きくなる。

いっぽう、年降水量は、日本と比べると非常に少なく、年々変動が大きい。たとえば、２００１〜２００５年の間、ＳＯＪＰでは、平均４７０ミリメートルであったが、最高７２９ミリメートル、最低２６２ミリメートルと大きく変動した。年ごとのちがいは主に植生活動が盛んな晩春から早秋の時期の降水量のちがいによる。地表付近の土壌水分量は、毎年、雪解け時の春に高い値を示し、その後、降水に応じて変動を繰り返すが、夏季に降水量が少ない年には、土壌水分量は著しい低下を示す。図１に見られるようにＢＥＲＭＳの観測サイトは、北方林の分布域の南縁に近く、第２部第２章（２）で述べられている放射乾燥度・純放射量（気温）と植生分布の関係から、降水量が少ないものの、気温が低いために森林が形成されているが、さらに南の地域では乾燥度が強まるため、図中の黄色の部分には主に草原が広がっている。このため、当地域の北方林の炭素収支に対する乾燥度の影響は大きいものと推測される。実際、これまでの研究から、以下のような乾燥度の炭素収支への影響が明らかになってきている。一般に、光合成活動に適した気温において、光合成によるCO_2吸収量（ＧＰ

Ｐ）は、光合成に有効な波長帯、０・４〜０・７マイクロメートルの日射強度（Photosynthetically Active Radiation、ＰＡＲ）の増加に伴い増加し、ＰＡＲが一定値以上では、ＧＰＰはほぼ一定になる。ところが、ＢＥＲＭＳサイトにおける観測結果によると、土壌水分が低く乾燥した状況下では、ＰＡＲに対するＧＰＰの増加傾向が抑制されていた。特に午前と午後を比較すると、気温に対する飽和水蒸気圧と実際の大気中水蒸気圧との差である飽差が増大して乾燥が著しくなる午後には、ＰＡＲに対するＧＰＰ増加傾向は著しく弱められていることが明らかになった。いっぽう、一般に生態系呼吸（ＲＥＣ）は、高温時に植物の呼吸や土壌有機物分解が活発になることを反映して、地温や気温の上昇とともに指数関数的に増加する。しかし、観測結果から、土壌水分が低いときには、植物の呼吸活動や土壌中微生物の活動が抑制されることを反映し、ＲＥＣは低下する傾向が見られ、特に高温で乾燥時の低下が顕著であることが明らかになった。さらに、成熟林と比較すると、幼齢林では、日射が地表面に達しやすく、地表付近の地温上昇、土壌水分低下が起こりやすいため、乾燥の影響が顕著であった。

このようにカナダ北方林においては、炭素収支は春先の気温や乾燥度の影響を強く受ける。気候変動により春先の気温や乾燥度が変動すれば、北方林の炭素収支は顕著な影響を受けることになるであろう。

幼齢林と成熟林における炭素収支の季節変動と年間積算値の年々変動

次にカナダ北方林における炭素収支の季節変動を見てみよう。図２にその例として、ＨＪＰ94およ

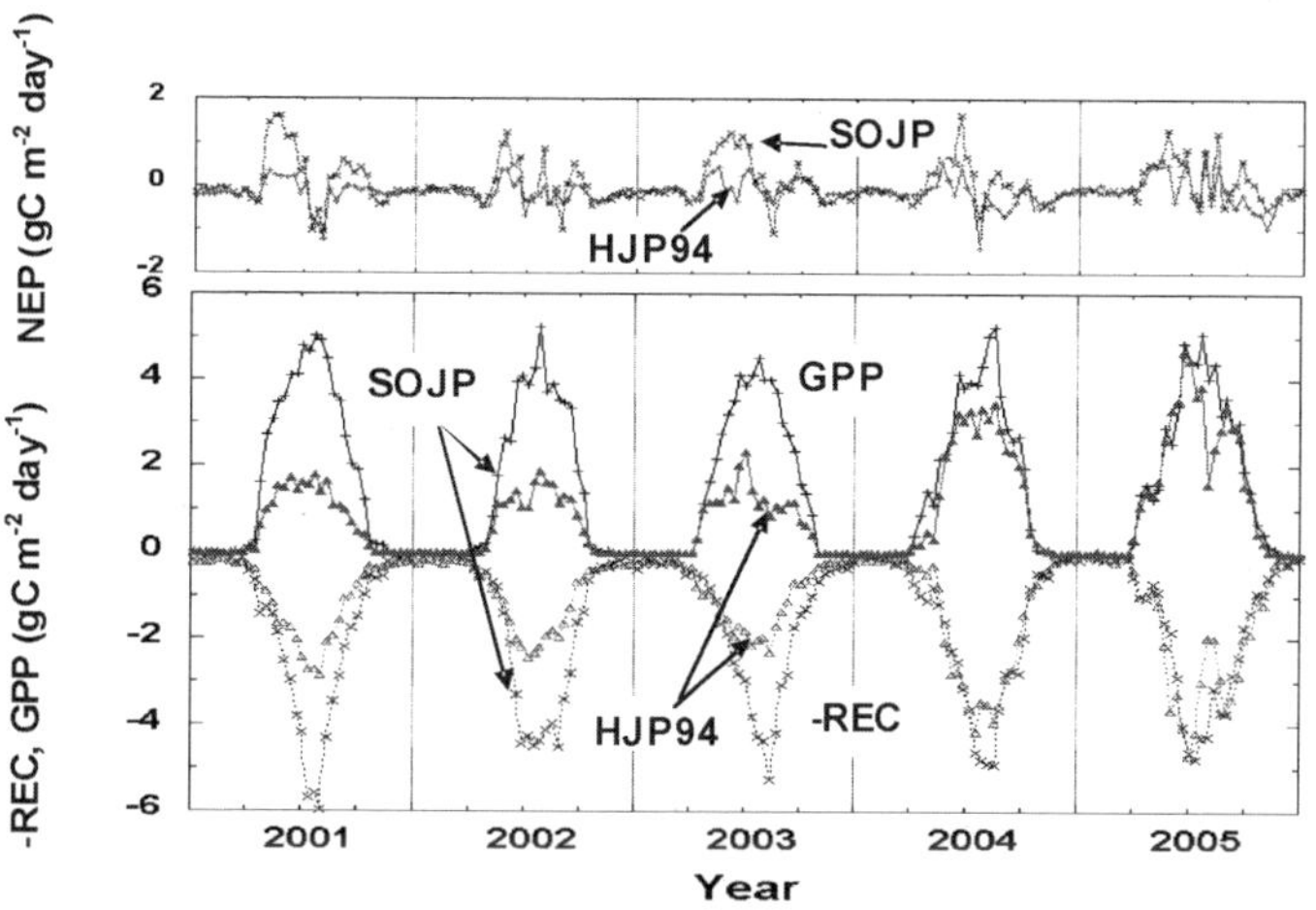

図2 HJP94およびSOJPにおける生態系純生産(NEP)、光合成吸収による総生産(GPP)および生態系呼吸(REC:図中では負号を付けて示している)の10日平均値の時間変動

（三枝信子氏作成の図をもとに編集）

びＳＯＪＰにおける、２００１～２００５年のＮＥＰ、ＲＥＣおよびＧＰＰの変動を示す。ＳＯＪＰの方が、単位面積あたりのバイオマス量が大きく、光合成に関連する葉面積指数（単位面積に対するその上方にあるすべての葉の片側面積の総和の比率）も大きいことを反映して、各要素とも季節変動の振幅が大きくなっている。ＮＥＰは植物の成長季節の前半に正味の吸収（プラスの値）が卓越し、後半は短い周期で吸収・放出間で変動している。ＧＰＰとＲＥＣは、両サイトで夏季に増大する類似の季節変動を示しているが、２００１～２００３年には両サイトの差が大きい。いっぽう、２００４、２００５年はその前の３年間に比べて、ＨＪＰ94の年積算ＧＰＰおよびＲＥＣは大きい。これは、２００４、２００５年が２００１～２００３年と比べて湿潤な天候であったことが関係しているのであろうか。あるいは、ＨＪＰ94における樹木の成長に伴い光合成・呼吸活動が活

発化していることも反映しているのかもしれない。２００１〜２００５年の各年の年間積算ＮＥＰは、ＨＪＰ94において、-68, -67, -18, -73, -31 gC m^{-2} yr^{-1}（平均 -51 gC m^{-2} yr^{-1}）、ＳＯＪＰにおいて、42, -15, 30, 4, 36 gC m^{-2} yr^{-1}（平均 19 gC m^{-2} yr^{-1}）であり、それぞれ平均でCO_2のソースおよび弱いシンクであった。ＳＯＪＰのＮＥＰが、２００２年および２００４年に他の年より小さくなっているが、これらの年は、春先の気温が他の年より低く、光合成に適した気温の条件を満たす期間が短かったためであろう。ＳＯＪＰにおける年間ＮＥＰのこの期間の平均値は、第２部第２章（２）の表１に示されているアジア地域の各森林生態系に対する平均値の５〜13パーセントと非常に小さいが、これは、厳しい環境条件での生物活動を反映しているのかもしれない。

年間積算ＮＥＰの樹齢依存性

最後に、カナダ北方林の年間積算ＮＥＰの樹齢依存性を見てみよう（図３）。火災や伐採等の攪乱直後は、ＮＥＰはマイナスの値を示し、森林は顕著なCO_2放出源となっている。その後もしばらくの間は、森林が再生を開始し成長しつつある状況であっても、生態系全体では放出源となっているが、成長とともにＮＥＰは増加し、攪乱後十数年でマイナスからプラスに転じ吸収源となる。攪乱後約30年目以降は、データにばらつきがあり明確ではないが、他と比べてＮＥＰが大きいＳＯＡのデータを除くと、ＮＥＰは樹齢の増加とともに緩やかに減少する傾向が見られる。第２部第２章（２）では、８００年生の自然林がCO_2を吸収している例があげられているが、図３を見る限り、カナダ北方林の老

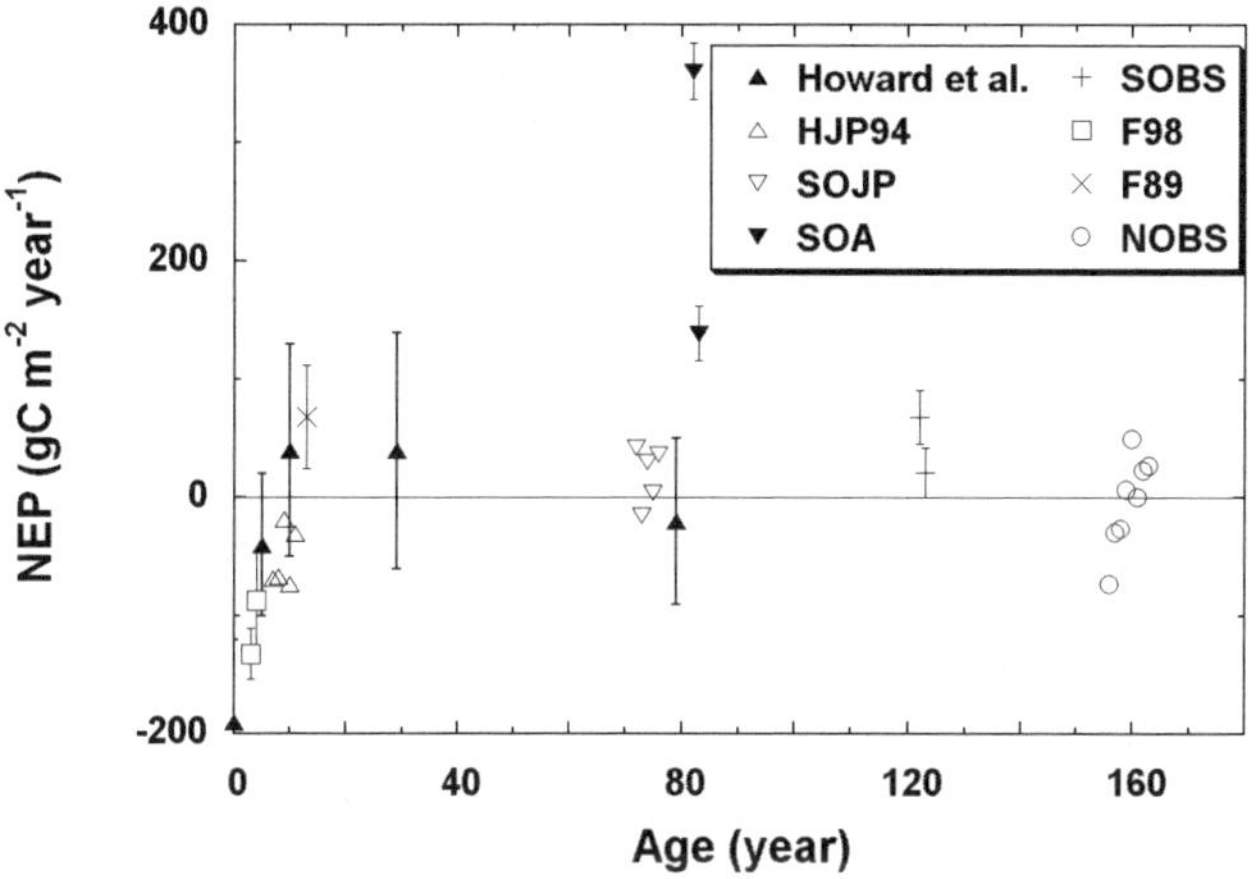

図3　カナダ北方林における年間積算生態系純生産（NEP）の樹齢依存性

図1に示された各サイトおよびカナダ・マニトバ州のブラックスプルース老齢林(NOBS)における渦相関法によるフラックス観測結果およびHoward et al. (2004) によるカナダ・ジャックパイン林における生態学的調査の結果が示されている　(Amiro et al. 2006 をもとに編集)

齢林については、NEPはほぼゼロのようである。このように、若い森林は、最初の十数年間、CO_2を放出してしまい、また、老齢林においては、CO_2吸収能は低下してしまう。効率的なCO_2削減のためには、このような森林生態系の年間NEPの樹齢依存性を考慮して、森林管理を行う必要がある。また、カナダ北方林の炭素収支を精度よく見積るためには、樹種・樹齢の分布とともにNEPの樹齢依存性をより正確に把握する必要があるが、上述のように気象条件の年々のちがいにより年間NEPは大きく変動するため、長期にわたる観測を行ってデータを蓄積することが必要であろう。

おわりに

カナダ北方林の分布面積は、日本の国土面積の9倍以上にも及ぶ。この北方林が分布する北半球高緯度域では、地球温暖化の影響が顕在化しつつある。Grantら（2007）は、ＨＪＰ94やＳＯＪＰの観測データをもとに数値モデルを用いて、将来の気候変動に対する同地域におけるジャックパイン森林生態系の応答を予測しているが、高温・乾燥化に伴い、現在、年間で正味のCO_2吸収源となっている成熟林が将来放出源になりうると予測しており、CO_2削減対策のためには、気候変動に対応して、植林する樹種を高温・乾燥に強いものに変更していくことが必要になるであろうと指摘している。また、現在でも日本の国土面積の５パーセントに匹敵する年間約２百万ヘクタールのカナダ北方林が火災により焼失しているが、もし乾燥化すると一層増大する可能性がある。さらに温暖化により樹木の病虫害も拡大するおそれもある。このような攪乱が頻発するようになると、若い森林の占める割合が増加するかもしれない。このような気候変動に伴うカナダ北方林生態系への影響は、地球規模の炭素循環に影響を及ぼす可能性がある。今後さらに継続的な観測により、北方林の炭素収支変動を監視するとともに、観測データをもとに、より正確なモデルを構築し、将来の炭素収支予測を高精度化していくことが望まれる。

参考文献

Amiro, B.D. et al. (2006) *Agricultural and Forest Meteorology*, vol. 136, pp. 237-251.

Grant, R.F. et al. (2007) *Global Change Biology*, vol. 13, pp.1423-1440.

Howard, E.A. et al. (2004) *Global Change Biology*, vol. 10, pp.1-18.

Iwashita, H. et al. (2005) *Journal of Agricultural Meteorology*, vol. 61, No. 3, pp.131-141.

執筆者紹介

村山昌平（むらやま・しょうへい）　１９８８〜１９９０年、国立極地研究所文部技官（日本南極地域観測隊員）。１９９０〜１９９２年、日本学術振興会特別研究員。１９９２年、東北大学大学院理学研究科博士後期課程修了（博士・理学）。同年、通産省工業技術院資源環境技術総合研究所（現独立行政法人産業技術総合研究所）入所。現在、独立行政法人産業技術総合研究所環境管理技術研究部門主任研究員。専門は大気科学、炭素循環。

3. 衛星データを活用したグローバルモデルによる純一次生産量の推定

地球温暖化を表わす代表的な指標として気温や二酸化炭素がある。そして、これらの物理量は、地球的規模で見ると空間的にも時間的にも大きく変動する。気温の空間分布は、低緯度の熱帯地域で高く、高緯度の寒冷地域ほど低い。同じ緯度帯でも寒暖の差は地域によって大きく異なる。気温の時間変化（季節変化や経年変動）は空間分布と同様、地域によって異なる。このため、温暖化研究では空間的パターンを把握する「広域性」と時間的パターンを把握する「長期連続性」に注目して解析を進める必要がある。このふたつの特性を兼ねそなえた観測手法が人工衛星による地球観測（衛星観測）である。本稿では、衛星観測の特徴や衛星データを絡めた炭素収支解析の手法、およびその解析事例について述べる。とくに、「衛星データの活用」に力点を置き、全球スケールにおける純一次生産量の時空間パターン解析の研究例を紹介する。

衛星観測の特徴

本来、陸域炭素収支量の算定は、地上での直接測定が最良の観測手法である。地上観測を全球スケールでまんべんなくカバーするには多くの観測地点を設ければよいし、長期連続的に観測するにはその全地点で長期間継続的に観測すればよい。しかし、このような形態で地上観測をすることは、コストや労働力などの面から現実的ではない。

地上観測に代わる有用な観測手法として、衛星観測がある。衛星観測の特徴は、「広域性」と「長期連続性」である。

①広域観測

衛星観測の利点は、広域を瞬間的に観測できることである。

炭素収支解析のための地上観測は、観測器を1地点に設置して、その1地点の炭素収支のみを観測する。地上観測データの空間的な代表性（フットプリント）は、おおよそ数百メートルから2キロメートル程度の範囲とされる。いっぽうで、衛星観測は人工衛星に搭載された観測センサを使い、あたかも宇宙からカメラで地球を撮影するような感覚で広域を観測する。衛星センサの走査幅は数十～数百キロメートル、空間解像度（空間分解能）は数メートルから1キロメートルにも及ぶ。そのため、対象とする空間スケールは、地上観測の対象スケールと比べて非常に広い。このように、衛星センサによる広域観測は、地上観測にはない「広域性」という利点がある。

②長期連続観測

もうひとつの利点は、長期間連続的に観測できることである。

たとえば、人工衛星シリーズＮＯＡＡの場合、１９７８年に最初の衛星ＮＯＡＡ６号が打ち上げられ、それ以降から現在まで12基の後継機が打ち上げられている。12基のＮＯＡＡ衛星いずれにも同規格のAdvanced Very High Resolution Radiometer（ＡＶＨＲＲ）という観測器が搭載され、過去約30年間ほぼ同じ観測条件で観測されつづけてきた。その結果、12基で観測された衛星データをつなぎ合わせることで、長期連続的に観測されたデータが入手できる。近年、衛星センサの開発技術が向上したことにより観測頻度が大幅に改善され、地表面状態をより高い頻度で観測できるようになった。現在、世界各国で連続観測を目的とした新たな人工衛星シリーズの提案・継続が検討されており、今後もより長期連続的な衛星観測の実現が期待される。

陸域炭素収支の広域解析手法には、衛星観測とモデルを組み合わせた手法やモデルのみを用いた手法がある。モデルのみを用いる手法は、大気データのみを使って地表面状態を推定するため、モデル内では地表面を理想状態と仮定する。いっぽう、モデルと衛星観測を組み合わせた手法は、地表面の観測値を用いるため、現実的な炭素収支量の解析ができる有用な手法である。観測データという現実的な地表面情報をモデルと組み合わせることで、広域における炭素収支量の現状を把握することができる。ただし、衛星観測は地上観測同様に観測しなければデータが手に入らないため、その解析期間は過去から現在までに限られる。

衛星データを用いた炭素収支解析の手法、および解析事例

温暖化研究の分野では衛星データを使った解析が行われている。いずれの研究も「広域性」や「長期連続性」に特化した成果をあげている。研究手法は、純粋に衛星データだけを用いた地表面解析から、衛星データに物理過程に関するアルゴリズムやモデルを組み合わせた応用解析（地球システムのプロセス解析）まで多岐にわたる。ここでは、衛星データの特徴をいかした陸域炭素収支研究の一例として、衛星データに物理過程のアルゴリズムやモデルを組み合わせて行った植物の季節変化（フェノロジー）解析、および純一次生産量の時空間パターン解析を紹介する。

①衛星データを用いた植生の季節変化に関する解析

Myneni ら（１９９７）は、衛星データから得られる植生の指標（Normalized Difference Vegetation Index：ＮＤＶＩ）をもとに植生活動の経年変化を解析した。その結果では、北半球中・高緯度地域において、近年の温暖化が植生の生長期間を延ばしたことを明らかにしている。北半球中・高緯度は、低緯度地域よりも寒冷で積雪が多く、温暖化による気温の上昇率が大きい地域である。近年、この地域では気温上昇によって春の雪解けが早まったために、春の植物の芽吹きが早まり、植生の生長期間が延びたことを示している。さらに、Myneni らは、衛星データを二酸化炭素収支などの温暖化研究につなげる目的で、独自の放射伝達モデルを開発し、衛星観測から葉面積指数（Leaf Area Index：ＬＡＩ）や光合成有効放射吸収量の割合（fraction of Photosynthetically

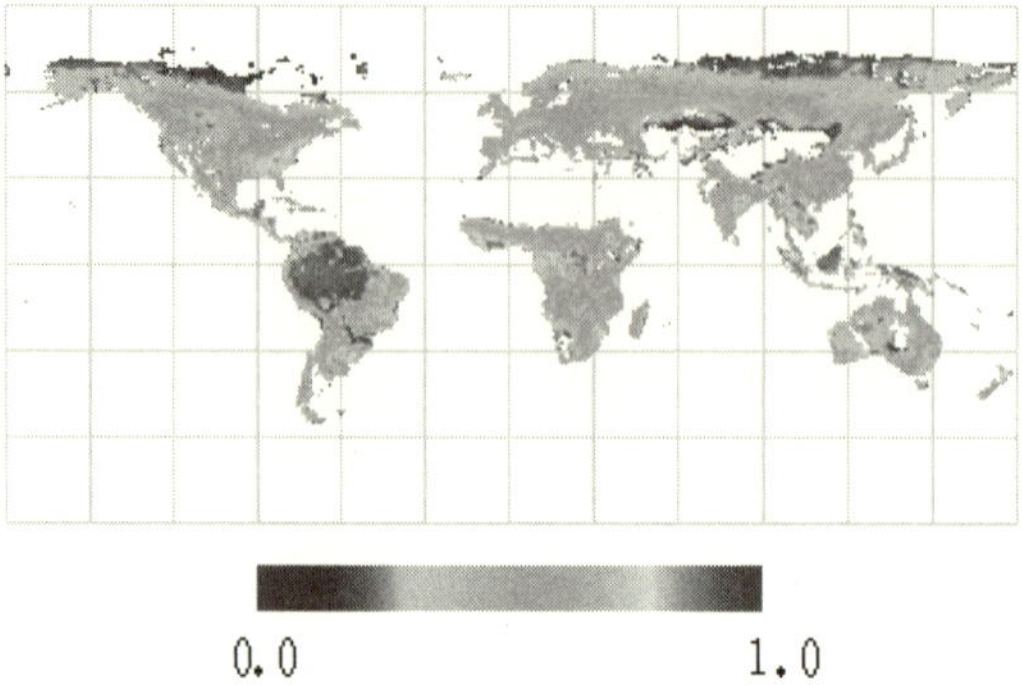

図１　衛星データ NOAA/AVHRR から求められた植生の光合成有効放射吸収量の割合
（ボストン大学 Myneni らによる）

Active Radiation、fPAR）などの物理量を精度よく導き出すことを試みた（図１）。これらのデータは、現在ボストン大学から無償で配布され、陸域炭素循環の研究分野で広く使われている。

②衛星データに物理過程アルゴリズムを組み合わせた純一次生産量の解析

Nemani ら（2003）は、Myneni らが作成した fPAR や LAI のデータに独自のアルゴリズム（the MODerate resolution Imaging Spectroradiometer Gross Primary Productivity/Net Primary Productivity Product, MODIS GPP/NPP Product）を組み合わせ、全球における陸域植生の純一次生産量を推定した。このアルゴリズムは、衛星データから純一次生産量を簡略的に推定するもので、光合成活動による炭素固定量（総一次生産量）と植生呼吸のみを計算する。このアルゴリズムは他の手法と比べて計算量が少ないので、より高い空間分解能データ

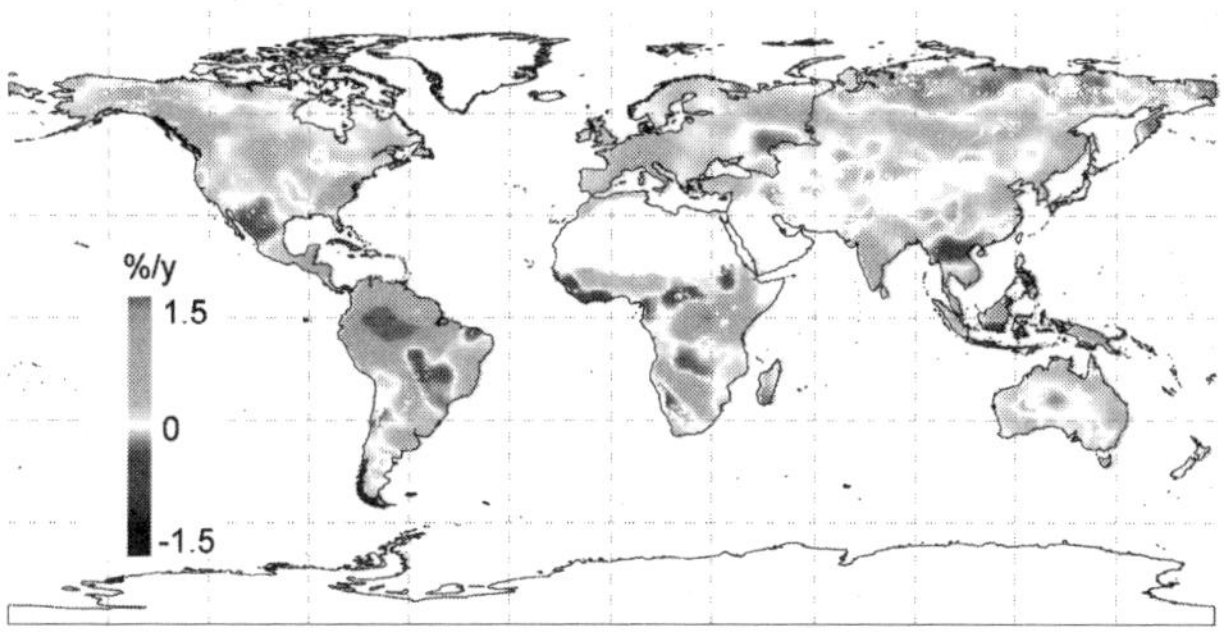

図２　1982〜1999年における純一次生産量の増減傾向（Nemaniら 2003）

を用いた全球・大陸スケールの解析に適している（なぜなら、空間分解能が高くなるほどデータ容量や計算量が増えるため）。Nemaniらの解析結果では、Myneniらが示した植生の生長期間が延びたことに呼応して北半球中・高緯度における植生の光合成活動が年々活発化し、１９８０〜90年代にかけて純一次生産量が増え続けたことを示している。また、アマゾン地域の純一次生産量も、同地域の日射量が増加したことを受けて大きく増加したことを示している（図２）。

③衛星データ重視型モデルによる純一次生産量の変動要因解析

佐々井ら（２００５）は衛星データから陸域の炭素、水、熱収支量を算定するため、Nemaniらとともに新たな陸域生物圏モデルＢＥＡＭＳ（Biosphere model integrating Eco-physiological And Mechanistic approaches using Satellite data）を開発した。ＢＥＡＭＳは衛星データから得ら

れる物理量（fPARやLAI、地表面温度など）をできるだけ多く取り込むように設計された衛星データ重視型モデルである。その特徴は、従来用いられてきた光利用効率（Light Use Efficiency、LUE）に植物生理学にもとづいた光合成モデル（Farquhar ら 1980）を組み合わせ、生態系プロセスを精巧に記述した点にある。BEAMSにMyneni らのデータを入力することで、各純一次生産量や土壌も含めた陸域生態系の炭素収支量（純生態系生産量）の時系列解析を行った。地域の吸収量や1982〜2000年にかけての増減傾向を把握するため、純一次生産量の空間分布解析や線形トレンド解析を行った。さらに、同期間での純一次生産量の増減要因を把握するため、複数の入力データに対する感度解析を行った（図3〜5）。図5を見ると、純一次生産量をコントロールしている主な要素が、水蒸気圧、気温、降水量、日射量、fPARだとわかる。地域ごとに見ると、Nemani らが純一次生産量の増加を示した北半球中高緯度地域では、fPARや降水量、水蒸気圧が純一次生産量を増やす方向に働き、逆に気温は純一次生産量を減らす方向に働いていることがわかる。つまり、同地域では、以前よりも植物が利用できる水資源が増えて生長活動が活発化し、植生による二酸化炭素吸収量が増えたことを示している。また、気温の上昇は、総一次生産量と植生呼吸量をともに増やすが、そのふたつの増加量は植生呼吸量の方が総一次生産量を上回ったため、両者の差し引き量である純一次生産量が減ったことを示している。また、アマゾン地域において、純一次生産量が大きく増加している。これは、近年日射量が増えたことで光合成活動が活発化し、その結果として植生による二酸化炭素の吸収量が増えたのだと理解できる。

以上のように、衛星観測がもつ「広域性」と「長期連続性」という利点は、温暖化研究において有

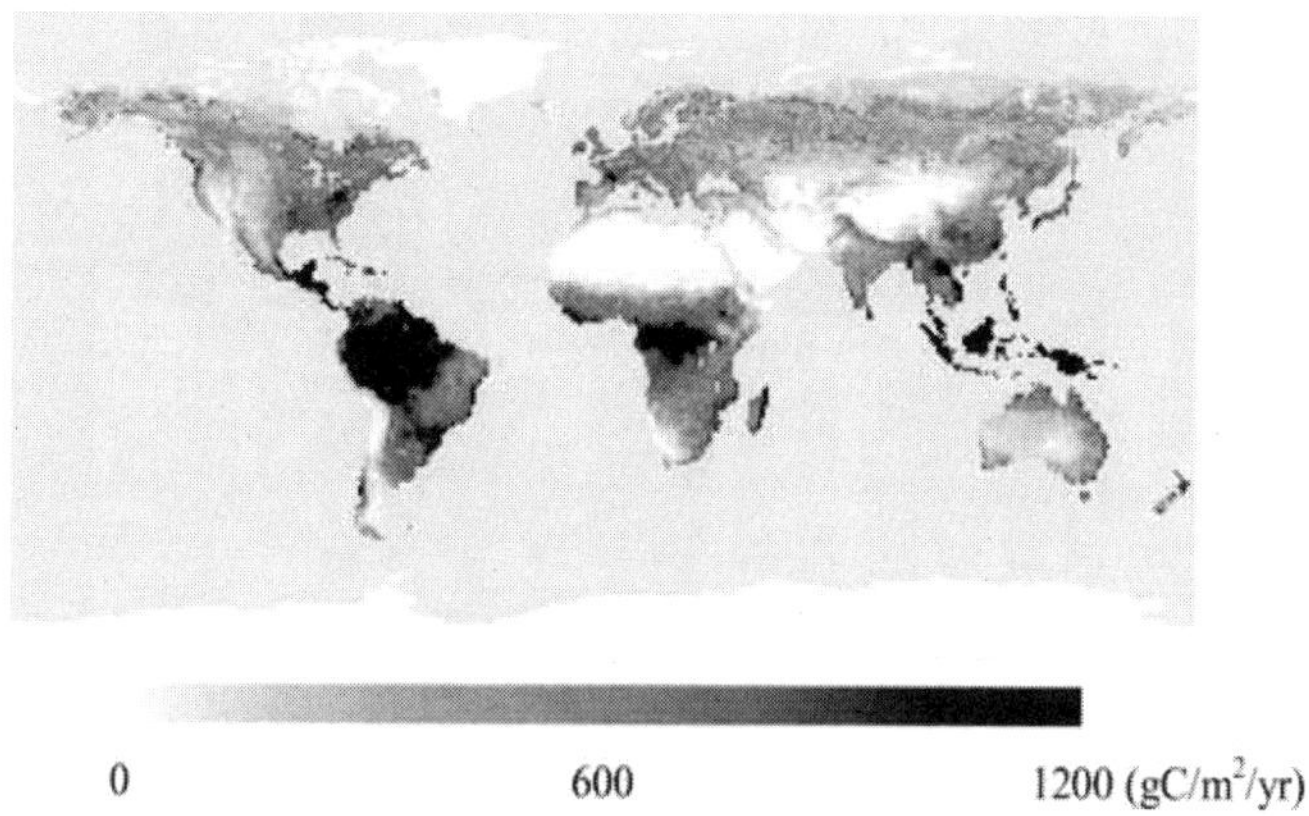

図3　1982 ～ 2000 年における純一次生産量の空間分布

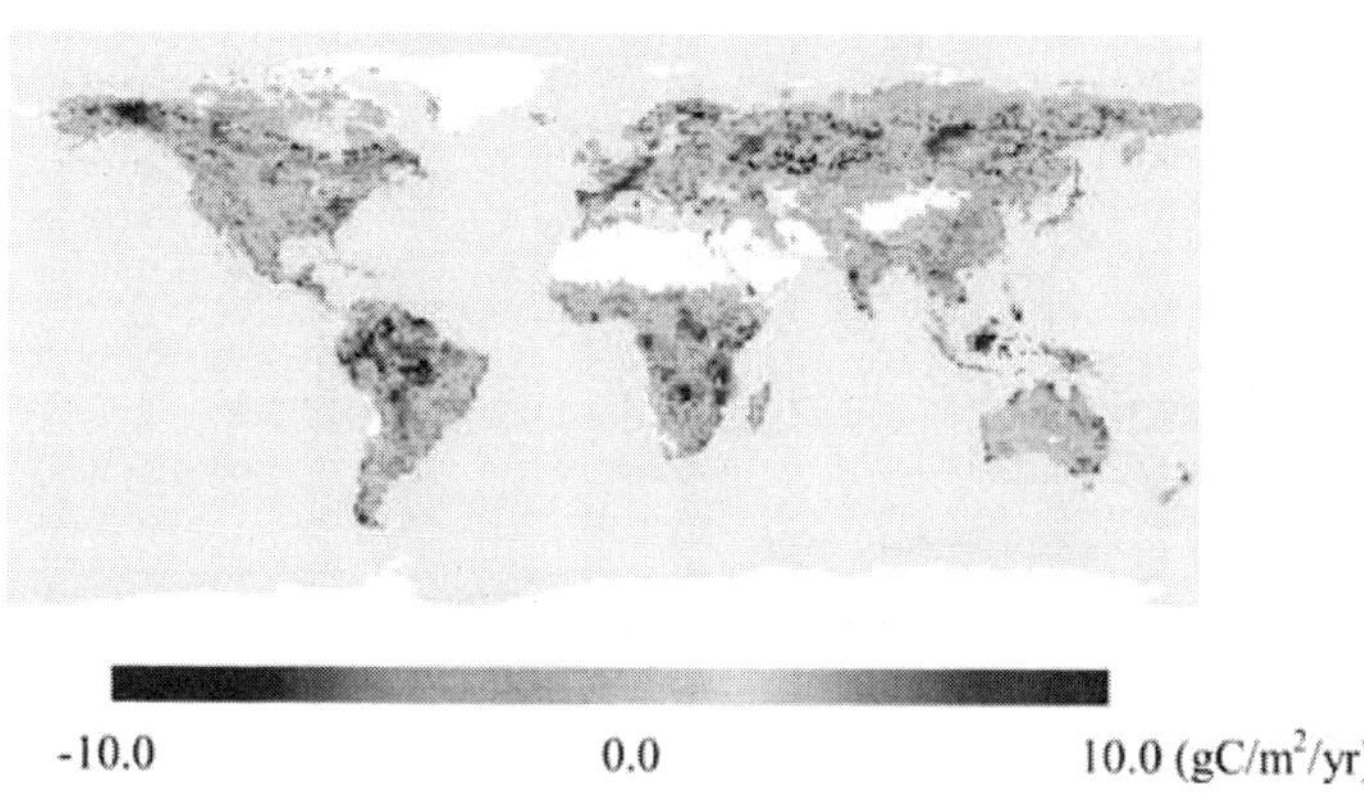

図4　1982 ～ 2000 年における純一次生産量の増減傾向

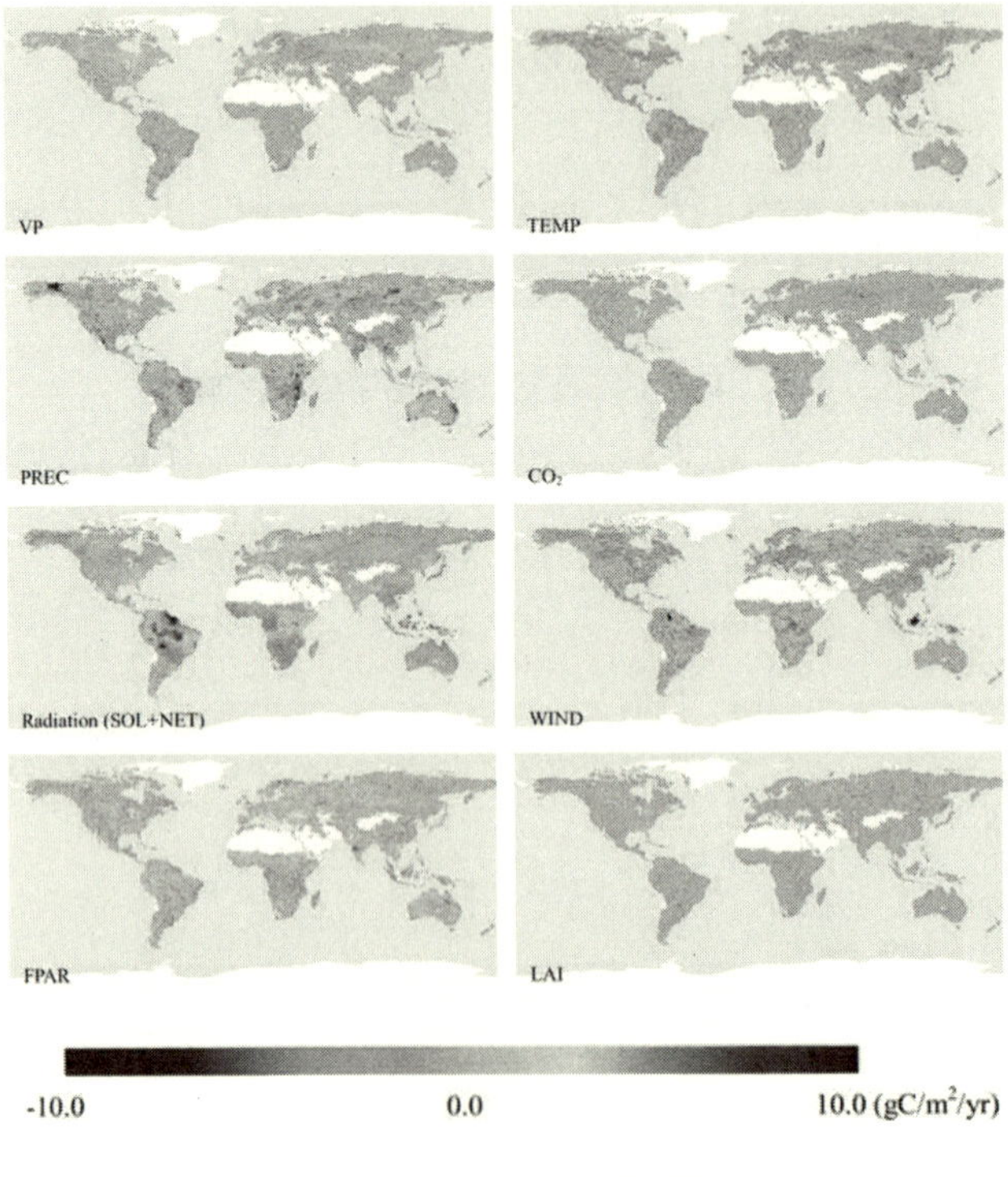

図５　純一次生産量の感度解析

左上から順番に、水蒸気圧、気温、降水量、大気CO_2濃度、日射量、風速、fPAR、LAI、それぞれの寄与を示す用である。今後、衛星データは、物理過程アルゴリズムやモデルを組み合わせることで、ますます地球プロセス解析（炭素循環や温暖化メカニズムの解明など）に貢献するであろう。

参考文献

Myneni, R.B. et al. (1997) *Nature*, 386, 698-702.

Nemani, R.R. et al. (2003) *Science*, 300, 1560-1563.

Sasai, T. et al. (2005) *Journal of Geophysical Research*, 110, G02014, doi:10.1029/2005JG000045.

執筆者紹介

佐々井崇博（ささい・たかひろ）　１９７７年、神奈川県横浜市生まれ。２００６年３月に名古屋大学大学院環境学研究科博士後期課程地球環境科学専攻を修了し、博士（理学）を取得。２００６年４月から独立行政法人産業技術総合研究所地質情報研究部門の産総研特別研究員、研究員として勤務。２００８年７月からは名古屋大学大学院環境学研究科（兼、理学部地球惑星科学科）の助教として着任し、現在に至る。専門分野は、リモートセンシング、気象・気候学、生態学、地球生命科学など。所属学会は、社団法人日本リモートセンシング学会、社団法人日本気象学会、American Geophysical Union (AGU)。

4. 熱帯林火災の大気環境への影響

バイオマス燃焼と熱帯における森林火災

熱帯林火災が大気環境に大きな影響を与えているといってもピンと来ない向きも多いと思う。日本では、大きな被害をもたらす山火事の発生が報道されることはまれであるが、世界的に見ると寒帯林と熱帯林で森林火災が多く発生している。日本への直接的な影響としては近年増加傾向にあるシベリアでの火災も重要であるが、ここでは地球規模でみたとき重要である熱帯、特に東南アジアに注目する。

熱帯の多くの地域では雨季・乾季という降水量変動がみられ、乾季末期にはしばしば大規模なバイオマス燃焼が生じている。熱帯林火災をバイオマス燃焼と言い換えたのは、熱帯林火災からイメージされるような、ジャングルが落雷をきっかけに燃えるというようなものは少なく、むしろ焼畑耕作のための火入れや開墾により伐採された木を燃やすなど人為的なものが多いからである。図１に、２００５年の１年間に人工衛星によって観測された野火（大部分はバイオマス燃焼）の分布を示す（欧州宇宙機関、ＡＴＳＲ World Fire Atlas ホームページを参照）。バイオマス燃焼が頻発する地域としては、サバンナ（草原・疎林）が広がるアフリカや北部オーストラリアなど、アマゾンなど中南米

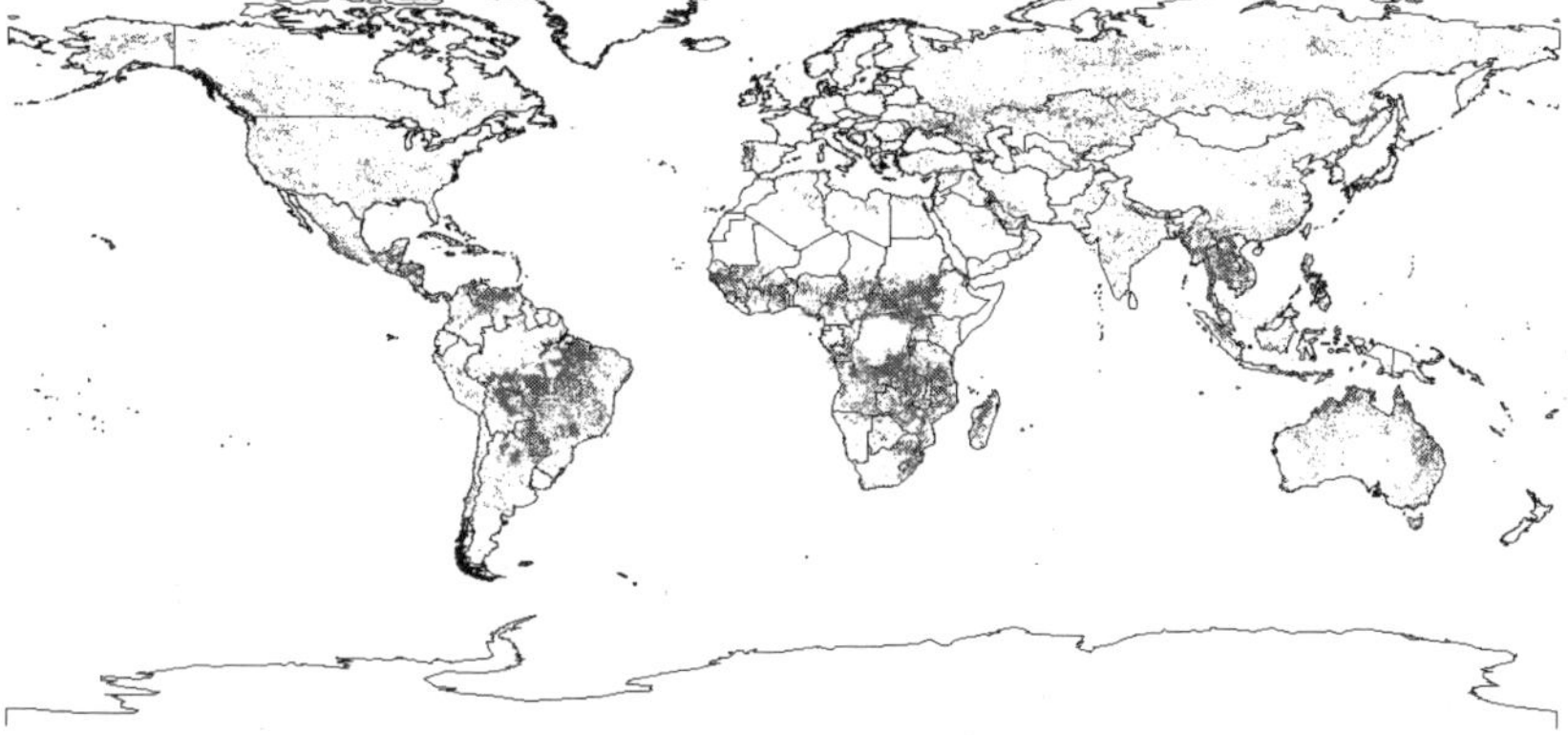

図1　ヨーロッパの衛星センサATSR-2およびAATSRによって、2005年1年間に検出された野火など高温地点(ホットスポット)の分布　(http://dup.esrin.esa.it/ionia/wfa/index.asp より)

の熱帯低地林、農業残渣（稲わらやサトウキビの葉など）の燃焼が多い東南アジアがあげられる。

このような人為活動によるバイオマス燃焼は、もちろん熱帯生態系の消失という点でも重大な問題であるが、ここでは大気環境の観点でその影響について述べる。バイオマス燃焼に伴い、煤煙などエアロゾル（大気浮遊粒子）が大量に放出され、燃焼域の風下に当たる地域で喘息などの健康被害や視程劣化などの被害を与えることがある。1994年や1997年にインドネシアで起った大規模森林火災では、マレーシアやシンガポールにまで煙が広がり、人々がマスクを着用せざるを得なくなり、また空港が閉鎖になるなどの大きな社会的影響があった。写真1は、後述するB－BLE航空機観測中に筆者がパプアニューギニア上空で撮った写真であるが、さんご礁の広がる青い海とは対照的に陸上は多数の燃焼域からの白煙がもうもうと立ち込めている様子がわかる。

写真１　1999 年９月にパプアニューギニアの首都ポートモレスビー付近上空で撮影されたバイオマス燃焼からの白煙

エアロゾルのほかにも大量の各種気体物質が大気中に放出され、大気環境に大きな影響を与えている。例えば、最も重要な温室効果気体である二酸化炭素（CO_2）も、バイオマス燃焼から無視できない量が放出される。Levin（１９９４）によると、バイオマス燃焼により大気に放出されるCO_2量は炭素換算で年間約３５００テラグラムと、化石燃料燃焼で放出される約６０００テラグラムの半分以上に及ぶ。大気中の光化学反応で対流圏オゾン（O_3）を生成する前駆気体である窒素酸化物（NO_x）や一酸化炭素（CO）などの放出源としても非常に重要であり、NO_x放出量全体の約25パーセント、COの直接放出量の約40パーセントを占めると見られている（Jacob、１９９９）。しかし、これらの放出量の見積りは、燃焼するバイオマス量自体の定量化が難しいこともあり、まだ不確定が大きく今後の研究の進展が望まれる。

バイオマス燃焼による対流圏オゾン生成

地球大気中のオゾンの大部分が、高度約10キロメートル以上の成層圏に存在し（オゾン層）、地表生態系に有害な太陽紫外光を吸収していることは広く知られている。いっぽう、地表から高度約10キロメートルまでの対流圏でも、オゾンは、オゾン全量（各地点での、地上から大気上端までの間にあるオゾン分子の全数）に占める割合が約10パーセントと少なく、紫外光吸収に対する寄与は小さいものの、やはり地球環境に対して重要な役割を果たしている。まず対流圏オゾンは、温室効果気体として気候変動において重要である。その影響は北半球の中緯度から熱帯にかけて大きく、この地域では二酸化炭素につぐ放射強制力（ある気候因子の変化が気温変動に与える影響の大きさの指標）を持つとされている。またオゾンが人体に直接悪影響を及ぼすことも重要である。大気汚染により発生し、目やのどの痛みなどを引き起こす光化学スモッグの主成分は実はオゾンであり、気候変動に関する政府間パネル（IPCC）の第4次評価報告書（IPCC、2007）でも対流圏オゾン増加による心臓病などの増加が、煤煙の影響とともに気候変動による健康影響として懸念されている。植物の生育に与える影響も顕著で、穀物など主要な農業生産量の低下を潜在的に引き起こしているという報告が出ている。さらにオゾンの光解離から生成する水酸ラジカル（OH）は、対流圏での光化学反応過程のほとんどに関与しており、多くの大気物質の寿命を決定している。

対流圏オゾンは、その前駆気体である窒素酸化物、一酸化炭素、および炭化水素など揮発性有機化合物（VOCs）の大気中での化学反応によって生成する。化石燃料の燃焼など人間活動によりこれ

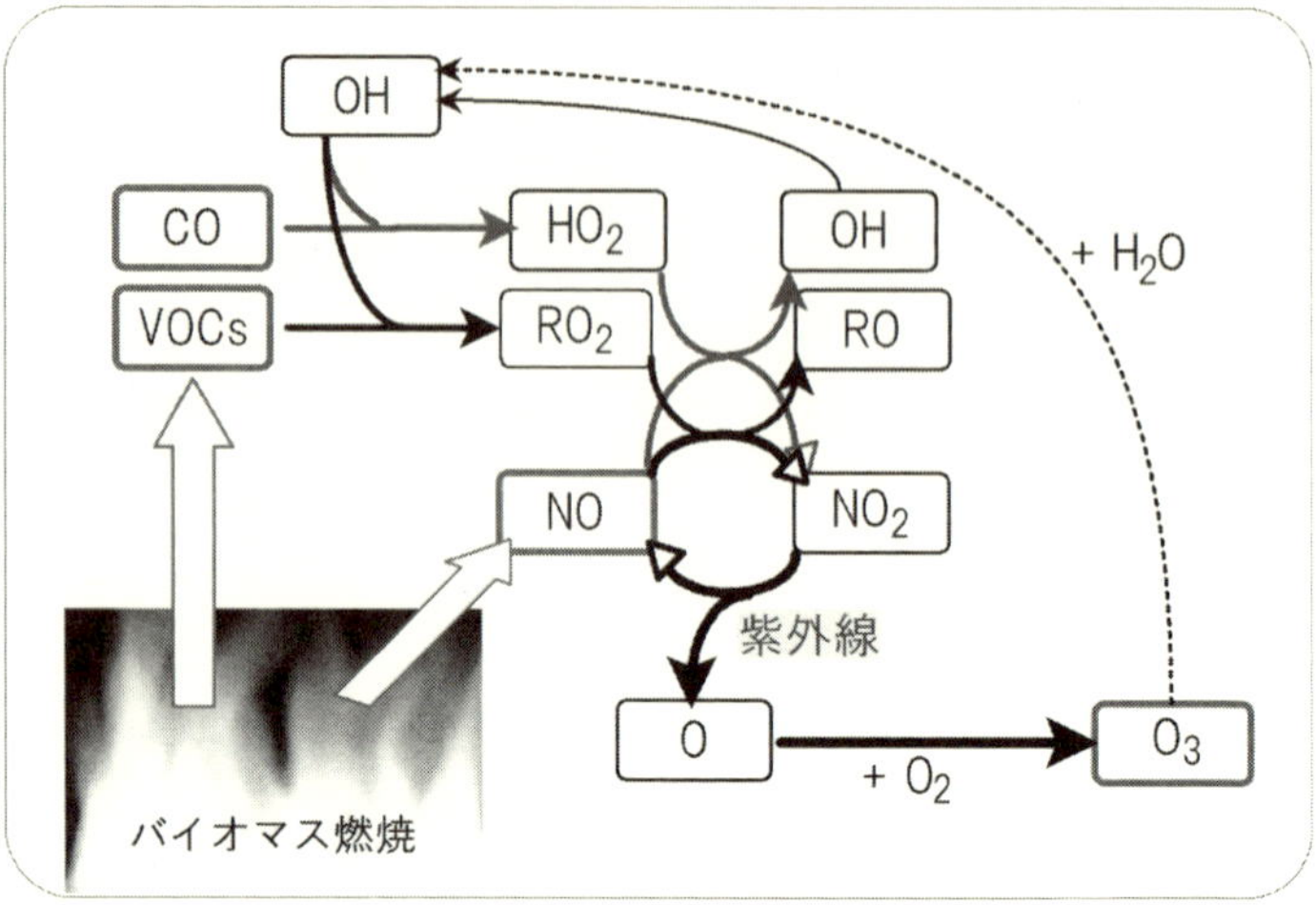

図２　バイオマス燃焼から放出された前駆気体（NO, CO, VOCs）からオゾンが形成されるまでの大気中での光化学反応過程の概略

ら前駆気体の放出量が増加することで、対流圏オゾン濃度も増加していることが知られている。北半球中緯度域においては、春季のオゾン濃度がこの１００年余りのうちに10～20ｐｐｂｖ（１ｐｐｂｖは体積比で大気中に占める割合が10億分の１である）から50ｐｐｂｖ以上にまで増加した。日本におけるオキシダント（その大部分はオゾン）の環境基準濃度は一時間平均で60ｐｐｂｖであり、特に汚染されていない空気ですら環境基準を超過しかねない状況になっている。

熱帯域では長期間継続されている観測点の数が少ないために、対流圏オゾンの変動に関する理解はまだ不十分である。この地域では、大陸部も含め人間活動に伴うオゾンの前駆気体放出量は小さく、オゾンの消失反応に関与する水蒸気量が多いため、オゾン濃度は一般に低いと考えられてきた。しかしバイオマス燃焼により前駆気体が多量に放出されることによって、熱帯域においてもオゾン濃度が増加している可能性が高く、その動向は地球規模でのオゾン濃度変化に影響している。さらに、南アジアや東南アジア域などでの産業活動の活発化による影響も重要になっている可能性がある。図2は、バイオマス燃焼によるオゾン生成の流れを模式的に表したものである。単純化して説明すると、バイオマス燃焼によって放出された一酸化炭素、揮発性有機化合物はOHラジカルとの反応で過酸化物（HO_2、RO_2）を生じ、それがやはりバイオマス燃焼で放出される一酸化窒素（NO）と反応し二酸化窒素（NO_2）を作ると、その光解離により酸素原子（O）が生じ直ちに酸素分子（O_2）と結合してオゾンを生成することになる。したがって、バイオマス燃焼に伴うオゾン生成量は、各前駆気体の放出量とそれらの比率によって左右される。それらは、燃焼するバイオマスの種類、燃焼温度、不完全燃焼の度合いなどによって変化すると考えられ、いろいろな条件下での燃焼実験も行われている。また、オゾンの最終生成量は拡散・上方輸送過程にも大きく影響される。このようにバイオマス燃焼からのオゾン生成過程には、いくつもの光化学的、力学的諸過程が複雑に絡み合っている。最終的なオゾン生成量を定量的に評価するためには、バイオマス燃焼に伴ってどのような物質がどれだけの量、放出されるか観測的に明らかにすること、および、数値シミュレーションも用いて輸送過程とその間に光化学反応でO_3が生成・消失する量を定量化することが不可欠である。

インドネシアでのバイオマス燃焼による対流圏オゾン増大とエルニーニョ

インドネシアからパプアニューギニアにかけての地域では、乾季末の9～10月にかけてしばしば大規模なバイオマス燃焼が発生する。この地域では、エルニーニョの影響を直接受けるため降水量の変動が大きい。通常は積雲対流が活発で降水量が多いが、エルニーニョが発生すると対流活動が弱まり湿度・降水量が大きく減少し、その結果バイオマス燃焼が多発する。この地域でもバイオマス燃焼はほとんどが農業関連の人為的なものであるが、乾燥が進むとそれがしばしば延焼してしまい、大規模な森林火災となる。筆者のスマトラ島での観察でも、多くの場所で四角く範囲を決めてその中を燃やしているようであるが、その範囲を大きく超えて燃え広がってしまった痕もいくつか見ることができた。ボルネオ島では地下に泥炭が存在し、それに火がつくとなかなか消火できず長期間・広範囲に延焼を起こす。

１９９４年と１９９７年には、エルニーニョとインド洋ダイポール（インド洋でのエルニーニョに相当する現象）が同時に発生し、インドネシア域で旱魃をもたらした。スマトラ島、ボルネオ島、ニューギニアなど広範囲で森林火災が多発し、そこからの煤煙がマレー半島やシンガポールにまで及んだ。図3は、人工衛星から観測された１９９７年のインドネシア付近でのオゾン全量の増大を示している（Kita ら、２０００）。10月にはインドネシアからインド洋に大きく拡がった領域でオゾン量が増大していることがわかる。オゾンゾンデ気球観測でも、この時期にインドネシア上空で、通常の２～３倍にあたる１００ppbvを超えるオゾン濃度が観測された（Fujiwara ら、１９９９）。そこで、B－BLEと名づけられた航空機観測が１９９８～２０００年にこの地域で実施され、筆者もこれに参加した。この期間はラニーニャ（エルニーニョの反対の状態）で、この地域では降水が多くバイオマス燃焼は比較的小規模であったが、インドネシア域では積雲対流がオゾン前駆気体を上方に輸送するため

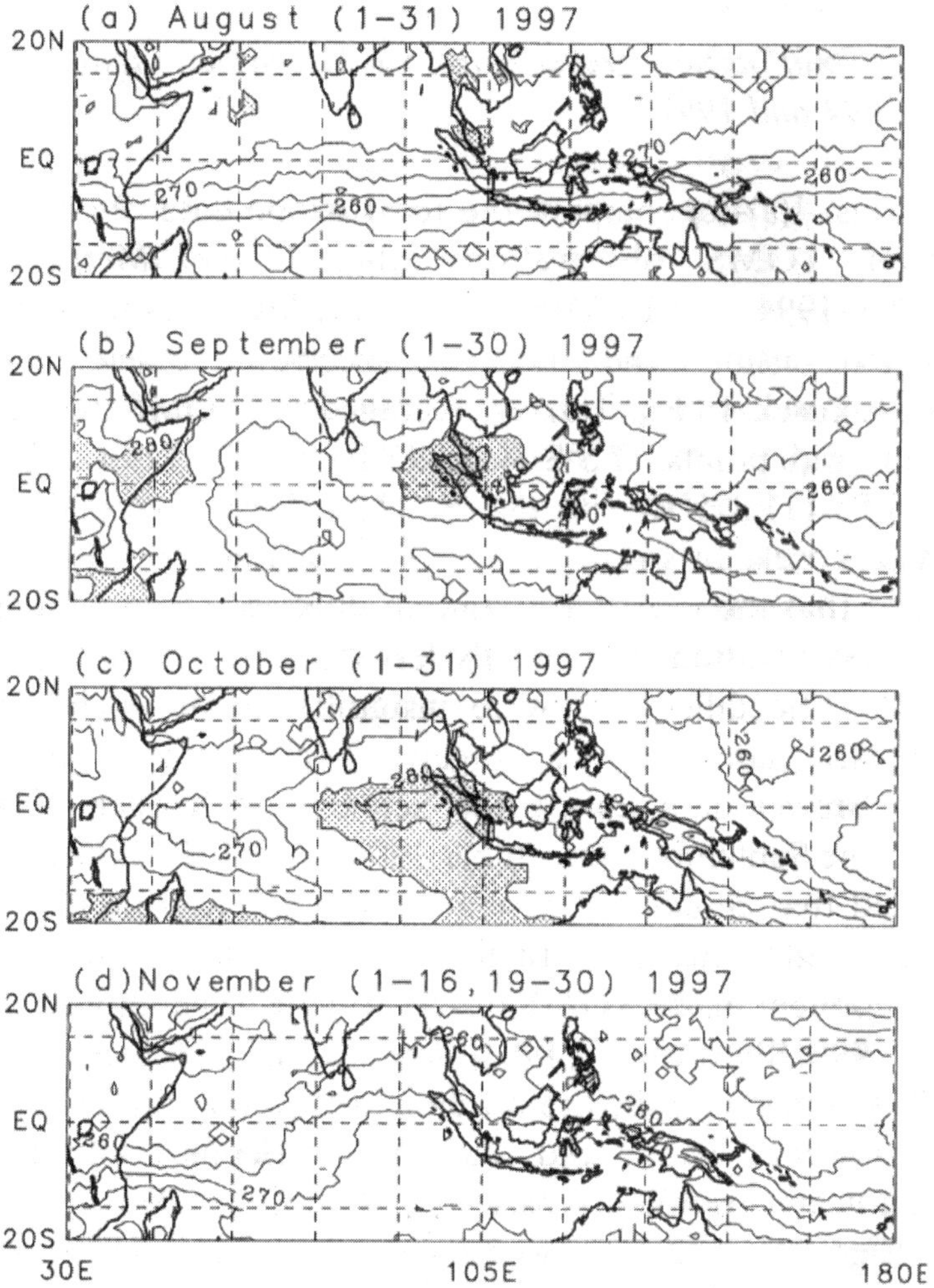

図3　人工衛星から観測された1997年（a）8月、（b）9月、（c）10月、（d）11月のインドネシアからインド洋にかけてのオゾン全量増大分布 (Kita ら、2000)

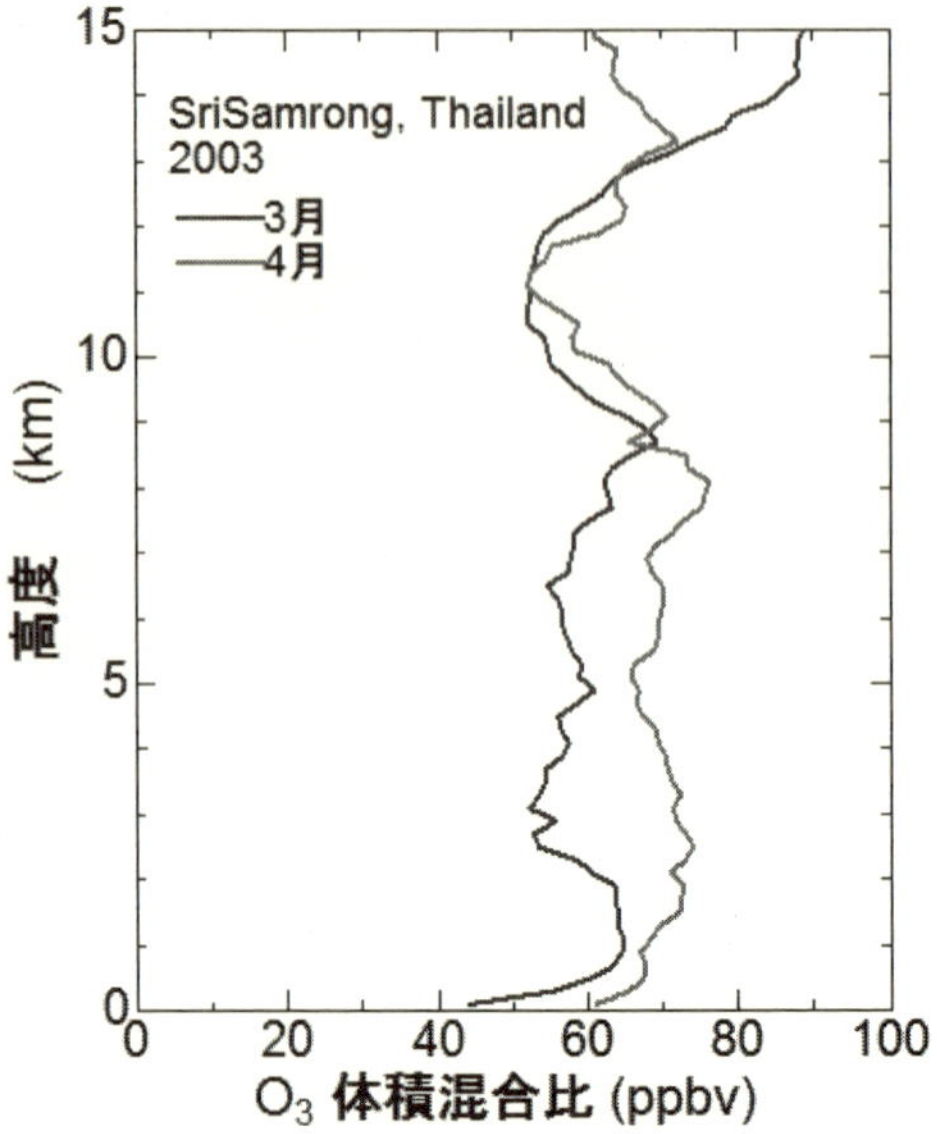

図4　2003年3～4月にタイ国スリサムロン上空で観測されたオゾン高度分布

オゾン生成が起こっており、いっぽう高気圧に覆われ上方への輸送が起こりにくい北オーストラリアではバイオマス燃焼で前駆気体が放出されてもオゾン生成はあまり活発ではないことが明らかになった（Kitaら、2002）。

タイ・インドシナ域でのバイオマス燃焼と対流圏オゾン

東南アジアでもタイなど大陸側では、インドネシアと乾季・雨季が逆転し、2~4月にバイオマス燃焼が盛んになる。この地域では、焼畑もあるが、稲わら・切株やサトウキビの葉など農業残渣の燃焼が大きな割合を占め、バイオマス燃焼量の年によるちがいは比較的小さい。筆者も参加した2001年3月のNASA TRACE-P航空機観測で、北緯20度付近、ハワイ以西の太平洋上空の広い範囲で高度約4キロメートルにオゾンやその前駆気体の濃度が高い層が観測された。これは、東南アジア域から輸送されてきたバイオマス燃焼の影響を受けた大気である可能性が高く、熱帯バイオマス燃焼が広範に影響を及ぼしていることを示している（Kondoら、2004）。東南アジア域の上空で直接オゾンを観測した例はないため、筆者らはタイでオゾンゾンデ気球観測を実施した。その結果の例を図4に示す。乾季末にはこの地域の上空に60～80ppbvと熱帯としては高濃度のオゾンが高頻度で存在すること、それはタイ・ミャンマーといったこの地域でのバイオマス燃焼に起因する場合に加え、インド北部からのオゾンの輸送によると考えられる場合も多いことがわかった。

まとめ

熱帯林火災をはじめとするバイオマス燃焼が、エアロゾルや対流圏オゾンの増加を通じて大気環境に大きな影響を与えていることは、この20年ほどの研究を通じて広く認められるようになった。東南アジア付近でのバイオマス燃焼の影響は、この10年ほどの日本の研究者の活動により次第に明らかにされてきている。ここでは簡単にしか触れることができなかったが、この領域では、インドネシア、北部オーストラリア、タイなど地域ごとにバイオマス燃焼とそのオゾンへの影響の特色が大きく異なり複雑であること、同時にその直接的な影響がこれらの地域にとどまらずインド洋から太平洋の広範囲に及ぶことが明らかになった。今後、農業や開発のやり方を工夫し、バイオマス燃焼を減らす努力が必要であると考えられる。

参考文献

欧州宇宙機関(ESA) ATSR World Fire Atlas, http://dup.esrin.esa.it/ionia/wfa/index.asp.

Levine, J.S. (1994) ***Biomass Burning and the Production of Greenhouse gases***, In R.G. Zepp (ed.), Climate Biosphere Interaction: Biogenic Emissions and Environmental Effects of Climate Change, John Wiley and Sons, Inc, 139-159.

Jacob, D.J. (1999) ***Introduction to Atmospheric Chemistry***, Princeton University Press（近藤豊訳『大気化学入門』東京大学出版会 2002年 203～224ページ）

IPCC (2007) ***Climate Change 2007: Working Group II Report*** "Impacts, Adaptation and Vulnerability", Cambridge University Press, 401-402.

Fujiwara, M. et al. (1999) ***Geophysical Research Letters***, Vol.26, No.16, 2417-2420

K. Kita, et al. (2000) ***Atmospheric Environment***, Vol.34, No.17, 2681-2690

K. Kita, et al.(2002) ***Journal of Geophysical Research***, Vol.108,No.D3, 8400, doi:10.1029/2001JD000844

Y. Kondo, et al. (2004) ***Journal of Geophysical Research***, Vol.109,No.D15S12. D15S12, doi:10.1029/2003JD004203

執筆者紹介

北　和之（きた・かずゆき）　1963年北海道生まれ。東京大学理学部卒、同大学院理学系研究科修了。1991年理学博士号取得（東京大学）。東京大学理学部助手、東京大学先端科学技術研究センター助手を経て、現在、茨城大学理学部准教授。専門は、大気物理化学、大気環境科学。主に、オゾンや窒素酸化物、エアロゾルなど、大気環境に大きな影響を与える物質の観測を通じ、その変動を研究している。それら大気微量物質の計測装置の開発も手がける。著書に、新田 尚ほか編『キーワード気象の事典』「対流圏光化学」（朝倉書店、2002）や近藤 豊編、気象研究ノート209号『先端質量分析技術による反応性大気化学組成の測定』「化学イオン化質量分析法による気体成分の測定」（日本気象学会、2005）など。

5. 地球温暖化が水稲生産に及ぼす影響の予測

モンスーンアジアの人々の生存基盤としての稲作

稲作は中国雲南省からインドのアッサム州にかけての地域（渡部、1977）あるいは中国の長江流域（佐藤、1992）で始まったとされるが、それは今から9000年ほど前と考えられている。その後、長い年月をかけてモンスーンアジア全域に広まっていった。現在、コメはモンスーンアジアの20億人を超す人々の生存に必要なエネルギーと蛋白質の大部分を供給する食物であり、稲作は同地域の過半の人々が従事する職業ないしは生業となっている。稲作はまた、水田の造成や水管理のための共同作業を通じた社会組織、および収穫の豊穣を祈願しまた感謝するさまざまな宗教儀礼に由来する農耕文化の発展を促してきた。まさに、モンスーンアジアの社会は稲作とともに発展してきたといえる。

モンスーンアジアの農業が稲作を中心に発展してきたのは、イネが夏期高温で雨量の多いこの地域の気候に最も適した作物であるからである。イネの生育に必要な気候条件は、日平均気温が10℃以上の期間についての年間積算気温と総降水量のそれぞれが2400℃・日、1000ミリメートル以上とみることができる。この条件はコムギ、トウモロコシなど他の多くの穀物にとっては高温すぎたり、あるいは多湿になりすぎることにつながる。これらの畑作物は土壌に滞水が生じるような条件下では、根への酸素供給が途絶えて、根腐れを起こし、ひどい場合には枯死にいたるが、イネは水を湛えた水田でも畑地でも生育が可能な水陸両用作物である。イネが湛水下でもよく育つのは、イネには破生通気組織と呼ばれる空気の通り道が葉の付け根から茎を通って根までつながっており、それを通して葉で吸収した酸素が根まで運ばれるためである。

さらに水を張ってイネを栽培する水田稲作では、有機物の分解が抑えられるため地力の消耗が少なく、また灌漑水からの養分供給があるため、土壌の高い肥沃度の維持が可能である。また、水を張ることによって雑草や土壌病害虫の発生も抑えられる。このため、適切に管理された水田では何百年にわたってイネを作り続けること、すなわち連作ができるのみならず、１年にイネを２回作る２期作も可能である。いっぽう、コムギ、トウモロコシなどの畑作物では、連作すると特定の養分の不足や線虫など有害微生物の増加などによる連作障害が発生する。このため畑作が中心の欧米の農業では、ローマの２圃式農業、中世の３圃式農業に由来する輪作が基本技術になっている。これらのことから、水田稲作はこれまで人類の作り出した最も持続性の高い農耕システムであり、かつ土地生産性の高いシステムということができる。モンスーンアジア地域が高い人口密度をもつのは、水田稲作のもつこの優れた特性によるものである。

モンスーンアジア地域では、人口増加と経済発展にともなう穀物需要の増加から、水田として開発できるところのほとんどが開発し尽くされ、また水など生産に不可欠な資源制約の強まり、さらにはイネ収量の伸びの鈍化などの影響を受けて、地域全体のコメ生産量の伸びの停滞傾向が顕在化してき

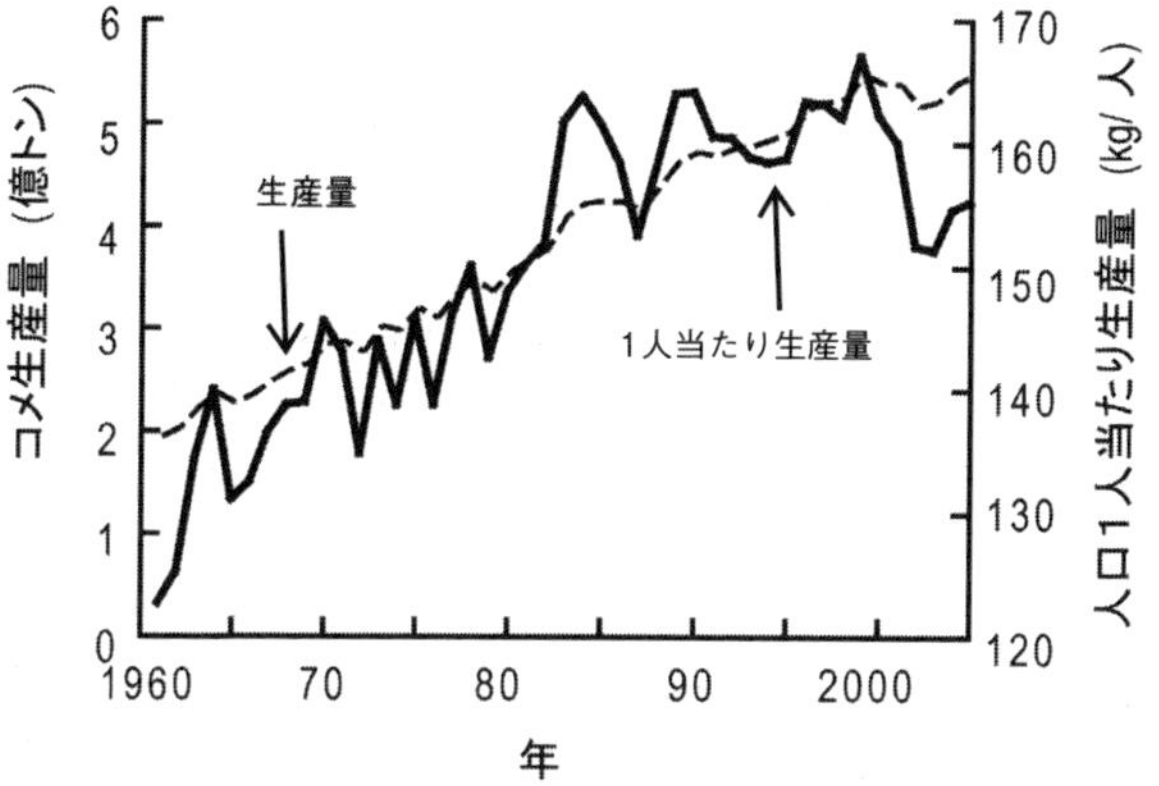

図1 モンスーンアジアのコメ生産量（破線）と人口１人当たりのコメ生産量（実線）
（FAOSTAT、２００６）

ている。その結果、20世紀後半の「緑の革命」の技術革新によって増加してきた同地域の人口１人当たりのコメ生産量は、今世紀に入って減少傾向に転じた（図1）。このことのみでも深刻な問題であるのに、予測される地球の温暖化はモンスーンアジア地域の生存基盤を脅かす問題として立ちはだかってきている。すなわち、地球温暖化は気温の上昇にとどまらず、洪水や旱魃の強度と頻度の増加、熱帯・亜熱帯からの侵入病害虫・雑草の増加など、稲作に重大な影響を与えると考えられている。これらの影響の全体像については今後の研究にゆだね、ここでは大気中の二酸化炭素濃度と気温に対する水稲の生育・収量反応と、それをもとにして構築したモデルによって予測された、大気中の二酸化炭素濃度の倍増時の温暖化気候が日本および東南アジアの水稲収量に与える影響について述べたい。

大気中の二酸化炭素濃度と気温に対する水稲の反応

化石燃料の大量消費や森林破壊にともない、大気中の二酸化炭素濃度（CO_2濃度）は急増を続けており、このまま推移すれば今世紀中に、前世紀の初めの濃度の2倍に達すると予測されている。CO_2濃度の上昇それ自体は作物の光合成反応の促進や蒸散の抑制など、生長や水の利用効率にプラスの影響を与えることが知られている。それに気温の上昇が加わったとき、水稲の生育や収量にどのような影響が及ぶかを明らかにするため、筆者らは京都大学農学部に設置した温度傾斜型のCO_2濃度処理温室（TGC、Horieら、1995）に、さまざまな品種のイネを栽培して調査研究を行った。そこでの結果から、水稲を生育の適温条件下において、700ppmのCO_2濃度で生育させた場合、水稲の発育が促進されて、出穂が数日早まること、およびバイオマス生産は20～25パーセント高まるが、葉面積指数や窒素吸収量への影響は小さいこと、などが明らかになった。

このTGCでの実験結果に、さらに世界各所で行われた同種の研究成果を加え、気温が適温域にあるときの水稲収量のCO_2濃度に対する反応として図2に示す結果を得た。図2より、水稲の収量はCO_2濃度の上昇に対して双曲線状の反応を示すが、その反応は熱帯地域で栽培されるインド型品種（インディカ）の方が温帯地域の日本型品種（ジャポニカ）よりも大きいことが認められた。すなわち、700ppmの濃度下では、インド型品種の収量は現在より32パーセント増加するのに対し、日本型品種のそれは17パーセントと推定された。インド型品種が日本型品種よりもCO_2濃度に対する収量反応が高いのは、両者の個葉のCO_2濃度反応のちがいよりも、光合成産物の受容（シンク）器官である籾数のち

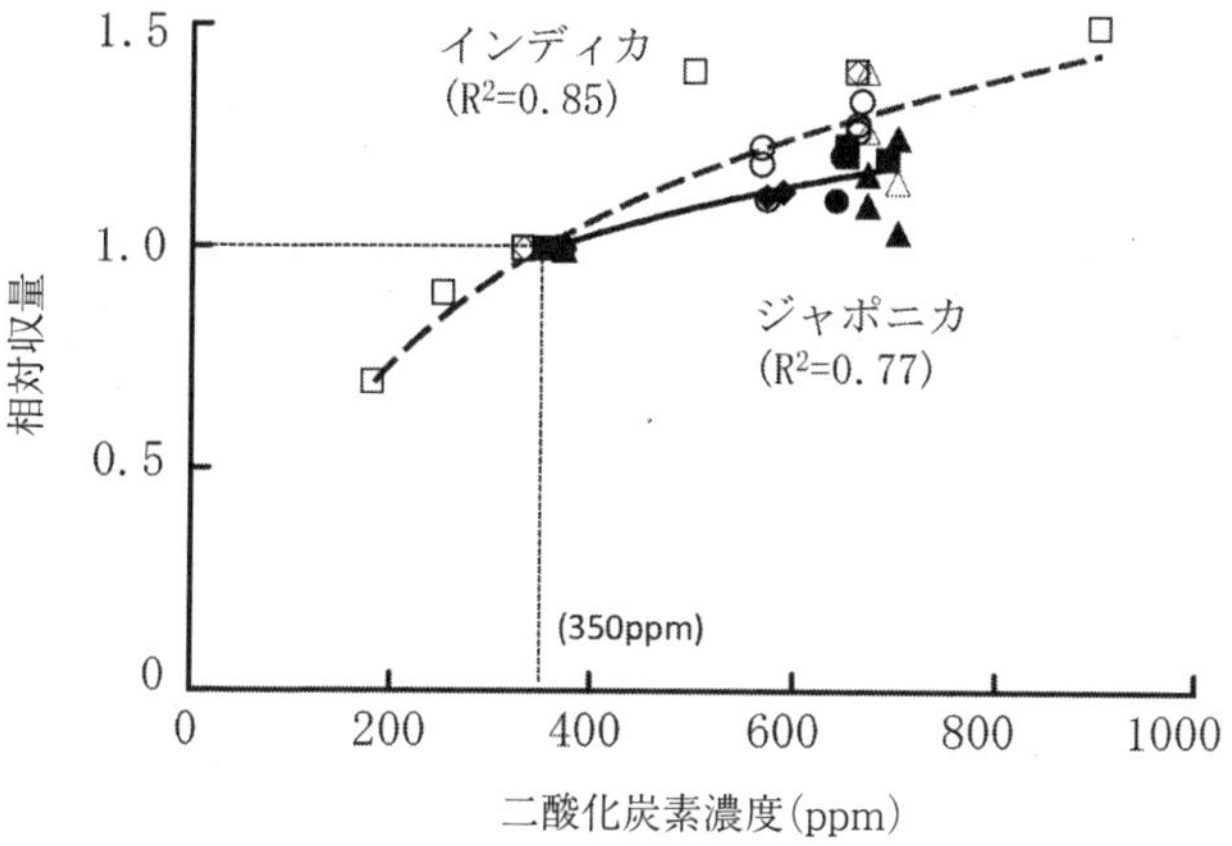

図２　大気中二酸化炭素濃度が水稲収量に及ぼす影響
収量は３５０ppm での値に対する相対値で示し、ジャポニカ品種を黒塗り、インディカ品種を白抜きで表した
(Horieら、2005)

がいによるところが大きい（Horieら、2005）。これより、高CO_2濃度下で大きな収量の増加が得られる水稲品種は、単位土地面積あたりの籾数の多いイネということができる。このことは、窒素施肥量が多いほど水稲のCO_2濃度に対する収量反応が大きくなる（金ら、2001）、という結果とも一致する。窒素施肥は水稲の籾数を増やす大きな効果を持つからである。

このようにCO_2濃度の上昇それ自体は水稲生産にプラスに作用するが、それに温暖化が加わった場合、話は全く別である。イネは熱帯ないしは亜熱帯起源の作物であって、高温を好む作物のように見られがちであるが、収量の適温は意外と低いところにある。このことは、わが国の府県別の水稲収量が秋田、山形、長野など気温の高くない地域で高く、高温の四国や九州諸県で低いということからも理解されるであろう。水稲収量は気温の

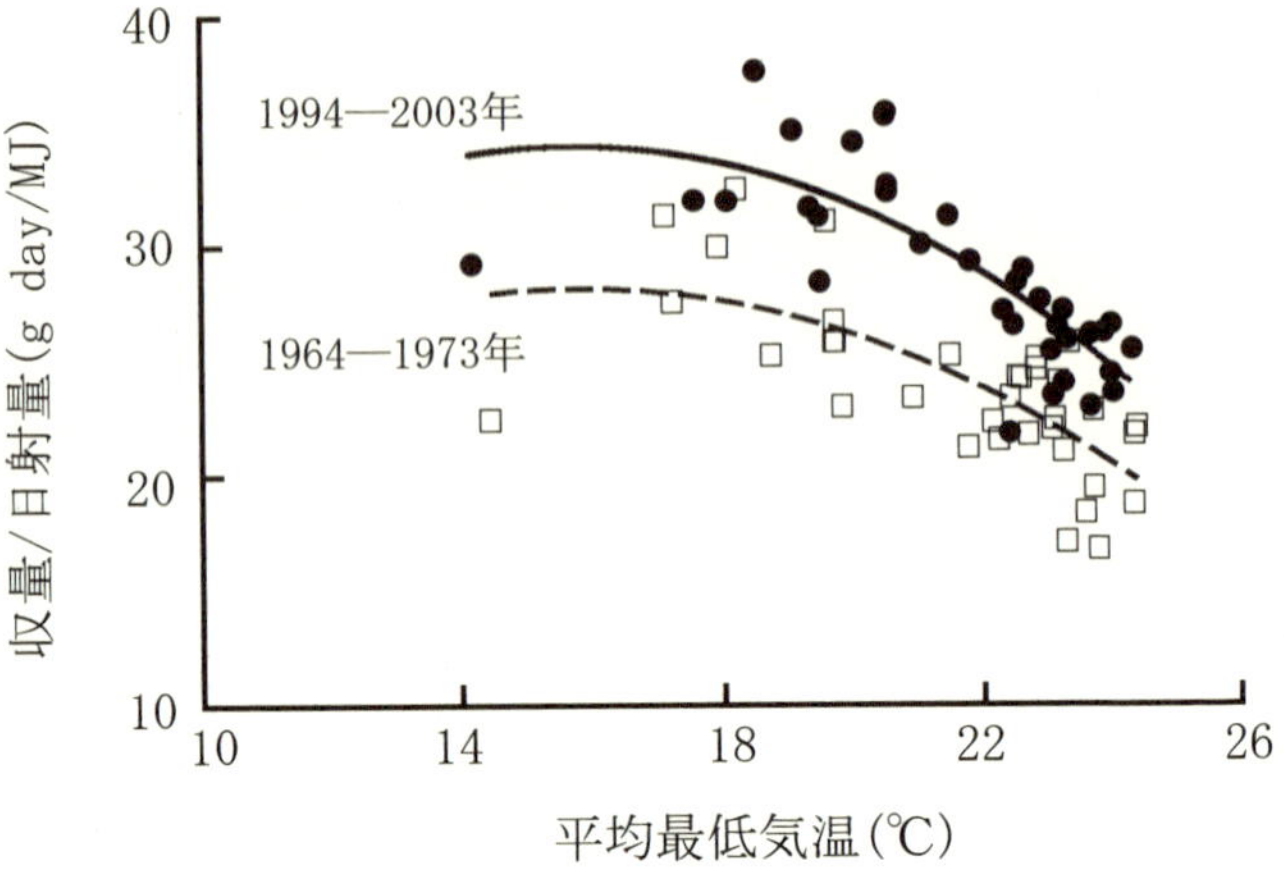

図３　各都道府県についての出穂前 40 ～ 10 日の 30 日間を平均した平年最低気温と同期間の平均平年日射量あたりの収量の関係　都道府県別収量として 1964 ～ 1973 年と 1994 ～ 2003 年のそれぞれ 10 年間の平均値を使用した（河津ら、2007）

みならず日射量にも支配されるため、収量に対する気温の影響は、収量を日射量で割ってみるとより鮮明になる。１９６４〜１９７３年、および１９９４〜２００３年のそれぞれの10年間について、各都道府県の水稲平均単収を出穂40日前〜10日前までの30日間の平均平年日射量で割った値と、その期間の平均最低気温との関係は図３（河津ら、２００７）に示すようであった。ここで、出穂40日前〜10日前の30日間の気象値を用いたのは、この期間に水稲の籾数が決まり、収量を支配する最も重要な時期に相当するからである。

図３から次のことが読みとれる。すなわち、日射量あたりの水稲収量は、１９６４〜１９７３年および１９９４〜２００３年の両10年間とも、30日間の平均最低気温が約18℃で最大になり、それ以上および以下の気温で低下する。それゆえ、日射量が同一である場合、気温の低すぎる北海道を

除き、最低気温の低い北日本や長野県で収量が高く、高気温の西南日本でそれが低くなる。水稲が冷害を受けるような低温でない限り、最低気温が低いほど収量が高くなるのは、水稲の呼吸による炭水化物の消耗が少なくなること、および低温下ほど開花や成熟に向けた発育が緩やかになり、生育期間が長くなることのふたつに主としてもとづいている。なお、1964～1973年までの10年間より も1994～2003年までの10年間の方が日射量あたりの収量が高いのは、その間に新品種の開発や施肥法の改善など、稲作技術の進歩があったからである。このように、北海道や東北北部を除き、気温の上昇は、他の条件が同一の場合、水稲の減収要因となる。したがって、地球温暖化は西南日本など高温地域では、CO_2濃度のプラスの効果を上回るマイナスの影響を及ぼすと考えられる。

地球温暖化による温度上昇が大きい場合、水稲は前に述べてきたことに加えて、高温不稔というより深刻な被害を受けることが予測される。先に説明した温度傾斜型のCO_2濃度処理温室（TGC）を用いて、370ppmと700ppmのふたつのCO_2濃度下で、異なる温度のもとで水稲を栽培し、開花期の最高気温と水稲の籾の稔実率との関係を調査した。その結果に他所で行われた同様の実験データを加え、水稲品種アキヒカリについての開花期の最高気温と稔実率の関係を図4（Nakagawaら、2003）に示した。現在の大気CO_2濃度のもとでは、開花期を中心とする10日間の平均最高気温が約36℃を超えると、稔実率が低下するようになる。これは水稲が開花時に高温に遭遇すると、葯の裂開が妨げられ、花粉が飛散しないことによって受精が妨げられ、不稔籾が発生するためである。不稔籾が発生すると、水稲はそれまでの生育と無関係に、著しい収量低下を招く。

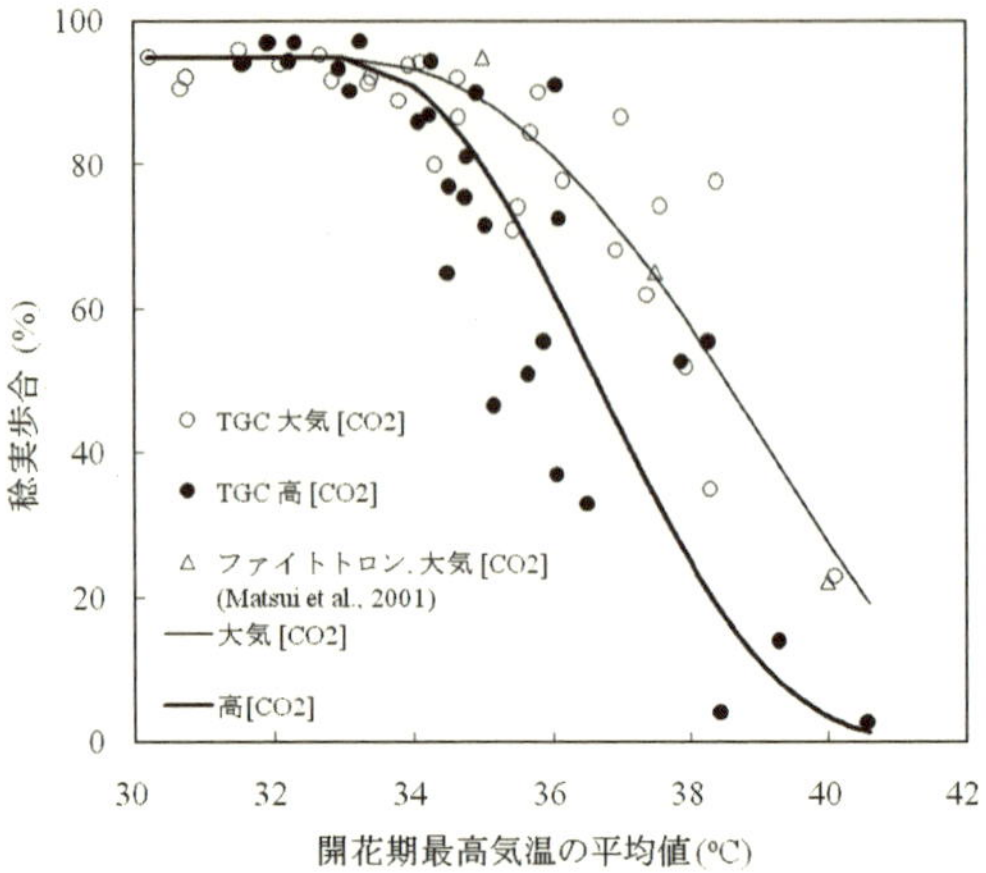

図４　TGC（温度傾斜型 CO_2 濃度処理温室）実験およびファイトトロン実験で観察された、実験時現在の大気 CO_2 濃度（大気 CO_2 濃度）および CO_2 濃度倍増条件下（高 CO_2 濃度）における、開花期の最高気温の平均値と稔実歩合の関係　ファイトトロン実験については、開花期の最高気温の平均値は昼温で表した（Nakagawa ら、2003）

重要なことは、大気のCO_2濃度が高いと水稲の高温不稔はより低い温度で発生すること、すなわち水稲の高温不稔耐性はCO_2濃度の上昇によって低下することが、ＴＧＣ実験より明らかになったことである。水稲の高温不稔耐性が高いCO_2濃度下で低下するのは、気孔が部分的に閉鎖することにより、蒸散が妨げられて植物体温が上昇するためと考えられる。したがって、水稲の高温不稔は気温、CO_2濃度のみならず大気湿度や風速、および日射の影響を受けると考えられる。さらに高温不稔が発生する限界温度からみた高温不稔耐性には品種間でちがいがあり、図4に示したアキヒカリは耐性の弱い品種に属し、わが国の代表的な品種コシヒカリは強い方に属する。

以上のように、予測される地球温暖化は、高CO_2濃度による増収が期待されるいっぽうで、高温による生長抑制や高温不稔によって著しい収量低下をもたらすが、その影響は気温の上昇度のみならず、地域、作期および品種によって異なると考えられる。

水稲の生育・収量の予測モデル

予測される高CO_2濃度、温暖化気候が各地域の水稲生産に及ぼす影響を評価するため、日々の大気CO_2濃度、気温および日射をもとに生育・収量を予測するモデルSIMRIW（Simulation Model for Rice-Weather relationship、Horieら、1995）を構築した。このモデルは水稲の幼穂分化、出穂、成熟など発育プロセスをシミュレートする発育サブモデル、植物体バイオマスの生長をシミュレートするバイオマス生長サブモデル、葉面積の拡大生長をシミュレートする葉面積生長サブモデル、および収量形成・登熟過程をシミュレートする収量形成サブモデルの4つのコンポーネントから成り立っている。

発育サブモデルでは、水稲の花芽形成・発達と気温、日長の関係がモデル化されており、これら環境の日々の経過から開花、成熟に向けての発育進度が動的にシミュレートできる構造になっている。水稲の花芽形成・発達の温度・日長反応には、きわめて大きな品種間差異が存在し、それが品種の早晩性や環境適応性を決める重要な要因になっている。モデルではこのような発育特性の品種によるちがいは、実験的に求められた発育パラメータのちがいとして表されている。葉面積の拡大生長は主として気温と植物体窒素濃度に支配されることが知られている。ここでは、窒素条件は最適に管理されているとの仮定のもとに、葉面積の拡大生長は気温のみの関数として与えられている。植物体バイオマスの生長は植物の受光日射量に比例するという、普遍性の高い関係を用いてモデル化された。受光日射量は先に説明した群落の葉面積指数と吸光係数を用いて日々の日射量から求められる。受光日射量とバイオマス生産量との比例係数、すなわち太陽エネルギーの利用効率は品種特性であるとともに、葉の窒素濃度にも依存する。ここでも窒素濃度は最適に管理されているとの仮定の下に、実験的に求められた各品種の太陽エネルギーの利用効率がパラメータとして用いられている。

水稲の収量は成熟期のバイオマス量に収穫指数を乗じて求められる。この収穫指数にも大きな品種間差異が存在し、多収品種ほどそれが大きい。品種に応じた収穫指数がパラメータとして与えられているが、これはその品種の可能最大値にあたるものであり、実際の収穫指数は籾の不稔歩合に比例して減少する。籾の不稔は主として冷害危険期の低温と先に説明した開花期の高温によって発生する。冷害による不稔歩合は、イネが低温に最も敏感になる減数分裂期から開花期にかけて、気温が基準値を下回った場合、その下回った気温の毎日の積算値に応じて決まる構造になっている。いっぽう、高温不稔は図4に示したように、開花期約10日間の日最高気温の平均値に応じて決まるようにモデル化されている。この高温不稔に対する感受性にも水稲には遺伝的に大きなちがいがあり、そのことも品種パラメータとして表されている。登熟にともなう収量の増加過程は、出穂直前にはゼロであった収穫指数の値が、品種特性と不稔歩合に応じて決まる最終の収穫指数に向けて発育とともに増大する過程として表されている。

このモデルでは、高CO_2濃度の生育・収量への影響は太陽エネルギーの利用効率の向上および発育の若干の促進を通じて表れる構造となっている。モデルにCO_2濃度と毎日の気温、日射を入力することにより、水稲の発育、葉面積拡大、バイオマス生長および収量の形成過程を動的にシミュレートすることができる。モデルはすでに述べたように、気候以外の要因は全て最適に管理されていることを前提にしており、気候条件からみた水稲品種の可能最大収量を予測するものである。実際の農家レベルの収量はそれに栽培技術に応じた係数を乗じることによって得られる。このモデルによって、わが国の水稲収量の府県間差異や年次変動が気象条件をもとによく説明できることが示された（Horie ら、1995および1996）。

高CO_2濃度・温暖化気候がモンスーンアジアの水稲生産に及ぼす影響の予測

上述の大気CO_2濃度および気象条件から水稲の生育・収量を予測するモデルSIMRIWを用いて、日本およびアジア各地域の水稲収量に及ぼす高CO_2濃度、地球温暖化の影響予測を行った。温暖化気候シナリオとして、大気大循環モデルによる大気CO_2濃度640ppmのときの気温の予測値を用いた。現在、温暖化を予測する大気大循環モデルとしてさまざまなモデルが開発されているが、ここではGFDLモデルの予測気候を用いた。

いっぽう、水稲の生育・収量の予測には、地域により発育特性の異なる品種が栽培されていることを考慮し、北海道ではイシカリ、東北地域ではササニシキ、その他の本州および四国では日本晴、九州ではミズホ、そしてアジアの熱帯・亜熱帯地域ではインディカ型品種IR36の発育パラメータを用い

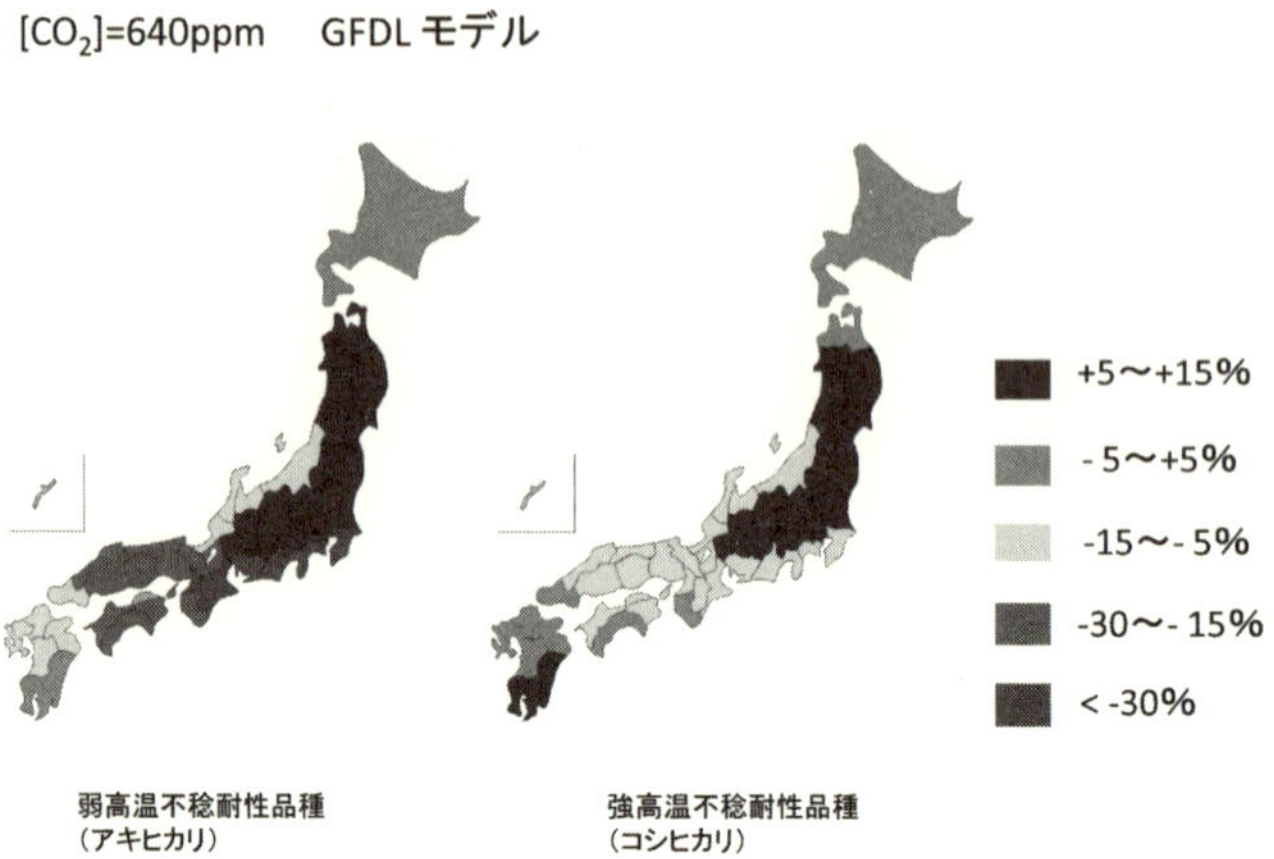

図５　大気 CO_2 濃度が640ppmのときにGFDLモデルによって予測される温暖化気候が、わが国の水稲収量に及ぼす影響　水稲収量は、品種の高温不稔耐性が強と弱のふたつの場合について、それぞれ現在の府県収量に対する増減を相対値（パーセント）で表した (Horie ら、1996)

た。さらに品種の高温不稔耐性が強弱ふたつの場合についての温暖化影響予測を行うため、耐性強の品種としてコシヒカリ、耐性弱の品種としてアキヒカリについて得られた実験データを品種パラメータとして用いた。耐性弱のアキヒカリは開花期の高温によって籾の不稔歩合が50パーセントになる温度が36・6℃であるの対し、耐性強のコシヒカリはそれが38・2℃であり、両品種間で高温不稔耐性に1・6℃のちがいが認められる（Horieら、1996）。

大気の CO_2 濃度が640ppmになったときに、GFDL気候モデルが予測する温暖化気候のもとで、わが国の水稲収量が現在と比べてどのように変化するかを、品種の高温不稔耐性が強と弱の場合のそれぞれについて予測した結果を図５に示した。GFDLモデルは、日本の稲作期の気温は地域によるちがいがあるものの、総じて３～４℃上昇すると予測している。わが国各地で栽培されている水稲品種がすべてコシヒカリと同等の強い高温不稔耐性をもつとした場合、中部山岳地域および東北地域の水稲収量は約10パーセント増し、南関東、東海、北陸、中国・四国地域では約10パーセント減少するが、九州および北海道の収量への影響は小さいことが予測された。地球温暖化によって水稲収量が増収する地域は現在の気温が比較的低いため、高温による減収を上回る高CO_2濃度の増収効果が得られる地域である。逆に減収する地域は高CO_2濃度による増収効果を上回る高温のマイナス影響、特に高温不稔が表れる地域である。

九州で温暖化の影響が小さいのは気温の上昇度が低いことに加え、移植時期が他の地域より遅く、盛夏期を過ぎて水稲が出穂するためである。いっぽう、北海道で温暖化の影響が小さいのは、北海道の品種は日長より温度に反応して出穂する性質が強く、温暖化気候のもとでは出穂が早まり、生育期間が短くなりすぎるためである。北海道では、本州の品種を導入することによって、収量を40パーセント程度高めうることが予測された(Horieら、1996)。

高温不稔耐性がアキヒカリと同等に弱い品種を全国に栽培した場合、地球温暖化による水稲増収あるいは減収地域の分布は、高温不稔耐性が強の場合とほぼ同様であるが、減収地域の収量減少の度合いが顕著に大きくなることがわかった。特に東海地域では30パーセントを超す水稲収量の減少が予測される。水稲品種の高温不稔耐性のわずか1・6℃のちがいが、地球温暖化のもとでは水稲収量に劇的に大きなちがいをもたらすことがモデル・シミュレーションから明らかになった。

わが国の代表的水稲品種コシヒカリは、筆者らが調査したイネ品種のなかでも開花期の高温不稔に対する耐性が最も高い方の品種に属する。コシヒカリは冷害に対する耐性も高いことが知られており、また食味にきわめて優れている。コシヒカリが長年にわたり全国一の栽培面積を占めてきた背後にはこのような理由がある。地球温暖化気候のもとでは、わが国で栽培される水稲品種すべてにコシヒカリ並の高温不稔耐性を付与したとしても、北日本で増収、西南日本で減収と生産の不安定化というパターンは避けられないと考えられる。北海道では現在の感温性の高い早生品種から、より生育期間の長い中生品種に切り替えることにより、現在よりかなりの増収が期待できる。

日本を離れて東南アジア地域の稲作に目を転ずると、予測される地球温暖化は熱帯・亜熱帯地域の稲作、特に乾期稲作により深刻な影響を及ぼすことがモデルＳＩＭＲＩＷによるシミュレーションから示された（Matthews ら、１９９５）。これは、主として熱帯・亜熱帯地域では乾期稲作の出穂・開花期が高温期と重なるためである。この地域の乾期稲作では現在の気候下でも開花期の高温による不稔がしばしば問題となっており、地球温暖化気候のもとではそれが一層激しくなり、かなりの収量低下を招くと考えられる。

このように、大気CO_2など温室効果気体濃度の上昇によって起こると予測される地球温暖化は、東北、北海道など冷温帯の水稲収量を高めるいっぽうで、暖温帯から熱帯にかけての収量の低下と不安定化をもたらす。冒頭にも述べたように稲作はモンスーン・アジアの生存基盤をなしており、その影響は社会・経済・文化の全体に及ぶと考えられる。高温環境に耐えうる水稲品種や栽培技術など、地球温暖化に適応できる水稲生産技術の開発がきわめて重要である。

引用文献

Food and Agriculture Organization of United Nations (2006) FAOSTAT

Horie, T. et al. (1995) In Matthews, RB. et al. (eds), Modeling the impact of climate change. International Rice Research Institute, Los Banos, Philippines, 51-66.

Horie,T. et al. (1996) In K Omasa et al. (eds), Climate change and plants in East Asia. Springer, verlag, Tokyo, 39-59.

Horie, T. et al. (2005) In Rice is Life: Scientific Perspectives for the 21st Century. International Rice Reserch Institute. 536-539.

河津俊作ら（２００７）日本作物学会紀事、76、４２３～４３２ページ

Kim, HY. et al. (2001) New Phytologist, 150, 223-229.

Matsui, T. et al. (2001) Plant Prod. Sci., 4, 90-93.

Matthews, R.B. et al. (1995) In Matthews, R.B. (eds), Modeling the impact of climate change on rice production in Asia. p95-139.

Nakagawa ,H. et al.(2003) In T.W. Mew eds., Rice Science: Innovations and impact for livelihood. Proc. Int. Rice Res. Conf., Sept. 2002, Beijing, China. IRRI, Chinese Academy of Engineering and Chinese Academy of Agricultural Sciences, 635-658.

佐藤洋一郎（１９９２）『稲の来た道』裳華房

渡部忠世　（１９７７）『稲の道』日本放送出版協会

執筆者紹介

堀江　武（ほりえ・たけし）　昭和17年、島根県に生まれる。昭和40年、京都大学農学部農学科卒業後、農林省農業技術研究所、農林水産省農業環境技術研究所、北陸農業試験場を経て、昭和60年より京都大学農学部教授（作物学講座担当）。平成18年、京都大学を定年退職の後、同年より独立行政法人農業・食品産業技術総合研究機構理事長として現在に至る。これまでに、環境省地球環境企画・評価委員、国際研究機関アフリカ稲センター（ＷＡＲＤＡ）理事、国際学術雑誌Climate Research誌、Field Crops Research誌などの編集委員などを歴任。日本農業気象学会賞、日本農学賞、読売農学賞などを受賞。主な著書として、『植物生産学概論』（文永堂、共著）、『作物学総論』（朝倉書店、共著）、『Crop Ecosystem Responses to Climate Change』（CAB International、共著）など。

吉田　ひろえ（よしだ・ひろえ）　昭和55年、北海道に生まれる。平成15年、京都大学農学部生物生産科学科卒業後、京都大学大学院農学研究科進学。平成20年、同大学院博士課程を学位取得後退学（農学博士）の後、独立行政法人農業・食品産業技術総合研究機構、中央農業研究センター任期付研究員。

6. 地球温暖化が果実の収量・品質に及ぼす影響

IPCC(Intergovernmental Panel on Climate Change：気候変動に関する政府間パネル)の第4次評価報告書は、地球温暖化により世界中の自然と社会が深刻な影響を受けると予測している。昨年農林水産省が行った調査においても水稲の高温障害、果実の着色不良、病害虫の多発など高温に起因する農作物被害が確認されており、気温や降水量など気候の変動による影響を受けやすい農林水産業における地球温暖化適応策の積極的な推進が求められている。

また、IPCC第4次評価報告書を踏まえ、将来の地球温暖化の進行が農林水産業に与える影響の内容・程度やその時期について、共通のシナリオを用いた、より精度の高い将来予想が必要となっている。

さて、ここでは、皆さんが毎日のように果物として食べている果実についてこの地球温暖化がどのような影響を及ぼすのか、もしくは、すでに及ぼしている影響はどのようなものであるのかについて、実際の研究結果をもとに解説していきたいと思う。ここで解説する研究結果はあくまで実験での結果であり、実際の気候変動を予測、近年の気温変化をシミュレーションしたものではない。

果樹産業において、近年の地球温暖化による気候変動がいったいどのような形で影響しいているのだろうか？　テレビ、新聞などの報道でよくみかけられるようになったが、実際にはあまり関心を持たれていない。なぜなら、果物はスーパーや小売店で常に見かけることができ、季節によって種々の果物が生産されているからであろう。

果実の色は赤、緑、黄色などさまざまで見ただけで食欲を誘われる。この果実の色もまた気候変動によって影響を受けている。果実の着色不良は生食および加工品において非常に深刻な問題である。著者はブドウ果実についての研究を行っているので、ブドウ果実を中心に話を進めていこうと思う。国内のブドウは生食では、ミカン、リンゴに次いで第3位であり、加工用のジュース、ワインなどへの利用も多い。世界的には醸造用ブドウが8割を占め、生産量、消費量ともにトップクラスである。また、近年アントシアニンやレスベラトロールといった機能性成分の効用が広く知れわたり、健康志向の機運と相まって果樹の需要は増加している。このような社会情勢のなかで、地球温暖化の影響による高温が、ブドウ果実の着色不良を引き起こし、生食用品種において大きな経済的損失が懸念されている。

温度によるアントシアニン蓄積のちがい

それでは、ここから実際に著者らが行った研究をもとに、温度変化がブドウ果実のアントシアニンにどのように影響しているのかを解説する。アントシアニン(1)は、ブドウの赤色を呈する色素の総称であり、ポリフェノールの1種でもある。

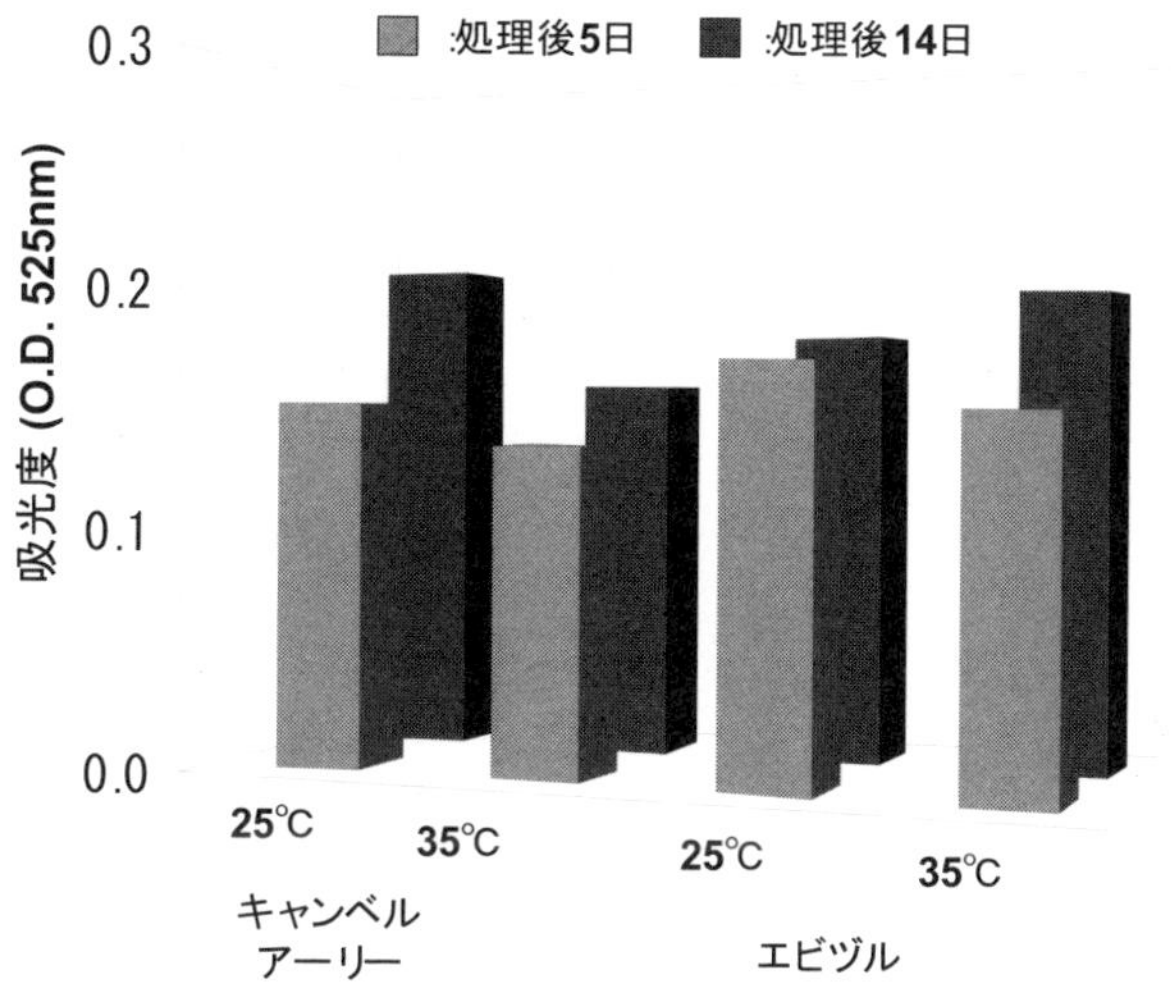

図1　赤色素アントシアニンの蓄積の温度によるちがい

最初に、研究に用いた実験材料について簡単に説明する。まず、実際に温度とアントシアニン蓄積の影響を調べるため、栽培されている品種〝キャンベル・アーリー〟と野生ブドウの仲間であるリュウキュウガネブとエビヅルを使った。

リュウキュウガネブ(*Vitis ficifolia* var. *ganebu*)は、沖縄諸島に自生する野生ブドウの1種である。エビヅル(*Vitis ficifolia* var. *lobata*)は、沖縄から北海道南部まで広く自生し、分布範囲が広く、両野生ブドウとも高温帯でもアントシアニンを合成することができる(2)。さらにこの2種の野生ブドウは高いアントシアニン蓄積能を持ち、遺伝資源として優良形質を備えている。

培養細胞を用いた温度処理の影響

まず、基礎的なデータをとることを目的として温度以外の条件をできる限り同じにし、栽培ブドウと野生ブドウの温度によるアントシアニンの蓄積のちがいを調査した。

図1は、キャンベル・アーリーとエビヅルの培養細胞を用いて、セ氏25度と35度の条件で2週間培養した結果である。棒グラフの前は、培養開始して5日後で、後ろは、2週間後である。

この結果から、栽培品種であるキャンベル・アーリーは、セ氏35度での培養では25度と比べるとアントシアニンの合成が抑制されていることがわかる。しかし、野生ブドウのエビヅルでは、35度で2週間培養すると25度での培養よりアントシアニンが多く合成されることが明らかになった。

ブドウ以外では、Zhongら（1993）(3)はシソ（*Perilla frutescens*）の培養細胞を用いた実験で培養温度をセ氏20度から30度の範囲内で処理し、単位細胞重量あたりのアントシアニン蓄積量を調査したところ、20度でアントシアニン蓄積は最大となり、培養温度が高くなると蓄積量は少なくなると報告している。Zhangら（1997）(4)はイチゴの培養細胞を用いて高温がアントシアニンの蓄積を抑制することを報告した。多くの植物で培養細胞を用いた温度処理によるアントシアニン蓄積の影響が報告され、30度以上の温度ではアントシアニンの蓄積が阻害されるということが一般的に知られるようになった。しかし、野生ブドウを使った実験で、ある程度の高温（35度前後）でも野生ブドウはアントシアニンの蓄積が増加することが明らかとなった。

さて、ここまでの実験は、培養細胞を用いたものであり、温度以外の条件を考慮せずに行えるようにしたものである。しかし、実際にブドウ果実の着色は温度以外に、植物自体の生長をコントロールする植物ホルモン、太陽からの紫外光、昼夜の温度差などのさまざまな要因が影響している。

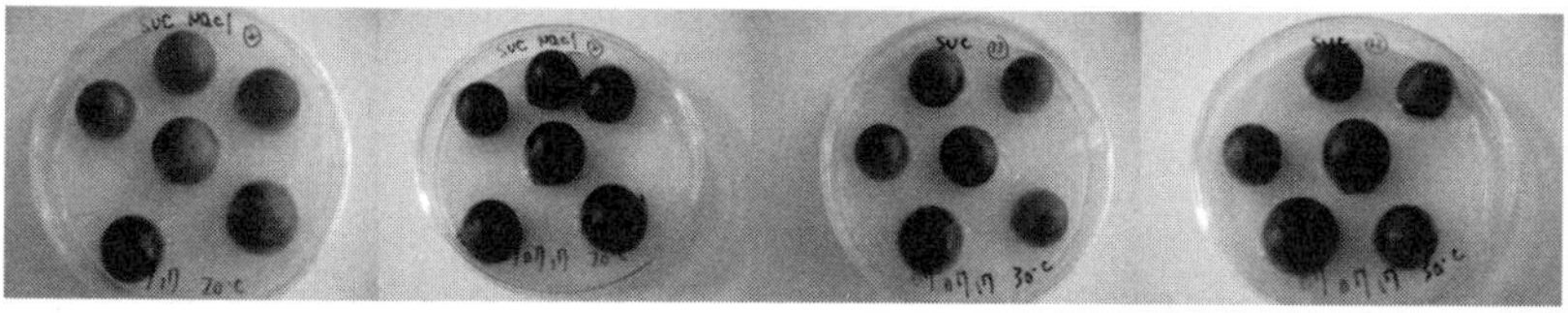

20度0日　20度7日　30度0日　30度7日

図2　キャンベル・アーリーの温度処理による着色の変化

果実を用いた温度処理の影響

次に、実際の果実を使って、温度によるアントシアニンの変化をみてみる。ブドウ果実はその生長のある特定の時期に柔らかくなり始め、糖が増え酸味が減少、そして色がつき始める。この時期を「ベレゾーン」と呼ぶ。このベレゾーンは、植物ホルモンのオーキシンが減少し、アブシジン酸が増加することによって起こるといわれているが、まだ詳細については明らかにされていない。

そこで、この色がつき始める「ベレゾーン」の時期の果実を採り、滅菌したシャーレのなかにろ紙に養分を含んだ水溶液をしみこませ、果実の果梗部分を切り取った果実をのせた。そして、そのシャーレごと、セ氏20度と30度の人工気象器に入れ果実の色のつき方を調査した。

図2は、栽培品種であるキャンベル・アーリーの温度のちがいによる着色のちがいをみたものである。セ氏20度で7日間おくと、きれいに赤く着色するが、30度で7日間おくと、赤い色がくすんで、きれいに着色していない。

これは、キャンベル・アーリーだけに限られた現象ではなく、他の栽培ブドウについても同じような結果であった。また、醸造用のブドウ（ワインを

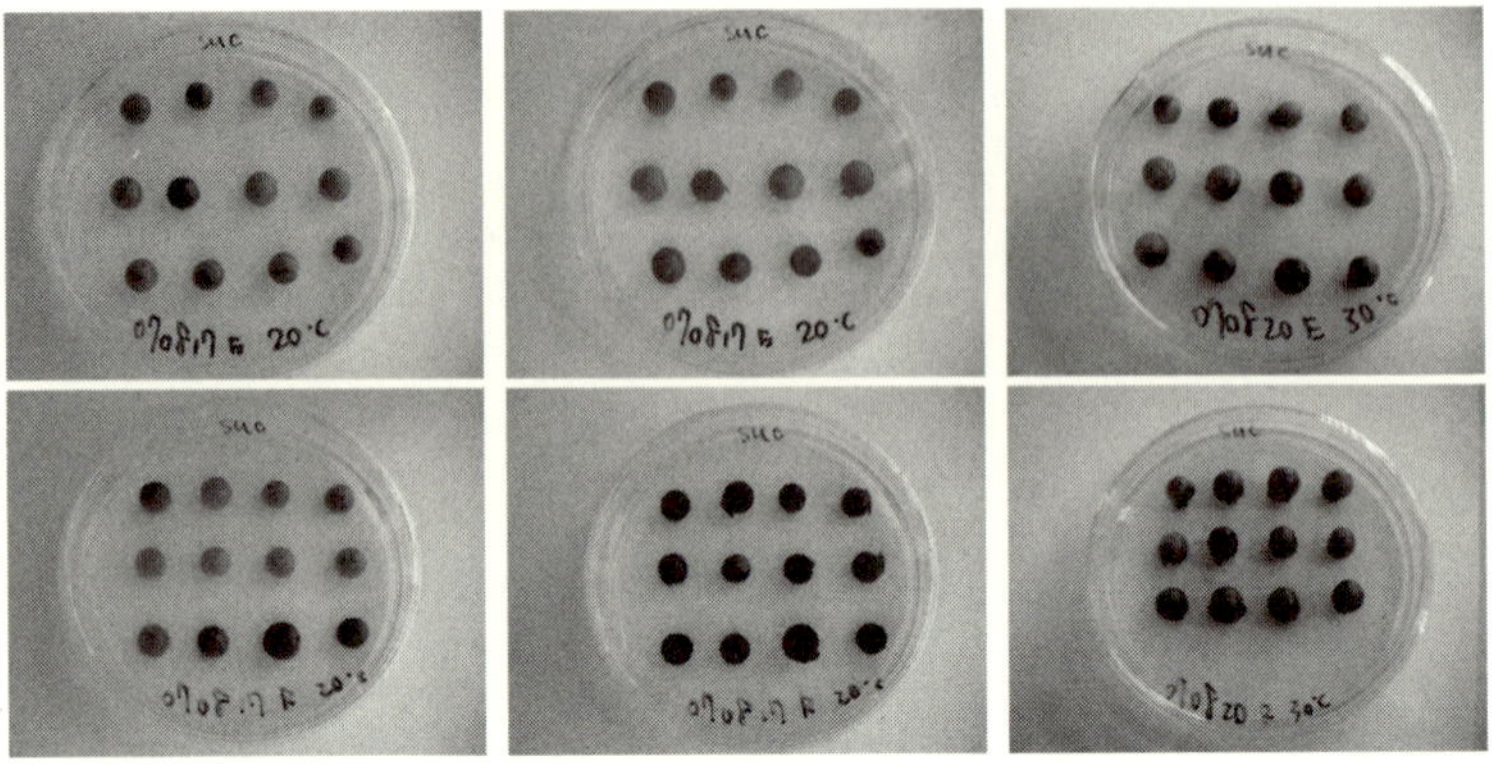

図３　野生ブドウの温度処理による着色の変化
上段左：エビヅル０日　上段中：20度７日　上段右：30度７日
下段左：リュウキュウガネブ０日　下段中：20度７日　下段右：30度７日

つくるための品種）でも同様であった。

つまり、色がつき始める「ベレゾーン」以降に高温にさらされると着色が悪くなるといわれることを実験的に証明した。では、このベレゾーン前に高温だったら、どうなるのかということが疑問になるが、ベレゾーン前の高温はベレゾーンを遅らせ、果実の最終的な発育に影響を及ぼす。もちろん着色にも影響する。

図３は、野生ブドウであるエビヅルとリュウキュウガネブを用いた時の結果である。エビヅル、リュウキュウガネブともに温度による着色は見た目では変わらなかった。栽培品種であるキャンベル・アーリーの場合とはちょっとちがった。また、以前の培養細胞を用いた実験の結果ともちがっていた。

そこで、なぜこのような結果になったのか、キャンベル・アーリーと野生ブドウのアントシアニンを詳しく調査することにした。まず、果実の果皮だけをとり、一定の重さの果皮からアントシアニンを抽出し、アントシアニン総量を比較した。図４はその結果である。キャンベル・アーリー、

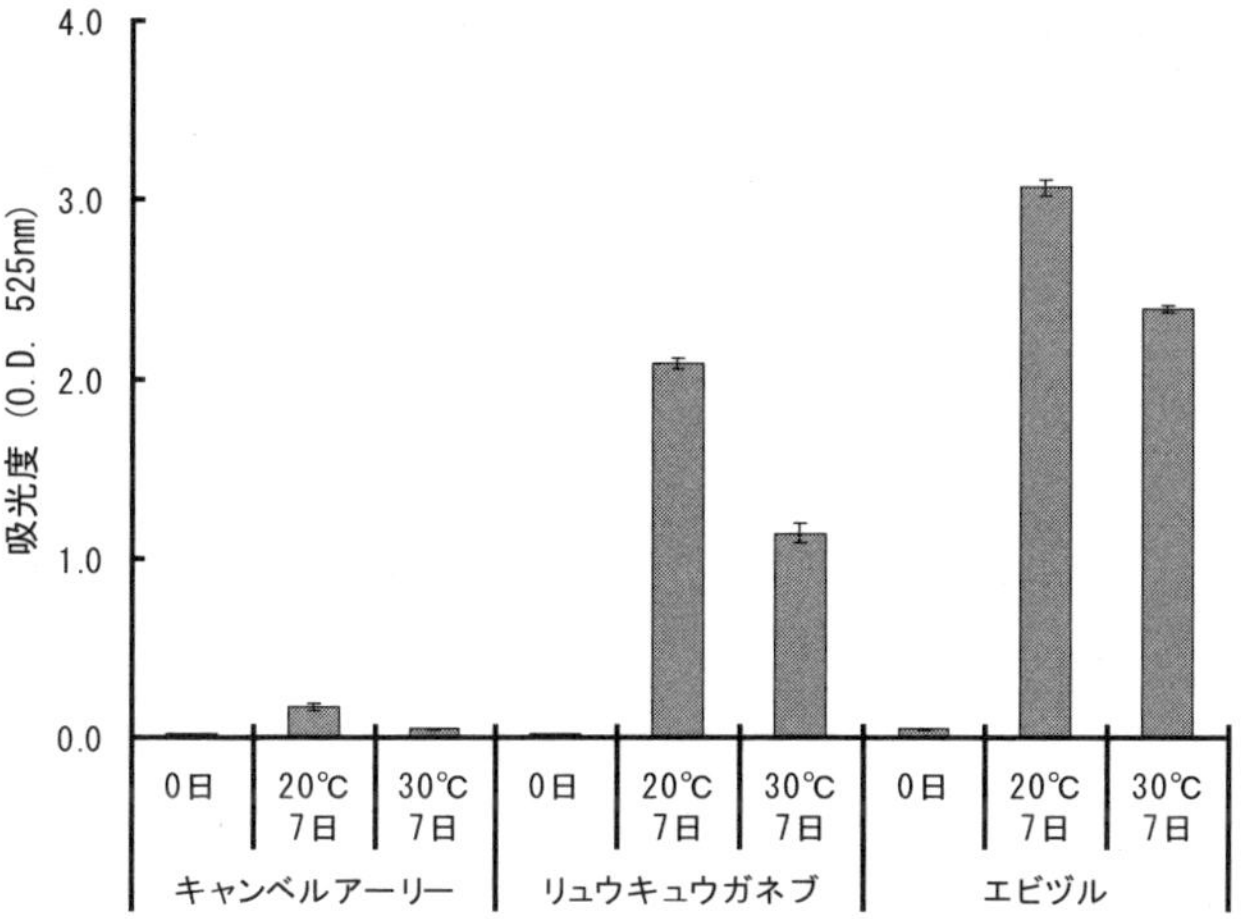

図４　ブドウ品種による赤色素アントシアニンの蓄積のちがい

エビヅル、リュウキュウガネブともにセ氏30度に置いた場合は20度のときより減少していることがわかる。しかし、ここで注意しなければいけないのは、すべて同じ重量の果皮から抽出しているということである。つまり、野生ブドウのアントシアニン量はキャンベル・アーリーよりはるかに多く、短期間で多量のアントシアニンを合成することができるということである。野生ブドウの２種において、30度での量は20度と比較すると減ってはいるが、キャンベル・アーリーと比べるとはるかに多いのである。次にさらに詳しくアントシアニンの種類と組成について高速液体クロマトグラフィーで調査した。アントシアニンは多くの化学物質からなっており、その種類と組成の割合で色にちがいがでる。つまり、同じ赤に見えても、温度処理によりアントシアニンの種類や組成にちがいがあるかもしれない。

その結果、キャンベル・アーリーのアントシアニンには8種類の物質が確認され、エビヅル、リュウキュウガネブでは、18種類の物質が確認された。温度のちがいによる変化を見てみると、キャンベル・アーリーでは、20度では8種類の物質が確認されたが、30度では4種類の物質のみ確認された。リュウキュウガネブにおいては、確認された物質の種類にちがいはなかったが、組成の割合が20度と30度では異なっていた。エビヅルでは、20度、30度ともに確認された物質の種類、組成の割合ともにちがいはなかった。

これらの結果から、キャンベル・アーリーの30度で観察されたくすんだ赤色は、アントシアニンの量が少なかったということと、アントシアニン中の物質が減少して割合が変化した結果ではないかと考えられる。野生ブドウでは、温度のちがいによる着色のちがいが見た目では区別できなかったのは、量の減少はあるものの、キャンベル・アーリーと比べるとアントシアニンの量が多かったこと、アントシアニン中の物質の種類に変化がなかったことが考えられる。

温度による収量のちがい

果実の収量と地球温暖化の関係を調査するには、さまざまな要因が関係していると思われるため、簡単には結論を出せない状況である。それは、実験的にセ氏20度と30度の大きな培養器にブドウを入れて栽培し、単純に果実の収量を比較することはできるが、果樹の生産には1年を通しての気温、昼夜温の差などが関係しているためである。温暖化によるイメージは、夏季の最高気温の上昇、冬季の最低気温の上昇があるが、果樹においてはそれだけでなく、秋季の高温・多雨化や、年間を通しての夜温の上昇が収量と品質に大きく影響してくる。

ここでは、あまり知られていない温暖化による影響と考えられている気象変化と果樹への影響について述べたいと思う。ここ数年の暖冬傾向で積雪量の減少による雪害が少なくなってきている。また、冬季に重油などを使って加温するハウスの燃料費の軽減など農家にとってはプラスになる面もある。しかし、リンゴでは早生品種や中生品種において、ブドウと同様に着色不良が増えており、着色以外の品質で肉質の軟化、粉質化、日持ち性の低下、褐変発生などが増加する傾向にあることが報告されている。またミカンでも収穫後に常温で予措という貯蔵をおこなうのだが、その貯蔵庫内の温度が高くなり、ミカンの貯蔵可能期間が短かくなってきているという報告もある(5)。

次に、果実の収量にどのような影響を及ぼしているのかみると、著者の実験結果でも述べたように、夏季の最高気温の上昇は、収量より果実の品質に及ぼす影響の方が大きいようである。しかし、冬季の最低気温の上昇のほうが果樹にとっては深刻な問題となってきている。理由として、ここ数年の冬季の傾向を見ると、暖冬傾向にあるといわれながら突然、例年並みの寒波に襲われ急激な温度変化が起こることがしばしばある。冬季を通してみると確かに暖冬傾向にみえるが、最高気温と最低気温の差が大きい日が多くなる傾向にある。これは果樹の樹体に耐凍性がきちんとつかないままに急激な温度変化にさらされることになり、例年並みの低温であっても温度差が大きいため凍害にあうといったケースが多くなってきているためである。ここ数年で、リンゴ、オウトウ、ニホンナシ、モモ、クリ、もちろんブドウなどで凍害による被害が増えていると報告されている。このように凍害にあった果樹については、次の年の収量に直接影響が及ぶことになる。

これまでの日本、ひいては世界の各国において、果樹の生産現場で温暖化による影響がどのようなものであり、どの程度のものなのか、必ずしも明らかにされていたわけではない。温暖化の影響は、栽培地域や栽培樹種によってかなり異なる。対策については栽培地域、栽培している果樹の樹種によって個別に影響評価し、今後十分に検討する必要がある。

おわりに

さて、これまで地球温暖化による気候変動が果樹の品質・収量に及ぼす影響について実際の実験結果をもとに考えてきたが、これまで地球温暖化という問題はわかっていても、身近な食生活にはまだ影響はみられていないと思っていた人も多いと思われる。ブドウという夏から秋にかけての味覚のひとつである果物にも、温暖化の影響が出始めていることを感じてもらえればと思う。

標題には果実の収量・品質に及ぼす影響とあるが、実際にはブドウの品質に的を絞ってみた。これまであたりまえのように食卓にのぼっていた色とりどりの鮮やかな果物、これがあたりまえでなくなる日が来るかもしれない。そのようなことがないように、研究者は地道に研究を続け、農家は研究の成果をもとに栽培技術を向上し、行政はこれらのバックアップを促進するといった、それぞれの役割をきちんと果たす必要がある。そして、みんなが温暖化という問題意識を共有することにより少しづつでも何かに取り組むことが重要なのではないであろうか。

最後に、アントシアニンの組成解析などでご協力いただいた島根大学生物資源科学部の伴琢也博士に深謝いたします。

参考文献

（1）大庭理一郎ら（2000）『アントシアニン』建帛社
（2）中川昌一監修（1996）『日本ブドウ学』養賢堂
（3）Zhong, J.J, and Yoshida, T.（1993）*J. Ferm. and Bioeng.*, vol.76, no.6.
（4）Zhang, W. et al.（1997）*Plant Science*, vol.127.
（5）農研機構果樹研究所・中央果実生産出荷安定基金協会（2004）『平成15年度果樹農業生産構造に関する調査報告書－果樹農業に対する気象変動の影響に関する調査－』

執筆者紹介

石丸　恵（いしまる・めぐみ）　2000年4月より大阪府立大学大学院助手、農学博士。ブドウ果実の成熟期の果実軟化とアントシアニン生合成に関する研究を行い、2003～2005年までアメリカ農務省ベルツビル研究所Dr．GrossとDr．Smithとともにトマト果実の軟化機構の解明に関する研究を行う。帰国後はトマトで得られた知見をもとにブドウ果実の軟化機構についても研究を行う。果実の軟化に興味を持ち、細胞壁分解酵素について分子生物学手法だけでなく、さまざまな分野の研究手法を用いて解析している。また、野生ブドウの高いアントシアニン合成能力にも興味を持ち、地球温暖化で問題となっている果樹産業にどんな形でもいいので貢献できればと思い研究を進めている。

7. ヒマラヤ山岳氷河変動

日本を飛行機で発って、ネパールの首都カトマンズへと向かう。飛行機はアンダマン海からバングラデシュへと進む。天気がよければ、ガンジス・ブラマプトラの2大河川がベンガル湾につくる巨大なデルタが臨め、網の目のような川の流れに感嘆してしまう。しばし眼下の光景に目を奪われふと視線を上げた時、飛行機の行く手を阻むかのごとく、進行方向には巨大な壁が悠然と立ちはだかる。白い雪を被ったその巨大な山脈こそ、世界の屋根、ヒマラヤである（図1）。目線の高さに、白い巨大な屏風が視野いっぱいに広がる。サンスクリット語で「ヒム（雪）アラヤ（住み処）」。神々の御座とされる「ヒマーラヤ」は、人間の営みとは関係なく太古の昔からそこに鎮座し続けている存在。この光景を目にすれば、直感的にそんなふうに体感してしまう。しかし、ヒマラヤの白い雪、そして氷河は、これまでもその姿を変え続けてきたし、今も刻一刻と変化している。

図1　インド、ビハール州上空付近からのネパール東部、クンブー・ヒマール
写真中央やや左、一番高い山がエベレスト山

ネパールの氷河変動

近年、地球温暖化の問題が顕在化するようになったといわれる。ネパールも温暖化問題の被害者として注目され、マスコミにも大いに取りあげられている。温暖化の進行によって氷河が急速に縮小するとともに、氷河湖が拡大しているというのである。温暖化による危険性が、必然的にクローズアップされている。ここでは氷河の変化を通して温暖化と氷河との関わりを考えてみたい。

図2は、ネパール東部、エベレスト山（8848メートル）をいだくクンブー・ヒマールの中の「チョラ氷河」について、1976年以降同じ場所から撮影した写真である。これらの写真を見ると、氷河が年ごとに上流へと退いている様子、さらに背景の山の大きさを目印にすれば、氷河の厚さも薄くなっている様子がわかる。現場で精密な測量をほぼ10年ごとに繰り返した結果、1978年以降の28年間で112メートルも氷河が後退したことがわかった。1年あたりの平均の後退スピードも年を追って速くなっている（表1）。こうした定点からの測量は他の10の氷河でも続けていて、いずれも同じような結果になった。しかしこの観測結果はあくまでも11の氷河での事例でしかない。これをもって「ネパールの氷河は消滅の危機にある」などということは到底できないのである。そこで、こうした変化は全体ではどのようになっているかを調べた。

ネパール測量局が1992年に撮影した航空写真について1枚1枚、ステレオの実体視による判読を行って、ネパール東部におけるこの年の正確な氷河の分布図を作成した。この作業を通して、ネ

図２　クンブー・ヒマール、チョラ氷河の末端変動の様子
1976 年と 1989 年の写真はヒマラヤ氷河学術調査隊、名古屋大学環境学研究科提供
1997 年と 2004 年の写真は著者撮影

表１　チョラ氷河における 1976 年以降の氷河末端変動の観測記録

	観測年			氷河末端変動	
	始め 年	終わり 年	観測期間 年	変動距離 m	年間変動距離 m／年
1970 年代	76	89	13	-31.0	**-2.4**
1980 年代	89	97	8	-31.9	**-4.0**
1990 年代	97	04	7	-48.9	**-7.0**
計	76	04	28	-111.8	**-4.0**

パール東部には1024も氷河があることがわかった。また、氷河の面積は1597平方キロにも及んでいた。ヒマラヤはまさに『雪の住み処』といえよう。

次にインド測量局が1958年に撮影した航空写真から作成した地形図に描かれている氷河の位置と重ね合わせて比較することで、1958〜1992年までの34年間に氷河がどのように変化したか、信頼性が確保できない事例を除く約半数の氷河を調べ、その結果の一部を地図で表した。図3はクンブー・ヒマールの氷河について、34年間で氷河が後退したのか、変化がなかったのか、あるいは前進したのか、変化の種別を氷河ごとに図示した。直感的には後退した氷河が広い面積を占めているように見える。いっぽうで、後退した氷河の隣は前進していたり、3種類の変化の種別も、氷河の大きさや氷河が伸びる方位とは関係がなかったりして、ランダムに出現しているようにも見える。いずれにせよ、ステレオタイプでいわれるほど単純に氷河が後退しているわけではない。

以上のようなネパール東部の氷河の変動の結果を表2にまとめた。変化を調べた465の氷河のうち264（56・8パーセント）は氷河の末端位置が後退していた。いっぽう、161（34・6パーセント）の氷河は変化がなく、40（8・6パーセント）の氷河は前進していた。確かに半数以上の氷河は後退して小さくなっていたのだから、全体の傾向としては「氷河は小さくなっている」といえるだろう。しかし、4割以上の氷河では変化がないか、大きくなっていたということになれば、「ネパールの氷河は地球温暖化で融けている」とは断言できないのではないか。もう少し慎重に考えなければならない。

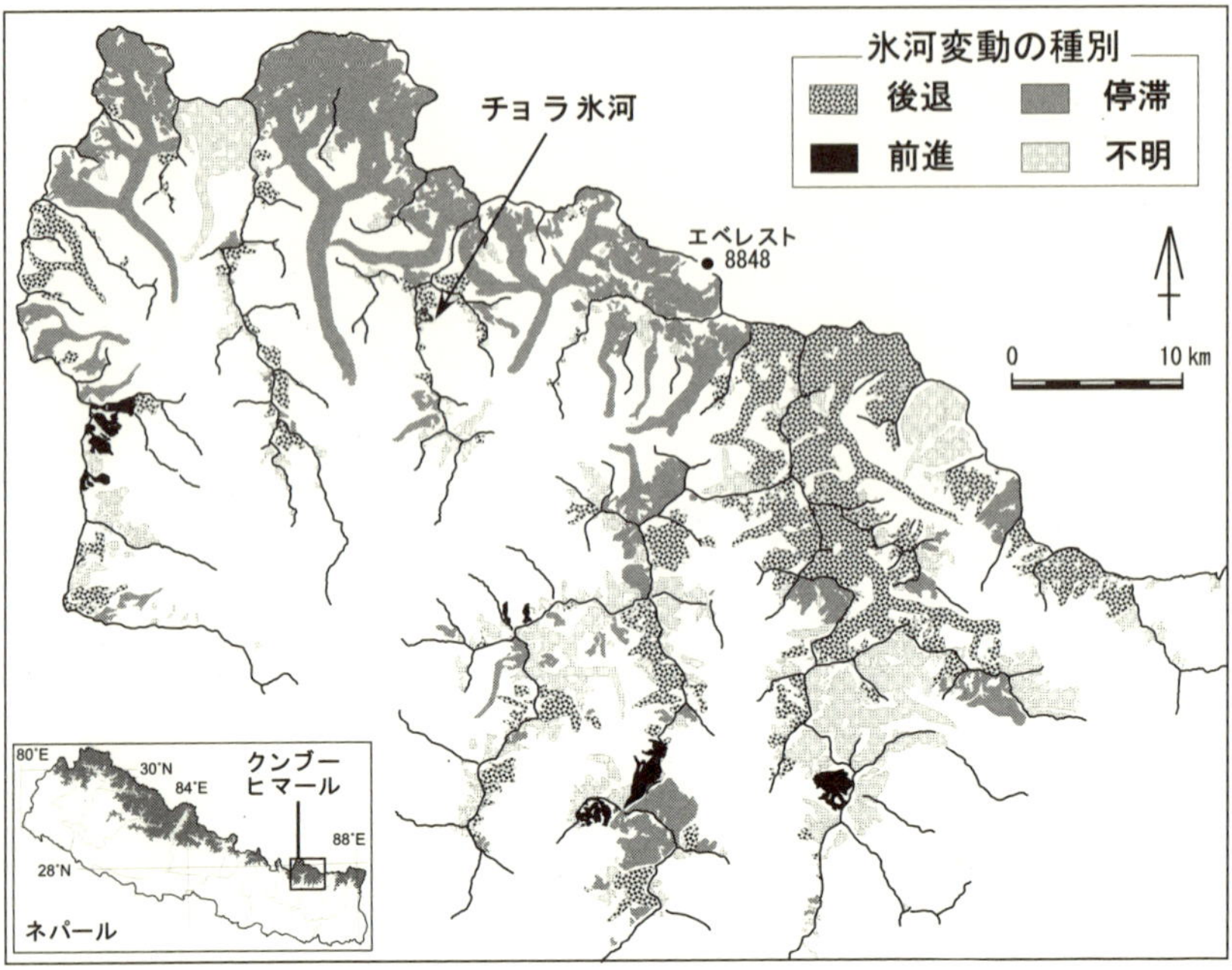

図３　クンブー・ヒマールにおける氷河変動の様子

1958 年と 1992 年での氷河末端位置を比較したもの。地図の氷河分布は 1992 年（朝日，2001 を改変）

表２　ネパール東部における 1958 ～ 1992 年までの
34 年間の氷河末端変動の種別ごとの割合

	氷河の数	変動を推定できた氷河	%	後退した氷河	%	変化のなかった氷河	%	前進した氷河	%
ネパール東部全体	1024	465	*45.5*	**264**	*56.8*	**161**	*34.6*	**40**	*8.6*
クンブー・ヒマール	383	178	*46.5*	107	*60.1*	62	*34.8*	9	*5.1*

ネパールの氷河が変化する仕組み

「地球が温暖化すればヒマラヤの氷河は融ける」、それはその通りだろう。では逆に「ヒマラヤの氷河が融けていれば、地球温暖化のせいだ」といえるのか？　ネパールの気候の特性を踏まえて、踏み込んで考えてみたい。

一般的に標高が高い場所では気温が低い。１０００メートル高いところにあがれば、気温は約５・５度低くなるとされている。だからヒマラヤの標高６０００メートルくらいの高所ともなれば、夏でも気温はプラスにはならない。この気温では雨ではなく雪が降る。気温がプラスに転じなければ雪は融けることなく積もり続けて重なりとなり、雪自身の重さに潰されて雪は氷に変化する。山の斜面にできた氷は重力に引っ張られて低い方へと移動する。標高の低い場所は気温が高いから氷は融けてしまう。この間のどこかに氷河の終端が現れる。これが氷河の仕組みだ。

ネパールは６～９月の夏に雨季となり、１年間の降水量の８割近くがこの時期に集中する。日本人には直感的には理解し難いことではあるけれども、標高が高い場所ならば、１年間の雪のほとんどは真夏に降っている。エベレスト山直下の標高５０５０メートルにある気象観測所のデータをまとめた図４を見れば、１年の中で夏に雨が多いことがわかる。夏の平均気温は４度くらいだから、この気温では雪にはならず雨が降る。地上気温３度が雨か雪かの境目だとされているから、標高を５３００メートルくらいにまであがれば雪になっているだろうと推測できる。この雪こそがネパールの氷河の源だ。しかし温暖化のせいで気温が１度あがったとしたら、たぶん標高５３００メートルの場所では雪は降

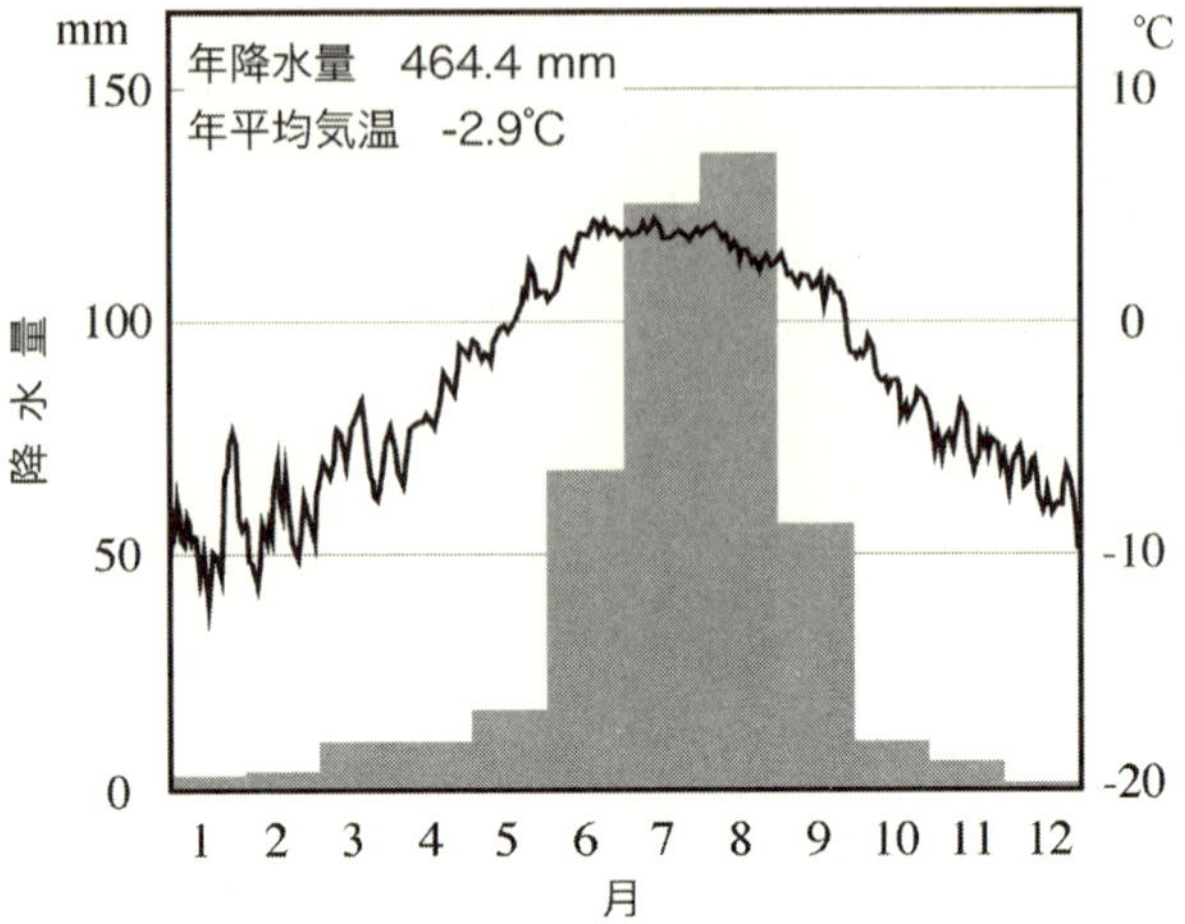

図４　クンブー・ヒマール上流域の気象

標高 5050 メートルのロブチェ観測所の観測値。気温は 1994 ～ 1999 年の日平均気温、降水量は 1994 ～ 1996 年の年平均降水量。Bollasina et al. (2002),Tartari et al. (1998) から作成

らなくなって、雨だけになるかもしれない。雪が降らなくなれば、氷河を作る源が絶たれる。それだけではない。雨が降れば、すでに積もっていた雪や氷が融けてしまう。

北半球の多くの場所では雪は冬に降る。気温が１度あがったとしても、冬はすでに十分寒いからそれで雪が雨に変わってしまう場所は多くはない。気温があがった分、夏に融ける雪や氷の量が増えて氷河が小さくなる。これが地球温暖化でいわれている問題なのだが、ネパールの場合、降り積もる雪の量が減ると同時に、融け出す氷の量も増えてしまうから、同じ気温上昇でも他の地域よりも氷河は一層小さくなってしまう。これがネパールの氷河の特性であり、気候変化に敏感に反応する地球のセンサーのようなものだ。

だとすれば、ネパールの氷河が融けて小さくなっているのは、なおさら地球温暖化のせいだと思えるかもしれない。しかしそれでもまだ「正し

図5　ネパール中央部、ムスタン・ヒマールの無名峰にかかる氷河
中央やや右手の白い氷河と、写真左手の稜線から氷河の下方を回り込んで続く小丘（モレーン）が見える。小氷期にはモレーンの位置まで氷河が拡大していた

いとはいえない」。

ネパールの氷河の歴史

今からおよそ150年よりも前の時代、1850年頃までの一時期を「小氷期」と呼び、1度未満ではあるが世界的に今よりも気温が低い状態が続いていた。今とはちょうど逆の気候状態にあって、ネパールの氷河はより多くの氷を蓄えていた。このことは地形学的な証拠からわかる。図5はネパールのとある氷河の写真で、写真左手の稜線を起点に氷河の下方を回り込んで続く高まりが見える。これをモレーンといって、氷河に運ばれてきた岩や砂が、氷がなくなる場所でそれ以上運ばれなくなって溜まったもの。いいかえれば、モレーンの場所までかつて氷河があったことの証拠となる。

150年ほど前はネパールの氷河も今より大きかったので、その時から1度弱暖かくなった現在、その気候に適合するように、氷河は全般に融けている。だから、氷河が融けているのはこの150年の間ではむしろ自然な状態なのだといえる。だから、氷河が融けたというだけで、それを「地球温暖化」と断定することはできない。先に紹介したチョラ氷河での観測結果のように、年々氷河の融ける速さが増していれば、それは温暖化の影響かもしれない。しかし今わかっていることだけでは、「ネパールの氷河は地球温暖化の影響を受けている」と判断するには、材料はまだ乏しい。

ところで、このモレーンの分布を調べれば、氷河がかつてどこまで大きくなっていたかがわかる。私はヒマラヤの山中を歩き廻り、航空写真の判読も行って、ネパール各地の詳細なモレーンの分布図を作った。さらに代表的なモレーンでは物理学的な方法によってそのモレーンが何年前にできたものかも調べた。今から約2万年前は氷河時代といって、ヨーロッパや北米大陸の多くが氷河に覆われている時代だった。日本にも氷河があった。この時代、ヒマラヤでは気温が今よりも6～7度も低かっただろうと推測されている。当然、ネパールの氷河もだいぶ広がりを見せていて、標高の低い場所も氷河に覆われていたように思える。図6はエベレスト山から流れ出すクンブー氷河の現在の末端付近からその下流を見たものだ。左端の白い岩屑に覆われた丘が今の氷河の末端。谷の縁には2万年前のモレーンが続いていて（写真の実線）、氷河時代の氷河の広がりを教えてくれる。網をかけたのがその範囲で、現在よりも約5キロメートル下流まで氷河が延びていた。

現在長さ25キロメートルのクンブー氷河が、氷河時代に2割しか長く延びていなかったとすれば意外なほど小さい。しかしネパールの東の端から西の端までの各地で調べてみても同じような傾向を示した。このことから、当時の気温は十分に低かったものの、気候はひどく乾燥していて、氷河の源になる雪の量がだいぶ少なかったのだろうと考えている。氷河時代から現在までの2万年間、気温や雪の量が変わっていく中で、氷河は大きくなったり小さくなったりを繰り返して、今の姿になってきた。

今の気候から氷河ができるメカニズムを理解し、これまでの氷河の変化から過去の気候を復元する。これが私の研究課題であり、長いことヒマラヤを歩き廻っている。

ネパールの氷河の研究で学んだこと

私は過去十数年、ネパール各地を歩き廻って、氷河の歴史を調べてきた。標高6000メートルを越える高所で調査をしたり、現場に辿り着くために1か月弱歩いたりしたこともたびたびだ。こうした中で、予定通りにことが運んだ経験は一度たりともない。常に変化する状況の中で、何ごとにも臨機応変でなければ、調査はおろか帰ってくることさえおぼつかない。さりとて、目の前の危機に右往左往せず、全体を見通した中で決断しなければならない場面に直面することも多い。調査を続けてき

図6　現在のクンブー氷河末端付近とその下流のようす
写真左手の白い丘が現在の氷河の末端。そこから下流へ、網をかけたのが氷河時代の氷河の広がり（推定）

たおかげで、そういう柔軟さや決断力は多少なりとも身に付いたかもしれない。

研究では数万年という時間スケールで氷河の変化を考えることが常だから、ネパールでの経験とあわせて、目先の事柄で一喜一憂しなくなったように思う。何か状況の変化があったとしても、もうちょっと長い時間スケールでそのこと自体を評価した方がいいんじゃないか？　と思えるのだ。

地球温暖化の問題では、その危険性が盛んに喧伝されているから、原理主義的にある方向へ雪崩を打ったように進んでしまう危うさを感じることがある。「ヒマラヤにトレッキングに行って氷河を見た。その氷河が最近どんどん小さくなっていると聞かされた。すわ、地球温暖化だ、融けて近々なくなる……」。こういう構図でよいのだろうか。他の氷河はどうなっているだろう？　広い範囲ではどうだろう？　以前と比べたらどうなんだろう？　こういうふうに考えてはじめて、現在進行形の変化を少しは客観的に評価できるんじゃないか。喧伝されることを鵜呑みにせず、「なぜそうなるのだろう」と考えてみる、目の前の迫った事象に一喜一憂せず、時に全体を見廻してみる。こういう発想もまたネパールで学んだことかもしれない。


圧倒的なヒマラヤの存在を前にして、絶望的なまでにちっぽけな存在でしかない私が研究を続ける原動力になっているのは、冒頭の飛行機からの光景にある。もう何十回と機窓からヒマラヤを眺めてきたが、その度にこれから始まる調査の意義を感得させられるし、またヒマラヤの懐に「お邪魔させていただきます」と謙虚な気持ちに自分をリセットさせてくれる。

私のフィールドワークは、現地でのやり方、考え方をできるだけ尊重し、それを取り込んで自分のモノとしてきた。それでもなお、土地の人々からすれば、僕らは招かれたゲストなんかじゃない、単なるエイリアンなんだ。そういうエイリアンが他人の土地のことを「危ない危ない」と喧伝するのはどうなのかな？　と、報道に接するたびに思う。

氷河の変化を調べるなら衛星画像を解析すればいい．それなのにフィールドワークに固執するのは、おこがましいことではあるのだけれど、そこに住む人々を、他者を理解する、そのことの実践なのかなと考えている。

参考文献

安成哲三・藤井理行（1983）『ヒマラヤの気候と氷河』東京堂出版
中尾正義編（2007）『ヒマラヤと地球温暖化―消えゆく氷河』昭和堂
朝日克彦（2001）雪氷、63巻、2号
Bollasina et al. (2002) *Bull. Glacier Res.*, vol.19.
Tartari et al. (1998) *Mem. Ist. Ital. Idrobiol. Dr. Marco De Marchi*, vol.57.

執筆者紹介

朝日克彦（あさひ・かつひこ）　立命館大学文学部地理学教室実習助手。1972年東京都生まれ。広島大学文学部卒、北海道大学大学院博士課程修了。博士（地球環境科学）。専門は自然地理学。大学在学時、山岳部のヒマラヤ遠征をきっかけに、ヒマラヤに滞在する方便として氷河変動の研究を始める。希望が叶ってそれ以来ほぼ毎年通っているほか、大学院在学時には文部省アジア諸国等派遣留学生として、ネパール、トリブヴァン大学に3年弱滞在、ネパール各地を調査して歩いた。この時には1年の半分以上の期間を標高4000m以上の高所でキャンプをしながら過ごした。ネパール各地のほか、インド・ヒマラヤ、チベット、カラコルム（パキスタン）などで調査、研究をした。専門分野以外にもヒマラヤについては広く関心を寄せている。著書に、『百名山の自然学（西日本編）』（古今書院、共著）。

8. 世界の氷河湖とその拡大

氷河湖とはなにか

氷河湖は氷河作用にともなって成立した凹地に水がたまったものである。ここでいう氷河作用とは氷河の分布域の変化や氷河による地盤の浸食のことであり、また分布域の変化には、単に氷河の水平方向の変動だけではなく、氷河の表面の沈降や底面の上昇といった垂直方向の変化も含む。氷河湖のタイプはいくつかに分類されているが、湖盆（湖水をためる器）の成因に着目すると、次のような分類が考えられる。なお、実際には異なったタイプが複合して湖盆が成り立っている例も多い。

●モレーン堰止め型

氷河自らが作ったモレーンが堤体となり、その内側に水域ができている湖である（写真１）。モレーンとは、氷河の流動にともなって移動・堆積した砕屑物からなる尾根状の高まりのことである。このタイプの場合はターミナル・モレーン（端堆石）とラテラル・モレーン（側堆石）が堤体となる。

写真1 ネパール東部ホング谷源頭部（パンチポカリ）の氷河湖

ふたつのモレーン堰止め型の氷河湖が見える。右側の湖の長径は 500 メートル、左側は 1400 メートル。左の湖の右岸には遮断型の湖も形成されている。左上方の峰はチャムラン峰（標高 7319 メートル）。2005 年 10 月にアンプラブツァ峠（標高 5780 メートル）から撮影。以前の調査結果との比較によって、周辺の氷河が 1991 ～ 2005 年の間に年間約 8 メートルの速さで後退していたことがわかった

写真2 ネパール東部ホング谷のメラ氷河のラテラル・モレーンと氷河湖

中央の湖が遮断型の氷河湖。メラ氷河の左岸側ラテラル・モレーンによって中央下に見える谷がブロックされて形成された。湖の直径は約 100 メートル。2005 年 10 月にホング谷とメラ氷河の合流点近く（標高 4800 メートル）にて撮影

●遮断型

氷河もしくはそれによって作られたモレーンが隣の流域から合流している谷を遮断することで湖盆が成立した湖で（写真2）、氷河氷が遮断する場合はアイスダムドレイクという。堰止められた水流と堰止めた氷河は起源を異にする場合が多く、遮断される谷が遮断する谷に対して支谷である場合（写真2はこのタイプ）と、その逆の場合がある。湖が形成される場所は氷河の側面やラテラル・モレーンの外側にあたる。

●表面収縮型

氷河の融解にともなう氷体上面の不均一な沈降によってできた凹地に融氷水が堪水した湖である。山岳氷河のうち特に岩屑に被覆された氷河にできる小型のもの（写真3）と、グリーンランドやロシアのノバヤ・ゼムリャ島のような氷床の表面にできる融氷池がある。前者は、氷河の融解が進むと周囲の水域と融合して、大きなモレーン堰止め型の湖になることがある。また、地熱などの影響で氷河の底面が上昇してできた空間に形成された氷河湖もある。

●氷食型

氷河によって地盤が削り込まれてできた凹地が湖盆となった湖である。山岳地の圏谷（カール）や谷底にできたものと（写真4）、五大湖やレマン湖といった平野部や盆地にできたものがある。氷食型の湖は、現在は氷河の氷とは遠く離れているものも多い。

写真３ チベット側から見たエベレストとロンブク氷河上の氷河湖

厚さ数 10 センチメートル程度の岩屑に被覆されたロンブク氷河が右上方から左下方に延び、その上に表面収縮型の氷河湖が乗っている。右上方の旗雲をともなった峰がエベレスト。2008 年 11 月にロンブク氷河左岸にあるラテラル・モレーン（標高 5240 メートル）から撮影

写真４ ケニア山の山頂直下にできたルイス氷河湖

右手に見えるルイス氷河が拡大期に岩盤を浸食してできた湖。湖の長径は約 70 メートル。左下方に湖の堤体部分が見えるが、岩屑ではなくて岩盤である。2007 年１月にオーストリアンハット直下（標高 4730 メートル）から撮影

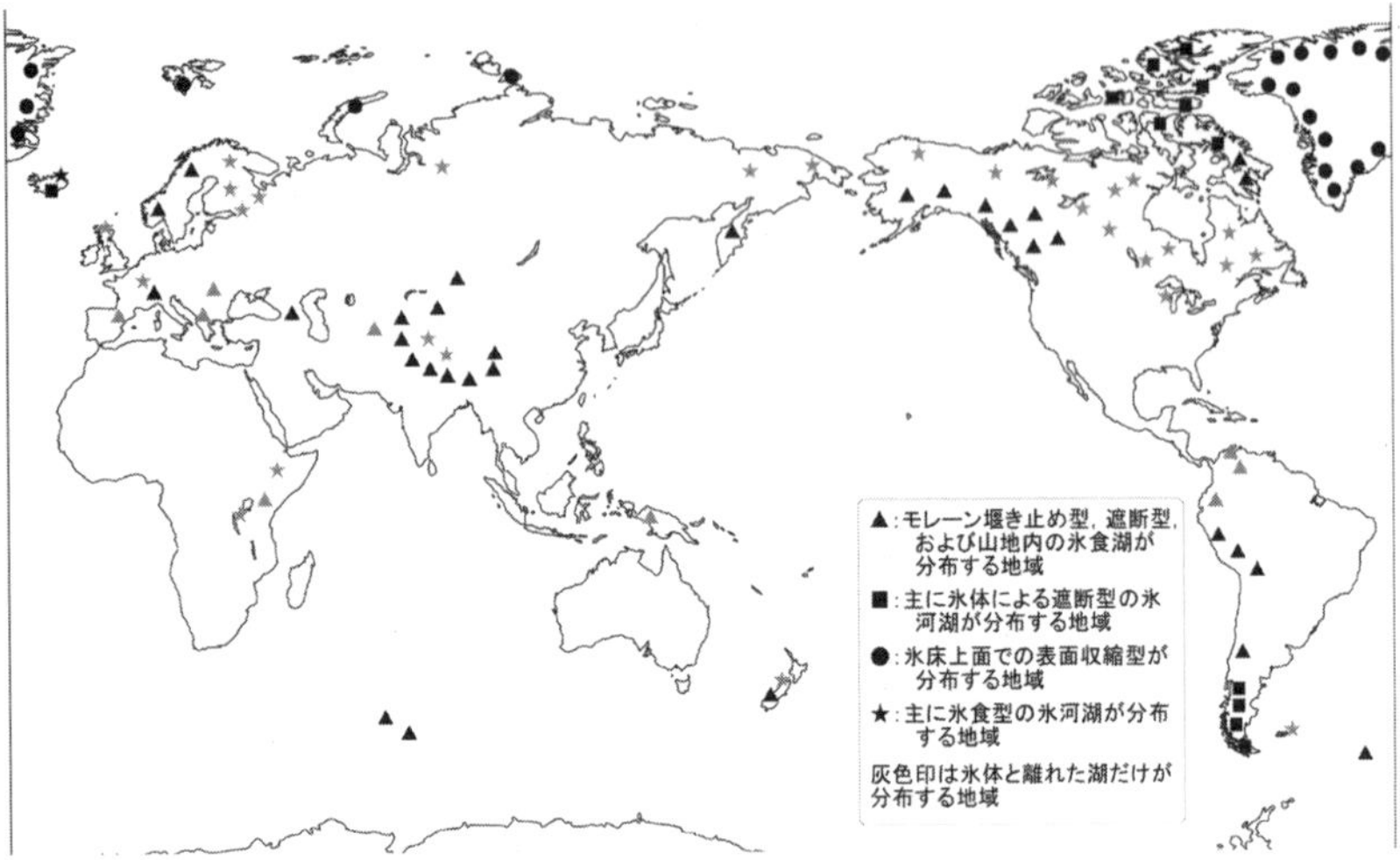

図１ 世界の氷河湖の分布

氷河湖の世界分布

氷河湖は世界のどの地域に分布しているのだろうか。当然のことながら、現在氷河が見られる地域にはほとんどどこにでも存在するようである（図1）。ただし、最終氷期から後氷期への移行期に形成された氷食型は例外である。氷河湖のタイプは地域ごとに大きく異なり、氷河湖の存在密度にも地域差がある（図1では表現できていない）。このちがいの原因として、氷河の大きさ、谷の傾斜、最終氷期以降の氷河後退の特性、近年の氷河の縮小特性、氷河に運ばれる岩屑の量などのちがいが考えられるが、詳細はよくわかっていない。今後の研究課題である。

最近ではインターネットを介して世界各地の高解像度の衛星画像を簡単に見ることができるようになった（例えばGoogle Earth、http://

earth.google.co.jp/)。また宇宙関連のウェッブサイトでも衛星画像を公開しているので、誰でも自宅にいながらにして全世界の氷河や氷河湖を見つけたり、比較することができる。興味がある方は試してみてはどうだろうか。

氷河湖決壊洪水

人工湖を造る場合、綿密な調査・設計とそれにもとづいた工事がダムの堤体と湖周囲の斜面に施される。いっぽう、氷河湖は堤体も周囲の斜面も不安定で、堤体役のモレーンの脆弱化や、氷河氷の湖への落下にともなう湖水の越流によって湖が決壊することがある。このような現象は氷河湖決壊洪水(グロフ、GLOF=Glacial Lake Outburst Flood)といわれ、アルプス、ヒマラヤ、アラスカ、ロッキー、アンデスといった造山帯の急峻な山岳地帯に出現したモレーン堰止め型や遮断型の氷河湖で発生が確認されている。

グロフの防災・減災を考えるうえで、決壊した湖の調査は決壊の可能性がある湖の調査と同じく重要である。1998年に決壊したネパール東部ヒンク谷のサバイ氷河湖(モレーン堰止め型)では、ヒマラヤで最も新しいグロフの痕跡を見ることができる。発生から7年後に行った調査でも、直径3メートルを越すような巨礫を含む厚さ数メートルの堆積物によって谷が覆われ、洪水によって基底部分を削られた谷沿いの斜面では崩壊が続いているのが確認された(写真5)。南米ペルーのブランカ山脈におけるグロフの被害は、18世紀から10件を超す記録が残っており(Morales、1999な

写真５ 決壊したサバイ氷河湖とグロフの爪跡

写真奥の日ざしを受けた明るい部分が1998年の氷河湖決壊によってV字に開折されたサバイ氷河湖の堤体（サバイ氷河の小氷期のモレーン）。そこから写真手前に続く谷には、グロフによって基底部分を削られた不安定な斜面と、グロフの堆積物が断続的に続いている。グロフ発生時の流れの規模は、現在の水量からは想像しがたいほど大きかった。決壊後は水深が50メートル浅くなったので、今後グロフが再発する可能性は低いと思われる。2005年10月にタンナ集落の南側（標高4260メートル）から撮影

ど）、少なくとも６５００人（氷河崩壊と合わせると２５０００人）の犠牲者がでていることがわかる。ヒマラヤでは20世紀前半のグロフ被害の記録が残っている。氷河の縮小にともなう氷河湖の出現とその決壊洪水は、最近急に起こりはじめたことではないのである。

氷河湖の拡大と地球温暖化

図２は、衛星画像から読み取ったネパールとブータン・チベット国境の氷河湖面積の変化を示す。図には北半球の中・高緯度の年平均気温の変化曲線も書きいれてある。個々の氷河湖によって拡大速度に差があり、１９７０年より古いデータが少ないものの、東ヒマラヤでの氷河湖の拡大は20世紀後半の急激な温暖化よりも先行し20世紀中ごろにはすでに進行しており、また全体を通じて拡大速度の明瞭な加速は見られないことがわか

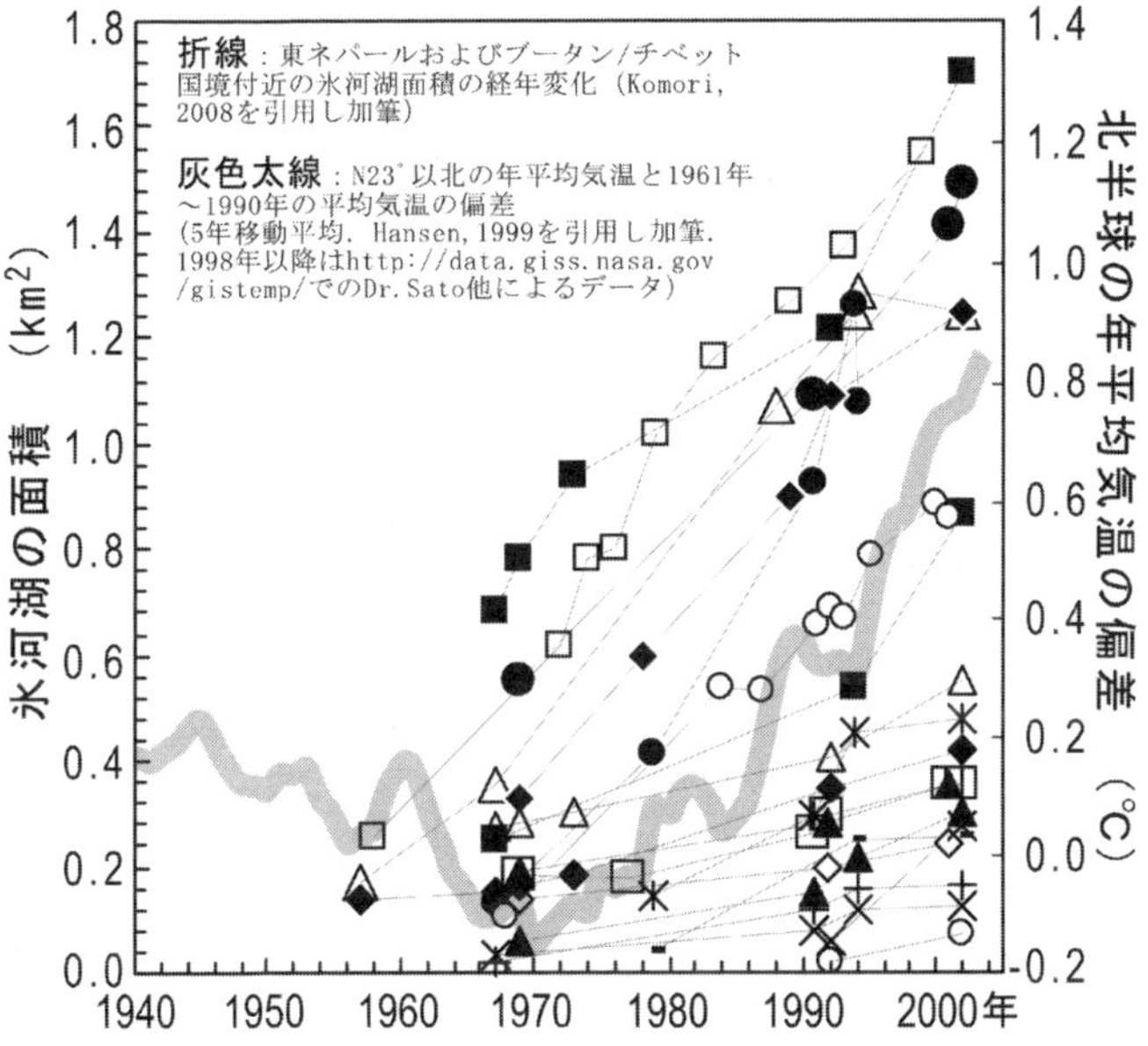

図２　東ヒマラヤの氷河湖の拡大と北半球の年平均気温の経年変化
個々の氷河湖に対する観測値を記号別に表し、折れ線でつなげてある

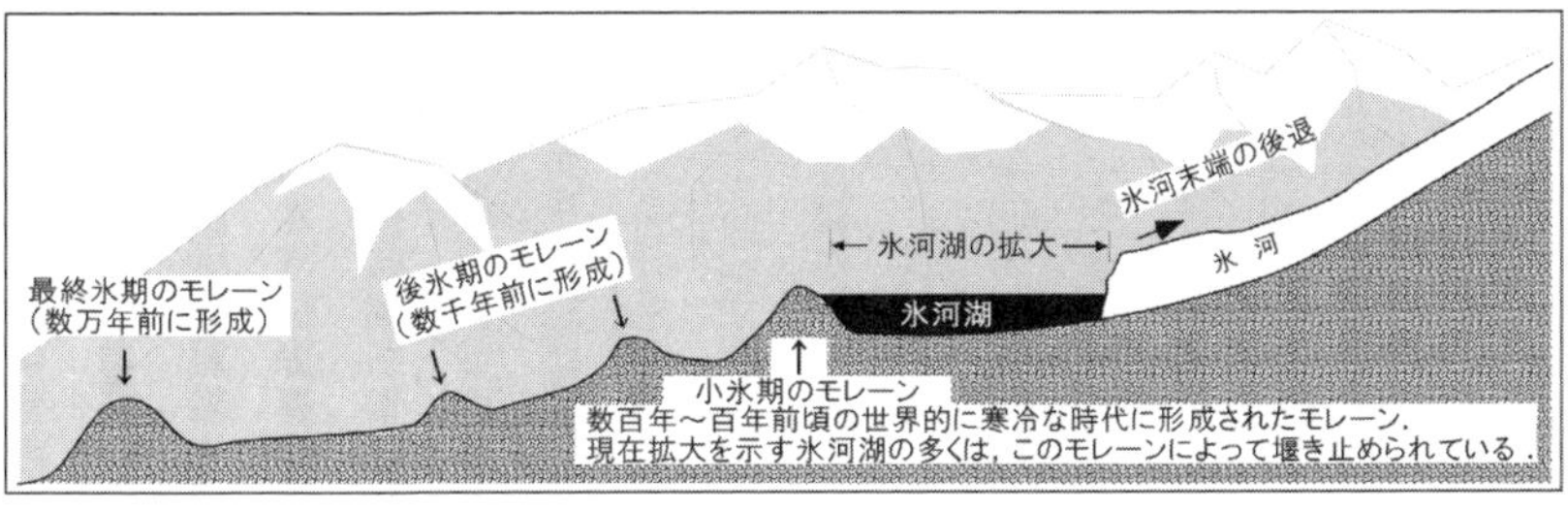

図３　モレーン塞止め型の氷河湖をもつ谷の模式断面図（谷の縦断面図）

る。いっぽう、現在拡大している氷河湖は小氷期（数百年～１００年ほど前までの世界的に寒冷な時代）にできたモレーンによってその多くが堰き止められている（図３）。このふたつのことを併せると、氷河湖の出現・拡大は最近数十年間の急激な温暖化だけでは単純に説明できないと考えられる。気候の変化がどのように氷河の縮小や氷河湖の拡大に影響したのか、あるいは今後どのように影響していくのか、長期的な地球温暖化の影響と、10年程度の時間スケールの変化をあわせて今後明らかにしていく必要がある。

現地調査のエピソード

高解像度の衛星データが入手できるようになった近年でも、現地調査でなければ確かめられないことは多く、また現地に行かないと入手できないデータもある。現地を見ないことには氷河湖のタイプ分けもできないし、モレーンの構成物が岩屑や砂礫だけなのか、それとも氷体が含まれるのか、といったことも検討できない。いっぽう、現地では文明化した日常とはかけ離れた珍しいできごとを経験することもある。現地でのこういったドキドキ（標高が高いので実際に心臓もドキドキである）が、どうも筆者の研究への動機の一部になっているらしい。以下にその一部を紹介する。

ネパール東部のヒンク、ホング谷の調査にはひとりで出かけた。ネパールでの調査は、登山隊と同じく現地でシェルパを雇うことになる（同じヒマラヤでもブータンやチベットではこのシステムはない）。出発当日、驚いたことにスタッフが11人も集まった。彼らはほとんどが英語を話せないので、最初は戸惑ったが、なんとしても彼らと信頼関係を作る必要があった。というのは、飄々とズック靴で氷河を越え、標高5000メートルでも駆け出せる心肺機能の持ち主たちと、ほとんど人のいない谷を3週間一緒に歩くのだ。途中で裏切られて置き去りにでもされたら悲惨である。当初別々だった食事を一緒にとるようにするなど、工夫をした結果お互いにすぐ打ち解けることができた。写真1のような息をのむ景色がくり返される毎日を、仲のよい家族のように過ごすことができたのである。しかし、いやなことも起った。実は11人のうち3人はあまりにも働かないので、一悶着のすえ途中でクビにしたのだ。また、途中で2体の白骨死体と遭遇したこと、高山病で顔が風船のように腫れていたこと（日程後半に鏡で見るまで気がつかなかった）、トイレットペーパーが早い時点でつきたこと、地元のテロリストに寄付と称してお金を脅し取られたこと、など苦労話も山のようにある。

もうひとつ別の話。衛星画像でブータン・チベット国境付近を見ていて、荒廃した谷が目にとまった。谷の名前はチョガルン谷といい、どうも氷河湖決壊の跡らしい。幸運にも2008年に現地調査の機会が訪れた。チョガルン谷はラサから車で2日かかる、ブータンとの国境地帯に位置する。到着初日は谷の入り口の手前1キロメートルまでの偵察と決め、下流の集落でキャンプすることにした。夜中、シュラフにもぐっていると外で声がする。なんとこの流域からの強制退去命令だった。翌朝陽が昇る前にテントを撤収させられるはめになった。町に戻って聞いた話では、ラサでこの年の春に起った騒乱の後、チベット人がこの谷を抜けてブータンへ亡命した。そのため、この地域への立ち入りが禁止となっていたらしいのである。亡命者はチョガルン谷を希望へと続く回廊としたのであろうが、筆者には一段と遠い夢と化した回廊であった。

表1　200リットルの湯舟をもとにした地球上の水の存在比

Shiklomanov（1996）をもとに換算。地下水の55%は塩水である

	地球上の水を２００リットルとした場合の水量	
海　水	１９３ ℓ	風呂桶１杯
南極大陸氷床	３.１７６ ℓ	洗面器１杯
グリーンランド氷床	０.３２４ ℓ	お椀１杯半
南極大陸・グリーンランド以外の氷河	０.０２２ ℓ	大さじ１杯半
湖沼・河川	０.０２８ ℓ	大さじ２杯弱
永久凍土の氷	０.０４４ ℓ	大さじ３杯
地下水	３.４００ ℓ	洗面器１杯

おわりに

地球上に存在する水の量を家族風呂の湯舟満杯の量（約２００リットル）として考えた場合、存在形態ごとの水の量は表１のようになる。海水についで南極大陸とグリーンランドの氷床が担う水量が大きいことがわかる。グリーンランドの融氷域の面積は近年増加し（たとえばHannaら、２００５）、ＩＰＣＣ（気候変動に関する政府間パネル）によって見積もられていたペースよりも早く氷床の融解が進むことが予測されている（Mernildら、２００７）。このことは、温暖化にともなう環境変化のうち水の状態変化については、すでに新たな段階に突入したことを意味する、とも筆者は捉えている。いっぽう、このふたつの氷床以外の氷河が担う水量は、それに比べると少ないが、湖沼・河川水の水量に匹敵する。しかも、それらの氷河は上述の災害の原因であると同時に、乾燥地域の水資源やエネルギー資源となっていることが多い。それゆえ、これら氷河の状態変化に対して目を離すことはできないのである。

参考文献

Hanna, H. et al. (2005) *Journal of Geophysical Research*, 110, D13108.

Hansen, J. et al. (1999) *Journal of Geophysical Research*, 104, 30997-31022.

Komori, J. (2008) *Quaternary International*, 184, 177-186.

Mernild, S.H. et al. (2007) *Hydrological Processes*, 22, 1932-1948.

Morales, A.B. (1999) Glaciers of Peru, Satellite Image Atlas of Glaciers of the World. US Geol. Surv. Prof. Pap. 1386-I, 151-179.

Shiklomanov, I. A. (1996) Assessment of Water Resources and Water, Availability in the World. UNESCO, Paris, France.

白岩孝行（１９９７）歴史と地理、５００、25～29ページ

執筆者紹介

小森 次郎（こもり・じろう）　１９６９年東京生まれ。国内やヒマラヤ、アジア内陸部の高山や水域で現在起こりつつある環境変化や災害、堆積物に記録された環境変遷についてフィールド調査を中心として研究を行っている。大学卒業後は地質コンサルタント会社に就職。ダム等の大型構造物の建設にむけた地質調査にたずさわる。その後大学院に進学。海や湖の堆積物を対象とした研究を進めるいっぽうで、ヒマラヤの氷河湖の現地調査の機会を得る。現在はＪＩＣＡ専門家としてブータン国経済省地質鉱山局において氷河湖決壊に関する研究と技術移転に携わっている。名古屋大学大学院　環境学研究科雪氷圏変動研究グループ特任助教。博士（理学）。

9．アジアの砂塵―黄砂―

はじめに

毎年、春になると黄砂が飛来する。空が黄色に霞み、自動車や洗濯物が汚れる。現象としては、はっきりとして、だれの目にもわかる。その黄砂が中国の沙漠域から舞いあがって来たものであることを認識するとき、必然的に国を越えた環境問題を意識する。黄砂は輸送の過程で成長著しい中国や韓国の工業地帯や大都市の上空を通過する。最新の研究によると、日本に飛来する黄砂粒子の一部は酸性雨の原因となる大気汚染物質を吸着していることが確かめられている。

黄砂はときどき出現する春の風物詩として知られていたが、２０００年には「事件」なみの扱いで報道に取り上げられるようになった。同年4月、東アジアで大規模な黄砂が観測された。発生源に近い中国や韓国では、黄砂による交通、農業、健康などの被害が甚大であった。北京では視程がわずか数十メートルとなり、空の便が30便もキャンセルされた。韓国では黄砂のため小学校が休校になるほどであった。これを契機に、２００５年の日中韓３か国環境大臣会合の共同コミュニケでは、北東アジア域最大の環境問題として黄砂が取り上げられた。

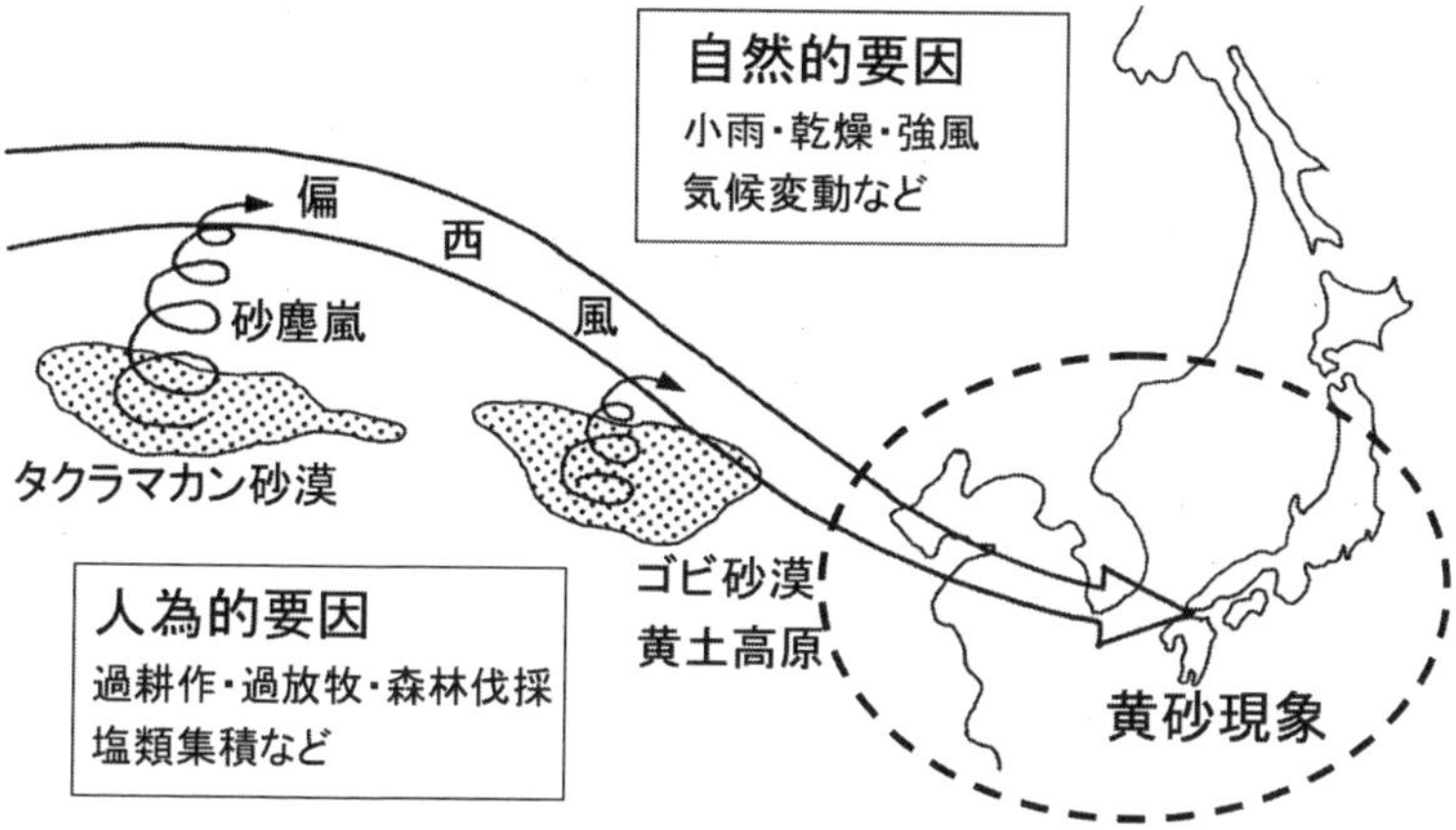

図1　黄砂現象の概念図　甲斐(2007)より

従来、黄砂は沙漠から発生する自然現象として理解されていたが、近年における黄砂被害の大規模化は過耕作、過放牧、森林伐採などにより裸地が増えたことも要因になっているようだ。黄砂の被害を軽減するため、中国、韓国、日本では気象官署による黄砂予報が開始されている。黄砂被害や沙漠化に対する対策技術の開発が推進されつつある。さらに地球環境の観点から、大気中に浮遊する黄砂が気候に及ぼす影響について国際的な研究が進められている。

本稿では、まず黄砂の基本的なことがらを説明したあと、有力な黄砂発生源のひとつであるタクラマカン沙漠での観測事例を紹介したい。

黄砂とは何か

黄砂現象の定義

黄砂現象の模式図を図1に示す。シベリア高気圧に覆われた冬が終わり、春になると、アジア大陸内陸部の乾燥

図2　日本における黄砂発生頻度の季節変化
村山(1991)より

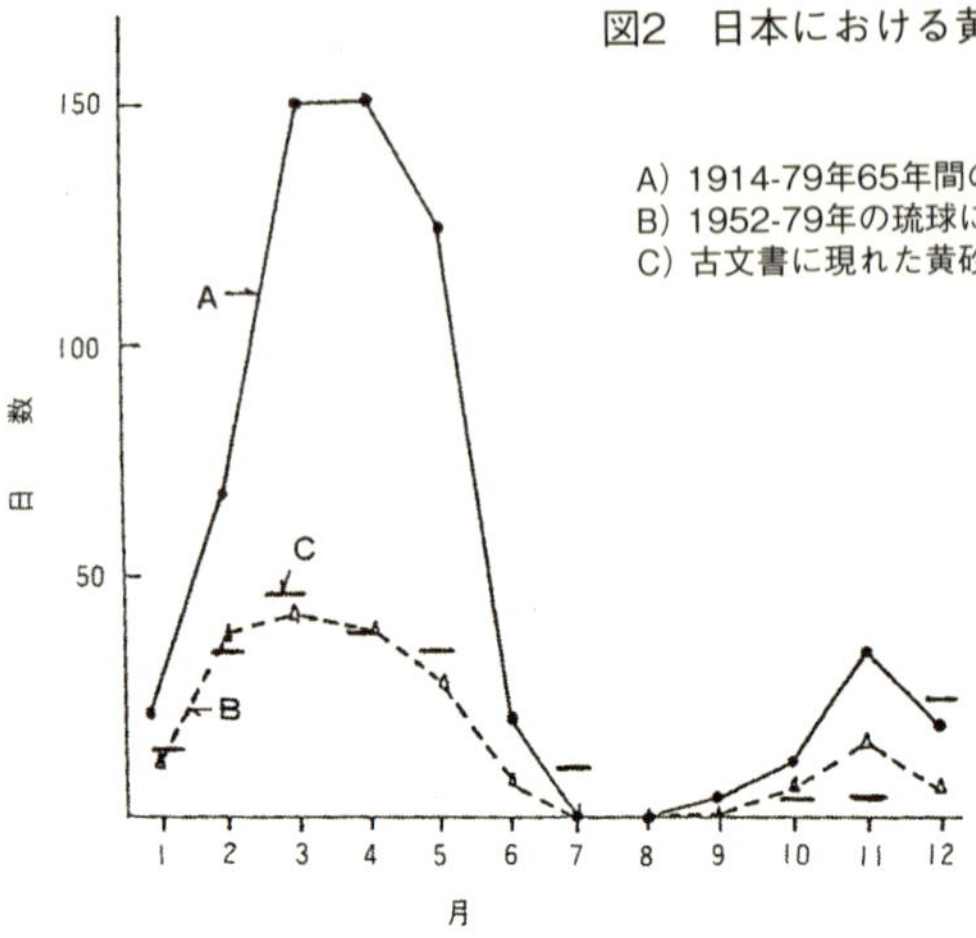

A) 1914-79年65年間の日本における月別発生日数
B) 1952-79年の琉球における27年間の黄砂現象
C) 古文書に現れた黄砂現象で確からしいもの

地域に低気圧が侵入しはじめる。低気圧に伴う強風により、乾燥した大地からしばしば砂塵嵐が発生する。英語では、ダストストーム (dust storm / sandstorm) と呼ばれる。巻き上げられた砂塵（ダスト）は、上空の偏西風に乗って日本、さらには太平洋域に飛来する。気象学的にみると、黄砂現象は、水平スケール約3千キロメートル、鉛直スケール約5キロメートル、時間スケール数日から1週間に及ぶ物質の長距離輸送現象である。図1に示す通り、黄砂が発生するための基本的な条件は、①乾燥地域で砂塵嵐が発生すること、②大陸、朝鮮半島、日本の上空に偏西風帯があること、の2点である。黄砂の発生は直接的には、ゴビ沙漠やタクラマカン沙漠などの発生源地域での少雨・乾燥・強風などの自然的要因で決まる。その前提条件として地表面の状態、すなわち広大な沙漠地域がひろがっていることがある。

季節変化

日本における黄砂の出現頻度を季節別にみてみよう。

図2は、気象官署で観測された黄砂の月別出現日数(A)、

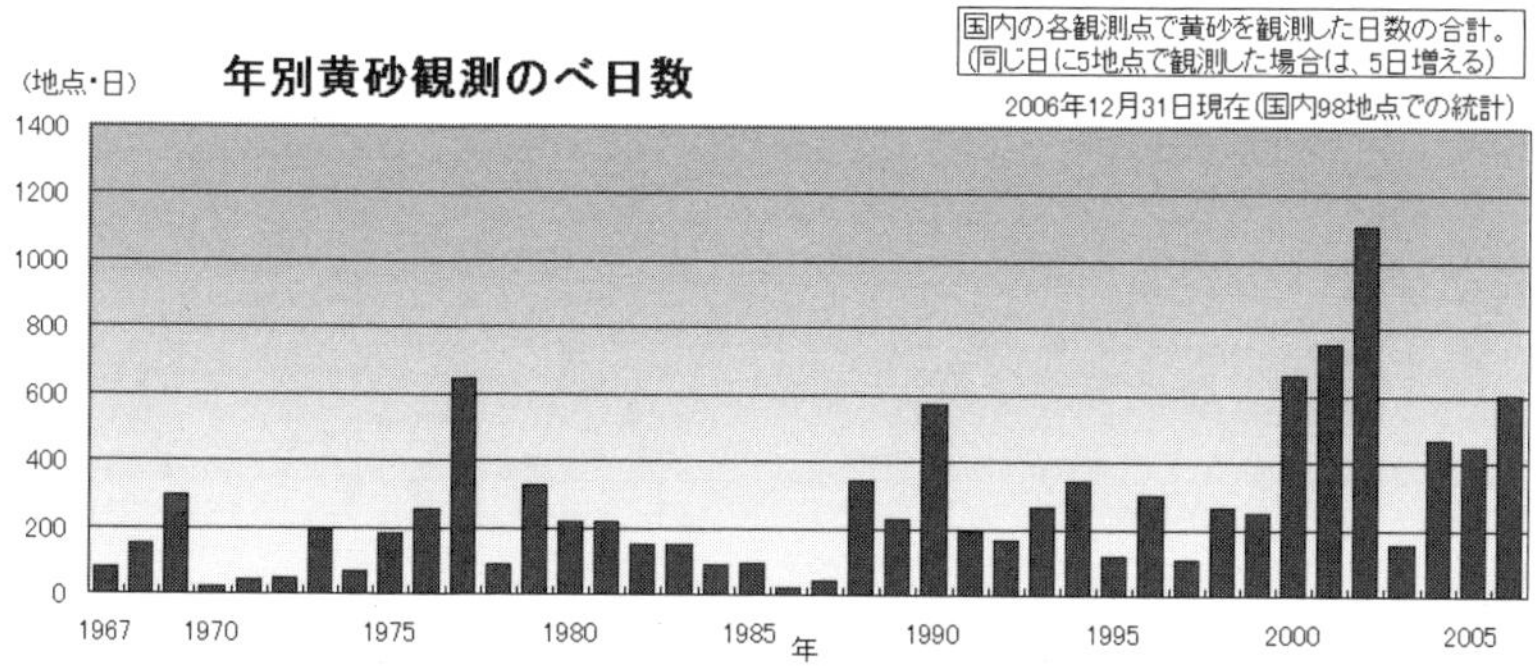

図３　年別黄砂観測のべ日数の経年変化
気象庁ホームページhttp://www.jma.go.jp/jp/kosa/より

沖縄での発生日数（B）および古文書に記載された黄砂現象で確からしいもの（C）を示す。黄砂の到来は、3～5月の春季に集中し、大きなピークがある。6～9月末までは、降水量や水蒸気量の増加とともに、黄砂の出現は少なくなる。面白いことに11月に小さなピークがある。これは、秋季は春季同様、日本上空に偏西風があり、大陸から黄砂が運ばれてきていることを意味する。秋季のピークが小さいのは、夏季にモンスーンによる降水を経験した大陸の陸地表層が春季よりも相対的に湿潤で、緑が多く、少々の風が吹いても大規模な砂塵嵐にはならないからである。古文書にみられる黄砂の発生頻度も気象官署の観測と同様の傾向を示している。江戸時代頃から、書物に「泥雨」「紅雪」「黄雪」などの黄砂に関する記述が見られる。このように、日本では、黄砂は古くから春の風物詩として記録されていた。

黄砂発生のトレンド

近年、東アジアで黄砂の被害が拡大している。ここ

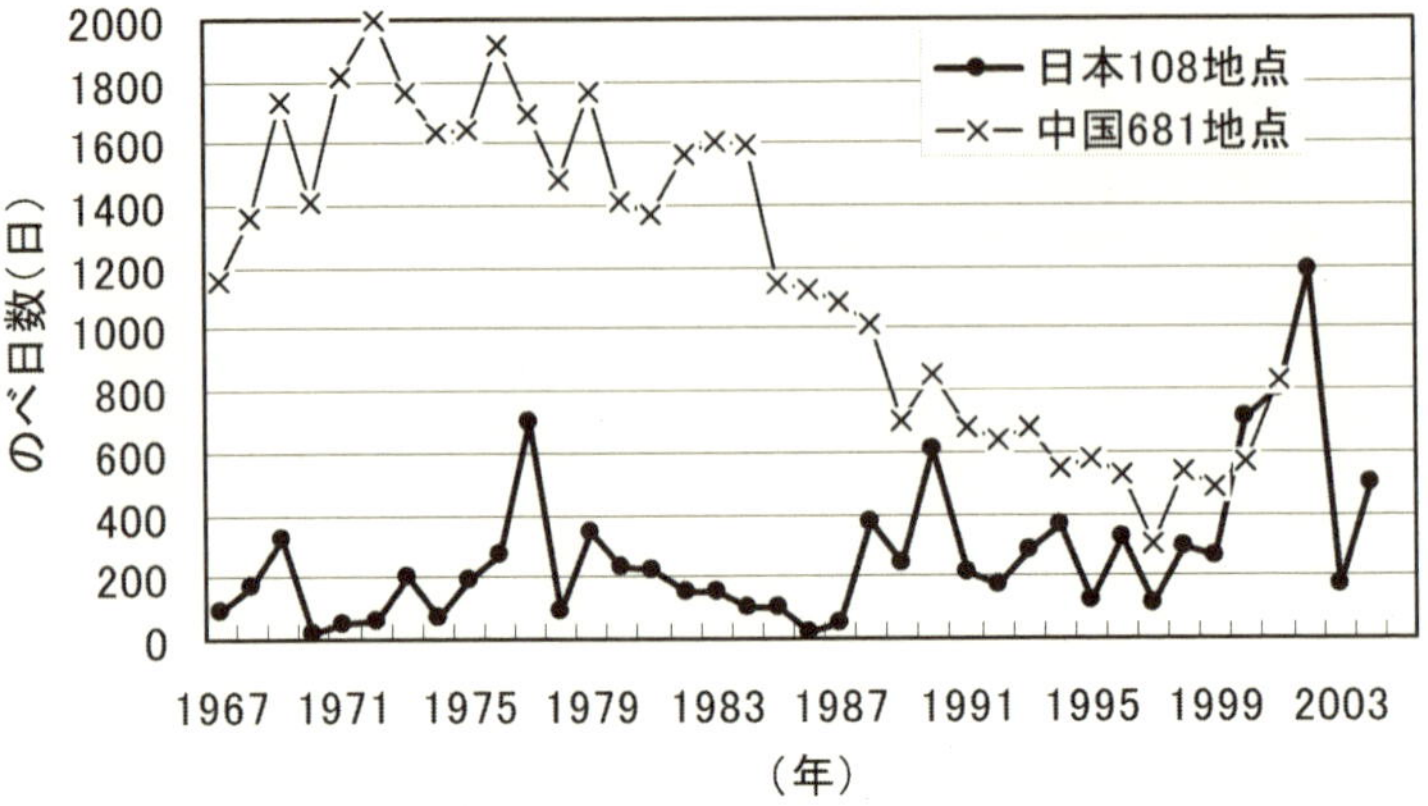

図4　中国と日本における黄砂発生のべ日数の経年変化
環境省(2005)より

では、日本と中国における黄砂の出現状況をみてみよう。

気象庁のホームページに公開された、黄砂の延べ発生日数（１９６７〜２００６年）を図３に示す。この統計値は、国内１０３地点の気象官署で黄砂を観測した延べ日数の合計である。１９７７年（７０１回）、１９９０年（６０７回）、２００２年（１１８３回）をピークに、十数年くらいの間隔で黄砂が頻発している。全体的に増加する傾向にあり、その中でも２０００〜２００２年の３年間が特に多い。２００３年は一旦少なくなったが、２００４〜２００６年は多い状態が続いている。

最近30年間の黄砂出現頻度は、全般的に増加傾向にあるように見えるが、単純ではない。増加傾向の原因としては、人為的要因が考えられるが、気象の年々変動などの自然的要因が複雑に絡みあっているにちがいない。

中国における砂塵嵐観測日数の経年変化（１９６７

～2001年）を図4に示す。前世紀は全般には減少傾向で推移した（1972～1997年くらいまで）。この原因としては、グローバルな地球温暖化があげられる。過去数千年～1万年の気候変動を調べると、中国では寒冷な時期に砂塵嵐の発生が多く、温暖な時期には砂塵嵐が減少している。ところが、2000年を境に増加傾向が顕著になっている。前節で述べたように、2000年4月に北京で黄砂による大規模な被害が発生した。中国科学院地学部はこの黄砂について緊急報告書を作成し、2000年5月に出版している。異例の早さは、黄砂問題の重要性を物語っている。報告書の内容では、結論として、①黄砂の発生源は主として内モンゴル・ゴビ沙漠であること、②無理な農耕により土地が疲弊したこと、を指摘している。

中国政府はこの報告を受け、内モンゴルの緑化事業に大きな予算をつける決定をした。さらに1998年、長江の大洪水が発生した。その原因として長江流域の大規模な森林伐採が指摘された。沙漠化と洪水防止のため、「退農還林」（農地を森林に戻す）という政策がとられている。

黄砂発生域の変調

黄砂は例年、九州から始まり、次第に西日本、東日本にひろがってゆく。最近、東日本や北日本まで飛来する大規模な黄砂現象が注目を集めている。2002年3月21日、札幌に季節はずれの大規模な黄砂が出現した（図5）。季節はずれというのは、九州や西日本を飛び越えて、いきなり北海道に黄砂がやってきたという点である。図5aは、中国北東部に侵入した低気圧が乾燥した大地から大

(a)

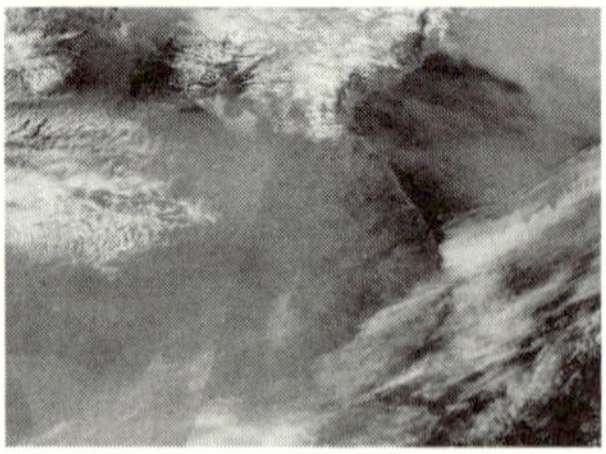

(b)

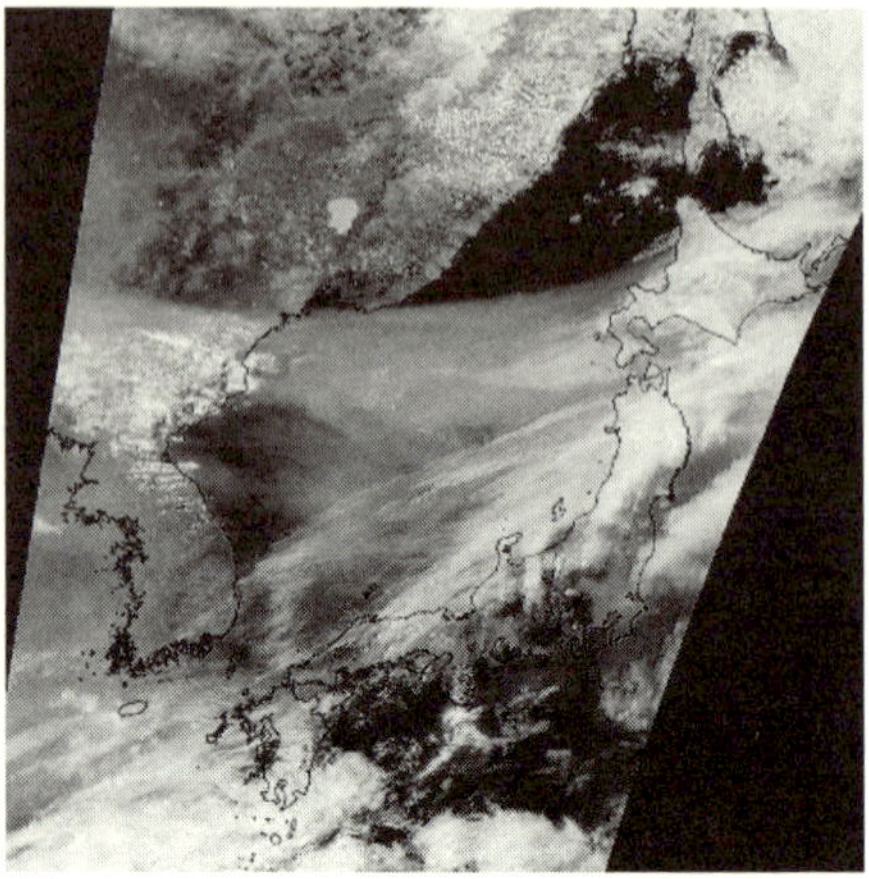

(c)

図5　札幌の黄砂（2002年3月21日）

(a) 中国北東部で低気圧によって、黄砂が巻き上げられる
(b) 偏西風により、黄砂が輸送される
(c) 2002年3月21日、札幌で大規模な黄砂が観測される
（布和敖斯尓、2003より）

量の黄砂を巻き上げている様子を示す。次に高い高度に巻き上げられた黄砂は、偏西風により輸送される（図５ｂ）。そして、２００２年３月21日、札幌で大規模な黄砂が観測される（図５ｃ）。２００２年は黄砂のあたり年で、大量の黄砂が発生したが、さらに発生する場所と時期もかわっている。黄砂の発生域で環境変動が起きているもしれない。

星野仏方（ブホーオーツル）の作成した中国全土における農耕地の分布図（図６）を見てみよう。中国における伝統的な農耕地は、華北平原、揚子江流域、四川盆地など水の豊かな地域に分布する。内モンゴル、黄河中流域から東北部にかけての半乾燥地域にも農耕地がひろがっている。主として、黄河流域と内陸河川の流域である。これらの地域は慢性的な水不足のため、沙漠化の

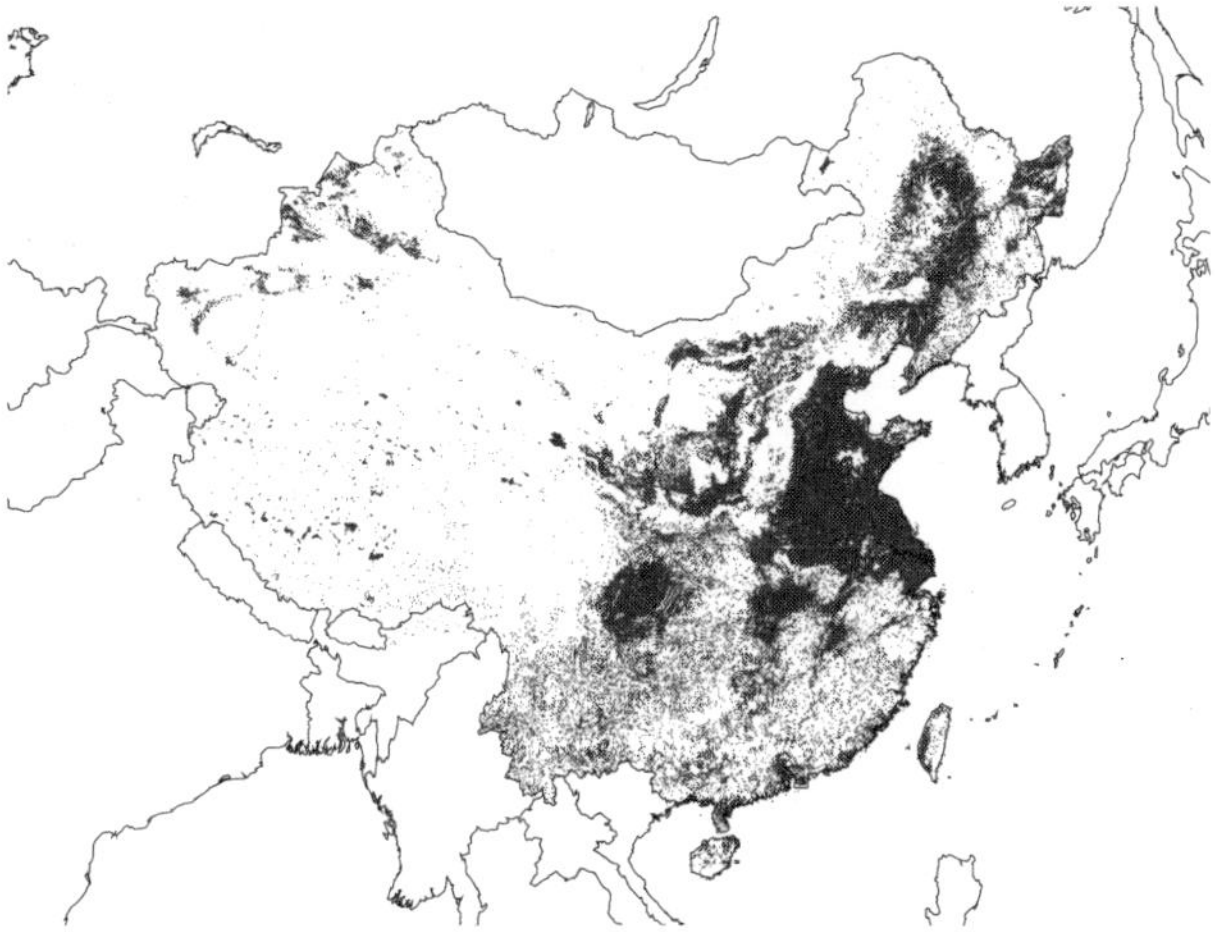

図6　中国における農耕地の分布（1998-1999年）
Buheaosier (2000)より

危険がある。気候条件が厳しいこれらの地域は、気候変動や人間活動によって、一気に荒地にかわり、黄砂の発生源となる可能性がある。

タクラマカン沙漠の黄砂

タリム盆地は、三方を標高５０００メートル級の山脈・高原に囲まれ、その面積はほぼ日本の面積に相当する。広大なタリム盆地の大半を占めているのが、タクラマカン沙漠である。地形をみると、ゴビ沙漠が平原にひろがる開放系の沙漠であるのに対して、タクラマカン沙漠は山脈や高原に囲まれた閉鎖系の沙漠といえる。低くなっているのは東側の楼蘭～敦煌付近だけである。ここがタリム盆地の出口になっている。

日本への影響が強いのは、主にゴビ沙漠からの黄砂である。他方、急峻な山脈に囲まれたタクラマカン沙漠から流出する黄砂は、ゴビ沙漠の黄砂

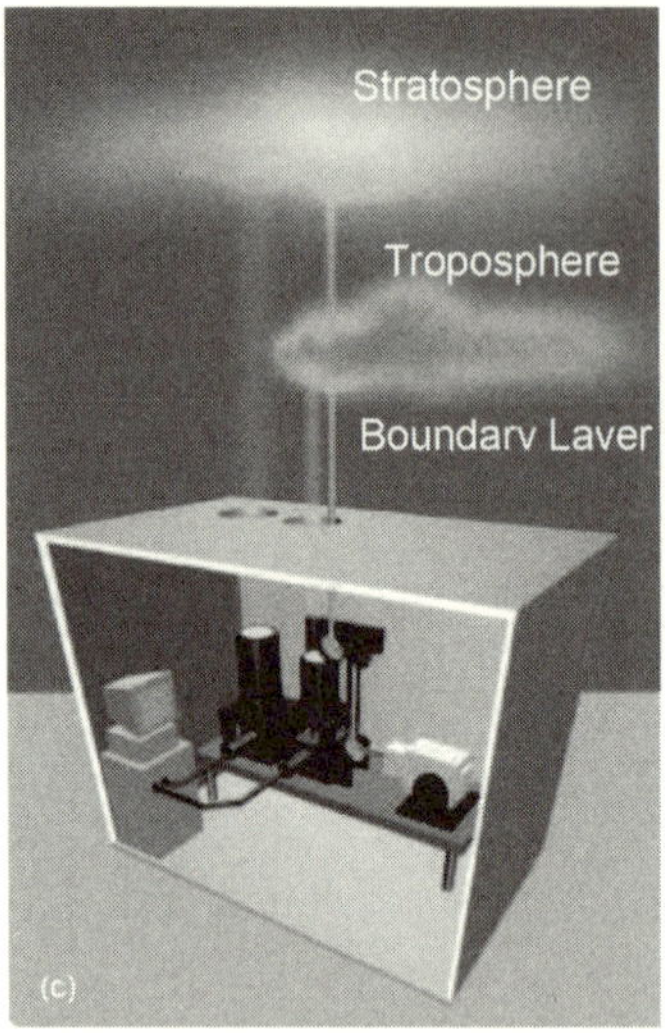

図７　タクラマカン沙漠に設置したライダーの原理(左)と夜間観測中のライダー(右)

ライダーは、黄砂がレーザー光線を散乱する性質を利用して、黄砂の高度分布を遠隔的に計測する。レーザーレーダーとも呼ぶ。写真のグリーンラインは、1秒間に20回発射されるレーザーパス（波長532nm）で、肉眼には成層圏まで達する緑の柱のように見える

よりも高い高度を浮遊し、偏西風で運ばれ地球規模に拡散しやすい。そのため、タクラマカン沙漠の黄砂は気候変動への影響では大きいといわれている（Iwasaka ら、１９８８）。

２０００〜２００４年に行われた日中共同研究のプロジェクトの目的は、タクラマカン沙漠からゴビ沙漠に至る中国西域の沙漠域で発生した黄砂を連続的に観測し、その輸送経路や気候学的影響を調べようとするものであった。このプロジェクトの一環として、筆者のグループが実施したタクラマカン沙漠での黄砂観測を紹介したい。

タクラマカン沙漠のライダーシステム

筆者のグループは２００１年、タクラマカン沙漠にライダー観測所を設置し、２００２年より観測を行っている。観測場所は中国北西部、タクラマカン沙漠のオアシス都市、アクス（北緯40・6度、東経80・８度、標高１０２８メートル）である。

黄砂がレーザー光線を散乱する性質を利用し

図8　衛星MODISがとらえた砂塵嵐
(a) 2004 年 3 月 25 日 00 国際時から 27 日 00 国際時
(b) 砂塵嵐の領域のスケッチ。タリム盆地の北西部から南東部にひろがる乳白色の領域が砂塵嵐で、その空間スケールはほぼ本州に相当する

Tsunematsu et al.(2005) より

て、黄砂の高度分布を遠隔的に計測することができる。このような装置をライダー（light detection and raging の略 lidar）あるいはレーザーレーダーと呼ぶ。図7のイラストと写真にライダーの原理と夜間観測の様子を示す（Kai ら、2008）。このライダーにより、タクラマカン沙漠における黄砂層の微細構造や、自由対流圏との間で黄砂の輸送が行われていることを具体的に示す観測データが得られつつある。

パミール越えの気流による砂塵嵐の発生

2003年3月、パミール高原越えの気流により砂塵嵐が発生した。この時期、タクラマカン沙漠の上空は偏西風が卓越している。ところがある条件が加わると、この強い偏西風が地上に降りて、砂塵嵐を発生させることがある。

図8の衛星写真は、このように発生した砂塵嵐を示している。乳白色の部分が砂塵嵐の発生しているところである。タリム盆地の北西部から東部

に向かって分布している。よくみると、熱いみそ汁のように、蜂の巣状の対流が発生しており、大気が不安定であることがわかる。

ライダーで観測された砂塵嵐の様子を図9に示す。05世界時、砂塵嵐が侵入し、黄砂は高度6キロメートルまで舞い上がる。砂塵嵐は6時間継続し、12世界時頃終息する。

この様子を数値モデルで再現すると、図10のようになる。地上で強風が出現している領域（北西部から南東部）は、衛星画像で黄砂が発生している領域に対応する。この強風が黄砂を引き起こしたことがわかる。

それでは、この強風はどこからやってきたのだろうか。タリム盆地に日射が差し込むと、沙漠の地上付近が加熱される。夜間に形成された安定層は次第に破壊される。大気が不安定になると対流が発生し、大気混合層が形成される。この大気混合層はしだいに成長し、偏西風が卓越する領域に達する。そうすると、この大気混合層により、上下の空気の混合が生じ、上空の強風が地上に降りてくるのである。

砂塵嵐は地上風速が毎秒何メートルになると発生するのであろうか。沙漠の砂塵が舞い上がる風速を臨界風速という。黄砂の発生を予測するモデルが中国、韓国、日本で相次いで開発されているが、予報の重要なポイントはこの臨界風速である。従来の研究によると、地表面状態（乾湿、凹凸、植生など）でばらつきがあるものの、タクラマカン沙漠ではおおよそ毎秒6・5メートルとした。この仮定を用いて数値シミュレーションを行った結果が、図11である。黄砂の分布は、衛星画像に見られる黄砂の水平分布をよく再現している。

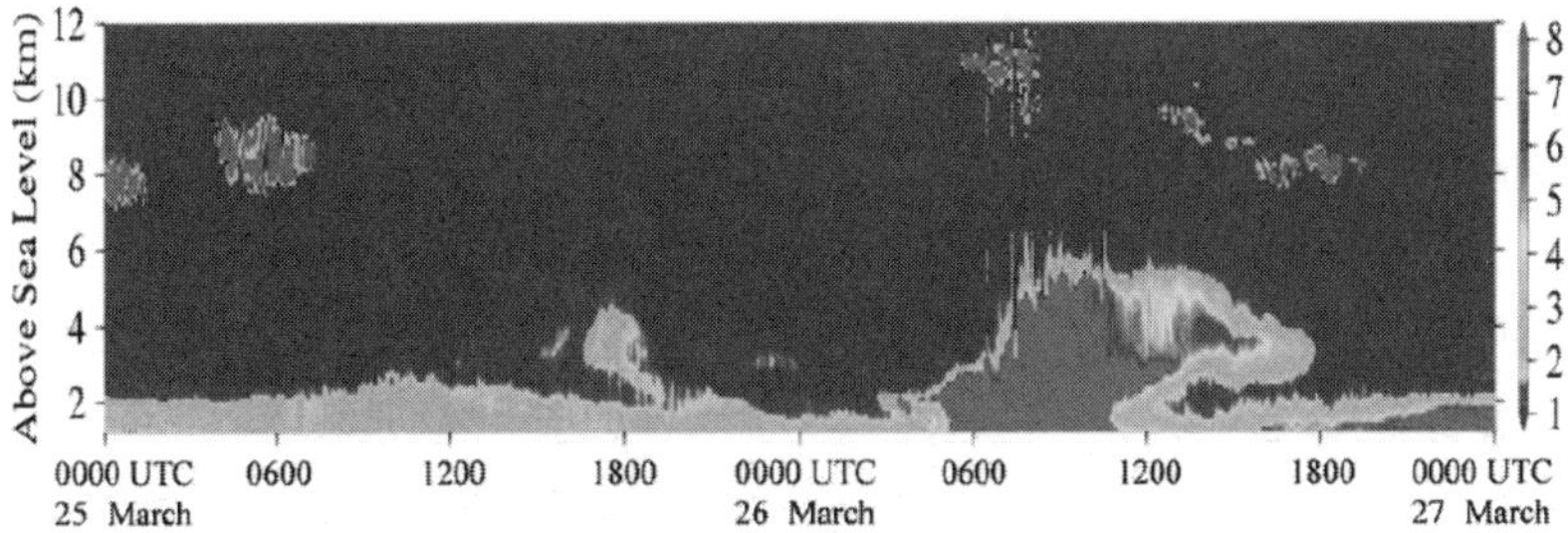

図9　ライダーがとらえた砂塵嵐
2004年3月26日05国際時から12国際時、砂塵嵐が発生し、黄砂は最大で高度6kmまで舞い上がる。Tsunematsu et al.(2005) より

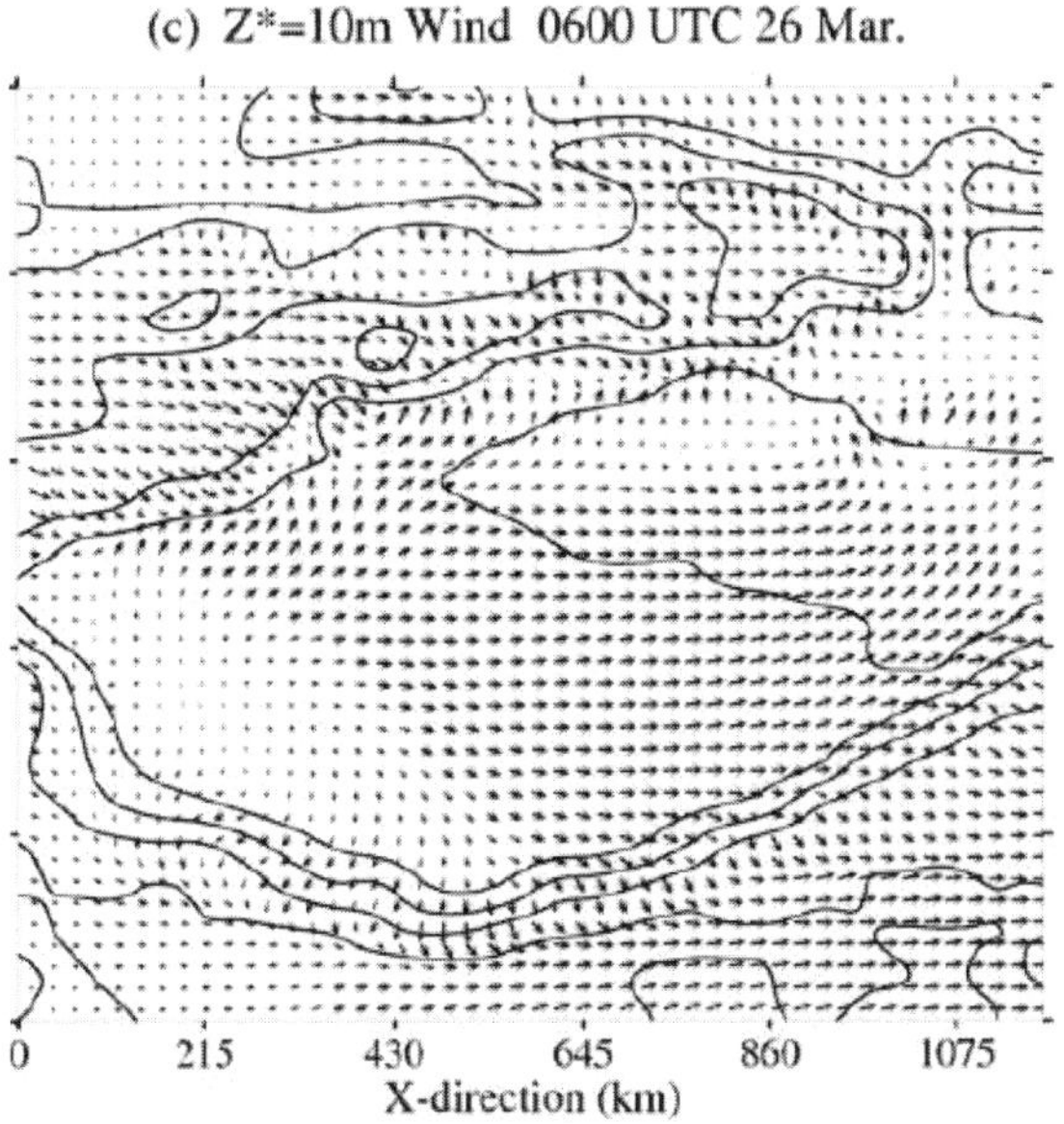

図10　数値モデルで再現した地上風系　2004年3月26日0900 UTC
タリム盆地の北西部から南東部の強風域が再現された。この強風域は砂塵嵐の発生した領域と一致する。Tsunematsu et al.(2005) より

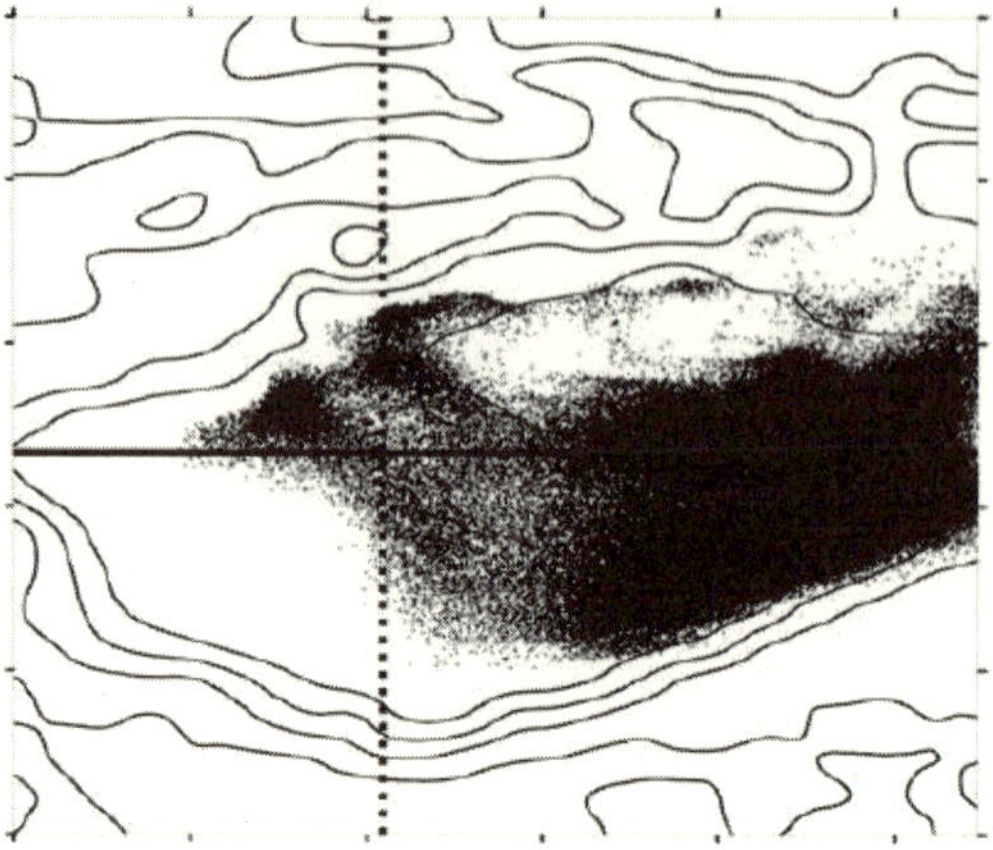

図11　砂塵嵐の数値シミュレーション。2004年3月26日0800 UTC
Tsunematsu et al.(2005)より

現地ライダー観測と数値シミュレーションをまとめると、次のようになる。夜間に発達したタリム盆地内の接地逆転層が日照により崩壊し、それまで逆転層により遮断されていた上空の空気塊（運動量）が短時間のうちに地上に乱流輸送され、砂塵の発生をもたらした。このメカニズムは衛星画像による砂塵の分布を極めてよく説明するとともに、ライダーにより観測された砂塵の観測時間とも整合する。接地逆転の形成と崩壊は日本の中小規模の盆地にはよく見られる現象であるが、巨大な大陸の盆地における砂塵嵐の発生メカニズムとしてこのメカニズムが働いていることは、気象学的にみて興味深い。

あとがき

本稿では、２０００年から顕著になった黄砂を取り上げ、その定義、発生トレンド、発生源の変調を解説した後、タクラマカン沙漠での黄砂観測とその成果を紹介した。

黄砂予報は、気象条件のほか、地表面状態（地面の乾湿、土壌水分、凹凸、積雪、植生など）を正確に把握しなければならないので、ある意味では通常の天気予報よりも難しい。現地観測をもとにした研究で明らかになったことは、砂塵嵐の発生においては、3次元地形のほか、大気混合層の発達や接地逆転層の崩壊などのメソスケール（中小規模）の現象が重要な役割を果たしていることである。

日本への影響が強いのはゴビ沙漠起源の黄砂である。他方、急峻な山脈に囲まれたタクラマカン沙漠から流出する黄砂は、ゴビ沙漠の黄砂よりも高い高度を浮遊し、偏西風で運ばれ地球規模に拡散しやすい。そのため、タクラマカン沙漠の黄砂は全地球的な気候変動へ影響を与える可能性がある。

さらに知りたい方へ

最近、黄砂の基本的なことがらや環境への影響をわかりやすく解説した啓蒙書が出版された。岩坂泰信（2006）、三上正男（2007）、甲斐憲次（2007）の3冊である。環境省（2005）は、黄砂問題検討会が作成した総合報告で、同省のホームページからみることができる。黄砂の専門書として名古屋大学水圏科学研究所編（1991）、中国の沙漠化を対象とする専門書として吉野正敏（1997）、沙漠の気候を解説した入門書として篠田雅人（2002）がある。小長谷有紀ほか編（2005）、佐藤洋一郎（2006）、日高敏隆・中尾正義編（2006）は、シルクロードの環境変遷と沙漠化を対象とし、その中で黄砂発生源地域の環境問題が解説されている。

参考文献

Iwasaka, Y. et al.（1988）*Tellus*, Vol.40B.
Kai, K. et al.（2008）*J. Meteor. Soc. Japan*, Vol.86, No.1.
Tsunematsu, N. et al.（2005b）*J. Geophys. Res.*, Vol.110 (D21207).
岩坂泰信（２００６）『黄砂　その謎を追う』紀伊国屋書店
甲斐憲次（２００７）気象ブックス０１８『黄砂の科学』成山堂書店
環境省（２００５）『黄砂問題検討会報告書』社団法人 海外環境協力センター
小長谷有紀ほか編（２００５）『中国の環境政策　生態移民―緑の大地、内モンゴルの沙漠化を防げるか？』昭和堂
佐藤洋一郎（２００６）『よみがえる緑のシルクロード』岩波書店
篠田雅人（２００２）気象ブックス０１４『砂漠と気候』成山堂書店
日高敏隆・中尾正義編（２００６）『シルクロードの水と緑はどこへ消えたか』昭和堂
布和敖斯尔（２００３）アジア内陸部における黄砂の発生メカニズムと長距離輸送、えころぶ北海道（Ｅｃｏｌｏｇｙ Ｈｏｋｋａｉｄｏ）、18号
三上正男（２００７）『ここまでわかった「黄砂」の正体―ミクロのダストから地球が見える』五月書房
村山信彦（１９９１）「黄砂発生の仕組み」、名古屋大学水圏科学研究所編『大気水圏の科学　黄砂』古今書院
吉野正敏（１９９７）『中国の沙漠化』大明堂

執筆者紹介

甲斐 憲次（かい・けんじ）　１９５２年10月28日生。過去20数年間、名古屋大学、気象庁、筑波大学で気象と大気環境に関わる研究・教育・行政に携わる。地球環境問題が顕在化するにつれて、人間活動と大気環境の相互作用に興味を持ち始

める。1981年4月 筑波大学大学院博士課程地球科学研究科修了、理学博士（筑波大学）。1981年4月～1984年3月、筑波大学水理実験センター文部技官。1984年4月より気象庁にて、観測部産業気象課運輸技官、観測部産業気象課技術主任、気象研究所気象衛星研究部研究官、気象研究所気象衛星・観測システム研究部主任研究官を務める。1989年4月～1998年3月、筑波大学地球科学系講師。1983年4月～1983年9月東京都環境科学研究所非常勤研究員（環八雲の研究）。1998年4月～2001年3月、名古屋大学大学院人間情報学研究科助教授。2001年4月～現在、名古屋大学大学院環境学研究科教授。

10．エチゼンクラゲの大量発生　—人類活動がもたらす海洋異変—

クラゲのリベンジか

カンブリア紀（約５億年前）の海はクラゲの王国であった。しかし、地球生命史の上では新参者の魚類によって海は完全に乗っ取られたかのようであった。魚類繁栄の陰で、クラゲは海の片隅に押しやられ、今日まで密かに生き延びてきた。いっぽう、最も遅れて地球上に出現した人類は、今やウシに次ぐ陸上動物第２位のバイオマスを占めるに至り、わが物顔の活動により地球規模の環境変化を引き起こし、食料確保のために地球上の75パーセントの海で魚類資源を枯渇に追いこんでいる。現存のクラゲには太古の海で繁栄した遺伝子が残っているのだろう。人類活動にもとづく環境変化の大きな現代の海で、クラゲのリベンジが始まった。クラゲの大量発生、異常発生の頻発化が世界各地の海で起こっている。

このクラゲ復讐劇は、人類の永続を脅かす不安材料に他ならない。クラゲの多くは動物プランクトンを餌とし、さらに魚卵や仔魚をも捕食するので、クラゲだらけの海は魚類生産の低い不毛の海を意味する。私たちはクラゲの怒りを鎮め、人間にとって有用な魚類溢れる海を取り戻すことができるだろうか。

本邦沿岸域で大量発生するクラゲ類

本邦沿岸域で最も一般的なクラゲ類は、海水浴場などでよく見かけるミズクラゲだ。東京オリンピックの開催された1960年代、富栄養化と沿岸開発ただなかの東京湾でミズクラゲが大量発生し始めた。クラゲは臨海発電施設に来襲し、冷却海水の取入口を塞いで東京都内を停電に陥れた。続いて1980〜90年代、温暖化と漁獲量の減少が顕著となった瀬戸内海でもミズクラゲの増加が始まった（上・上田、2004）。そして今世紀に入って、経済発展目覚ましい中国の海でエチゼンクラゲが大量発生し始めた（Kawahara ら、2006）。

実は、クラゲが増加したことを示す定量的なデータはほとんど存在しないのだ。クラゲは魚類研究者にもプランクトン研究者にも嫌われ、誰も長期にわたるクラゲの定量調査を行わなかったからである。しかし、日々漁に出ている漁業者たちは、年々ひどくなるクラゲ被害に確実にクラゲの増加を感じ取っていた。彼らが増えて困ると訴えているクラゲ（クシクラゲを含む）類は、ミズクラゲ、エチゼンクラゲの他に、アカクラゲ、オワンクラゲ、カブトクラゲなどがある（上・上田、2004）。

エチゼンクラゲはどんなクラゲ

中華料理の前菜として出てくるクラゲの仲間は根口クラゲと呼ばれる。傘の下に木の根のように広がる口腕を持つことが特徴だからだ。ビゼンクラゲ（本来は岡山県児島湾産だが、今では絶滅し有明海に残る）とヒゼンクラゲ（佐賀県有明海産で、今でも漁獲されている）が代表的食用クラゲである。中国では古くからエチゼンクラゲ（1920年福井県の海岸に流れ着いた標本を、岸上謙吉博士が1922年に *Nemopilema nomurai* と新種命名し、前2種にならってエチゼンクラゲの標準和名を与えた）も食用とされてきた。中国沿岸ではこれら3種は普通に出現する根口クラゲであったのだ。

本邦におけるエチゼンクラゲの大量発生は、かつては1920、1958、1995年と約40年に一度の頻度で起こった。それが2002年以降ほぼ毎年のように大量発生し、定置網、旋網、底曳網などの網漁業に甚大な漁業被害を及ぼすようになった。網の中に巨大なエチゼンクラゲが群がるグロテスクな光景には、これまでクラゲに与えられてきた可愛いらしいイメージは存在しない。クラゲに罪はないのだが、頻発する大発生はクラゲ全体のイメージダウンにつながった。いっぽう、日々クラゲと戦う漁業者にとってエチゼンクラゲは厄介者以外の何者でもない。このエチゼンクラゲはいつ、どこで生まれて、どのように日本沿岸に輸送され、そして消えてゆくのか。大量発生する原因は何なのか。そして大量発生を防止する有効な対策はあるのか。私たちは多くの課題に取り組んでいる。

生活史

エチゼンクラゲの生活史は、刺胞動物門の他のクラゲ類と同様に、メデューサと呼ばれる浮遊生活期とポリプと呼ばれる底棲生活期の二つの世代から構成される（図1）。メデューサは雌雄異体であり、

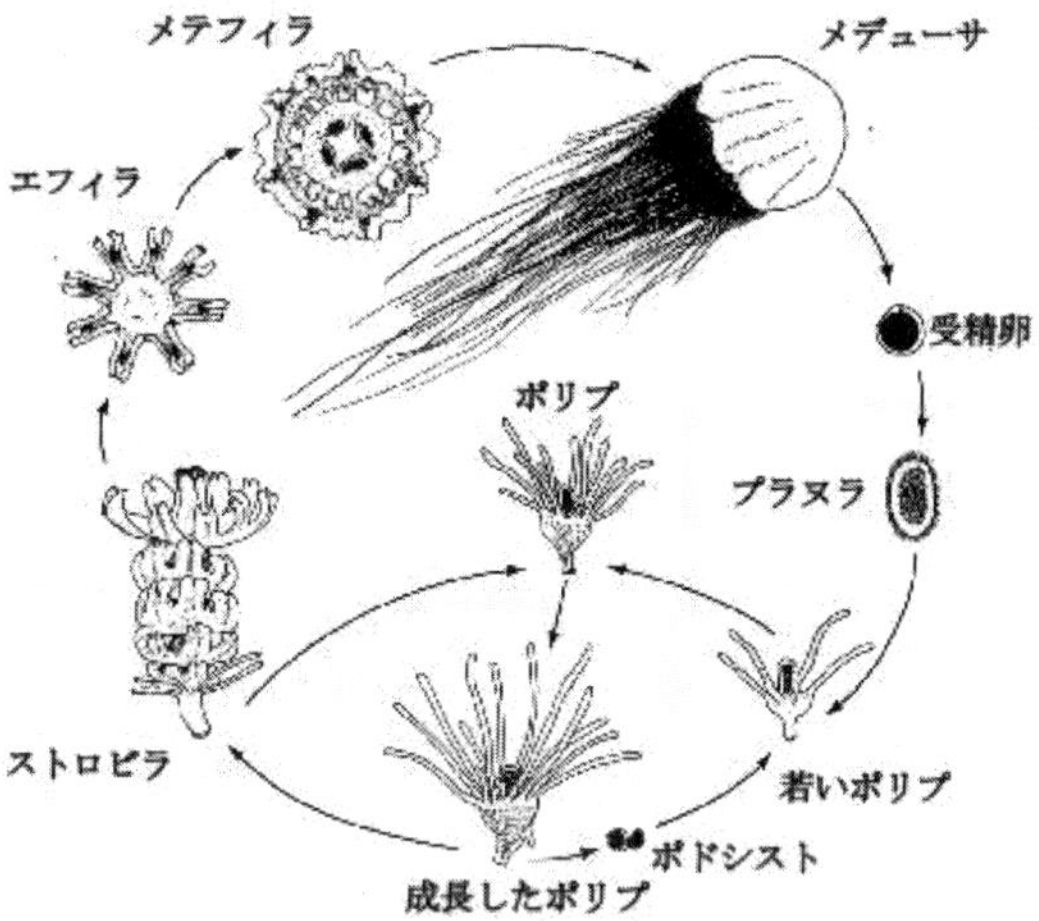

図1　エチゼンクラゲの生活史の模式図（Kawahara ら、2006 を改変）

性的成熟は秋に始まり、晩秋から初冬の時期が有性生殖による繁殖期である。繁殖のタイミングをそろえるのは昼夜の日周性だ。毎朝の日の出に伴う光照射が刺激となって、放精、放卵、受精の一連のプロセスが数時間以内に進行する（Ohtsu ら、２００７）。受精卵はプラヌラと呼ばれる繊毛を持った浮遊幼生に孵化し、岩などの固い基質に着生してポリプに変態する。成ポリプは基質の上を歩くように移動して足跡のようなポドシストを残し、これらから新たなポリプが出芽して無性的に増殖する。翌年の初夏、ポリプは皿を重ねたようなストロビラに変態し、先端からエフィラと呼ばれる幼メデューサを放出する。メテフィラと呼ばれる稚メデューサを経て成メデューサに成長する（Kawahara ら、２００６）。

体重約50キログラムの成熟雌は約３億個の卵をはらみ、１個体のポリプから約25個体のエフィラが誕生するから、単純計算では雌メデューサ１

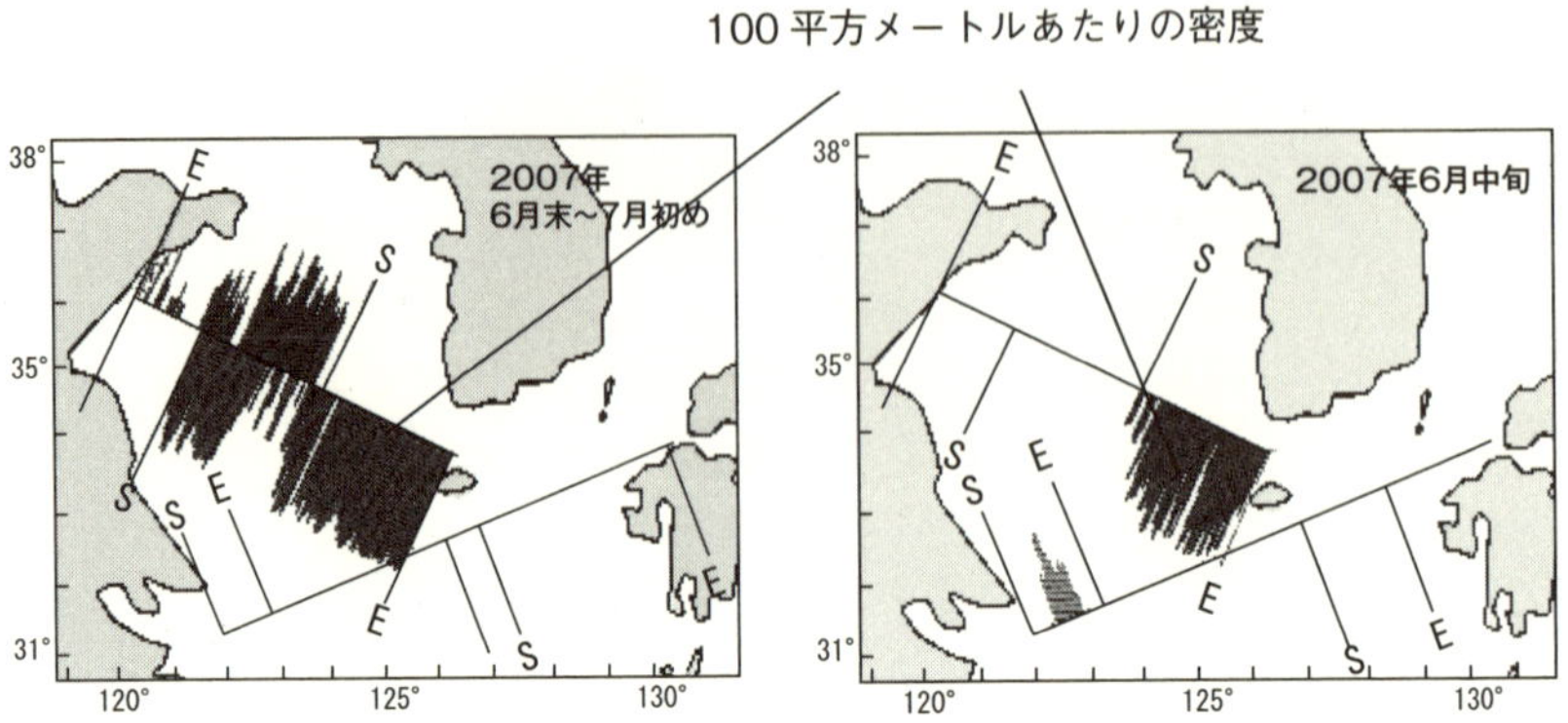

図２　２００７年６月中旬、６月末〜７月初めにおける国際フェリーを利用したエチゼンクラゲの航路上の分布調査
S、Eは各調査日の調査開始並びに終了の地点を示す。クラゲの密度は対数表示。

個体から約75億個体のエフィラが生産される。また、ポドシストは数年間にも及ぶ休眠（耐久）能力を備えているから、エチゼンクラゲはすさまじい繁殖力としぶとさをあわせ持つ生物なのだ。

中国沿岸から日本沿岸への輸送過程

エチゼンクラゲの故郷は、中国本土と朝鮮半島で囲まれる大湾（渤海、黄海、東シナ海）である。エチゼンクラゲが日本沿岸に出現する前の２００７年６〜７月、下関・青島間、大阪・上海間の国際フェリーに乗船して、目視によるエチゼンクラゲの分布調査を行った（図２）。６月中旬には傘径10〜50センチメートルの若いクラゲが黄海中央部から済州島付近まで、そして上海沖合の海域に出現した。６月末〜７月初めにはクラゲの分布は黄海全域に広がり、１００平方メートルあたり10個体以上の高い密度で出現した。その後、

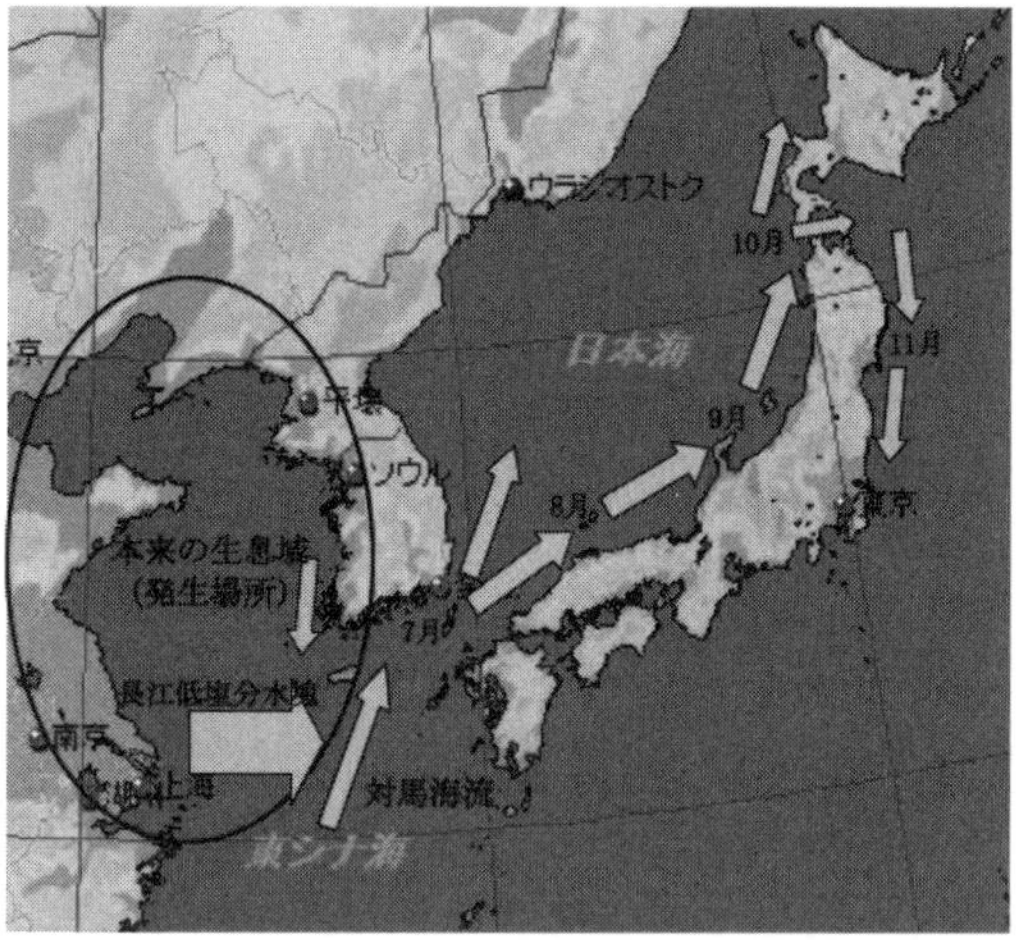

図3　エチゼンクラゲの中国沿岸から日本海への輸送ルートの模式図
（Kawahara ら、2006 を改変）

この海域から運び出されたクラゲが日本沿岸にやってきた。

日本海への輸送には二つの海流が関与している。まず中国沿岸のクラゲを東シナ海沖合へと運ぶのが長江低塩分水（長江河川水と海水が混合した塩分の低い水）の張り出しだ。そして東シナ海から日本海にクラゲを運ぶのが対馬海流である（図3）。若いエチゼンクラゲが、日本海の入口である対馬近海に出現し始めるのが7月下旬で、その後クラゲは成長しながら対馬海流に乗って日本海を北上する。先頭集団は10月までに津軽海峡を太平洋側へ抜け（一部は北海道西岸を北上）、三陸沖を南下して房総半島にまで至る。冬の到来による水温低下に伴いクラゲは次第に活性を失い、海底に沈んで海の藻くずと消え去る。メデューサとしての寿命は1年以内である。エチゼンクラゲはひとたび対馬海峡を越えると生まれ故郷に帰ることのない死滅回遊を行う。しかし、繰り返され

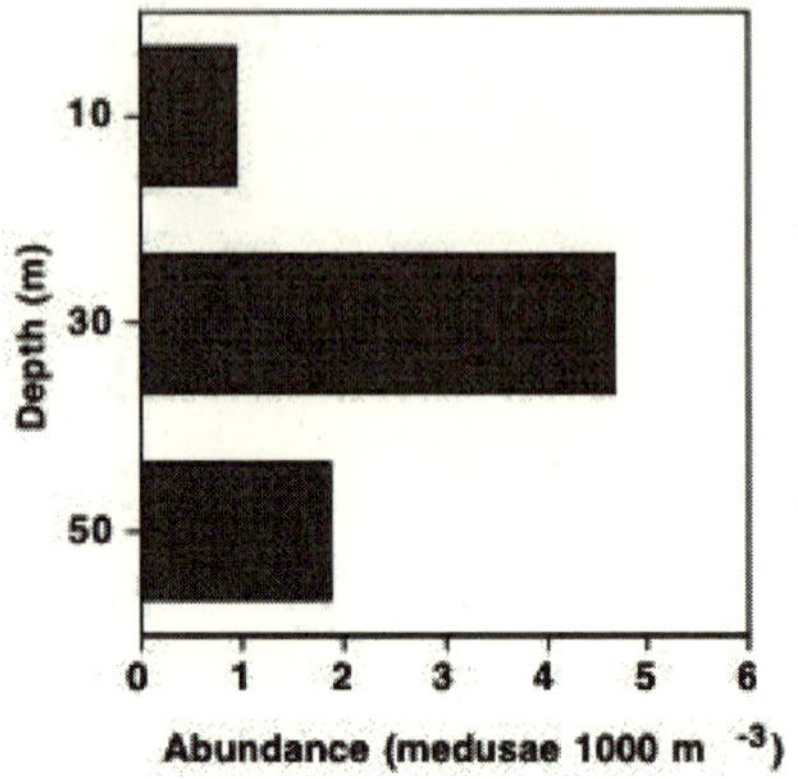

図４　2005 年７月下旬の対馬近海におけるエチゼンクラゲの鉛直分布
(Uye、2008)

る大量発生は日本沿岸での本種の定着の可能性を増大させるだろう。

エチゼンクラゲによる漁業被害

２００５年は恐らくこれまでで最大規模のエチゼンクラゲ発生年であった。その年の７月下旬、対馬近海で大型ネットを曳網して平均出現密度（１０００立方メートルあたり２・５個体）を求め（図４）、さらに対馬海流の平均流量を乗じて、東シナ海から日本海へのクラゲの日間輸送量を３〜５億個体と推定した。対馬での定置網へのクラゲ入網状況から、このような状態が８月末まで継続したと判断された。２００５年の夏季、天文学的数字のエチゼンクラゲが日本海に入ったのだ。

まずエチゼンクラゲは山陰地方を中心に網漁業に甚大な被害を与え、以後クラゲの襲来は次第に北上し、定置網に対するクラゲ被害は10月に最

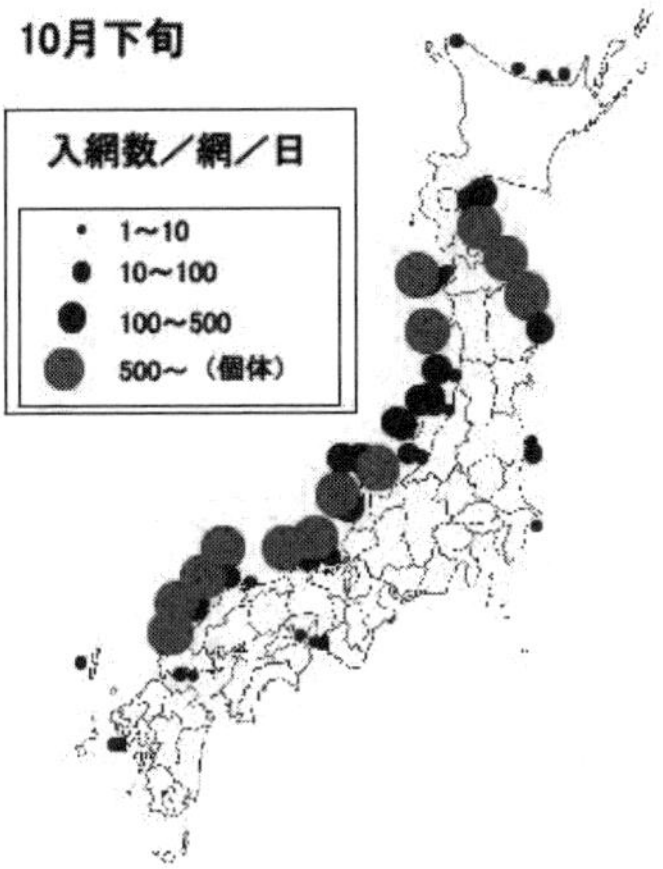

図5　2005年10月下旬におけるエチゼンクラゲの定置網への入網状況
（水産庁報告を改変、データは水産総合研究センター日本海区水産研究所の資料より）

も広範囲に及んだ（図5）。クラゲによる各種網漁業への被害として下記の例があげられる。

・クラゲにより網の抵抗が増大し、最悪の場合には網が破裂する。底曳網では網を船に上げられなくなり、フレームパイプが曲がったり、ウィンチの故障が起こったりする。また船の転覆の危険性が高まり、網を切らなければならないこともある。

・網に入ったクラゲの刺胞毒により魚類が死亡し、活魚として市場に出せない。クラゲと混獲した漁獲物を魚倉内に収容すると、クラゲにより氷の冷却効果が妨げられて魚類の鮮度が低下する。

・定置網などからクラゲを取り除く作業に膨大な体力と時間と燃料を消耗する。

・クラゲが混入すると漁獲量は低下する。

・クラゲの刺胞で手や顔を刺される。クラゲの飛沫が目に入った場合には眼科医院へ行くことがある。

水産庁によるとりまとめの結果、２００５年度のエチゼンクラゲによる漁業関係の苦情・被害総数は10万件以上に及んだ。被害金額は算定されていないが、恐らく数１００億円にのぼるだろう。

エチゼンクラゲ大量発生の原因

近年頻発するエチゼンクラゲ大量発生の原因は、大まかには中国沿岸域の環境と生態系の変質にあるといってよい。しかし、厳密にどの要因が引き金なのか特定できていない。ましてや、かつて約40年周期で起こった大量発生の原因を問われても、全く説明できない。残念ながら私たちのクラゲに対する理解度はまだまだ不足していることを認めざるをえない。けれども１９６０年代の沿岸開発と富栄養化ただなかの東京湾で、そして１９９０年代の温暖化し漁獲量の低下した瀬戸内海で、それぞれ起こったミズクラゲの大量発生事例などから、以下の共通要因を見て取ることができる。実際にはこれらが複合しているだろう。

●魚類資源の乱獲

餌を巡る競合者でもありクラゲの捕食者でもある魚類を過剰漁獲している現実がある。東シナ海、日本海の漁獲量は盛期の３分の１以下である（Uye、２００８）。かつては魚類に回っていた餌が余り、クラゲはより独り占めしようして増える。

●温暖化

黄海の冬期の平均水温が過去25年間に約２℃上昇した（Linら、２００５）。エチゼンクラゲのポリプの増殖速度は水温が高いほど高いので、温暖化した海ではより多くのクラゲを再生産できる。

●富栄養化

中国沿岸部の開発のスピードはすさまじい。流域の耕地からの肥料分の流失に加え、沿岸部への人口集中による生活排水、工場などからの廃水は増え続け、特に長江河川水の硝酸態窒素は過去30年間に約20倍にも増加し、河口域を中心に富栄養化が進行している（Yan ら、2003）。そのため植物プランクトンは増え、クラゲの餌となる動物プランクトンも増える。

●海洋構造物、プラスチックゴミ

クラゲのポリプは固い基質に付着するから、沿岸開発などに伴う海洋構造物の設置は新たな付着基盤の提供を意味する。また中国沿岸の海底には無数のプラスチックゴミが沈降堆積しているから、それがポリプの生育場となっている可能性は高いだろう。

東アジアの海を大里海に

黄海、東シナ海、日本海などの東アジアの海は、世界で最も優れた漁場のひとつである。この海を賢く使いこなせば、沿岸諸国民の食料として水産物を永続的に供給してくれる。エチゼンクラゲは食用にはなるが、海水含有量が99パーセントにもなる水袋のような生物だから、蛋白質を多く含有する魚肉に劣る。

今日ではエチゼンクラゲ大量発生はほとんど常態化している。その原因は多層に折り重なっているうえに、根本は経済優先の現社会システムにもとづいているので、大量発生防止の特効薬はない。日本、中国、韓国の各国政府が、持続的食料生産の場としての東アジアの海の重要性を十分認識した上で、国際的な理解と協調の中でより強力な環境管理と漁獲管理を押し進めるしかないだろう。東アジアの海を魚類あふれる豊かな「大里海」として創生する方向に舵を切ることが必要だ。

参考文献

Kawahara, S. et al. (2006) *Marine Ecology Progress Series*, Vol. 307.

Lin, C. et al. (2005) *Journal of Marine Systems*, Vol. 55.

Ohtsu, K. et al. (2007) *Marine Biology*, Vol. 152.

Uye, S. (2008) *Plankton Benthos Research*, Vol. 3, Supplement.

上　真一・上田有香（２００４）水産海洋研究、68巻

Yan, W. et al. (2003) *Global Biogeochemical Cycles*, Vol. 17.

執筆者紹介

上　真一（うえ・しんいち）　１９５０年山口県生まれ。広島大学水畜産学部卒業後、広島大学大学院農学研究科修士課程修了。修士課程の途中でスクリップス海洋研究所（米国）に1年間留学。東北大学大学院農学研究科博士課程中退後、１９７８年広島大学生物生産学部（旧水畜産学部）助手。助教授を経て、現在広島大学理事・副学長、並びに広島大学大学院生物圏科学研究科教授、兼広島大学「里海創生プロジェクト研究センター」センター長。農学博士（東北大学）。専門分野は生物海洋学、特に動物プランクトンの生産生態学的研究。最近はクラゲの大量発生の機構解明と予測・制御に関する研究を展開。日本プランクトン学会会長、国際カイアシ類学会会長を歴任。趣味は薪割り、風呂炊き、草取り、シイタケ栽培。東広島市在住。

11. 造礁性サンゴが語る地球環境変動

はじめに

サンゴ礁は「海の熱帯雨林」や「海のゆりかご」といわれるほどの多種多様な生物が棲息している。一般に、熱帯・亜熱帯海域は貧栄養で生産性が低いとされているが、サンゴ礁では造礁性サンゴとその体内に生息する褐虫藻が織りなすミクロコズム型（準閉鎖生態系）の物質循環システムがサンゴ生態系の豊富な生産性を支えている。また、造礁性サンゴのかたい骨格は複雑な三次元構造をなし、サンゴ礁に棲息する生物に安定したすみかを与えている。造礁性サンゴの骨格は、炭酸カルシウム（アラレ石）からなり、1年に数ミリメートルから数センチメートルの速さで骨格を成長させ、やがて長い時間を経てサンゴ礁と呼ばれる独特の地形を形成する。造礁性サンゴの骨格は樹木のように年輪を刻みながら成長しサンゴが棲息していた間に起こったさまざまなイベントや環境変動を記録している。それらの生物地球化学的性質を詳細に調べることにより地球表層環境変動の履歴を詳細に復元することができる。サンゴ礁の多くが分布する熱帯・亜熱帯域はエルニーニョ現象などに代表されるように、その大気海洋の相互作用が地球規模の気候変動に大きな影響を与える「駆動部」の役割をして

図１　サンゴ骨格の白化現象（２００７年の西表島で撮影）

おり海洋学・気象学的に重要な地域である。同時に、多くのサンゴ礁では、近年頻発している白化現象（図１）などに見られるように地球温暖化やそれに伴う海洋酸性化などによる環境ストレス、土地開発などによる土砂の流入や富栄養化、海洋汚染などの人為的ストレスなどによる生育環境の劣化が指摘されている。本稿では、造礁性サンゴ骨格の特徴とそこにどのような地球環境の変動が記録されているのかについて最近の研究にふれながら紹介する。

造礁性サンゴと日本のサンゴ礁

サンゴ礁を形成している造礁性サンゴは、イシサンゴと呼ばれる腔腸動物（刺胞動物門）である。この造礁性サンゴは、体内に共生する藻類（褐虫藻）から栄養分を分けてもらっているために、光合成生産と石灰化生産がともに高く骨格

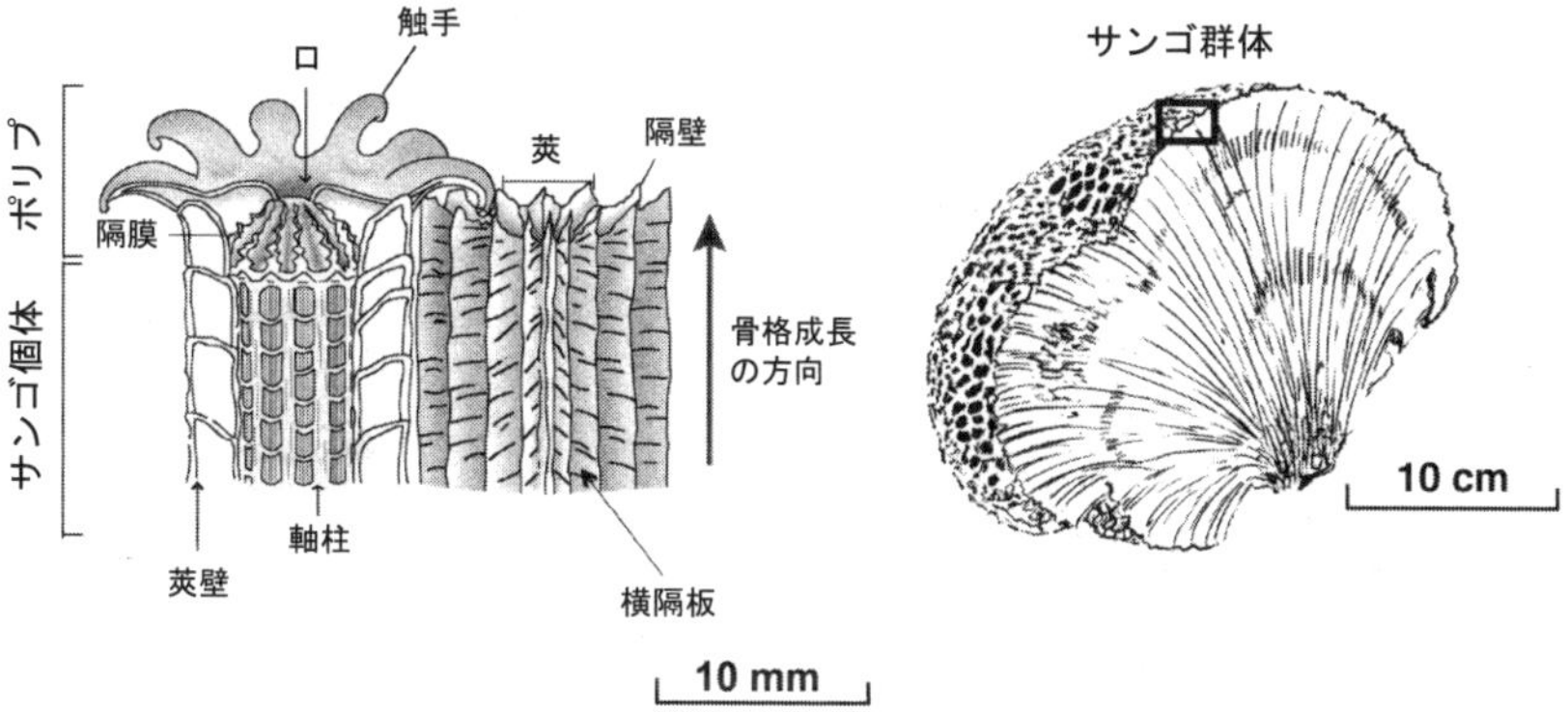

図2　サンゴ骨格の基本構成

を速く成長させることができる。造礁性サンゴの多くは単体サンゴが集まって大きな群体を形成し、その群体はさらに数百年間にわたって成長を続ける。サンゴによる一番始めの石灰化（骨格形成）は、1匹のサンゴ幼生が岩盤などの安定した基盤に着底し、サンゴ虫に変態し、その基底部に骨格を生じることから始まる。この最初の1匹のサンゴ虫が無性生殖を繰り返し、群体を形成していく。造礁性サンゴの多くは、いくつものサンゴ個虫（polyp）が集まった群体（colony）の形をとり、長期間に渡って成長を続ける。サンゴ個虫が収納されている骨格、すなわちサンゴ個体（corallite）は、莢壁（thecal wall）、軸柱（columella）、隔壁（septa）、横隔板（dissepiment）からなる基本構造を持っている（図2）。サンゴ個虫の各骨格組織の形状および発達様式は、それぞれのサンゴ種により異なるが、莢壁と軸柱は群体の成長方向に平行に、つま

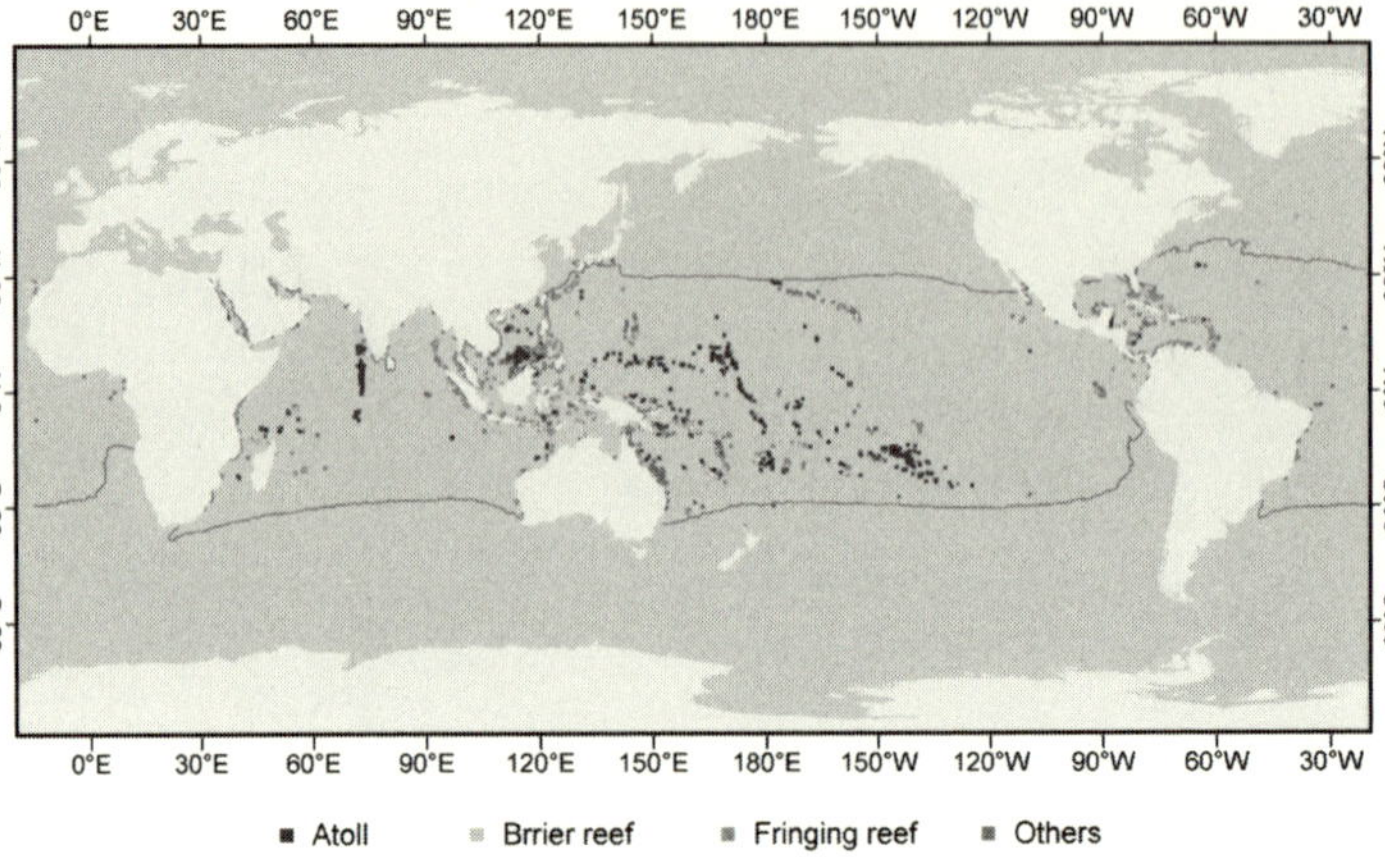

図3　サンゴ礁および造礁性サンゴ群落の分布
（ReefBase：http://www.reefbase.org をもとに作成）

り時間軸に沿って形成されていく。いっぽう、他の組織、たとえば横隔板は個体を肥厚させる方向（時間軸に対し垂直）に成長し、隔壁は莢壁の形状にしたがって成長軸（時間軸）に対して斜めに伸長する。これらの造礁性サンゴの骨格の形成の積み重ねはやがて長い年月をかけて海面際までの高まりを作り、サンゴ礁と呼ばれる外洋からの波浪を防ぐ地形を形成するまでに至る。

サンゴ礁の地形は、大きく3つに分けられ、それぞれ、陸地に隣接するように形成される裾礁（fringing reef）、陸との間に礁湖（lagoon）と呼ばれる水深の深い地形を持つ堡礁（barrier reef）、礁湖を持ち同心円上にサンゴ礁が連なる環礁（atoll）と呼ばれている。日本は、サンゴ礁地形、造礁性サンゴ群落ともに世界最北端に位置しており、南は、熱帯域（沖ノ鳥島）や亜熱帯域（沖縄）から、温帯域に位置する四国、本州沿岸に至るまでの幅広い気候区分、環境条件にサンゴ礁地形が発達し、造礁性サンゴが棲息している（図3）。このように、非常に幅広い環境条件に存在している日本のサンゴ礁は、さまざまな環境でのサンゴ礁の形成過程や造礁性サンゴの生物学的特性を明らかにするだけではなく、地球温暖化やそれらに付随して起こる環境変動、河川からの土砂の流入などの人為的な環境ストレスなどの変遷とその影響を見る際に極めて有効な研究対象であるといえる。

サンゴが記録する近過去の地球環境変動

人類は産業革命以降、飛躍的な技術革新とともに地球上のあらゆる場所で繁栄し続けてきたが、いっぽうでその人類活動の影響は、地球規模の温暖化や環境汚染など、われわれが棲む地球という生活の場自体に深刻な危機をもたらしている。現在の地球温暖化のどの程度が人類活動の影響によるものであるのか、また、将来の地球温暖化はどの程度のものになるのかを見積もり、地球の近未来像を予測することは、人類にとって極めて重要かつ急を要する課題であり、現在、世界中のさまざまな分野の研究者が取り組んでいる。そして、サンゴ礁に棲む生物はこれらの問題をひもとく重要なヒントを与えてくれる。

気候変動に関する政府間パネル（IPCC）によると、世界各地の観察記録は年気温平均が過去100年間で0.6℃上昇していると述べられているが、このうち人類活動による影響はどの程度であるのだろうか？　それを実証するための長期間に渡る観測記録は限られている。古くからの大気実測の観測記録はせいぜい、過去１５０年間で、これらの多くは古くから文明の発達していたごく限られた陸域にしか残っていない。また最近になってはじめられた、人工衛星などによる全地球の気温、水温の観測も、過去に遡れるのは20年程度である。これらの観測記録の代わりに、木の年輪、氷床コア、湖底堆積物、古文書などから、過去の気候を復元しようとする試みが行われてきた。これらの研究は、多くの成果を収めてきたが、また、対象物それぞれの性質上、陸域、高緯度、極域に限定されているために、熱帯・亜熱帯の海洋域の情報が極端に不足している。また、熱帯・亜熱帯では木の年輪は明瞭に発達しないのでこれまでの古気候学的指標を用いることができず、過去に遡れる観測記録はせいぜい50年程度しかなかった。１９７０年代にエックス線写真を用いたサンゴ骨格年輪の観察方法が報告され、１９８０年代後半から骨格の化学組成を高精度で測定できる分析機器が開発されると、サンゴ骨格を用いた熱帯・亜熱帯の環境解析の可能性が一気に高まった。サンゴ骨格は、形成時の密度のちがいなどによって木の年輪のような縞構造を形成しながら成長していくため、骨格の化学成分を成長軸に沿って測定することで、当時の大気海洋環境を週単位の解像度で数百年間に渡って連続的に復元することが可能となる。

ここでサンゴの年輪を用いて行う環境解析の具体的な手順を簡単に説明しよう。まず、具体的な調査地域を選定する。これは、衛星画像や航空画像を使ってサンゴ礁の発達していそうな場所を推測したり、さまざまな過去の文献、地元の漁業関係者や観光関係者などから得られる情報をもとに行う。次は、実際に現地に行って、環境解析に適しているサンゴ群体を探し出す作業である。主に、小型のボートに引いてもらいながら、あるいは、スキンダイビング（素潜り）などにより海面を泳いで観察

図４　サンゴ骨格の水中ボーリング風景
（2008 年鹿児島県曽互島で撮影）

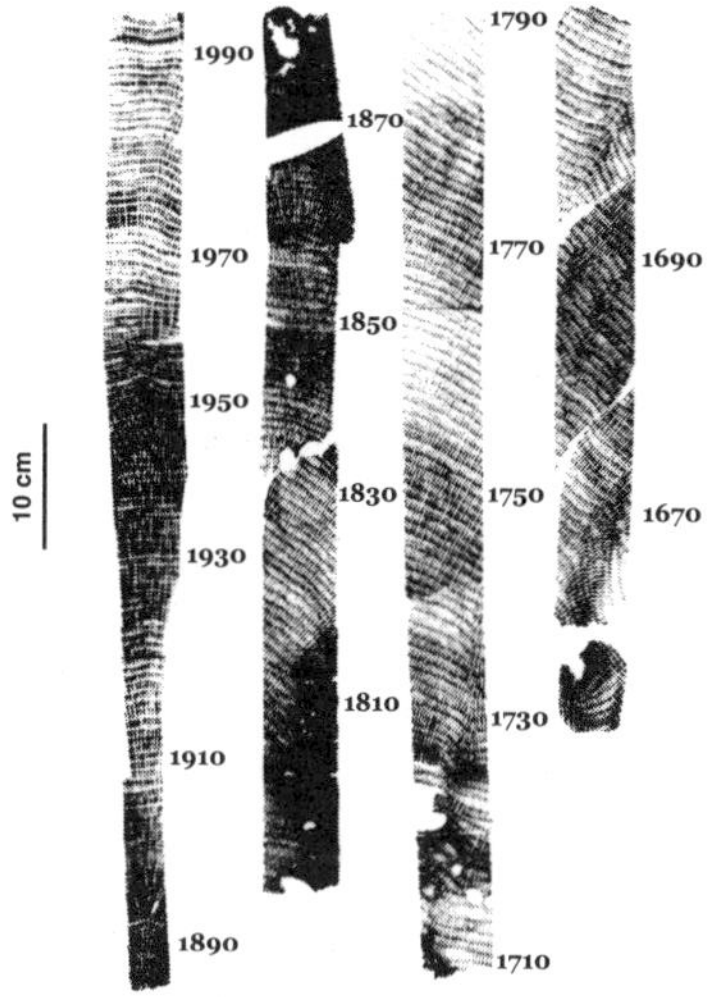

図５　サンゴ骨格のエックス線写真

しながら行う。より大型（より長寿）で、順調に生育している群体を探し出した後は、スクーバダイビングなどを使った潜水による水中ボーリングによって（図４）、直径５～７センチメートル程度の柱状コアを掘り抜く（表面に開いた穴を同じ径の岩盤等で塞ぐことにより、サンゴ群体はそのまま生育を続けることができる）。こうして得られた柱状コアを実験室に持ち帰り岩石カッターによって薄い平板上に切断しさらに、エックス線を照射することによって年輪を観測することができる（図５）。この年輪を採取された年から遡って数えることによって、このサンゴ群体が何年間生存し続けてきたのか、また、コアの先端から深部までのそれぞれの骨格部位が何年に形成されたものであるかが明らかになる。続いて、その骨格を切断面から成長軸に沿ってごく少量ずつ削っていき粉末試料を採取する。このようにして得られた時系列ごとの炭酸カルシウムの粉末は、酸素や炭

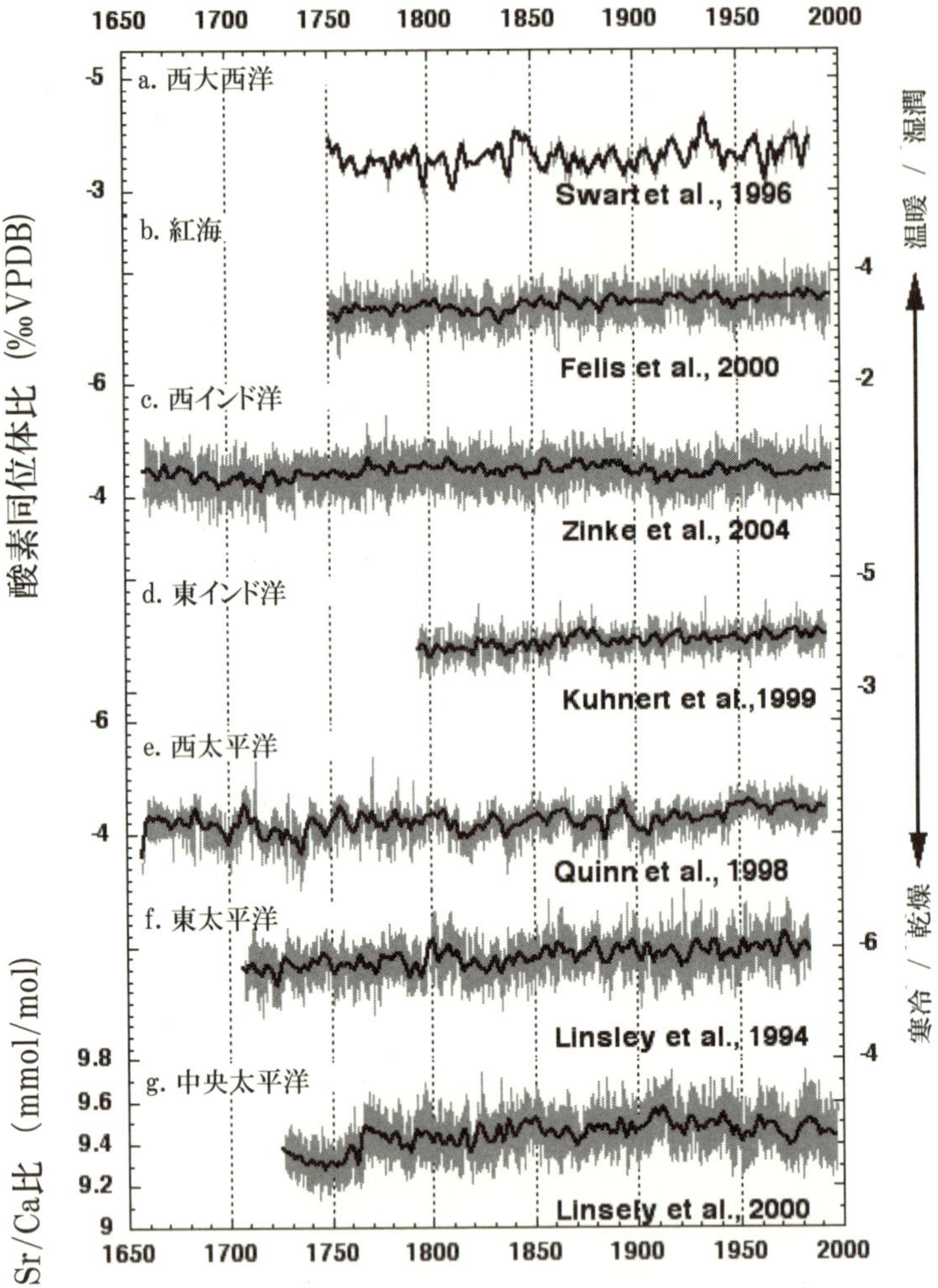

図６　サンゴ骨格年輪を用いた環境解析例

素の同位体比、ストロンチウムなどの微量元素を質量分析計や元素分析計などの測定機器によって分析する。それらの結果を年輪をもとにした時系列に沿って解釈していくことで群体が生育してきた間の環境変動を定量的に復元することができる。例えば、炭酸カルシウムの酸素同位体比は、形成時の水温と海水の組成によって変化するので、サンゴ骨格の酸素同位体比から当時の水温や降水量を詳細に復元することができる（図6）。サンゴ骨格の炭素同位体比には大気中の二酸化炭素濃度の変動や日射量の変動が記録されている。また、バリウムやマンガンの濃度変化を見ることによって、どのように陸上から河川を経て土砂が流入してきたかを推定することができる。このようにサンゴ年輪の化学指標の季節変化や経年変化を読み解くことで過去から現在までサンゴ礁域における環境の遷移をさまざまな時間スケールで復元することができる。

サンゴ骨格に記録される過去のエルニーニョ現象

ここでは実際にサンゴ骨格を用いた環境解析の一例として、サンゴ骨格の酸素同位体比の分析からエルニーニョ現象を復元する試みを紹介する。エルニーニョ現象は当初、数年に一度東太平洋のペルー沖で突然魚が捕れなくなる現象を呼んだものであるが、現在ではその原因と影響がより汎地球規模であることが確認されている。現在、地球上で最も高水温の水塊がインドネシアを中心とする太平洋西部に存在していて、西太平洋暖水塊と呼ばれている。普段東から西へ吹いている貿易風により西太平洋に偏在する暖水塊が、エルニーニョ時には貿易風が弱まり東進しペルー沖に達する。これにより温度躍層が厚くなり、普段この地域で卓越している栄養塩に富む湧昇流が海表面にまで達することができなくなる。また、上空の大気では、暖水塊の移動とともに対流の上昇域も東へ移動し、下降流域の西太平洋で乾燥化が進む。エルニーニョの時期には、西太平洋暖水塊が東方に移動することにより水温が低下し降水量も小さくなる。いっぽう、エルニーニョの逆のモードであるラニーニャの期間には、暖水塊が存在するために西太平洋の水温は常に高く、降水は量と変動ともに大きい。このように、エルニーニョ現象は大気と海洋の相互作用の変動を含む季節変動、数年変動の現象である。サンゴ骨格の酸素同位体比は水温と海水の酸素同位体比の変動(塩分の変動)の両方が記録されている。エルニーニョ現象時における水温と降水量の挙動は、酸素同位体比を同じ方向に変化させるためにエルニーニョ現象を捉えやすくしている。このことを検証するために、太平洋暖水塊の中心部のインドネシアのアラー島と境界部に位置するニューカレドニアの現生サンゴ骨格を用いて酸素同位体比を年輪をもとに成長方向に沿って分析をした。また、これらの分析にはサンゴの種類による生物効果の影響を見るために異なったハマサンゴ（*Porites* 属）とダイオウサンゴ（*Diploastre* 属）の２種類のサンゴを用いた。

図７は、この２属の試料が採取された現場の表面海水温と降水量をそれぞれの酸素同位体比と比較したものである。まず、ダイオウサンゴの酸素同位体比の変動パターンはハマサンゴのものと類似していることがわかり、ダイオウサンゴの酸素同位体比がハマサンゴのものと同様な環境変動を記録していることがわかる。また、両者の酸素同位体比曲線は、エルニーニョ現象の変動を正確に反映している。西太平洋のこれらの地域は、エルニーニョの期間に暖水塊が東に移動しているために低温で、

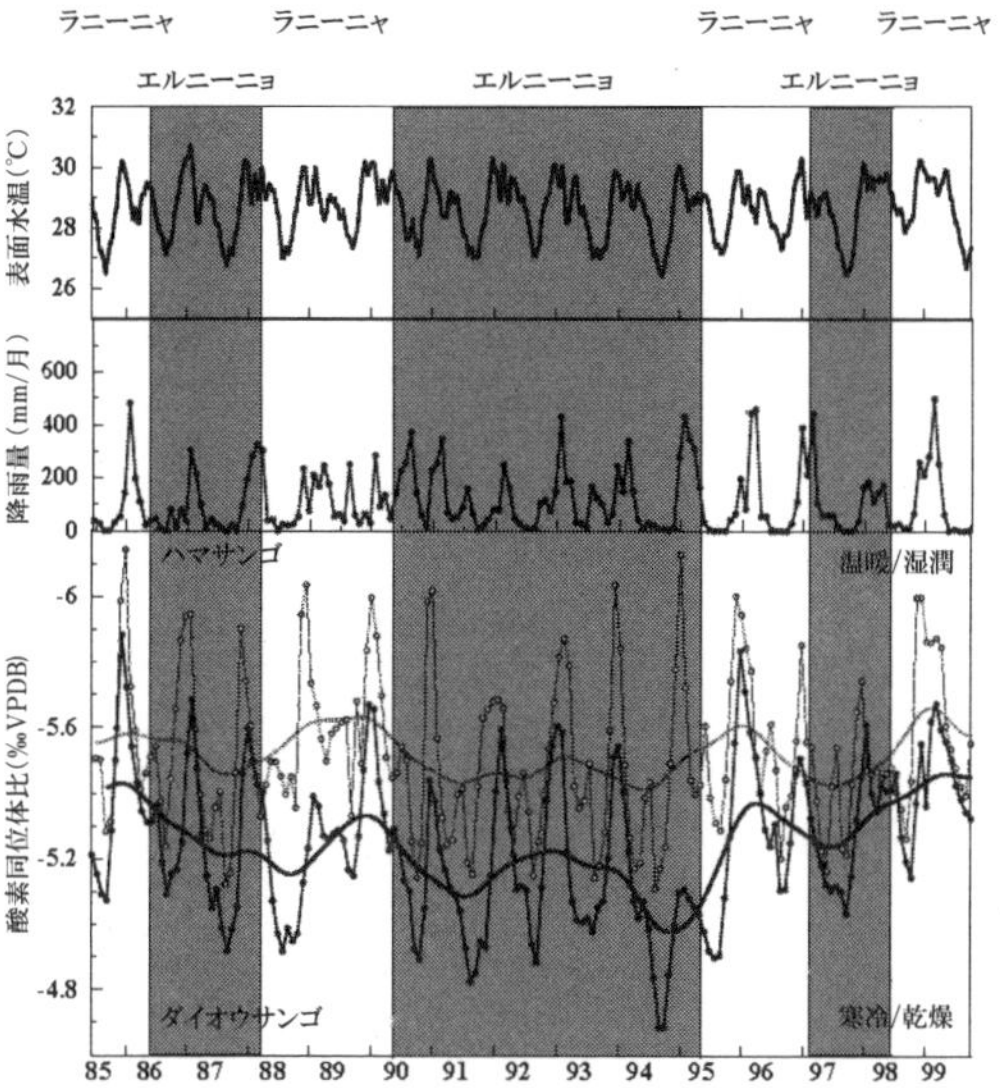

図7　サンゴ骨格を用いたエルニーニョ現象の復元
酸素同位体比の変動がエルニーニョ現象の変動パターンと一致している

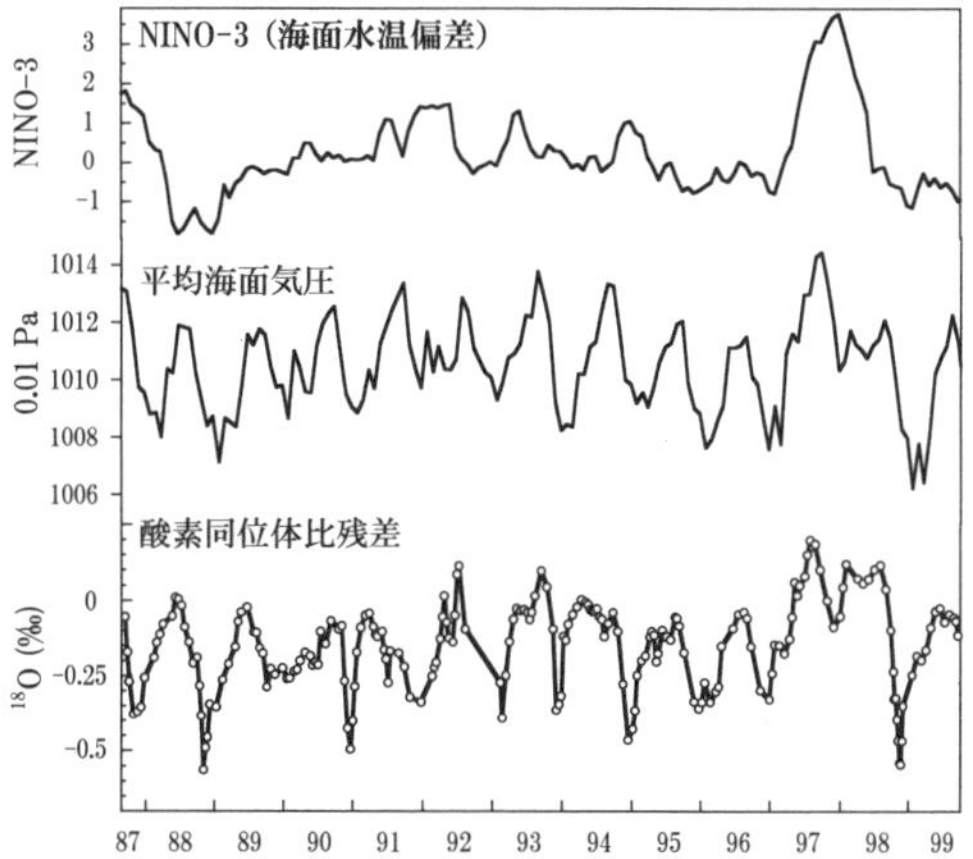

図8　サンゴ骨格の酸素同位体比とストロンチウム / カルシウム比の組み合わせからエルニーニョ現象時の大気の変動を読み取る

また、モンスーンによってもたらされていた降水が減少するために乾燥化する。また、ラニーニャの期間は高温でモンスーンによりもたらされる降水により湿潤である。それぞれのモードが、エルニーニョ時の酸素同位体比の低い値、ラニーニャ時の高い値として、2属のサンゴ骨格の変動パターンに記録されている。ダイオウサンゴは生存期間が数百年間以上と長いうえ、発見される化石の保存もよいことなど、古環境を復元するためのいくつもの利点がある。サンゴ骨格の酸素同位体比は水温と海水の酸素同位体比の両方の変動を記録しており、ストロンチウム／カルシウム比は水温のみの変動を記録している。海水の酸素同位体比は、塩分の変動に強い相関を持つために、この両者を同時に分析しそれぞれの関係式を求めることにより水温と塩分の記録を別々に復元することができる。図8の酸素同位体比残差は、インドネシア産のハマサンゴ骨格の酸素同位体比とストロンチウム／カルシウム比の分析を行い酸素同位体比から水温の変動分を差し引いたものである。この酸素同位体比の残差は、現場の平均海面気圧の変動とNino－3領域海水面（エルニーニョの監視域）の水温偏差の変動パターンはよく一致した。このことから東インドネシアの暖水塊に生息するサンゴ骨格には、エルニーニョ現象に由来する大気の変動パターンが記録されることがわかる。今後、より長寿の試料や化石のサンゴ骨格を用いることにより、過去から現在にかけてのエルニーニョ現象の詳細な復元が可能となり、さらに、さまざまな地域のサンゴ骨格に応用することにより、エルニーニョの発生メカニズムやその後の伝搬の推移を解明できる可能性を秘めている。

参考文献

環境省・日本サンゴ礁学会編（２００４）「日本のサンゴ礁」環境省
Watanabe, T. et al. (2003) *Geochimica et Cosmochimica Acta*, 67 (7), 1349-1358
渡邊　剛（２００４）地球化学、38、29～43ページ

執筆者紹介

渡邊　剛（わたなべ・つよし）北海道大学講師（理学研究院）。平成６年北海道大学理学部卒業、平成８年同大学大学院地球環境科学研究科修士課程修了、平成11年同研究科博士後期課程修了、日本学術振興会特別研究員、オーストラリア国立大学客員研究員、東京大学産学官連携研究員、フランス国立科学研究所博士研究員を経て、平成16年より現職。専門は、炭酸塩地球化学、サンゴ礁地球環境学で、生物源炭酸塩による地球表層環境変動の研究、特に、熱帯、亜熱帯域に生息する生物の骨格を用いた高解像度環境解析、生物硬化作用の解明に取り組んでいる。博士（地球環境科学）。

12．湖沼堆積物による古気候の復元

はじめに

近年、湖沼堆積物から地球環境変遷を明らかにする研究がひろく行われるようになってきた。一般的に、湖底の堆積物は、深海底と比べて堆積速度が速く、時間分解能がよい。また、海洋と比較しても、湖沼域は滞水域の規模が小さく、閉鎖的環境であることから、陸上部における環境の変化を敏感に捉えることができる（山田・福澤、２００５）。とくに、東アジア地域の湖沼堆積物では、深海底や氷床堆積物では検出できないアジアモンスーン変動やそれに影響を受けている陸上環境変動を高時間分解能で復元できる。ここでは、アジア地域での湖沼研究成果として、中国雲南省に位置するエルハイ湖で採取した湖底堆積物コアを用いて過去約10万年間の古環境変動を明らかにした研究（山田、２００３）と、秋田県一の目潟で採取した湖沼年縞堆積物による古気候学的研究（Yamada ら、２００７）を紹介したい。

中国雲南省エルハイ湖の湖底堆積物から復元された過去10万年間の気候変動

エルハイ湖と湖底堆積物の概要

エルハイ湖は、中国南西部、雲南省に位置するメコン川水系に属する大きな構造湖である。筆者らは1999年に湖の最深部（北緯25°48″東経100°11″：水深21メートル）から全長42・63メートルの堆積物を採取した（図1）。採取した柱状試料は、全層準を通じて均質なシルト質粘土で構成されている。その色調は、主に暗灰色～灰色で、一部黒灰色を呈する。深度32・8メートルにわずか

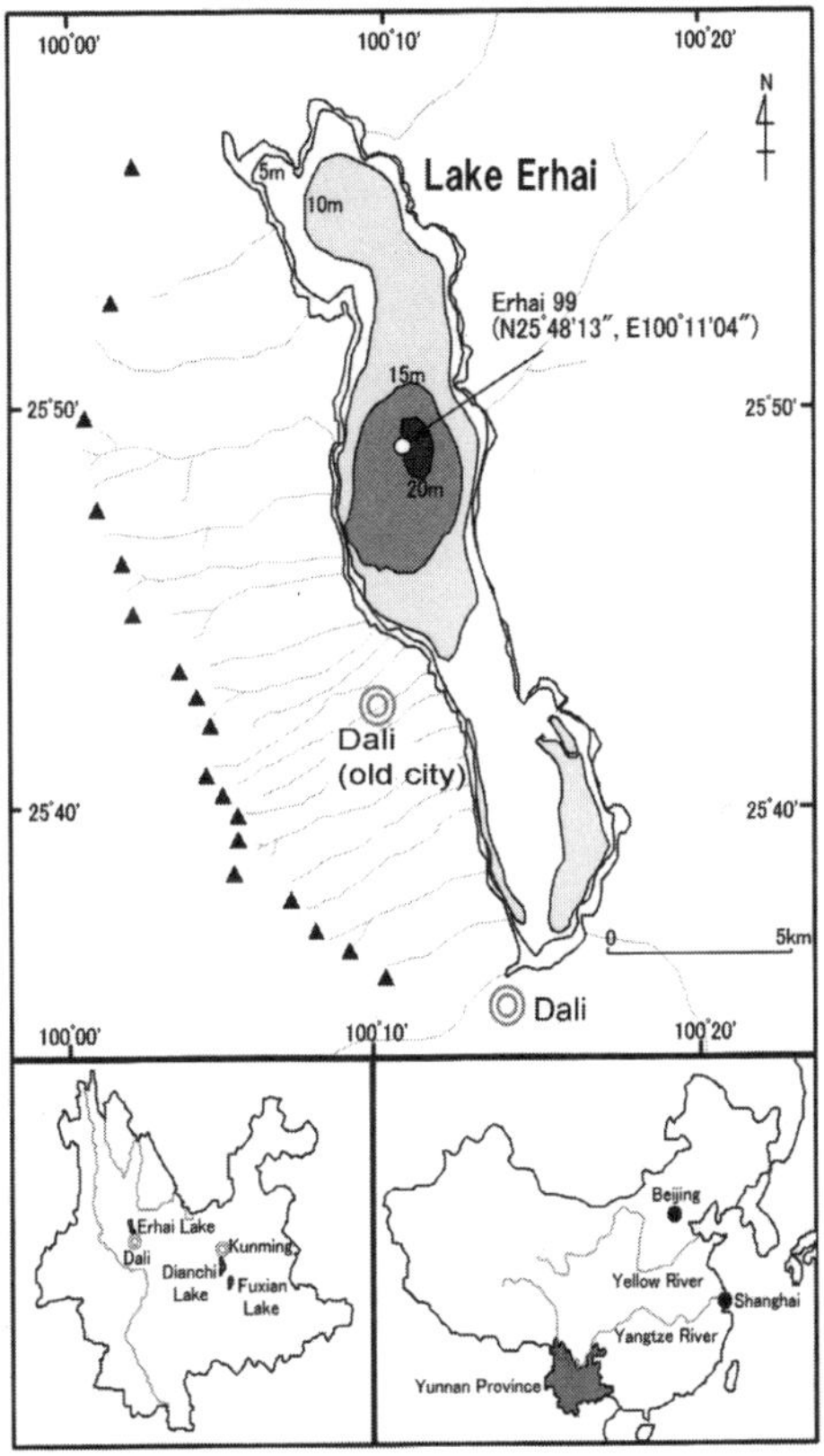

図1　エルハイ湖の位置とボーリング地点

図２　エルハイ湖の湖沼堆積物に挟在していた藍鉄鉱の走査電子顕微鏡写真

に礫を含んでいる以外は、デルタ性堆積物の存在は認められない。堆積物中に含まれる有機物の放射性炭素年代測定と、古地磁気分析によって求めた自然残留磁化強度曲線（福岡ら、２００２）にもとづくと、本コアの堆積速度は、年間０・３８〜０・４６ミリメートルの範囲であり、その平均は０・４２ミリメートルである。これらの結果から、エルハイ湖では少なくとも過去10万年間については定常的な堆積環境が安定保持されているといえる。

藍鉄鉱が示す湖沼環境

　堆積物の観察結果、藍鉄鉱（vivianite）の濃集体が特徴的に認められた。この藍鉄鉱濃集体の多くは、層厚が1〜20ミリメートル程度の薄層を含む層状あるいは下方向に凸のレンズ状で存在しており、深度約42・5〜40、37・5〜36、34・5〜31・5、24〜21メートルの各層準に集中的に出現している。藍鉄鉱の走査電子顕微鏡観察によれば、構成物は長軸方向で最大10マイクロメートル程度の自形の板状結晶の集合体のみから構成され、微化石は全く認められない（図２）。また、結晶鉱物どうしが結びつきながらノジュール状に群生していることはなく、個々の自形結晶が濃集しながら堆積している（図2）。すなわち、エルハイ湖の藍鉄鉱濃集層は10マイクロメートル程度の単結晶の藍鉄鉱がノジュール化することなく、大部分を構成している。一般的に藍鉄鉱は、湖底水塊が淡水かつ貧酸素状態のとき堆積すると考えられている（レルマン、1984およびBerner と Berner、2002）。なぜなら、湖底水塊が貧酸素状態で鉄還元が生じると、鉄イオンが還元され2価イオン態で存在する。この鉄（Ⅱ）イオンと水中に溶存している燐酸イオンが結びつくことで藍鉄鉱が自生するためである。エルハイ湖の堆積物に成層して認められた藍鉄鉱は、湖底水塊の変動による要因、すなわち、水温躍層が形成・維持されたために湖内の鉛直循環が弱化した結果、湖底水塊が貧酸素状態になることで、水中もしくは湖底表層において、微細粒の藍鉄鉱がマット状に晶出して堆積物中に保存されたことが明らかになった。

そこで、鉱物分析、化学組成分析を待って、藍鉄鉱が堆積した当時の古環境変動を検討した（図3）。その結果、湖底水塊の貧酸素環境を示唆する藍鉄鉱の産出する頻度の大きい層準では、全無機炭素および炭酸塩鉱物（苦灰石）含有量の増加と、砕屑粒子含有量の相対的減少が生じている。苦灰石は、周辺の地質が結晶質石灰岩で構成されていることから、周辺地域から湖に混入した陸上起源の砕屑性鉱物であることが考えられる。通常、苦灰石などの炭酸塩鉱物は水塊が酸性では容易に溶解する。しかし、淡水の湖沼では二酸化炭素分圧の上昇によって、細粒砕屑物質の緩衝作用が働くことによって高いアルカリ性を保持する。この高アルカリ環境では炭酸塩鉱物は溶解しない。鉛直循環が停止した湖底水塊では、水塊中の残存する酸素を消費しながら、湖底表層の有機物の酸化分解が進む。その結果、炭酸イオンが放出され二酸化炭素分圧が高くなる。このため、湖底水塊部で強い高アルカリ環境が保

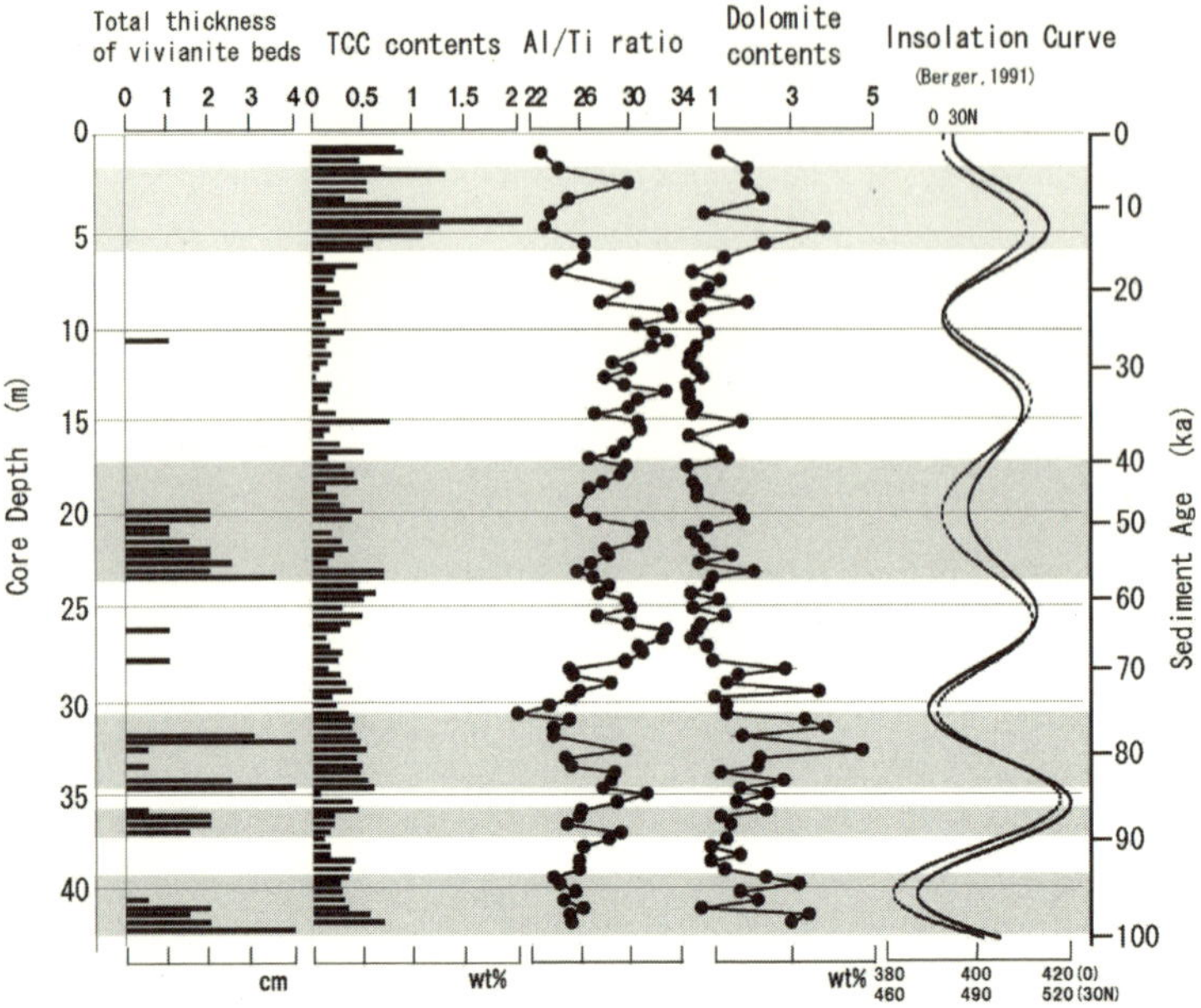

図３　エルハイ湖における過去１０万年間の藍鉄鉱濃集層、全炭酸塩炭素（TCC）濃度、アルミニウム／チタン（Al/Ti）比、苦灰石（Dolomite）濃度変化と、日射量変化（Insolation Curve）との関係

持され、苦灰石のような炭酸塩鉱物が堆積物中にそのまま固定されたものと考えられる。したがって、深度６メートル以浅を除いて藍鉄鉱の産出層準と、全無機炭素含有量や苦灰石含有量の増加層準が一致するという結果は、堆積当時の湖底水塊の貧酸素環境を強く支持するものである。また、陸上部から流れてきた砕屑物の総量を代表する石英含有量やAl／Ti比は、深度40～37、35～33、30～24・5および18～6メートルの各層準で増加傾向を示し、乾燥気候下に支配されたために、周辺地域で裸地の拡大や山間部で砕屑物を多量に生産させるような氷河末端

高度の低下が生じることで、湖に流入する砕屑物が増加したことが示唆される。したがって、藍鉄鉱の産出と石英含有量やAl／Ti比の変化の関係から、湖底水塊の貧酸素環境は、周辺地域が湿潤気候時に形成されていたことが示唆される。

モンスーン強化と日射量の関係

今回の結果から、エルハイ湖では過去10万年間で、それぞれ１００～93、89～75、58～40、15～5千年の時期に夏季モンスーン強化に伴って湖水位が上昇していたことが明らかになった（図３）。エルハイ湖周辺の気候は東アジアモンスーンとインドモンスーンの双方の影響を多大に受けている。モンスーン変動の強弱は、低緯度と高緯度の比熱勾配の差分の程度によって決定される（Prell とKutzbach、１９８７）ため、低緯度域の夏季日射量変動と密接な関係がある（Berger、１９７８およびShi ら、２００１）。つまり、夏季の低緯度域において日射量が増加することは、モンスーンを活発化させて内陸部の降水を促し、ひいては、周辺地域の湿潤化を引き起こす。エルハイ湖は低緯度に位置することから、地球軌道要素による日射量変動の直接的な影響を受ける。したがって、湖では夏季の日射量が増加することで、湖面の水温が上昇する。この表層水が温められることで水温躍層が出現する。また同時に、日射量の増加はモンスーン変動による湿潤化と、それに伴う湖水位の上昇をもたらす。水深の増大は水温躍層の安定化を促進させる。ゆえに、エルハイ湖では、日射量変動に依存するモンスーン気候的要因（温暖化・湿潤化）によって、水位が上昇するとともに水温躍層が形成・維持され、その結果藍鉄鉱を濃集させるような湖底水塊の貧酸素環境を招いたことが示唆された。

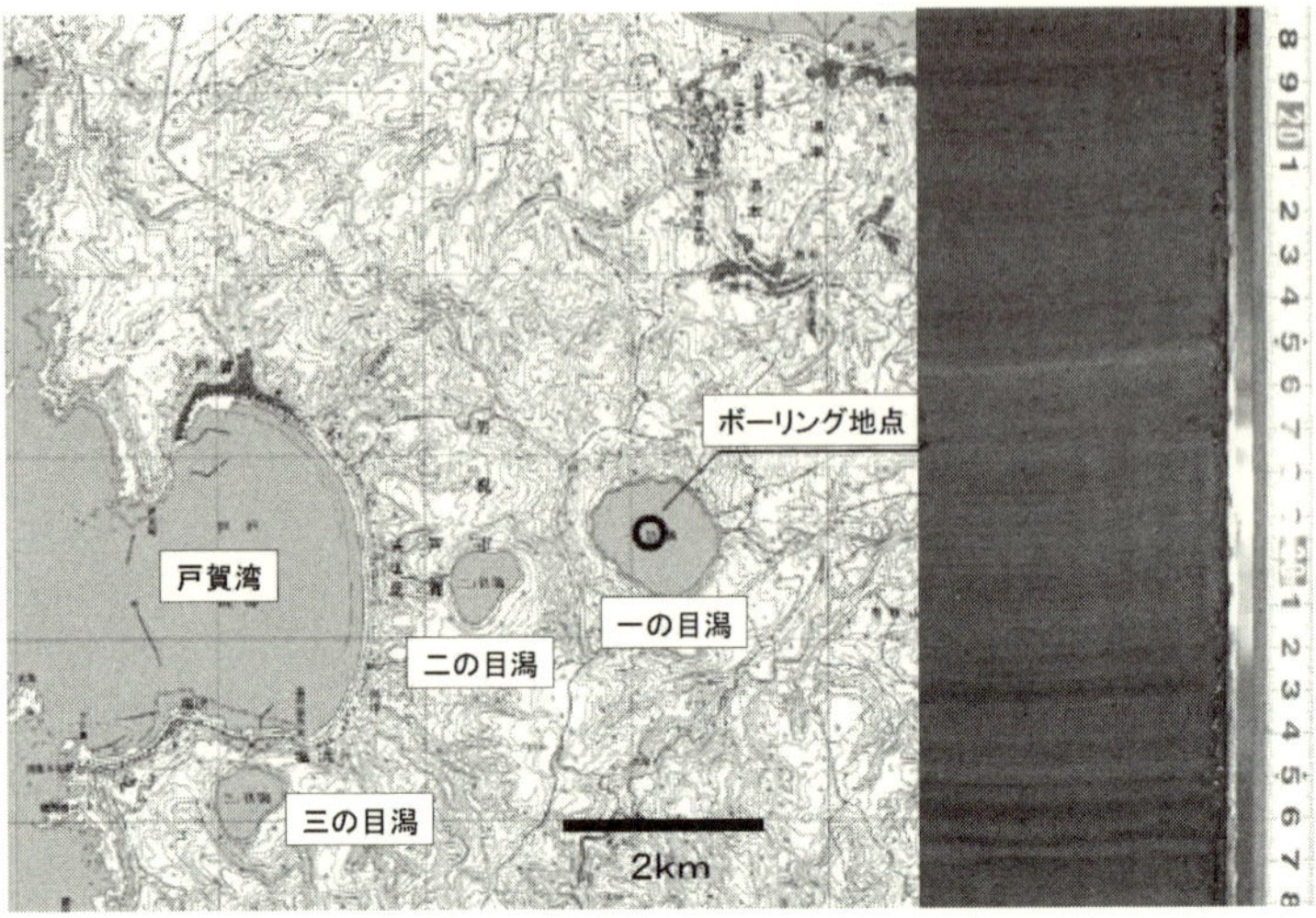

図４　一の目潟の位置（左）と代表的な年縞の写真（右）

秋田県男鹿半島、一の目潟の年縞堆積物と過去一万年間の気候変動

一の目潟の湖沼年縞堆積物

湖沼年縞というのは、湖底にたまった堆積物がちょうど樹木の年輪のように一年ごとのバーコード状の縞模様を呈しているものである。樹木年輪と同様に湖沼年縞の解析からは、一年単位の環境変動を復元することができる。このような湖沼年縞堆積物が、２００６年11月からおおよそ２か月間に及んだ秋田県男鹿半島に位置する一の目潟（北緯39°57'、東経139°44'：水深44メートル）でのボーリング調査で発見された（図４）。全長約37メートルにおよぶ一の目潟の柱状試料には、現在から約３万年前の始良Tn（AT）テフラまで達するミリメートル～サブミリメートル間隔のリズミカルな縞模様が連続的に発達していた（図４）。

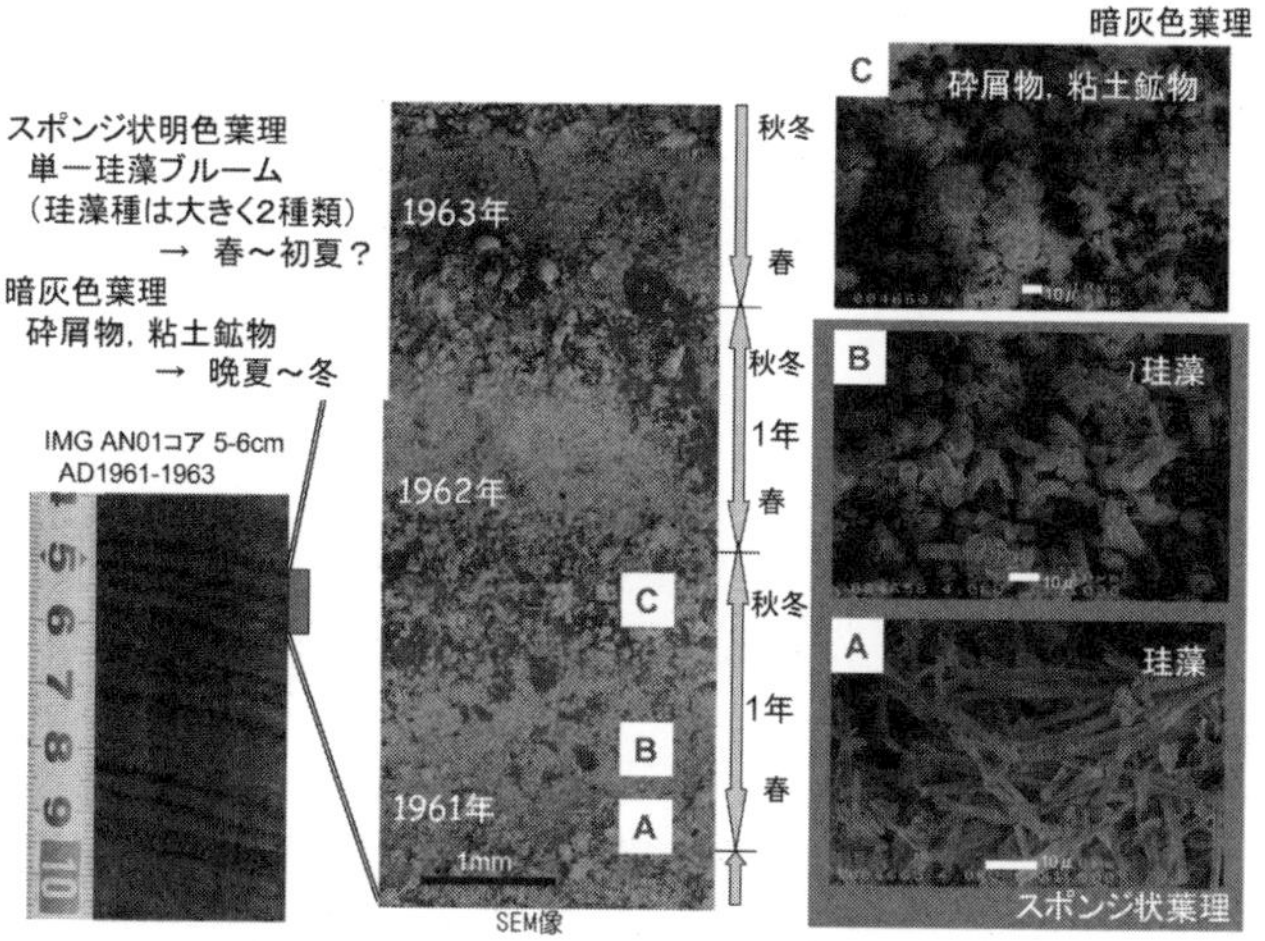

図５　西暦１９６１～６３年にかけての一の目潟に堆積した湖沼年縞の拡大写真
および走査電子顕微鏡写真

一の目潟の湖沼年縞堆積物の走査電子顕微鏡観察結果では、スポンジ状明色薄層と暗灰色薄層の周期的な積み重なりが認められた。この積み重なりは下位から *Asterionella sp.* 密集層、*Aulacoseira sp.* 密集層、砕屑粒子や粘土鉱物の層の繰り返しになっている（図5）。上述した珪藻種の大繁殖は春先に生じることが多いため、これら珪藻濃集層は、「春」の地層、砕屑粒子や粘土鉱物の層は「夏から冬にかけて」の地層である。一の目潟では、このように年縞が形成され、年縞の枚数をカウントすることで、正確な時間軸を設定することができ一年単位での環境変動の検出が可能になる。

年縞編年の信頼性

一の目潟ではタービダイト層が、年縞堆積物中に数多く挟在している。このタービダイト層の成因については、一般的に、洪水、地震、津波、波

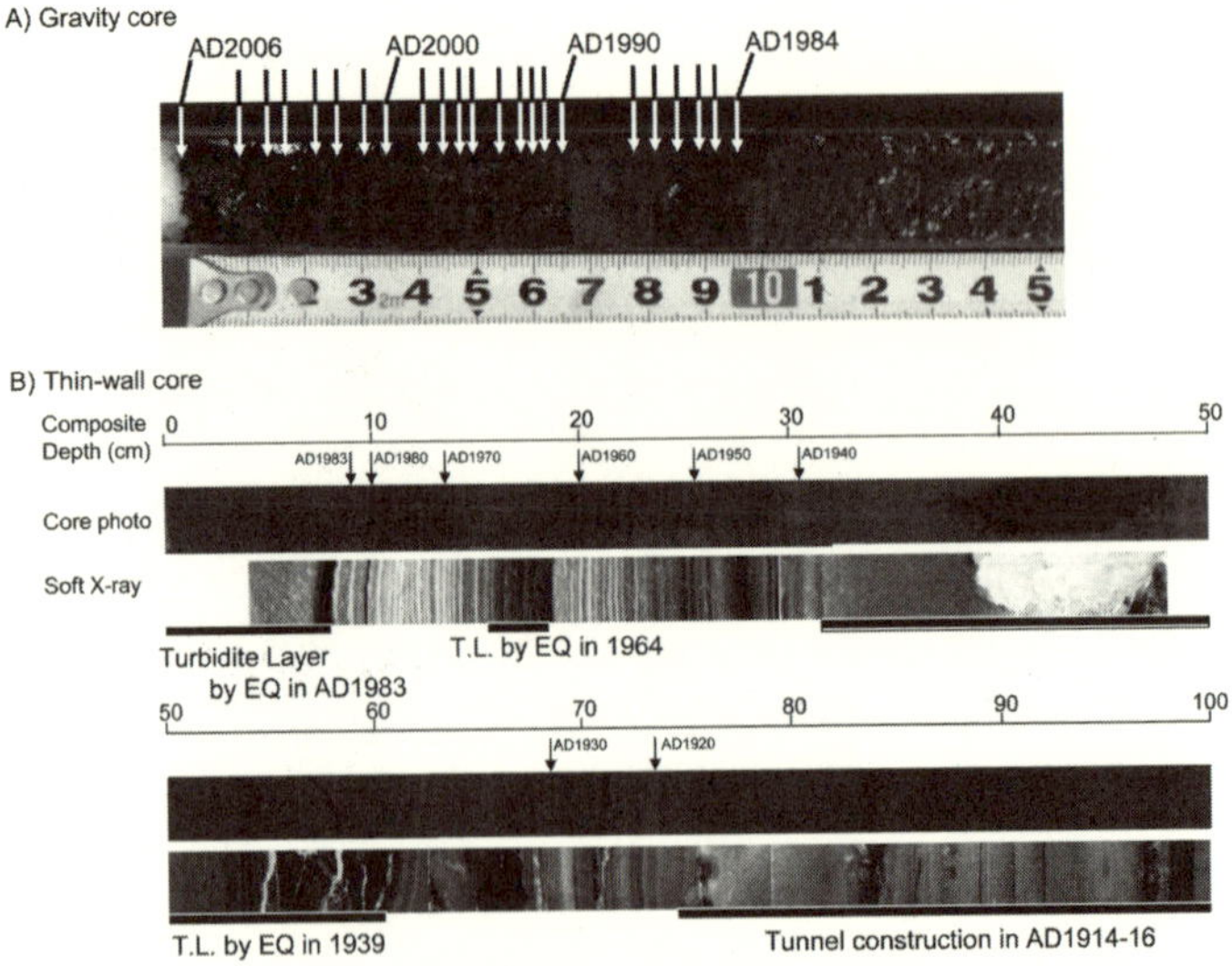

図６　一の目潟における過去１００年間の年縞堆積物の断面写真（肉眼写真、軟Ｘ線写真）と歴史イベントとの対比

機械ボーリングでは最表層の湖底堆積物採取は困難であるため、グラビティーコアサンプラーによる湖底の最表層部分の堆積物採取を行い、２３枚の年縞を発見している［EQ: 地震、 T.L.（Turbidite Layer）：タービダイト層］

浪などの諸要因があげられるもの、一の目潟の湖底地形を考慮に入れると地震によって形成されたものと判断できる。一の目潟において湖底最表層部から深度１メートルまでについて、年縞計測による堆積年代からタービダイト層の形成時期を特定すると、それらが西暦１９８３年の日本海中部地震、１９６４年の男鹿北西沖地震、１９３９年の男鹿大地震にそれぞれ対応していることが明らかになった（図６）。上記以外にも１９１６年と１９１８年にタービダイト層が認められている。これは、１９１５年ごろの取水用トンネル工事によるもので、その当時に、川から多量の砂が一の目潟に入った事実と合致する（図６）。こ

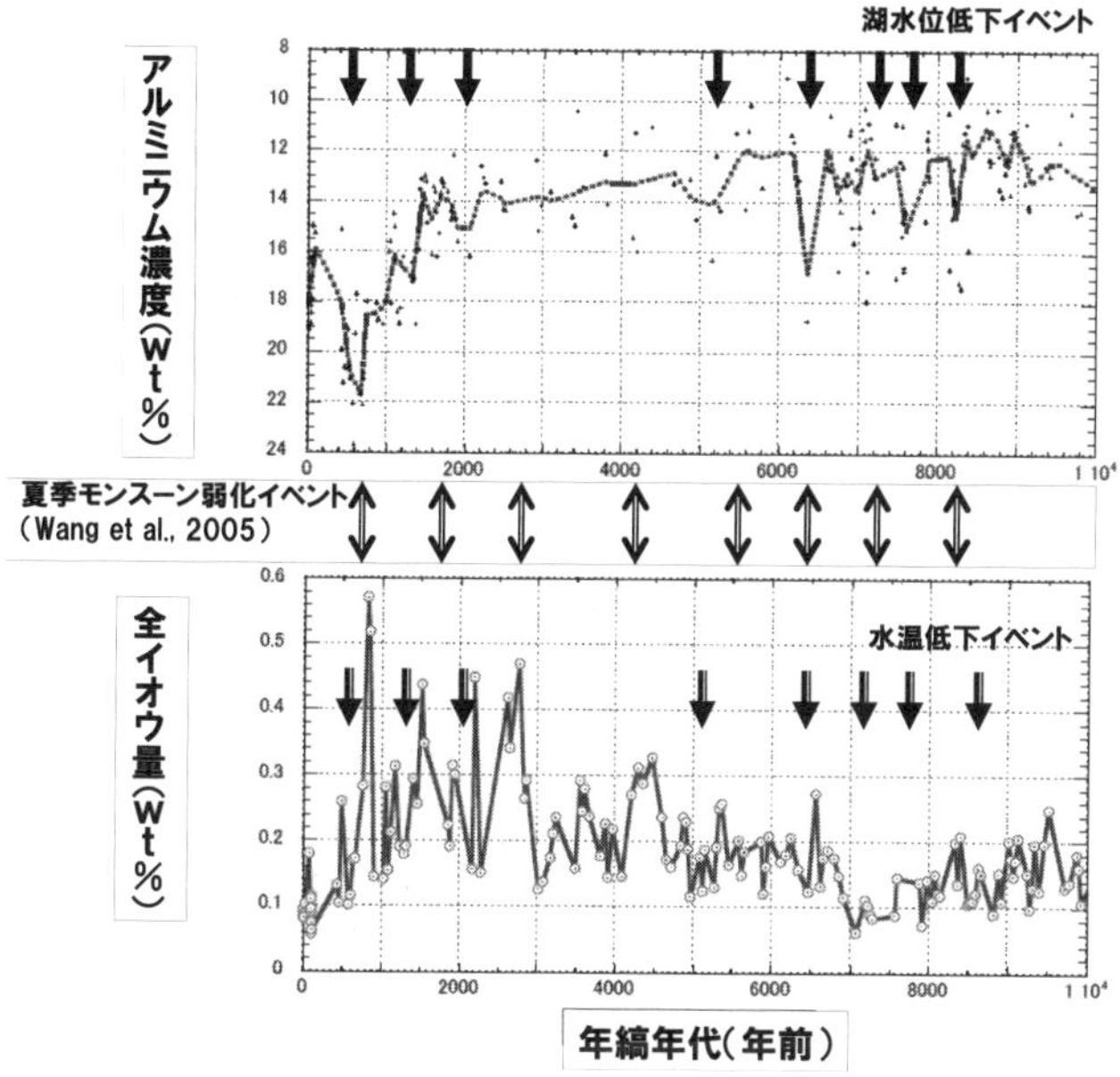

図7　一の目潟における過去一万年間のアルミニウム濃度および全イオウ量変化とアジア夏季モンスーン弱化イベント（Wang ら、2005）との対比

のように年縞編年では、一年単位での環境変動を正確に復元することができる。

地球化学分析による過去一万年間の古気候変動の高時間分解能復元

湖沼年縞の枚数計測による編年にもとづいて過去一万年間の古気候変動の検出を試みた。堆積物中のアルミニウム濃度は、湖内に流入する砕屑物量を示す指標として使うことができ、湖水位の変化を反映する。一の目潟でのアルミニウム濃度から推測する湖水位変化は9000~6000年前では相対的に高くなっており、その後6000~1500年前では相対的に低くなっていたことが示唆される。この変動は、Wangら（2005）による東アジア夏季モンスーンの長期的な減少傾向や、短期間の夏季モンスーン弱化による一時的な水位低下時期とおおむね調和的である。ただし、約500年前頃のアルミニウム濃度の急高なイベントは気候変動によるものではなく、人間活動によるもの、すなわち、周辺で裸地が拡大したため、砕屑物が容易に湖に入ってきたことを示している。いっぽう、湖沼堆積物中の全イオウ濃度は、堆積当時の海水侵入の有無や底層の酸化還元度を推定する指標として広く用いられている（Berner、1984およびSampeiら、1997）。一の目潟の場合は周辺地質や陸水条件（佐藤、1986）を考慮すると、底層水塊の酸化還元度を推定できる。この全イオウ濃度変化からは、8500、7200、4000、3200、2000、900および600年前における一時期かつ急激な、底層水塊の酸化傾向を引き起こす水温低下期イベントが認められた。また、アルミニウム濃度から推定した湖水位変化ともおおむね同調しており、一の目潟の湖水位変化がアジア夏季モンスーン変動の影響を受けていることが明らかになった（図7）。

古気候変動検出計としての湖沼堆積物　―結びにかえて―

湖沼堆積物は、長期スケールから年単位の短期スケールまでのさまざまな地球の古気候変動を記録している。今後、将来の地球温暖化傾向を予測していくために、過去の地球像を精緻に検証することが必要になってくるであろう。そのとき、年縞という有効なツールをもっている湖沼堆積物研究が注目を浴びてくるであろう。

参考文献

Berner, A.L.（1978）*Quaternary Research*, vol,9, no.4, 139-167.

Berger, R. A.（1984）*Geochimica et Cosmochimica Acta*, Vol.48, 605-615.

Berner, E.K. and Berner, R.A.（2002）*Global environment: water, air and geochemical cycles*. Prentice hall, 376p.

福岡正春ら（２００２）地球惑星科学関連学会２００２年大会予稿集（ＣＤ－ＲＯＭ）

レルマン、Ａ.、奥田節夫・半田暢彦訳（１９８４）『湖沼の科学　化学・地質学・物理学』古今書院、５０８ページ

Prell, W. L. and Kutzbach, J. E.（1987）*Journal of Geophysical Research*, vol.92, no.11, 8411-8425.

Sampei, Y. et al.（1997）*Geochemical Journal*, vol. 31, 245-262.

Shi, Y. et al.（2001）*Palaeogeography Palaeoclimatology Palaeoecology*, vol.169, no.1, 69-83.

山田和芳（２００３）「中国エルハイ湖堆積物中の藍鉄鉱濃集とその形成環境」堆積学研究、57巻、1号、1～12ページ

山田和芳・福澤仁之（２００５）地質学雑誌、11巻、11号、６７９～６９２ページ

Yamada, K. et al.（2007）AGU fall meeting abstract.

Wang, Y. et al.（2005）*Science*,Vol.308, 854-857.

執筆者紹介

山田 和芳（やまだ・かずよし）　１９７４年愛知県生まれ。２００２年東京都立大学大学院・博士（理学）の学位取得。その後、日本学術振興会特別研究員、島根大学汽水域研究センター研究員、鳥取環境大学非常勤講師、人間文化研究機構　国際日

本文化研究センター機関研究員等を経て、現在、トゥルク大学（フィンランド）にて研究活動に取り組んでいる。専門は堆積学、古環境学。最近は湖沼年縞にターゲットをあてて、目潟マール三湖（秋田県）、小川原湖（青森県）、蔦沼（青森県）などの国内湖沼や、ファイユーム湖（エジプト）やフィンランド中東部の湖沼など海外も含めた年縞堆積物から年単位での環境復元研究に取り組む。そのいっぽうで、中南米のマヤ文明やアンデス文明の興亡に関する環境変動の解明にも取り組んでいる。

13. 樹木年輪による古気候の復元

人為起源の温室効果気体の増大による地球の温暖化が懸念されていることは周知のとおりであるが、そもそも地球の気候は自然にも大きく変動している。したがって、現在進行中の温暖化における人為の影響を査定し将来の気候を予測するには、人間の営為が微々たるものにすぎなかった遠い過去に遡って気候変動の実態を把握し、そのメカニズムを解明することが不可欠である。ところが機器観測による気候の記録は、長くても過去150年程度と産業革命の時期にすらおよばないうえ、先進国に偏在していることから、過去数百年にわたる気候変動の実態を把握するには樹木やサンゴなどの代替データに頼る以外方法はない。ここでは、樹木の年輪から過去の気候がわかる理屈をまず説明したうえで、著者によるベトナムでの研究を例として取りあげ、樹木年輪の試料の採取にはじまり、年輪年代の照合と年輪幅の計測を経て、気候の復元にいたるまで順を追って解説する。

なぜ木の年輪から昔の気候がわかるのか

砂漠で植物がほとんど自生しないのは雨が極度に少ないからであり、同様に高山地帯や極域で植物が乏しいのは寒すぎるためである。これは、降水量や気温が植物の生存を決めているということと同義である。さらに、世界の気候区分と植生区分がほぼ一致していることから、植物の生育範囲も気温と降水量によって決まっていることが明らかであろう。

森林の地理的分布をみると、その中心部では十分な気温と恵まれた降雨により木が盛んに育ついっぽうで、分布の縁では低温や乾燥に耐えながらかろうじて生きているにすぎない。この分布の縁は森林限界と呼ばれるが、そこでは例年どおりの気候でも生育が制限されているので、平年からの気候のずれが微々たるものであったとしても成長が促進あるいは抑制され、それが年輪幅の変動として現れる。つまり、年々の成長変動を捉えることにより過去の気候が推定できるわけである。他方、分布の中心部では、例年より条件が良かろうが悪かろうが、恵まれた気候条件下に生える樹木にとっては余剰部分での変動にすぎないので成長を左右するにはいたらず、結果として比較的均一な幅の年輪がつくられる。

当然ながら、気候だけが樹木の成長を左右しているわけではなく、それ以外にも成長に影響を及ぼす要素は多数あり、気候を復元するうえでいわば雑音となる。その最たるものとして、水や光などの資源をめぐる隣接木との競合があげられるが、森林限界の木を対象とすることでこの影響を最小限に抑えることができる。なぜならば、森林限界では、厳しい気候ゆえ生育できる樹木の種および個体の数が少なく、分布の中心に比べ競争自体が軽微だからである。そのほか、病虫害や台風などの気象災害も年輪から気候を復元するうえで雑音となるが、それらは短期的かつ局所的なイベントなので、対象域すべての樹木に普遍的に影響することはない。そのため、20~30本の樹木の年輪を平均することで、個体間に共通する気候由来の年輪変動を残しながら、個々の木に残された雑音を薄めることができる。なお、時として現れる広域の病虫気象害については、距離を隔てた複数の森林を対象とすることで気候との峻別がある程度可能となる。

年輪サンプルの採取

ここからは、著者によるベトナムの気候復元研究を紹介するが、その前になぜベトナムを対象とするのか述べておこう。

樹木を使えば昔の気候がわかる理由については先ほど述べたとおりだが、そこには当然のことながら樹木が年輪を形成するとの条件が付いている。しかし、熱帯・亜熱帯地域では、寒暖のサイクル（季節変化）が不明瞭なため年輪を形成する樹種が極めて少なく、それゆえ温帯・亜寒帯地域と比べて気候復元の数が圧倒的に少ない。さらに、東南アジアでは、チークと呼ばれる広葉樹が雨期と乾期のサイクルに対応して年輪を形成する限られた樹種のひとつだが、植民地時代からの伐採により高齢木が残されていない。そのため、伐採されたチークを使う以外、東南アジアにおいて樹木の年輪から数百年前まで遡る気候復元は不可能であると考えられていた。ところが、著者らの現地調査により、明瞭な年輪を形成し、かつ樹齢1000年近くにおよぶフォッキニアと呼ばれる針葉樹がベトナムの山岳域に残存していることがわかったので、この木を気候復元研究に適用した次第である。

研究の根幹をなす試料採取調査はけっこう厳しく、フォッキニアの高齢木が散在する原生林を求めて何日も山野を歩かなければならない。そのため、移動に負担がかからないよう荷物は最小限に抑え、山中では現地の集落にて食料を分けてもらうこととした。山間部に生きる人々は、農耕と狩猟を生活の糧としているので、米や野菜など私達が慣れ親しんだ食物に加えネズミやコウモリなどの野生動物も譲ってくれる。日本の食卓でならたじろぐような代物でも、山野を歩きまわったあとの空腹には勝てず面白いほど食が進む。こうして山での生活になじみ、日本での雑多な生活に戻るのが疎ましく感じるころ、ようやく目的にかなった森林にたどり着くのである。

幸か不幸か、フォッキニアの生息域についての情報が稀少かつ薄弱であったこともあり、気候復元に耐えうる高齢のフォッキニアを探しあてるまで１か月ほどの野営を強いられた。フォッキニアの分布限界である標高２０００メートル地点は森林限界でないため多種多数の広葉樹が生えており、競合由来の雑音がフォッキニアの年輪成長に少なからず効いていることがうかがえた。フォッキニアの高齢木は幹直径が１メートルを超えるので、切り倒して円盤を採る代わりに、成長錐とよばれる中空の錐（きり）を樹幹に挿入し細長い鉛筆状のコアをサンプルとして抜きとった。

年輪年代の照合と標準年輪曲線の構築

研究の構想に始まり、材料の調達と分析を経て、なんらかの結論を紡ぎ出すまでの一連の作業すべてが楽しいと思う研究者に私はまだ会ったことがない。もちろん、全体的にみれば研究は面白く、だからこそそれを生業にする人がいるのだが、どのような研究にしろ忍耐でもって成し遂げなければならない重労働や退屈な作業が必ずある。本研究の場合、以下に述べる年輪年代の照合がそれにあたり、

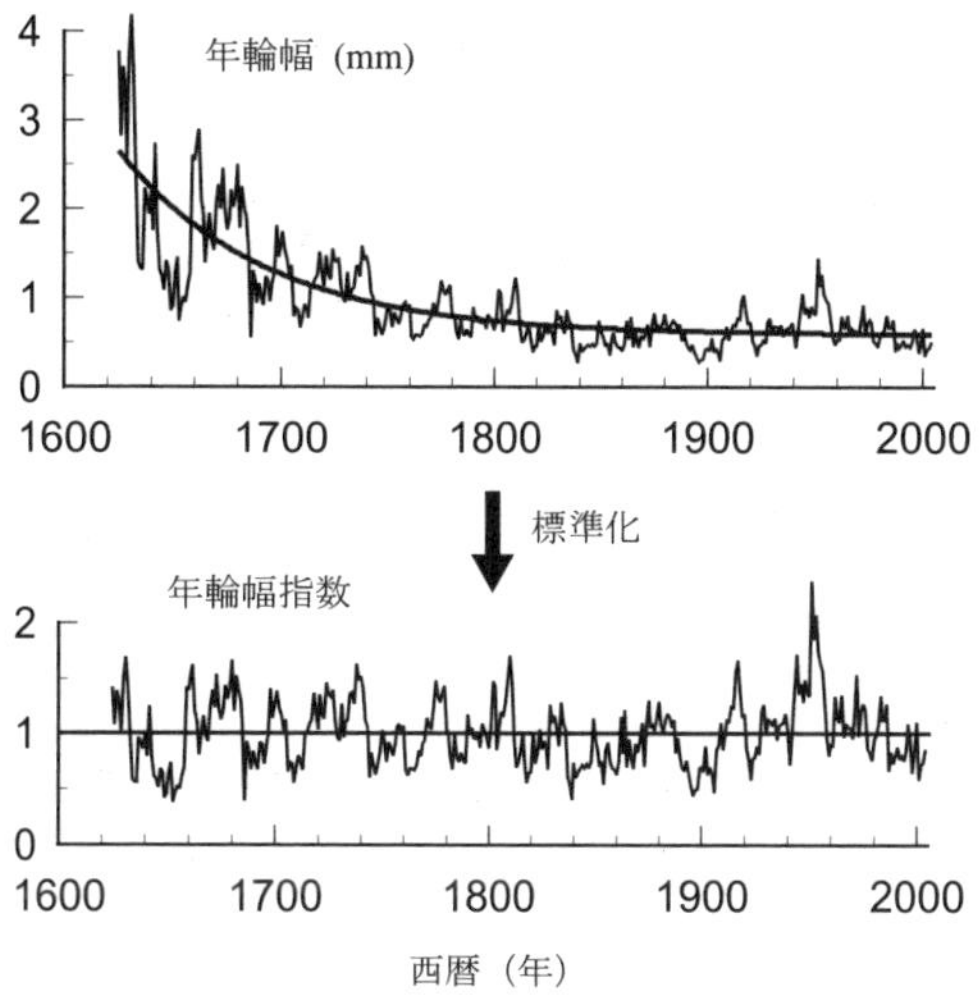

図1 加齢に伴う年輪成長の減衰とその除去

しかもこの照合の確度が気候復元の成否を決するので、ただただ倦まず粘り抜くことを強いられる。

年輪年代の照合とは、年輪幅の広狭変動を樹木個体間で比較して同調性をみいだし、年輪の絶対年代（暦年代）を異個体間で合わせることである。クロスデイティング（cross-dating）と呼ぶこの作業が必要なのは、年によって年輪を欠く個体や、偽の年輪を形成する個体があるので、単に年輪を数えるだけでは年代がずれてしまうからである。フォッキニアの年輪変動は、樹木間競合の影響を少なからず受けていたので個体間でよく合うとはいいがたく、雑音まみれの年輪変動から共通点を探り年代を定めるのに相当な時間を要した。しかし、対象域のすべての樹木に恒常的に作用する環境要因は気候だけなので、共通点を手がかりに年代が定まったということは、とりもなおさず気候がフォッキニアの成長に多少なりとも効いていることを意味する。

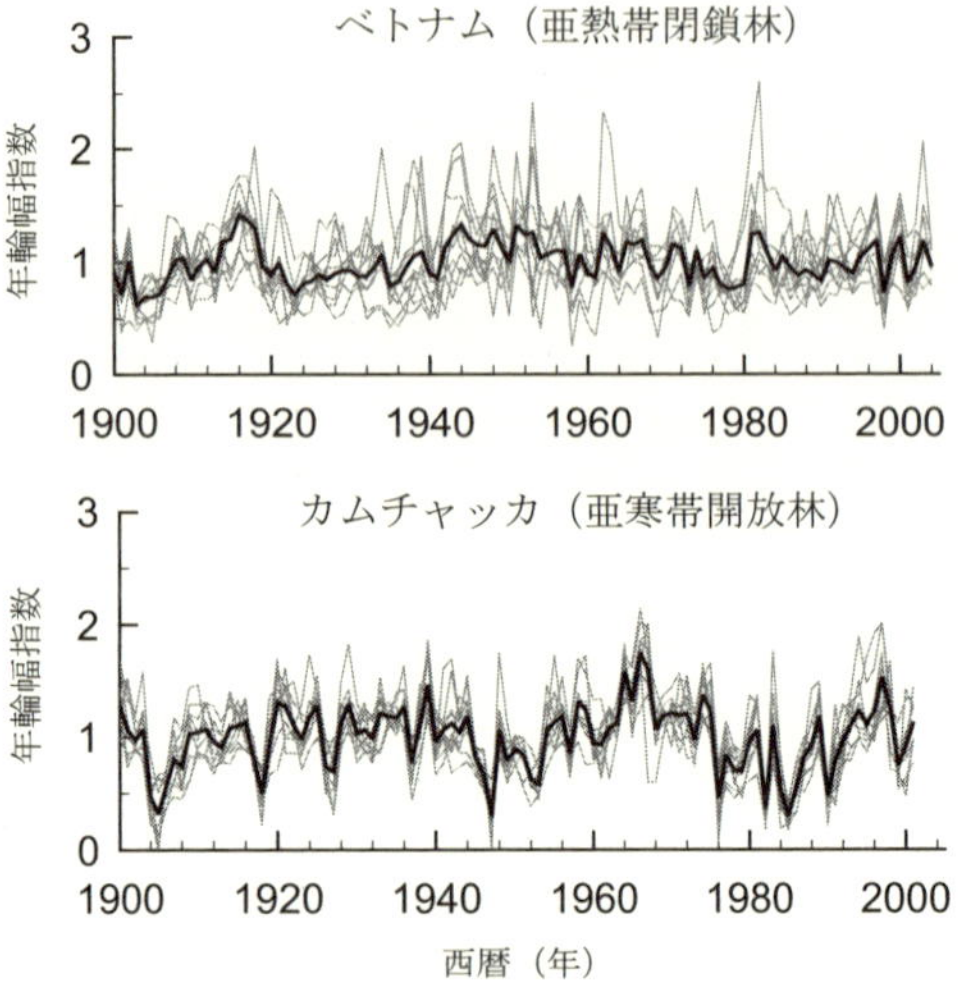

図2　個々の樹木の年輪幅変動（細線）と標準年輪曲線（太線）

次いで、これまで視覚で捉えていた年輪を定量化するため、その幅を0・01ミリメートルの精度で測る。こうして得たフォッキニアの年輪幅の時系列を図1に示すが、一見しただけで明らかなように、樹齢が増すにつれ年輪成長が衰えている。この減衰は樹木の生理に由来する非気候的なものなので、標準化と呼ばれる操作によってその影響を取り除く。具体的には、減衰傾向を図1上部に描いたスムーズな指数関数で表し、年輪幅の実測値を関数の理論値で割ることにより年輪幅指数に変換する。このように個々の樹木の年輪幅時系列を標準化したうえで、すべての樹木個体の時系列を平均することにより試料採取地の年輪成長を代表する標準年輪曲線が得られる。

指数化した複数のフォッキニア時系列（細線）と標準年輪曲線（太線）を図2上部に示す。樹木の生育環境のちがいによる年輪変動の同調性を比較するため、同図下部にカムチャッカのカラマツから得た時系列も示す。フォッキニアの年輪幅は、隣接木との競合に起因する雑音に埋もれながらも年代照合に耐えうる程度の共通変動を示す。他方、カラマツの年輪幅の変動は個体間で非常によく合っているが、その理由は森林限界を対象としたからである。

応答解析と気候復元

標準年輪曲線が気候の変化を捉えているのは上述のとおり明らかであり、具体的な数値の変化として表される気候復元までふたつの解析を残すだけである。

まず、この標準年輪曲線が気温あるいは降水量のどちらを反映しているのか、仮に降水量が効いているとしてどの季節の雨が木の成長を左右するのか、といった気候に対する年輪の応答（両者の対応関係）を明らかにする必要がある。そこで、近隣の測候所から求めた月別の気温・降水量データと標準年輪曲線の相関を調べ、気候と年輪のつながりの強さを定量化した。その結果、乾期終盤の3～5月の降水量および気温の双方がフォッキニアの年輪成長を左右していることがわかった。すなわち、乾期終盤に雨が多く、かつ気温が低い年につくられた年輪は幅が広くなり、逆に雨が少なく、気温が高い年につくられた年輪は幅が狭くなることを認めた。つまり、乾期の終盤である3～5月は乾燥しているため、この期間の高温はさらに乾燥を助長して樹木の成長を抑制するいっぽうで、降雨は乾燥状態を緩和し成長を促すと考えられる。

年輪と気候の対応関係がわかったので、あとは両者の関係を回帰式（一次関数）として表わし、これを標準年輪曲線に適用することで、観測気候の存在しない遠い過去に遡って気候を復元できる。ただし、フォッキニアの標準年輪曲線が降水量と気温の双方を反映していることに注意しなければならない。降水量と気温それぞれに対して回帰式をつくれば原理的に双方を復元できるが、推定のもととなる標準年輪曲線が同じものなので、復元された気温と降水量のどちらかを平均値を軸に反転させれば両者は全く同じ変動を示す。この結果は明らかに現実の気候と異なるが、生物を相手にしているゆえの限界ともいえよう。このように、ふたつあるいはそれ以上の気候要素が年輪成長にからんでいる場合、標準年輪曲線との相関が最も強い気候要素のみ復元して残りは目をつぶるという手がよく使われる。しかし本研究では、年輪成長に対して降水量が正、気温が負に寄与していることに加え、両者の作用する季節が同じなので、降水量と気温の2変数を乾燥指数なる1変数に変換することができる。すなわち、寡雨・高温は乾燥を、逆に多雨・低温は湿潤を意味することから、降水量と気温の統合が可能となる。本研究ではパーマーによって考案された乾燥指数（Palmer Drought Severity Index、Palmer、1965）をフォッキニアの年輪から復元する。

フォッキニアの標準年輪曲線から復元した乾燥指数と現実の乾燥指数の変動を図3aに示す。細かくみれば両者に食いちがいがあるものの、全体的な変動はよく合っているといえよう。図3bは、乾燥指数のデータが存在しない西暦1470年まで遡って樹木年輪から復元した乾燥指数を示す。数十年の周期が卓越しているほか、過去1～2世紀の乾燥指数に地球温暖化と対応するような平均値からの顕著な逸脱は認められない。

ベトナムの復元気候と、同じく乾湿を捉えたタイ産チークの標準年輪曲線（図3c、Buckleyら、

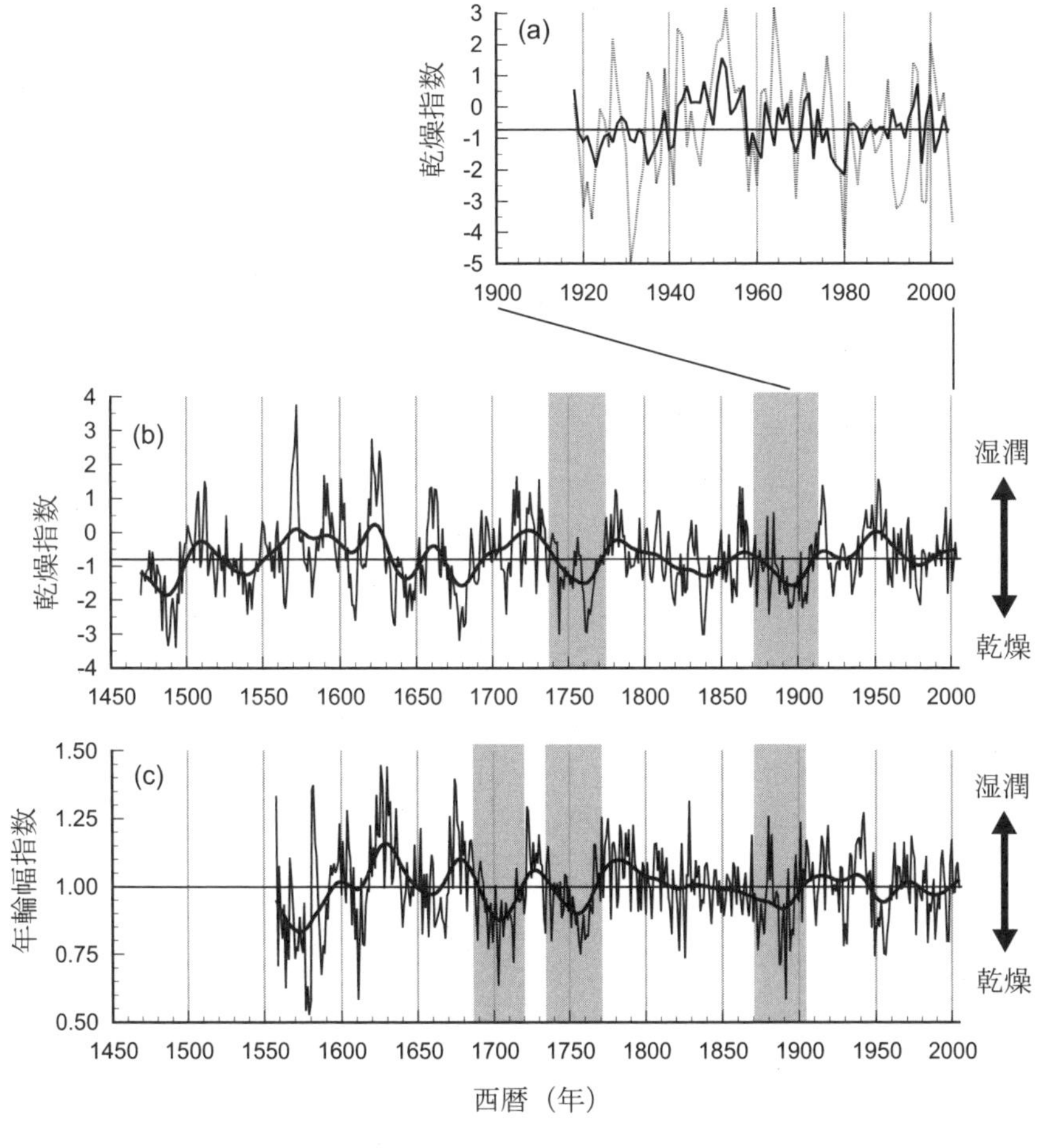

図３　(a) フォッキニア年輪から復元した過去 87 年の乾燥指数（実線）と観測気候から求めた現実の乾燥指数（点線）の比較
(b) フォッキニア年輪から復元した過去 535 年の乾燥指数（Sano ら、2008）
(c) タイ産チークの標準年輪曲線（Buckley ら、2007）

2007）を比較したところ、18世紀中葉と19世紀末期の大干魃が共通していた。1000キロメートル近く離れた樹木に共通することから、これら旱魃はインドシナの広域で発生したものと考えられる。ただし、17世紀末から18世紀初めにかけてタイで起きた旱魃がベトナムまでおよんでいないことから、気候変動には地域性があることも明らかであろう。

そのほか興味深いこととして、この旱魃がエルニーニョ現象と少なからず関わっていることがわかった。エルニーニョとは、直接的には熱帯太平洋東部の海水温が平年より顕著に高い状態を指すが、エルニーニョ発生期には、熱帯太平洋西部やインドネシアで、上空から乾燥した空気が降りてきて、旱魃が起こりやすくなることが知られている。サンゴの年輪から復元された熱帯太平洋東部の海水温が著しく高かった（Dunbar ら、1994）18世紀および19世紀末期とほぼ同時期に、長期の旱魃がインドシナで発生しているのである。さらに、フォッキニアの標準年輪曲線と機器観測で得た海水温の相関を調べたところ、熱帯太平洋東部の海水温が高い年に形成された年輪は幅が狭くなる傾向を示した。すなわち、エルニーニョ発生期にはインドシナが乾燥し、その結果としてフォッキニアやチークの年輪成長が抑制されたものと考えられる。以上、細かくみれば旱魃とエルニーニョの発生時期にずれがあるものの、熱帯太平洋東部の海水温がインドシナの気候変動に深く関わっていることがわかった。

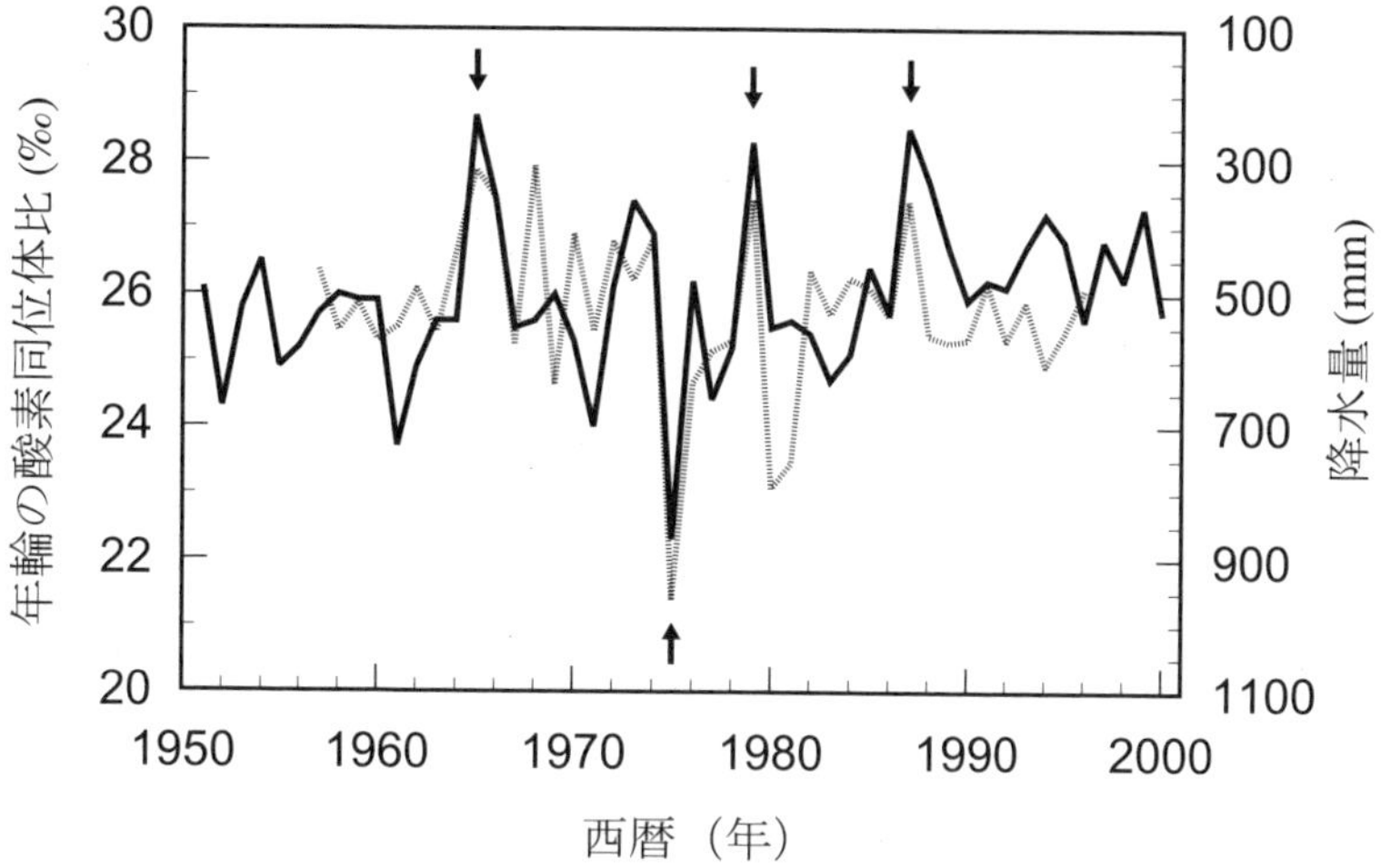

図４　年輪の酸素同位体比（実線）と降水量（点線）の変動
比較のため降水量の軸を反転した

今後の展望

樹木の年輪を利用することで、これまでわからなかったベトナムの気候変動の実態を上述のとおり明らかにしたが、インドシナの気候やその変動のメカニズムをより深く理解するには、気候復元の地域的拡大と精度向上が必要である。前者については、ラオスや中国南部に生育しているフォッキニアを用いることで達成できる。後者については、近年の測定技術の発展とともに、年輪の酸素同位体比が有効であることがわかってきた。

酸素には、中性子数の異なる三種の同位体（^{16}O、^{17}O、^{18}O）があり、わずかながら質量が異なる。ここでは、全体の99パーセント以上を占める^{16}Oと次に多い^{18}O（全体の0・2パーセント）の比（^{18}O／^{16}O）に着目する。具体的な原理は煩雑にすぎるので結論だけをいえば、この酸素の同位体比は、年輪幅による気候復元で問題となる隣接木との競合や加齢による成長減衰などの生態・生理学的な影響をほとんど受けず、気候の変化をより正確に記録している（中塚、２００７）。

著者がヒマラヤから得た年輪サンプルの酸素同位体比と降水量の変動を図4に示す。極端に雨の多い年や少ない年を正確に捉えていることがわかるであろう。また、同じサンプルの年輪幅と比較しても、酸素同位体比の方がより正確に降水量の変動を記録していることがわかった。したがって、酸素同位体分析をフォッキニア年輪に適用することで、樹木の生態・生理に起因する雑音に悩まされず、過去の気候をより正確に復元できると考えられる。

参考文献

Fritts, H.C.（1976）***Tree rings and climate,*** Academic Press, New York.
Bradley, R.S. and Jones, P. D. (1992) “Climate since A.D. 1500: Introduction„ in Bradley, R.S. and P.D. Jones (eds.), ***Climate since A.D. 1500,*** Routledge, London, 1-16.
Buckley, B.M. et al.（2007）Climate Dynamics, vol. 29, 63-71.
Dunbar, R.B. et al.（1994）***Paleoceanography,*** vol. 9, 291-315.
中塚武（２００７）低温科学、第65巻、49－56
Palmer, W.C.（1965）***Meteorological Drought,*** U.S. Department of Commerce, Washington, D.C.
Sano, M. et al.（2008）***Climate Dynamics,*** DOI:10.1007/s00382-00008-00454-y.

執筆者紹介

佐野 雅規（さの・まさき） １９７８年和歌山県生まれ。２０００年愛媛大学農学部卒、２００４〜２００５年日本学術振興会特別研究員。２００７年同大学大学院修了、博士（農学）。学部４年時、氷河調査隊の一員としてヒマラヤを跋渉する機会に恵まれ、朝日克彦氏（第３部７章執筆者）の薫陶を受ける。以後、亜熱帯アジア、シベリア、カムチャッカ、カナダ北極圏の古気候復元に取り組む。現在、博士研究員としてインド物理学研究所にて樹木年輪の安定同位体分析による気候復元研究に携わる。

おわりに

まず、執筆者のみなさまにお礼を申しあげます。執筆を快諾され、お忙しいにもかかわらず、当方の注文を快く聞き受けてくださり、締切りまでに原稿を間に合わせていただきました。お蔭様で予定どおり本書が日の目を見ることになります。清水弘文堂書房の礒貝日月社長には、本書の企画・編集など全般にわたりお世話になりました。また、本書が本としての体裁を整えるまで注力された他のみなさまにもお世話になりました。ここにあわせて感謝の意を表します。

【小川記】 30年以上も前の、行け行けドンドンだった高度成長時代のころ、これまで安全無害だと思って捨てていたのに、地球環境にとって不都合なことが起こりそうです、これからは考え方を変えなくてはいかんでしょうと、恐る恐る工業界の方々の前で話をしていたころを思い出します。今や地球環境そのものだけでなく時代も変わりました。猫も杓子も、地球環境を唱えるような時代になりました。そのこと自体は結構なことなのですが、問題はグローバルだといいつつ、理解や対応の仕方はどうみても局所的だし、対応の仕方も一時的なその場しのぎにすぎないものが多いのではないでしょうか。そのいっぽうで地球温暖化はまがいごとだという人たちもいるようで、それもまた、ためにする議論のように思われます。このような思いがあったので、この本では、地球の変化を追う研究について、その本当の姿を読者の皆さまに知ってもらいたいという思いだけが頭の中にありました。実際には、本の全体の構成を考えて、執筆者を決めるといった編集作業をやればよいと思って編集の任を引受けたつもりでしたが、一部執筆まで担当するハメになりました。すでに研究の第一線を退いた身でありますので、少々あやしげな古い知識しか持ちあわせておりません。本書の編集にあたって、執筆者の皆さまの原稿に接することができ、いい勉強になったと思っております。

【及川記】 地球環境に関する問題は、「はじめに」にも書きましたが、大気圏、水圏、生物圏、土壌圏にまたがる学際的な大研究テーマなのです。したがって、多くの関連科学に渡る世界各国の研究者の密接な協力の下に研究を進めなければなりません。このことは逆にいえば、地球環境全体を的確に理解できる者が世界中に誰もいない、ともいえるのです。群盲、象を撫でるが如し、といった盲人の方には大変失礼ないい方がありますが、しょせん、われわれは群盲でしかありえないのです。われわれが得た地球環境に関する知識・情報はまだ限られたものであり、この断片的な情報からいかに正しい全体像を描くかが問われているのです。より正しい全体像が得られれば、それに対処する方策も自ずと明らかになるからです。本書が地球環境に興味を抱く多くの方の理解の一助になることを願っております。

【陽記】 環境研究を進めるにあたって、次のことを強調したいと思います。それは、「分離の病」を克服し、「国際・学際・地際」を推進し、「俯瞰」を維持し続け、「共生」を図ることで、環境研究は進化するということです。専門主義への没頭や専門用語の迷宮など生きていない言葉を使う「知と知の分離」、国籍・人種・宗教・政治・経済体制などを差別せず、お互いが相手の立場で思考し、意見の対立が感情の対立にならない「国際化」、文明史上、人類が最高の高度から地球を眺めた「俯瞰的視点」、「自」を主体におけば地球環境は行き詰まるという「自他の共生」をぬきにしては、地球環境の保全はありえないのです。

さて、この冊子をつくるにあたって、熟年の小川・及川先生それに若い磯貝社長との企画・運営・編集は、会議室・メイル・酒場ありで、実に愉快でした。この本を刊行する間に、青年とは年齢ではないこと・人は人と人の関係においてはじめて人であること・ダライラマ14世の強調する一期一会の尊さ・品性をよくすることの必要さ、などを痛感しました。もうひとつ。退職された名誉教授の活用を政府は本気で考えるべきでしょう。ただし、心に伸びやかさを残している方に限ります。

編者紹介

小川 利紘（おがわ・としひろ）　第２部第１章人間圏、第２部第３章（１）大気の執筆担当。１９４０年山口県生まれ。１９６３年東京大学理学部物理学科卒業。１９６８年同大学院理学系研究科修了（地球物理学専攻、理学博士）、同年より東京大学理学部助手、１９７８年より同助教授として、大気の発光現象、熱圏の酸素原子・一酸化窒素や成層圏オゾンの理論研究をするいっぽう、ロケット・大気球・人工衛星を用いた観測を国内外で展開した。１９８９~１９９８年間は、東京大学理学部教授として、わが国における大気化学研究の組織化に注力、また海外でのオゾン観測を実施し、温室効果気体を観測する初の衛星観測プロジェクトを発案・指導した。１９９８~２００６年間は、宇宙開発事業団（現宇宙航空研究開発機構）の研究ディレクターとして、わが国の衛星地球観測研究の発展のために働いた。かたわら航空機観測プロジェクト・チームを指揮し、熱帯アジア・東アジアにおける大気の化学的変質調査を数回にわたって実施した。主な著書に『大気の物理化学』（東京堂出版）、『どうする地球環境』（共著、大日本図書）、『オゾン層を守る』（共著、NHKブックス、日本放送出版協会）など。

及川 武久（おいかわ・たけひさ） 第1部第1章IGBP、第2部第2章（2）陸域生物圏の執筆担当。1942年東京都生まれ。1964年東京教育大学理学部植物学科卒。同年東京大学大学院理学系研究科に入学（生物学専攻）。1970年より東京大学理学部助手、1978年より筑波大学生物科学系講師、助教授を経て、1993年から同教授。2006年に定年退官。専門は植物生態学、特に生態系のコンピューターシミュレーションを手がける。初期は大型コンピューターを用いた植物群落の光とCO2要因を組み入れたモデル解析を行い、1972年に理学博士号を取得。以後、パソコンを用いた熱帯林の炭素動態解析を行い、大気CO2濃度上昇によって光合成が活性化し、一時的に森林バイオマスは増加するものの、次代を担う低木層が光不足に陥り、熱帯林は崩壊するという衝撃的な新説（珍説？）を1986年に発表する。しかし、20年以上経過した現在に至るまで、この新説は誰からも顧みられていないが、今世紀末にはこの予見通りの事態が生じるにちがいない、と本人は思っている。

陽 捷行（みなみ・かつゆき） 第1部第2章WCRPおよびIHDP、第4章GAIAの科学、第2部第3章土壌の執筆担当。1943年山口県萩市生まれ。1971年東北大学大学院農学研究科博士課程修了、同年農林省入省。1977〜1978年米国アイオワ州立大学客員教授、2000年農業環境技術研究所所長、2001年独立行政法人農業環境技術研究所理事長、2005年北里大学教授、2006年から同副学長。日本土壌肥料学会賞、環境庁長官賞・優秀賞、日経地球環境技術賞・大賞、日本農学賞・読売農学賞、国際大気汚染防止団体連合Yuan T. Lee国際賞受賞。IPCCチーフリードオーサーも務めた。著書に『土壌圏と大気圏：1994』、『地球環境変動と農林業：1995』、『環境保全と農林業：1995』（編著・朝倉書店）、『農業と環境―研究の軌跡と進展―共編著：2005』、『現代社会における食・環境・健康：2006』、『代替医療と代替農業の連携を求めて：2007』、『鳥インフルエンザ―農と環境と医療の視点から―：2007』、『農と環境と健康に及ぼすカドミウムとヒ素の影響：2008』、『地球温暖化：農と環境と健康に及ぼす影響評価とその対策・適応技術：2009』（編著・養賢堂）、『地球の悲鳴：2007』、『農と環境と健康：2007』（アサヒビール・清水弘文堂書房）など。

清水弘文堂書房の本の注文方法

■電話注文03-3770-1922／046-804-2516■FAX注文046-875-8401■Eメール注文mail@shimizukobundo.com（いずれも送料300円注文主負担）■電話・FAX・Eメール以外で清水弘文堂書房の本をご注文いただく場合には、もよりの本屋さんにご注文いただくか、本の定価（消費税込み）に送料300円を足した金額を郵便為替（為替口座00260-3-59939 清水弘文堂書房）でお振り込みくだされば、確認後、一週間以内に郵送にてお送りいたします（郵便為替でご注文いただく場合には、振り込み用紙に本の題名必記）。

地球変動研究の最前線を訪ねる
ASAHI ECO BOOKS 26

発行　二〇一〇年二月十五日
著者　小川利紘　及川武久　陽 捷行
発行者　荻田 伍
発行所　アサヒビール株式会社
住所　東京都墨田区吾妻橋一-二三-一
電話番号　〇三-五六〇八-五一一一
編集発売　株式会社清水弘文堂書房
発売者　礒貝日月
住所　《プチ・サロン》東京都目黒区大橋一-三-七-二〇七
電話番号　《受注専用》〇三-三七七〇-一九二二
Eメール　mail@shimizukobundo.com
HP　http://shimizukobundo.com/
編集室　清水弘文堂書房葉山編集室
住所　神奈川県三浦郡葉山町堀内八七〇-一〇
電話番号　〇四六-八〇四-二五一六
FAX　〇四六-八七五-八四〇一
印刷所　モリモト印刷株式会社

ISBN978-4-87950-595-8 C0040